Official Study Kit for Wrox Certified
Big Data Developer Program

大数据开发者权威教程

NoSQL、Hadoop 组件及大数据实施

Wrox 国际 IT 认证项目组／编　顾晨／译　黄倩／审校

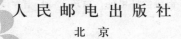
人民邮电出版社
北　京

图书在版编目（CIP）数据

大数据开发者权威教程：NoSQL、Hadoop组件及大数据实施 / Wrox国际IT认证项目组编；顾晨译. -- 北京：人民邮电出版社，2018.12
　　书名原文：Official Study Kit for Wrox Certified Big Data Developer Program
　　ISBN 978-7-115-49371-2

　　Ⅰ. ①大… Ⅱ. ①W… ②顾… Ⅲ. ①数据库系统—教材 Ⅳ. ①TP311.138

中国版本图书馆CIP数据核字(2018)第213682号

内 容 提 要

　　"大数据"近年来成为 IT 领域的热点话题，人们每天都会通过互联网、移动设备等产生大量数据。如何管理大数据、掌握大数据的核心技术、理解大数据相关的生态系统等，是作为大数据开发者必须学习和熟练掌握的知识。本系列书以"大数据开发者"应掌握的技术为主线，共分两卷，以 7 个模块分别介绍如何管理大数据生态系统、如何存储和处理数据、如何利用 Hadoop 工具、如何利用 NoSQL 与 Hadoop 协同工作，以及如何利用 Hadoop 商业发行版和管理工具。本系列书涵盖了大数据开发工作的核心内容，全面且详尽地涵盖了大数据开发的各个领域。

　　本书为第 2 卷，共 3 个模块，分别介绍 Hadoop 工具（如 ZooKeeper、Sqoop、Flume、YARN 和 Storm 等），利用 NoSQL 和 Hadoop 完成实时、安全和云的相关工作，以及 Hadoop 商业发行版和管理工具（如 Cloudera、Hortonworks、Greenplum Pivotal HD 等），最后介绍几个实用软件的功能、指南和安装步骤。本书适用于想成为大数据开发人员以及所有对大数据开发感兴趣的技术人员和决策者阅读。

　◆　编　　　　　Wrox 国际 IT 认证项目组
　　　译　　　　　顾　晨
　　　审　　校　　黄　倩
　　　责任编辑　　杨海玲
　　　责任印制　　焦志炜

　◆　人民邮电出版社出版发行　　北京市丰台区成寿寺路 11 号
　　　邮编　100164　　电子邮件　315@ptpress.com.cn
　　　网址　http://www.ptpress.com.cn
　　　三河市君旺印务有限公司印刷

　◆　开本：800×1000　1/16
　　　印张：29.75
　　　字数：686 千字　　　　　　　　　　　2018 年 12 月第 1 版
　　　印数：1－2 600 册　　　　　　　　　2018 年 12 月河北第 1 次印刷

著作权合同登记号　图字：01-2015-2407 号

定价：109.00 元
读者服务热线：**(010)81055410**　印装质量热线：**(010)81055316**
反盗版热线：**(010)81055315**
广告经营许可证：京东工商广登字 20170147 号

版权声明

Copyright © 2014 by respective authors:

Module 1	Session 1	Kogent Learning Solutions Inc.
Module 1	Session 4~5	Charles Menguy
Module 1	Session 2	Wiley India
Module 1	Session 3	Kogent Learning Solutions Inc.
Module 2	Session 1~2	Shashank Tiwari
Module 2	Session 3~5	Boris Lublinsky, Kevin T. Smith, Alexey Yakubovich
Module 3	Session 1~5	Kogent Learning Solutions Inc.

译者简介

顾晨，男，硕士、PMP、信息系统项目管理师。毕业于上海交通大学。曾获邀参加旧金山的 Google I/O 大会。喜欢所有与编程相关的事物，拥有 14 年的编程经验。对于大数据、SAP HANA 数据库和思科技术有着极其浓厚的兴趣，是国内较早从事 HANA 数据库研究的人员之一。先后录制了 MCSE、CCNP 等多种教学视频，在多家知名网站发布。精通 C#、Java 编程，目前正致力于人脸识别、室内定位和门店人流统计方面的研究。

前　言

欢迎阅读"大数据分析师权威教程"系列图书和"大数据开发者权威教程"系列图书！

信息技术蓬勃发展，每天都有新产品问世，同时不断地形成新的趋势。这种不断的变化使得信息技术和软件专业人员、开发人员、科学家以及投资者都不敢怠慢，并引发了新的职业机会和有意义的工作。然而，竞争是激烈的，与最新的技术和趋势保持同步是永恒的要求。对于专业人士来说，在全球 IT 行业中，入行、生存和成长都变得日益复杂。

想在 IT 这样一个充满活力的行业中高效地学习，就必须做到：

- ○　对核心技术概念和设计通则有很好的理解；
- ○　具备适应各种平台和应用的敏捷性；
- ○　对当前和即将到来的行业趋势和标准有充分的认识。

鉴于以上几点，我们很高兴地为大家介绍"大数据分析师权威教程"系列图书（两卷）和"大数据开发者权威教程"系列图书（两卷）。

这两个系列共 4 本书，旨在培育新一代年轻 IT 专业人士，使他们能够灵活地在多个平台之间切换，并能胜任核心职位。这两个系列是在对技术、IT 市场需求以及当今就业培训方面的全球行业标准进行了广泛并严格的调研之后才开发出来的。这些计划的构思目标是成为理想的就业能力培训项目，为那些有志于在国际 IT 行业取得事业成功的人提供服务。这一系列目前已经包含了一些热门的 IT 领域中的认证项目，如大数据、云、移动和网络应用程序、网络安全、数据库和网络、计算机操作、软件测试等。根据我们的全球质量标准加以调整之后，这些项目还能帮助你识别和评估职业机会，并为符合全球著名企业的招聘流程做好准备。

这两个系列是学习和培训资源的知识库，为在重要领域和信息技术行业中培养厂商中立和平台独立的专业能力而设立。这些资源有效地利用了创新的学习手段和以成果为导向的学习工具，培养富有抱负的 IT 专业人士。同时也为开设大数据分析师和大数据开发者相关培训课程的讲师提供了全面综合的教学和指导方案。

"大数据开发者权威教程"系列图书概览

大数据可能是今天的科技行业中最受欢迎的流行语之一。全世界的企业都已经意识到了可用的大量数据的价值，并尽最大努力来管理和分析数据、发挥其作用，以建立战略和发展竞争优势。与此同时，这项技术的出现，导致了各种**新的和增强的工作角色**的演变。

"大数据开发者权威教程"系列图书的目标是培养新一代的国际化全能大数据程序员、开发者和技术专家，熟悉大数据的相关工具、平台和架构，帮助企业有效地存储、管理和处理海量和多样的数据。同时，该教程有助于读者了解如何有效地整合、实现、定制和管理大数据基础架构。

本系列图书旨在：

○ 为参与者提供处理大数据的**技术、存储、处理、管理**和**安全基础架构**方面的技能；
○ 为参与者提供与 **Hadoop** 及其**组件工具**协同工作的经验；
○ 使参与者可以开发 **MapReduce** 和 **Pig** 程序，操纵分布式文件，以及了解支持 MapReduce 程序的 API；
○ 参与者可以熟悉一些流行的 **Hadoop 商业发行版系统**，如 Cloudera、Hortonworks 和 Greenplum。

参与者的必备条件

要阅读这个系列图书，读者必须具备以下基础知识。

○ 编程基础（含面向对象编程的基础）。
○ 脚本语言的基础（如 Perl 或 Ruby）。
○ 操作 Linux/Unix 操作系统的基础。
○ 对 Java 编程语言有很好的理解：
  • Java 核心技术；
  • 了解 SQL 语句。

建议的学习时间

"大数据开发者权威教程"系列图书由 **7 个学习模块**（第 1 卷包括 4 个模块，第 2 卷包括 3 个模块）组成。

根据参与者的技能水平，可以选择任何数量的模块以积累特定领域的技能，每个模块的学习目标会在后面列出。

对于**入门级的参与者**，建议学习 7 个模块，为成为合格的大数据开发者做好充足的就业准备。**专业人士**或者已经拥有某些必备技能的参与者则可以选择能够帮助自己强化特定领域技能的模块。

每个模块占用大约 **10 小时的学习时间**，因此完整的学习时间大约是 70 小时。

模块清单

第 1 卷《大数据开发者权威教程：大数据技术与编程基础》的 4 个模块的具体名称和学习目标如表 1 所示。

表1

模块编号	模块名称	模块目标
模块 1	大数据入门	• 了解大数据的角色和重要性 • 讨论大数据在各行各业中的使用和应用 • 讨论大数据相关的主要技术 • 解释 Hadoop 生态系统中各种组件的角色 • 解释 MapReduce 的基础概念和它在 Hadoop 生态系统中的作用
模块 2	管理大数据生态系统	• 讨论大数据所需的关键技术基础 • 把传统数据管理系统与大数据管理系统进行对比 • 评估大数据分析的关键需求 • 讨论整合数据的流程 • 解释实时数据的相关性 • 在企业中评估实施大数据的需求 • 解释如何使用大数据和实时数据作为业务规划工具
模块 3	存储和处理数据： HDFS 和 MapReduce	• 分析 Hadoop 的大数据的 HDFS 和 HBase 存储模型 • 开发基本的 MapReduce 程序 • 利用 MapReduce 的可扩展性，进行定制执行 • 在设计时进行 MapReduce 程序的测试和调试 • 在给定的场景下实现 MapReduce 程序
模块 4	利用 Hadoop 工具 Hive、 Pig 和 Oozie 提升效率	• 讨论了 Hive 的数据存储原理 • 在 Hive 中执行数据操作 • 实现 Hive 的提前查询特性 • 解释 Hive 环境支持的文件格式和记录格式 • 利用 Pig 使 MapReduce 的设计和实现自动化 • 使用 Oozie 分析工作流的设计和管理 • 设计和实现一个 Oozie 工作流

第 2 卷《大数据开发者权威教程：NoSQL、Hadoop 组件及大数据实施》的 3 个模块的具体名称和学习目标如表 2 所示。

表2

模块编号	模块名称	模块目标
模块 1	额外的 Hadoop 工具： ZooKeeper、Sqoop、 Flume、YARN 和 Storm	• 利用 Apache Zookeeper 实现分布式协同服务 • 将数据从非 Hadoop 的存储系统加载到 Hive 和 HBase 中 • 描述 Flume 的角色 • 使用 Flume 进行数据汇总 • 解释 YARN 的角色，并将它与 Hadoop 1.0 中的 MapReduce 进行对比 • 解释如何利用运行在 YARN 上的 Storm 管理 Hadoop 上的实时数据 • 开发运行在 YARN 上的 Storm 应用程序
模块 2	利用 NoSQL 和 Hadoop： 实时、安全和云	• 与 NoSQL 的界面和交互 • 执行 CRUD 操作和各种 NoSQL 数据库查询 • 分析在 Hadoop 中安全是如何实现的 • 配置运行在 Amazon Web Services（AWS）中的 Hadoop 应用 • 设计 Hadoop 实时应用

续表

模块编号	模块名称	模块目标
模块 3	Hadoop 商业发行版和管理工具	● 探讨 Cloudera 管理器平台 ● 利用 Cloudera 管理器进行服务的添加和管理 ● 为各种平台配置 Hive 的元数据 ● 为 Hive 安装 Cloudera 管理器 4.5 版 ● 为大数据分析部署 Hortonworks 数据平台（HDP）集群 ● 使用 Talend Open Studio 进行数据分析 ● 解释 Greenplum Pivotal HD 架构 ● 讨论并安装 InfoSphere BigInsights ● 讨论并安装 MapR 和 MapR 沙盒 ● 为求职面试做有效的准备

学习方法和特色

本书开发了一套独特的学习方法，这种专门设计的方法不仅以最大限度地学习大数据概念为目标，还注重对真实专业环境下应用这些概念的全面理解。

本书的独特方法和丰富特性简单介绍如下。

○ 涵盖了大数据开发者必备的**所有大数据和 Hadoop 基础组件及相关组件的基本知识**，使参与者有可能在一个系列书中获得对所有相关知识、新兴技术和平台的了解。

○ 在与**大数据架构、大数据应用程序开发**以及与**大数据实施**相关的**产业相关技术**，有着最密切关联的编程和技术领域中，锻炼自己全面的和结构化的本领。

○ **基于场景的学习方法**，通过多种有代表性的现实场景的使用和案例研究，将 IT 基础知识融入现实环境，鼓励参与者积极、全面地学习和研究，实现体验式教学。

○ 强调**目标明确、基于成果的学习**。每一讲都以"本讲目标"开始，该目标会进一步关联整个教程的更广泛的目标。

○ **简明、循序渐进的**编程和编码**指导**，清晰地解释每行代码的基本原理。

○ 强调**高效、实用的过程和技术**，帮助参与者深入理解巧妙且符合道德伦理的专业实践及其对业务的影响。

学习工具

下列学习工具将确保参与者高效地使用本教程。

○ **模块目标**：列出某一讲所属模块的目标。

○ **本讲目标**：列出与模块目标对应的本讲目标。

○ **预备知识**：说明对某一部分或者整体概念的理解有特定作用的预备知识点。

○ **交叉参考**：将整个模块中的相关概念联系起来，启发参与者理解分析工具的不同功能、职责和挑战，确保概念不被孤立地学习。

- ○ **总体情况**：不断提醒参与者某个主题为什么是相关的，在行业中如何应用，从而为学习提供实践参考。
- ○ **快速提示**：提供高效地运用概念的技巧。
- ○ **与现实生活的联系**：提供简短的案例分析和简报，阐述概念在现实世界中的适用性。
- ○ **技术材料**：提供加强技术诀窍理解的技巧和信息。
- ○ **定义**：定义重要概念或者术语。
- ○ **附加知识**：提供相关的附加信息。
- ○ **知识检测点**：提出互动式课堂讨论的问题，强化每一讲之后的学习。
- ○ **练习**：在每一讲结束时提出以知识为基础的实践问题，评估理解情况。
- ○ **测试你的能力**：提供基于应用的实践问题。
- ○ **备忘单**：提供这一讲涵盖的重要步骤及过程的快速参考。

关键的大数据技术术语

　　大数据是一个非常年轻的行业，新的技术和术语每周都会出现。这种快节奏的环境是由开源社区、新兴技术公司以及 IBM、Oracle、SAP、SAS 和 Teradata 这样的业界巨人推动的。不用说，建立一个持久的权威术语表是很难的。鉴于这样的风险，我们在这里只提供一个小型的大数据词汇表，如表 3 所示。

表 3

术　语	定　义
算法	用来分析数据的数学方法。一般情况下，是一段计算过程；计算一个功能的指令列表；在软件中，这样一个过程以编程语言来实际实现
分析	一组用于查询和梳理平台数据的分析工具和计算能力
装置	专为特定活动集建立的一组优化的硬件和软件
Avro	一个可编码 Hadoop 文件模式的数据序列化系统，特别擅长于数据解析，是 Apache Hadoop 项目的一部分
批处理	在后台运行、不与人发生交互的作业或进程
大数据	大数据事实上的标准定义是超越了传统的 3 个维度（数据量、多样性、速度）限制的数据。这 3 个维度的结合使得数据的提取、处理和呈现更加复杂
Big Insights	IBM 的具有企业级增值组件的 Hadoop 商业发行版
Cassandra	由 Apache 软件基金会管理的开源列式数据库
Clojure	基于 LISP（从 20 世纪 50 年代起的人工智能编程语言事实标准）的动态编程语言，读作"closure"。通常用于并行数据处理
云	用以指代任何计算机运作的软件、硬件或服务资源的通用术语。它作为一种服务通过网络传送
Cloudera	Hadoop 的第一个商业分销商。Cloudera 提供了 Hadoop 发行版的企业级增值组件
列式数据库	按列进行的数据存储与优化。使用基于列的数据，对于一些分析处理特别有用
复杂事件处理（CEP）	对实时发生事件进行分析并采取措施的过程

续表

术　语	定　义
数据挖掘	利用机器学习，从数据中发现模式、趋势和关系的过程
分布式处理	在多个 CPU 上的程序执行
Dremel	一个可扩展、交互式、点对点分析查询系统，有能力在数秒内对数万亿行的表进行聚合查询
Flume	一种从 Web 服务器、应用服务器、移动设备等目标抓取数据填充 Hadoop 的框架
网格	松散耦合的服务器通过网络连接起来，并行处理工作负载
Hadapt	一家提供 Hadoop 相关插件的商业供应商，这个插件可以通过高速连接器在 HDFS 和关系型表之间移动数据
Hadoop	一个开源项目框架，可以在计算机集群（网格）中存储大量的非结构化数据（HDFS）并在其中对其进行处理（MapReduce）
HANA	来自 SAP 的内存处理计算平台，为大容量事务和实时分析而设计
HBase	一种分布式、列式存储的 NoSQL 数据库
HDFS	Hadoop 文件系统，是 Hadoop 的存储机制
Hive	一种 Hadoop 的类 SQL 查询语言
Norton	具有企业级增值工作组件的 Hadoop 商业发行版
HPC	高性能计算。通俗地说，就是为高速浮点处理、内存磁盘并行化而设计的设备
HAStreaming	为 Hadoop 提供实时 CEP（复杂事件处理）的 Hadoop 商业插件
机器学习	从经验数据中学习，然后利用这些经验教训去预测未来新数据的结果的算法技术
Mahout	为 Hadoop 创建可伸缩机器学习算法库的 Apache 项目，主要用 MapReduce 实现
MapR	具有企业级增值组件的 Hadoop 商业发行版
MapReduce	一种 Hadoop 计算批处理框架，其中的作业大部分用 Java 编写。作业将较大的问题分解为较小的部分，并将工作负载分布到网格中，使多个作业能够同时进行（mapper）。主作业（reducer）收集所有中间结果并将其组合起来
大规模并行处理（MPP）	能协调并行程序执行的系统（操作系统、处理器和内存）
MPP 装置	带有处理器、内存、磁盘和软件，能够并行处理工作负载的集成平台
MPP 数据库	一种已为 MPP 环境优化的数据库
MongoDB	一种用 C++编写的可扩展、高性能的开源 NoSQL 数据库
NoSQL 数据库	一个用以描述数据库的术语。这种数据库不使用 SQL 作为数据库的主要检索，且可以是任意类型。NoSQL 拥有有限的传统功能，并为可扩展性和高性能检索及添加而设计。通常情况下，NoSQL 数据库利用键/值对存储数据，能够很好地处理在本质上不相关的数据
Oozie	一个工作流处理系统，允许用户定义一系列用各种语言（如 MapReduce、Pig 和 Hive）编写的作业
Pig	一种使用查询语言（Pig Latin）的分布式处理框架，用以执行数据转换。目前，Pig Latin 程序被转换为 MapReduce 作业，在 Hadoop 上运行
R	一种开源的语言和环境，用以统计计算和图形化
实时	通俗地说，它被定义为即时处理。实时处理起源于 20 世纪 50 年代，当时多任务处理机提供了更高优先级任务的执行而"中断"一个任务的能力。这些类型的机器为空间计划、军事应用和多种商业控制系统提供了动力
关系型数据库	按照行和列存储和优化数据
Scording	使用预测模型，预测新数据的未来结果

术　语	定　义
半结构化数据	依靠可用的格式描述符，把非结构化的数据放入结构中
Spark	内存分析计算处理的高性能处理框架，通常被用来做实时查询
SQL（结构化查询语言）	关系型数据库中，存储、访问和操作数据的语言
Sqoop	一种命令行工具，具有把单个表或整个数据库导入 Hadoop 文件中的能力
Storm	分布式、容错、实时分析处理的开源框架
结构化数据	有预先设定数据格式的数据
非结构化数据	无预先设定结构的数据
Whirr	一套用于运行云服务的库
YARN	Apache Hadoop 的下一代计算框架，除了 MapReduce 之外还支持编程范式

提示

本书提供配套的网上下载资源，包括预备知识内容、PowerPoint 幻灯片、模拟试题和其他附加资源（包括额外的面试题）。以上所有资源均为英文资料。[①]

"知识检测点"和"测试你的能力"环节中的问题可能需要使用特定数据集。读者可以使用本书配套的网上下载资源中提供的数据集，也可以使用从网上找到的合适的数据或者自己生成数据。

---

① 本书配套的网上下载资源请登录异步社区（https://www.epubit.com），访问本书对应页面下载。——编者注

资源与支持

本书由异步社区出品，社区（https://www.epubit.com/）为您提供相关资源和后续服务。

配套资源

本书提供一些配套资源，要获得这些配套资源，请在异步社区本书页面中点击 配套资源 ，跳转到下载界面，按提示进行操作即可。注意：为保证购书读者的权益，该操作会给出相关提示，要求输入提取码进行验证。

如果您是教师，希望获得教学配套资源，请在社区本书页面中直接联系本书的责任编辑。

提交勘误

作者和编辑尽最大努力来确保书中内容的准确性，但难免会存在疏漏。欢迎您将发现的问题反馈给我们，帮助我们提升图书的质量。

当您发现错误时，请登录异步社区，按书名搜索，进入本书页面，点击"提交勘误"，输入勘误信息，点击"提交"按钮即可。本书的作者和编辑会对您提交的勘误进行审核，确认并接受后，您将获赠异步社区的 100 积分。积分可用于在异步社区兑换优惠券、样书或奖品。

详细信息	写书评	提交勘误

页码：□□□　　页内位置（行数）：□□□　　勘误印次：□□□

B *I* U ABC ☰ ▾ ☰ ▾ " ✂ ▣ ☰

字数统计

提交

扫码关注本书

扫描下方二维码，您将会在异步社区微信服务号中看到本书信息及相关的服务提示。

与我们联系

我们的联系邮箱是 contact@epubit.com.cn。

如果您对本书有任何疑问或建议，请您发邮件给我们，并请在邮件标题中注明本书书名，以便我们更高效地做出反馈。

如果您有兴趣出版图书、录制教学视频，或者参与图书翻译、技术审校等工作，可以发邮件给我们；有意出版图书的作者也可以到异步社区在线提交投稿（直接访问 www.epubit.com/selfpublish/submission 即可）。

如果您是学校、培训机构或企业，想批量购买本书或异步社区出版的其他图书，也可以发邮件给我们。

如果您在网上发现有针对异步社区出品图书的各种形式的盗版行为，包括对图书全部或部分内容的非授权传播，请您将怀疑有侵权行为的链接发邮件给我们。您的这一举动是对作者权益的保护，也是我们持续为您提供有价值的内容的动力之源。

关于异步社区和异步图书

"异步社区"是人民邮电出版社旗下 IT 专业图书社区，致力于出版精品 IT 技术图书和相关学习产品，为作译者提供优质出版服务。异步社区创办于 2015 年 8 月，提供大量精品 IT 技术图书和电子书，以及高品质技术文章和视频课程。更多详情请访问异步社区官网 https://www.epubit.com。

"异步图书"是由异步社区编辑团队策划出版的精品 IT 专业图书的品牌，依托于人民邮电出版社近 30 年的计算机图书出版积累和专业编辑团队，相关图书在封面上印有异步图书的 LOGO。异步图书的出版领域包括软件开发、大数据、AI、测试、前端、网络技术等。

异步社区

微信服务号

目 录

模块 1 额外的 Hadoop 工具：ZooKeeper、Sqoop、Flume、YARN 和 Storm

模块 2 利用 NoSQL 和 Hadoop：实时、安全和云

模块 3　Hadoop 商业发行版和管理工具

模块 1

额外的 Hadoop 工具：ZooKeeper、Sqoop、Flume、YARN 和 Storm

模　块　1

模块 1 讨论额外的 Hadoop 工具，包括 ZooKeeper、Sqoop、Flume、YARN 和 Storm。

第 1 讲介绍 ZooKeeper，讨论其安装、操作和用法，ZooKeeper 的应用和构建 ZooKeeper 应用的流程，解释了屏障和生产者—消费者查询。

第 2 讲讨论 Sqoop 的角色及其工作流、特性和架构。这一讲讨论如何用 Sqoop 导入、导出数据，如何控制并行，编码 null 值，将数据导入至 Hive 和 HBase 表，以及驱动程序的角色和 Sqoop 中的连接头。

第 3 讲介绍 Flume，涉及 Flume 配置文件、设置的流程和在计算机系统上的 Flume 配置。

第 4 讲介绍 YARN 并解释 YARN 的角色，并详细解释其架构。这一讲还讨论一个 YARN API 例子。

第 5 讲讨论 Storm 在实时数据中管理上下文中的角色，如何集成 Storm 以及 Hadoop 如何完成简单过程的实时数据处理。这一讲解释了架构，并对 Storm 应用、Storm API 和 Storm on YARN 的例子进行剖析。

用 ZooKeeper 进行分布式处理协调

模块目标

学完本模块的内容，读者将能够：

▶▶ 为分布式协调服务实现 Apache ZooKeeper 的使用

本讲目标

学完本讲的内容，读者将能够：

▶▶	解释 Apache ZooKeeper 的角色和好处
▶▶	讨论与 ZooKeeper 相关的一些术语
▶▶	理解 ZooKeeper 命令行界面的用法
▶▶	安装和运行 ZooKeeper
▶▶	讨论一些流行的 ZooKeeper 应用
▶▶	使用 ZooKeeper 构建应用程序

"ZooKeeper 将帮你协调 Hadoop 的节点。"

——Jeroen Latour

在本系列的《大数据开发者：大数据技术与编程基础》中，已经介绍过大规模的数据处理。本讲将学习使用名为 **Apache ZooKeeper** 的 Hadoop 分布式协调服务，构建通用的分布式应用。

当分布式应用实现了分布式服务时，它们需要投入大量精力来修复 bug 和竞争条件。由于这些困难的存在，应用程序最初往往会忽视这些服务。这就导致应用程序变得非常脆弱且易变，使得难以管理。即使这些服务被正确地实现了，由于它们实现过程的不同，也存在着管理复杂度增加的可能。

附加知识

当某个设备或系统试图同时完成两个或更多的操作时，就发生了一个不想要的被称为**竞争条件**的情况。但是根据设备或系统的特性，这些操作必须要以恰当的顺序完成，才能正确执行。

如果读、写大量数据的命令同时确认，竞争条件就会发生在计算机内部存储中。当仍然有旧的数据读取时，机器试图覆盖部分或全部旧数据。最后的结果可能会是计算机崩溃、"非法操作"、程序通知和关闭、读取旧数据出错或是写新数据出错。有了计算机内部存储访问的串行化支持，当读写命令确认的时间很接近时就可以禁止竞争条件了。默认情况下的执行，首先执行完成读命令。

Apache ZooKeeper 提供开源的分布式配置服务、同步服务和分布式系统的命名注册。在本讲中，读者将学习有关 ZooKeeper 及其作用、操作和实现的知识。

第1卷模块4的出口		本书模块1第1讲的入口
• 了解Hadoop分布式计算平台并开发MapReduce程序 • 与Hive、Pig、Oozie协同工作		• 了解ZooKeeper作为Hadoop开源分布式协调服务的角色

1.1　ZooKeeper 简介

如前所述，**ZooKeeper** 是 Hadoop 的分布式协调服务。

定　义

ZooKeeper 是一个高性能的协调服务，其目的是存储和提供命名、维护配置和位置信息等服务，并为分布式应用程序提供分布式同步。

ZooKeeper 的架构通过冗余服务支持高可用性。ZooKeeper 的目的是提取分布式应用所需的服务要素至一个集中协调服务的简单接口中去。它是分布式的且非常可靠的。它考虑了一致性、组管理以及在执行服务时已存在的协议，使得应用程序不需要自己实现它们。

1.1.1　ZooKeeper 的好处

由于下列好处，许多公司（包括 Yahoo!、eBay 和 Solr）都使用 ZooKeeper。

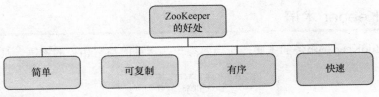

ZooKeeper 是简单的

使用一个共享的层次命名空间，ZooKeeper 允许各种分布式处理相互协调。这个命名空间的组织类似于标准文件系统，由称为 **znode** 的数据寄存器组成。znode 与文件和目录类似。

每个 znode 由 **path** 标识。

name 是路径元素的序列，由斜杠（/）分割。

不同于设计用于存储的常见文件系统，ZooKeeper 的数据保存在内存中，这意味着它可以实现高吞吐量和低延迟数。

ZooKeeper 的实现强调了下列因素。

○ **高性能**：可以在相当大型的分布式系统中使用 ZooKeeper。

○ **高可用性**：为了阻止变成单一失效点，设计了 ZooKeeper。

○ **严格有序的访问**：客户端可以实现复杂的同步 ZooKeeper 原语。

ZooKeeper 是可复制的

类似于它协调的分布式进程，ZooKeeper 本身打算复制一组称作 **ensemble** 的主机。组成 ZooKeeper 服务的服务器有必要相互了解。**状态的内存镜像**，连同持久存储中的事务日志和快照，都是由它们维护的。只要大多数服务器可用，就有 ZooKeeper 服务的可用性。

客户端连接到一台单一的 ZooKeeper 服务器。客户端维护了一个传输控制协议（TCP）连接，通过它发送请求，得到响应，监测事件并发送心跳。如果到服务器的 TCP 连接中断了，客户端就会连接到不同的服务器。

ZooKeeper 是有序的

ZooKeeper 对每次更新都印上一个数字标记，它反映了所有 ZooKeeper 交易的顺序。该顺序可以被子序列的操作使用，以实现高层抽象，如**同步原语**。

ZooKeeper 是快速的

ZooKeeper 在"读为主"的工作负载中尤其快。其应用程序运行于成千上万台机器之上，在读写比率为 10：1 的地方，它执行得最好。

知识检测点 1

ZooKeeper 的目标是什么？

1.1.2 ZooKeeper 术语

为了了解 ZooKeeper 服务的本质，应当熟悉一些常见的与它相关的术语，具体如下。

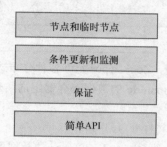

节点和临时节点

条件更新和监测

保证

简单API

让我们逐个学习这些术语。

节点和临时节点

ZooKeeper 命名空间中的每个 znode 可以包含与之相关的数据并可以有子节点。这类似于有一个文件系统，该系统允许一个文件成为一个目录。存储在命名空间的每个 znode 中的数据可以被自动读写。

与 znode 相关的所有数据字节都是通过读取而获得的，所有的数据都是通过写而被替换。每个节点都有一个**访问控制列表**（ACL），它限制谁可以在该 znode 中执行读写操作。

znode 维护包含了数据更改版本号、ACL 变化和使高速缓存验证和协调更新成为可能的时间戳的统计结构。一旦 znode 中的数据发生变更，版本号就会增加；例如，当有客户检索数据时，它也获取数据的版本。

znode 可能是临时的也可能是持久的。

临时节点是这样一种 znode，它仅当创建该 znode 的会话活跃时存在。当该会话结束时，临时节点也就被删除了。

当客户端断开时，**持久的 znode** 是不会被删除的。

知识检测点 2

临时节点相对于持久节点的优势是什么？

条件更新和监测

ZooKeeper 支持监测的概念。watch 可以通过客户端设置于 znode 之上。当有 znode 被修改时，watch 的触发和消除就发生了。当 watch 触发、znode 被修改的提示消息给出时，客户端会收到一个包。如果客户端和 ZooKeeper 服务器之间的连接断了，那么客户端就收到一个本地通知。

保证

ZooKeeper 的目标是成为一个用于创建更复杂服务（如同步）的源头，因此，它提供了如下保证。

- ○ **顺序一致性**：来自一个客户端的更新按发送顺序被应用。
- ○ **原子性**：更新要么成功，要么失败；没有部分成功或者部分失败的情况。
- ○ **单一的系统镜像**：一个客户端总是看到服务的同一视图，而不论它连接到了哪台服务器。
- ○ **可靠性**：一旦应用了一个更新，它从该时间一直持续到客户端覆盖了该更新。
- ○ **时效性**：客户端的系统视图确保在一定时间内得以更新。

简单 API

ZooKeeper 提供了一个简单的编程接口。表 1-1-1 描述了它所支持的操作。

表 1-1-1　ZooKeeper 操作

操　　作	描　　述	语　　法
create	在树的某个位置创建一个 znode	Create(path, data, flags)
delete	删除 znode	Delete(path, version)
exists	测试 znode 是否存在于某个位置	Exists(path, watch)
getData	从节点中读取数据	GetData(path, watch)
setData	将数据写入节点	SetData(path, data, version)
getChildren	检索节点的子节点列表	GetChildren(path, watch)
sync	等待数据被传播到客户端所连接的服务器	sync(path)

知识检测点 3

当 znode 改变时，在 watches 状态中会发生什么？

1.1.3　ZooKeeper 命令行界面（CLI）

ZooKeeper 配备了一个命令行客户端供交互使用，可以通过 ZooKeeper-client 命令的执行来启动它。如果看不到初始化提示，则按下 **Enter** 键。需要键入 ls /或 help 来查看其他可能的命令。

```
$ZooKeeper-client
…
[zk: localhost:2181(CONNECTED) 0] ls /
[ZooKeeper]
[zk: localhost:2181(CONNECTED) 1] help
```

这类似于 shell 和来自类 UNIX 系统的文件系统。ZooKeeper 中数据的存储位于 znode 的层级结构中。每个 znode 中都包含数据（类似于文件）和子节点（类似于目录）。ZooKeeper 希望能处理每个 znode 中的数据小块，默认的最大容量为 1 MB。

读取数据和写入数据

创建 znode 与指定路径和内容一样容易。

使用下列命令创建一个空的 znode 作为父"目录"，创建另一个 znode 作为子目录：

```
[zk: localhost:2181(CONNECTED) 2] create/zk-demo ''
Created/zk-demo
[zk: localhost:2181(CONNECTED) 3] create/zk-demo/my-node 'Hello!'
Created/zk-demo/my-node
```

在创建父 znode 和子 znode 之后，使用 get 命令，可以读取这些 znode 的内容。第一行打印包含在 znode 中的数据，随后列出元数据：

```
[zk: localhost:2181(CONNECTED) 4] get/zk-demo/my-node 'Hello!'
<metadata>
    dataVersion = 0
<metadata>
```

znode 创建之后总是可以修改的：

```
[zk: localhost:2181(CONNECTED) 5] set/zk-demo/my-node 'Goodbye!'
<metadata>
    dataVersion = 1
<metadata>
[zk: localhost:2181(CONNECTED) 6] get/zk-demo/my-node 'Goodbye!'
<metadata>
    dataVersion = 1
<metadata>
```

在上述例子中，注意 dataVersion 的值也已经被修改了。

还可以删除 znode。不能删除带有子节点的 znode，除非先删除子节点。为了完成该任务，使用 rmr 命令：

```
$ ./zkCli.sh rmr /nodename
[zk: localhost:2181(CONNECTED) 7] delete/zk-demo/my-node
[zk: localhost:2181(CONNECTED) 8] Is/zk-demo
```

所有的方法都有通过 API 提供的一个同步版本和一个异步版本。当应用程序需要执行单一的 zookeeper 操作时，它使用**同步 API**；该应用程序没有并发任务需要执行，所以调用必要的 ZooKeeper 并阻塞。而**异步 API** 可以使应用程序有多个未完成的操作和其他并行执行的任务。

ZooKeeper 客户端保证每个操作对应的回调按顺序被调用。注意，ZooKeeper 不使用 ZooKeeper 句柄来访问 znode。相反，每一个请求包括了 znode 正在运作的完整路径。

该选择简化了 API 并消除了服务器需要维护的额外状态。每一个更新方法都需要一个预期的版本号，它可以实现条件更新。如果 znode 实际版本号与预期版本号不匹配，则更新失败，抛出一个非预期版本的错误。如果版本号为-1，则它不执行版本检查。

1.2　安装和运行 ZooKeeper

为了安装和运行 ZooKeeper，需要先确保与支持的平台和软件相关的先决条件都满足了。

1.2.1　支持的平台

ZooKeeper 支持的平台如表 1-1-2 所示。

表 1-1-2　ZooKeeper 支持的平台

平　　台	支　持　为
GNU/Linux	一种服务器及客户端的开发和生产平台
Sun Solaris	一种服务器及客户端的开发和生产平台
FreeBSD	一种仅用于客户端的开发和生产平台；FreeBSD Java 虚拟机(JVM)中的 Java 新 IO（NIO）选择器是坏的
Win32	一种服务器及客户端的开发平台
MacOSX	一种服务器及客户端的开发平台

1.2.2　所需的软件

ZooKeeper 运行在 Java 1.6 或更高（JDK 6 或更高）版本之上。它作为 ZooKeeper 服务器的整体来运行。推荐的整体最小规模是 **3 台 ZooKeeper 服务器**。建议在独立的机器上运行这些服务器。

与现实生活的联系

雅虎公司通常在专用的带有双核处理器、2 GB 内存和 80 GB 集成开发环境（IDE）硬盘的 Red Hat Enterprise Linux（RHEL）沙盒中开发 ZooKeeper。

1.2.3　单服务器的安装

在单服务器单机模式中安装 ZooKeeper 的过程非常简单。由于服务器包含在单一 jar 文件中，安装 ZooKeeper 时会创建一个配置文件。

下载之后解压一个稳定的 ZooKeeper 发行版，并完成把 cd 放置在根目录的工作。配置文件是启动 ZooKeeper 所需的。下面的例子显示了一个可以在 conf/zoo.cfg 下创建的例子：

```
tickTime=2000
dataDir=/var/ZooKeeper
clientPort=2181
```

技术材料

　　log4j（Java 的日志库）是一个著名的以 Java 编写的日志包，已经被移植到了 C、C++、C#、Perl、Python、Ruby 和 Eiffel 语言。调试代码的低劣的技术方法是插入日志语句。它也可能因为调试器不可用或不适用（分布式应用情形下较常见），而成为唯一的方法。

　　为了识别现有的目录，可以改变 dataDir 的值。在这个例子中，我们有以下几个选择。

○ **tickTime**：它是 ZooKeeper 使用的时间单位。它以毫秒为单位并在心跳中使用。最小的会话超时是 **tickTime** 的两倍。

○ **dataDir**：它指的是内存数据库快照和更新到数据库的交易日志存储的地方，除非另有特别说明。

○ **clientPort**：监听客户端连接的端口。

　　创建配置文件之后，ZooKeeper 可以按如下方式启动：

```
bin/zkServer.sh start
```

　　有了 log4j 的帮助，消息被 ZooKeeper 记录下来了。去往控制台（默认）的日志消息和/或依赖于 log4j 配置的日志文件都是可见的。

　　预处理器不在 Java 语言中出现。Java 中代码的尺寸由日志语句所增加，并且即使关闭日志也会降低速度。当合理规模的应用中包含成千上万条日志语句时，速度是非常重要的。log4j 可以在运行时启用日志记录，而无须改变应用程序的二进制代码。设计 log4j 包时就考虑了如何将这些语句留在交付代码中，而不会导致严重的性能成本。编辑配置文件时，无须接触应用程序的二进制代码，就有可能控制日志记录的行为。

1.3 使用 ZooKeeper

　　各种各样的 Hadoop 项目都使用 ZooKeeper 来协调集群并提供高可用的分布式服务，其中最著名的就是 **Apache HBase** 了。它使用 ZooKeeper 来跟踪主节点、区域服务器和分布在整个集群中的数据状态。

　　如何使用 ZooKeeper 的更多实例如下。

○ **组成员和名称服务**：通过为每个节点注册一个临时 znode，可以把 ZooKeeper 作为集群内的 DNS 的一种替代品（和其他任何它能完成的角色）。这使该集群始终具有一个最新的活动节点目录，因为关闭的节点会从列表中自动删除。

○ **分布式互斥锁和主节点的选择**：ZooKeeper 中的这些组件可以帮助实现集群内的故障转移，协调并发资源的访问，并做出其他关于集群安全的决策。

○ **异步消息传递和事件广播**：只要以吞吐量为主要关注点，那么就有更适合传递消息的工具；然而，ZooKeeper 在按需建立一个简单的发布/子系统的情形下是有用的。如果一个集群需要在集群中添加或删除节点之后，执行一个行为序列，行为序列就可以作为顺序节点组队列而被加载到 ZooKeeper 中。在此"主"节点可以按正确的顺序在所需的时候处理每一个行为。即使这是一个漫长的过程（因为 ZooKeeper 会记录每个行为的过程），在有任何问题发生导致主节点离开的地方，另一个节点也能较容易地启动。

○ **集中配置管理：** 如果 ZooKeeper 存储了配置信息，就会有两个特定的优势。首先，如果告知新节点如何连接到 ZooKeeper，那么其他所有的配置信息可以被下载并且它们应当在集群中为其自身所扮演的角色也就能被确定了。其次，这将允许应用程序订阅配置中的更改，从而允许通过 ZooKeeper 客户端调整配置，并在运行时修改集群的行为。

维护组中的服务器列表

成员列表不能存储在网络中的单个节点上，因为该节点的故障可能意味着整个系统的失效。即使有一个健壮的存储列表的方法，仍然会有一个问题，如果它失效了，如何从列表中移除一台服务器。一些进程负责删除失效的服务器。注意，服务器不负责处理该失效，这是因为它不再运行了。

ZooKeeper 中的组成员关系

在 ZooKeeper 中，znode 形成了层次命名空间。它们通过创建一个带有组名称的父 znode 以及带有组成员（服务器）名称的子 znode，构建了成员关系列表。

创建一个组

考虑你想要为组创建一个称作**/zoo** 的 znode。当 main() 方法运行时，它创建了一个 CreateGroup 实例，然后调用其 connect() 方法，它初始化了一个新的 ZooKeeper 对象、客户端 API 的 main 类以及维护客户端和 ZooKeeper 服务之间连接的类。

构造函数需要以下 3 个参数。

○ ZooKeeper 服务的主机地址（以及可选的端口，默认值是 2181）。

○ 会话超时的毫秒数（在这个案例中为 5 s）。

○ Watcher 对象的实例。Watcher 对象接收来自 ZooKeeper 的回调以告知它各种事件。（在这个案例中，它是 CreateGroup。）

创建一个 ZooKeeper 实例时，它启动一个线程连接到 ZooKeeper 服务。对于构造函数的调用会立即返回。因此，在使用 ZooKeeper 对象前等待连接的建立是非常重要的。可以使用 Java 的 CountDownLatch 类（在 java.util.concurrent 包中）进行阻塞，直到 ZooKeeper 实例就绪。这就是 Watcher 的来源。Watcher 实例只有一个方法：

```
public void process(WatchedEvent event);
```

当客户端连接到 ZooKeeper 时，Watcher 收到了到其 process() 方法的调用，以及一个已连接的指示。在接收到一个连接事件（由 **Watcher.Event.KeeperState** 枚举呈现，值为 SyncConnected）时，通过使用其 countDown() 方法，减少了 CountDownLatch 中的计数器。创建值为 1 的锁，它代表了需要在它释放所有等待线程之前发生的事件数量。Countdown() 方法被调用一次后，计数器达到了 0，并返回 await() 方法。

connect() 方法已经返回了。下一个在 GreateGroup 上调用的是 create() 方法。在这个方法中，使用 ZooKeeper 实例上的 create() 方法创建了一个新的 ZooKeeper znode。它需要以下参数：路径（由字符串表示）、znode（一个字节数组，在这种情况下为空）的内容、一个 ACL 和将被创建的 znode 的特性。你要 znode 代表一个比创建它的程序的生命期更长的组，因此，需要创建一个持久性的 znode。

create() 方法的返回值是由 ZooKeeper 所创建的路径。可以使用它来打印一条路径被成功创建的消息。为了看到程序的行为，需要让 ZooKeeper 运行在本地机器上，然后键入：

```
% export CLASSPATH=build/classes:$ZOOKEEPER_INSTALL/*:$ZOOKEEPER_INSTALL/lib/*:\
$ZOOKEEPER_INSTALL/conf
% java CreateGroup localhost zoo
Created /zoo
```

加入一个组

该应用程序的下一部分是注册组中的成员。每个成员将作为一个程序来运行并加入组。当程序退出时，它应当从该组中删除。可以通过创建一个临时的并将其呈现到 ZooKeeper 命名空间中的 znode 的方式来加入成员。

```
% java JoinGroup localhost zoo duck &
% java JoinGroup localhost zoo cow &
% java JoinGroup localhost zoo goat &
% goat_pid=$!
```

图 1-1-1 展示了这个组。

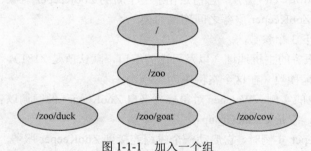

图 1-1-1　加入一个组

当与某个节点通信时，组成员关系不能替代网络错误。即使某个节点是组成员，与它的通信也可能会失败，这样的失败必须以常用的方法来处理（如重试或尝试其他组成员）。

知识检测点 4

当集群关闭时，ZooKeeper 会话会发生什么？

1.4　ZooKeeper 应用程序

使用 ZooKeeper 的一些应用程序如下：

○　获取服务（FS）爬取；

○　Katta；

○　Yahoo!消息代理（YMB）。

下面我们描述每种应用程序。

1.4.1　FS 爬取

FS 爬取是搜索引擎的一个重要组成部分。它是爬取了数十亿个 Web 文档的 Yahoo!爬虫（Yahoo! Slurp）的一个部分。FS 有控制页面爬取过程的主进程。

主进程提供了带有配置的获取者，而获取者写回它们的状态和运转情况。将 ZooKeeper 用于 FS 的主要好处如下。

○　从主节点的失败中恢复。

○　即使失败了也保证可用性。

○　从服务器中解耦客户端。

为了使客户端仅从 ZooKeeper FS 读取它们的状态，从而将它们的请求直接定向到正常运转的服务器上，ZooKeeper 主要用于管理配置元数据和选举主节点（选举指挥者）。图 1-1-2 展示了 3 天周期内 FS 所使用的 ZooKeeper（ZK）服务器的读写流量。

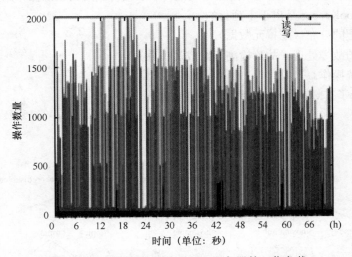

图 1-1-2　FS 所用的 ZooKeeper 服务器的工作负载

为了生成该图，需要计算 3 天周期内每一秒的操作数量，以及这一秒内每一点对应的操作数量。

图 1-1-2 显示了读流量远高于写流量。在每秒高于 1000 次操作的周期内，读写的比率在 10∶1 和 100∶1 之间变化。工作负载中的读操作是 getData()、getChildren() 和 exists()，按照使用的广泛程度升序排列。

1.4.2　Katta

Katta 是一个分布式的使用 ZooKeeper 进行协调的索引器。它是一个非雅虎应用的例子。Katta 使用**碎片**划分索引工作。一个主服务器将碎片指派给从服务器并跟踪进展。

从服务器可能失效，所以主服务器必须随着从服务器的上线下线重新分配负载。就连主服务器也会失败，所以其他服务器必须随时准备着在主服务器失效的情况下进行接管。

Katta 使用 ZooKeeper 的目的如下：

○　跟踪从服务器和主服务器（组成员关系）的状态；

○　处理主服务器的故障转移（指挥者选举）；

○　跟踪和传播指派给从服务器的碎片（配置管理）。

1.4.3　Yahoo!消息代理（YMB）

YMB 是一个分布式的发布—订阅系统。它管理成千上万个往来于可以发布和接收消息的客户端的主题。该主题分布于一组服务器中以提供可伸缩性。

每个主题都可以使用主备模式来复制以确保消息被复制到两台机器上，确保可靠的消息传输。构成 YMB 的服务器使用无共享的分布式架构，它使协调成为正确操作的必要条件。

YMB 使用 ZooKeeper 是出于下列目的：

○　管理主题的分布（配置元数据）；

○　系统中的故障处理（故障检测和组成员关系）；

○　控制系统操作。

图 1-1-3 展示了 YMB 的 znode 数据布局的一部分。

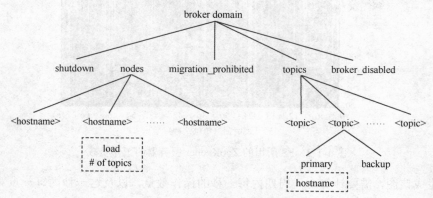

图 1-1-3　ZooKeeper 中 YMB 结构的布局

每个代理域都有一个称为**节点**的 znode。每台 YMB 服务器通过 ZooKeeper，在带有组成员关系的负载和状态信息的节点之下创建一个临时的 znode。

关闭和**禁止迁移**等节点由组成服务的所有服务器进行监控，并允许 YMB 集中控制。针对每一个由 YMB 管理的主题的主题目录都有一个子 znode。这些主题的 znode 有子 znode，为每个主题连同主题的订阅者指定主服务器和备份服务器。主服务器和备份服务器的 znode 不只能允许服务器发现管理主题的服务器，而且能管理领导服务器的选举和服务器冲突。

图 1-1-4 展示了 ZooKeeper 服务的组件。

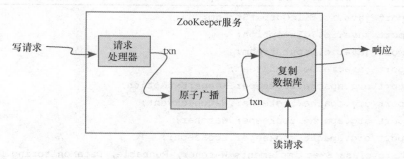

图 1-1-4　ZooKeeper 服务的组件

知识检测点 5

1. ZooKeeper 中 FS 爬取的功能是什么？
2. 解释 ZooKeeper 服务中的组件。

与现实生活的联系：在何处以及如何使用 ZooKeeper

　　ZooKeeper 的一个例子是分布式内存计算，其中数据共享于客户端节点，为了满足同步的需求，数据需以有组织的方式访问或更新。

　　ZooKeeper 可以提供库，以创建同步原语，运行分布式服务器的能力消除了使用集中消息存储带来的单点失效的发生。

　　ZooKeeper 没有领导选举、锁和屏障这样的机制，但是它们可以被写在 ZooKeeper 原语的顶层。在 C/Java API 无法管理的情况下，它可以依赖 cages 和 curator 这样的 ZooKeeper 库。

1.5　使用 ZooKeeper 构建应用程序

　　现在，让我们考虑如何利用 ZooKeeper 构建应用程序。

1.5.1　Exec.java

　　基于 znode 启动和停止可执行文件，一个利用了 `DataMonitoring` 的简单示例程序是 `Exec.java`。

　　查看指定的 znode 并在文件系统中保存与 znode 相关的数据的任务，是通过程序来完成的。

当 znode 存在时它还启动了指定的带有特定参数的应用程序，如果 znode 消失了就杀死程序。

代码清单 1-1-1 显示了使用 Java 构建 ZooKeeper 应用程序的一个例子。

代码清单 1-1-1　使用 Java 构建 ZooKeeper 的应用程序

```
1   import java.io.FileOutputStream;
    import java.io.IOException;
    import java.io.InputStream;
    import java.io.OutputStream;
    import org.apache.zookeeper.KeeperException;
    import org.apache.zookeeper.WatchedEvent;
    import org.apache.zookeeper.Watcher;
    import org.apache.zookeeper.ZooKeeper;
    public class Exec implements Watcher, Runnable, DataMonitoring.DMListener {
2       String zn;
        DataMonitoring datamonitor;
        ZooKeeper zkeeper;
        String fname;
        String exec_arr[];
        Process zchild;
        public Exec(String hp, String zn, String fname, String exec_arr[])
        throws KeeperException, IOException {
            this.fname = fname;
            This.exec_arr = exec_arr;
            zkeeper = new ZooKeeper(hp, 3000, this);
            datamonitor = new DataMonitoring(zkeeper, zn, null, this);
        }
        /**
        * @param args
        */

3       public static void main(String[] args) {
            if (args.length < 4) {
                System.err.println("USAGE: Executor hostPort znode filename
                program [args...]");
                System.exit(2);
            }
            String hp = args[0];
            String zn = args[1];
            String fname = args[2];
            String exec_arr[] = new String[args.length - 3];
            System.arraycopy(args, 3, exec_arr, 0, exec_arr.length);
```

```
        try {
            new Exec(hp, zn, fname, exec_arr).run();
        } catch (Exception e) {
            e.printStackTrace();
        }
    }
}
```

代码清单 1-1-1 的解释

1	**Watcher** 接口由 ZooKeeper 定义。Java API 定义了 **Watcher** 接口并将其用于与其容器通信。它支持 process() 方法，ZooKeeper 用它来与主线程感兴趣的通用事件通信，如 ZooKeeper 连接或 ZooKeeper 会话的状态
2	Exec 类由主线程和执行逻辑所构成。Exec 类的职责是监控用户的交互并与作为参数传入的可执行程序互动。此外，根据 znode 的状态，它还能关闭和重启 对于示例应用程序，主容器是 Exec 对象，它由 **ZooKeeper** 对象和 **DataMonitoring** 组成
3	main() 方法将检查命令行参数并将这些参数指派给变量

1.5.2　处理事件

要处理任何事件，只需要转发它们。处理事件的代码如代码清单 1-1-2 所示。

代码清单 1-1-2　处理事件的代码

```
org.apache.zookeeper.Watcher#process(org.apache.zookeeper.proto.
WatcherEvent)
*/
public void process(WatchedEvent event) {
    datamonitor.process(event);
}
public void run() {
    try {
        synchronized (this) {
            while (!datamonitor.false) {
                wait();
            }
        }
    } catch (InterruptedException e) {
    }
}
public void closing(int c) {
    synchronized (this) {
        notifyAll();
    }
}
static class StreamWriter extends Thread {
```

```
        OutputStream outs;
        InputStream ins;
        StreamWriter(InputStream ins, OutputStream outs) {
            this.ins = ins;
            this.outs = outs;
            start();
        }
        public void run() {
            byte b[] = new byte[80];
            int c;
            try {
                while ((c = ins.read(b)) > 0) {
                    outs.write(b, 0, c);
                }
            } catch (IOException e) {
            }
        }
    }
    public void exists(byte[] bdata) {
        if (bdata == null) {
            if (zchild != null) {
                System.out.println(" destroy the process");
                zchild.destroy();
                try {
                    zchild.waitFor();
                } catch (InterruptedException e) {
                }
            }
            zchild = null;
        } else {
            if (zchild != null) {
                System.out.println("Stopping the process");
                zchild.destroy();
                try {
                    zchild.waitFor();
                } catch (InterruptedException e) {
                    e.printStackTrace();
                }
            }
            try {
                FileOutputStream fs = new FileOutputStream(fname);
                fs.write(bdata);
                fs.close();
```

（代码行号标记：3 对应 `public void exists(byte[] bdata) {`）

```
        } catch (IOException e) {
            e.printStackTrace();
        }
        try {
            System.out.println("Starting a child");
            zchild = Runtime.getRuntime().exec_arr(exec_arr);
            new StreamWriter(zchild.getInputStream(), System.out);
            new StreamWriter(zchild.getErrorStream(), System.err);
        } catch (IOException e) {
            e.printStackTrace();
        }
    }
  }
}
```

代码清单 1-1-2 的解释

1	ZooKeeper Java API 定义了 **Watcher** 接口，ZooKeeper 用它来与其容器通信。它所支持的唯一方法是 process()，ZooKeeper 用它来与主线程可能感兴趣的通用事件通信，如 ZooKeeper 连接或 ZooKeeper 会话的状态。在这个例子中，事件被 Executor 向下转发给 DataMonitoring，以决定要利用它们做些什么。这表明 Executor 或某些类似于 Executor 的对象"拥有"常规的 ZooKeeper 连接，但是可以自由地将事件委托给其他事件。这也被用作启动监测事件的默认通道
2	调用了 Executor.closing() 之后，Executor 决定是否关闭自身，以响应 ZooKeeper 连接的永久消失
3	调用了 Executor.exists() 之后,Executor 决定是否要根据每个请求来启动或关闭进程。注意，如果不存在 znode，需要杀掉（kill）执行者

1.5.3　监控数据

DataMonitoring.javaDataMonitoring.java 是一个简单的类,监控 ZooKeeper 节点的存在和数据。它使用异步 ZooKeeper API，如代码清单 1-1-3 所示。

代码清单 1-1-3　异步 ZooKeeper API

```
import java.util.Arrays;
import org.apache.zookeeper.KeeperException;
import org.apache.zookeeper.WatchedEvent;
import org.apache.zookeeper.Watcher;
import org.apache.zookeeper.ZooKeeper;
import org.apache.zookeeper.AsyncCallback.StatCallback;
import org.apache.zookeeper.KeeperException.Code;
import org.apache.zookeeper.data.Stat;
public class DataMonitoring implements Watcher, StatCallback {
```

```
ZooKeeper zkeeper;
String zn;
Watcher zWatcher;
boolean false;
DMListener dmlistener;
byte prvData[];
public DataMonitoring(ZooKeeper zkeeper, String zn, Watcher
zWatcher,
DMListener dmlistener) {
this.zkeeper = zkeeper;
this.zn = zn;
this.zWatcher = zWatcher;
this.dmlistener = dmlistener;
// Get things started by checking if the node exists. We are going
// to be completely event driven
zkeeper.exists(zn, true, this, null);
}
/**
* Other classes use the DataMonitoring by implementing this method
*/
public interface DMListener {
    /**
    * The existence status of the node has changed.
    */
    void exists(byte bdata[]);
    /**
    * The ZooKeeper session is no longer valid.
    *
    * @param c
    * the ZooKeeper reason code
    */
    void closing(int c);
}
public void process(WatchedEvent event) {
    String process_path = event.getPath();
    if (event.getType() == Event.EventType.None) {
        // We are being told that the state of the
        // connection has changed
        switch (event.getState()) {
            case SyncConnected:
                // In this particular example we don't need to do anything
                // here - watches are automatically re-registered with
                // server and any watches triggered while the client was
```

```
            // disconnected will be delivered (in order of course)
            break;
            case Expired:
            // It's all over
            false = true;
            dmlistener.closing(KeeperException.Code.SessionExpired);
            break;
        }
    } else {
        if (process_path != null && process_path.equals(zn)) {
            // Something has changed on the node, let's find out
            zkeeper.exists(zn, true, this, null);
        }
    }
    if (zWatcher != null) {
        zWatcher.process(event);
    }
}
public void processResult(int c, String zpath, Object ctx, Statstat) {
    boolean exist;
    switch (c) {
        case Code.Ok:
        exist = true;
        break;
        case Code.NoNode:
        exist = false;
        break;
        case Code.SessionExpired:
        case Code.NoAuth:
        false = true;
        dmlistener.closing(c);
        return;
        default:
        // Retry errors
        zkeeper.exist(zn, true, this, null);
        return;
    }
    byte bt[] = null;
    if (exist) {
        try {
            bt = zkeeper.getData(zn, false, null);
        } catch (KeeperException kex) {
            // We don't need to worry about recovering now. The watch
```

```
                // callbacks will kick off any exception handling
                kex.printStackTrace();
            } catch (InterruptedException Iex) {
                return;
            }
        }
        if ((bt == null && bt != prvData)
        || (bt != null && !Arrays.equals(prvData, bt))) {
            dmlistener.exists(bt);
            prvData = bt;
        }
    }
}
```

代码清单 1-1-3 的解释

1	检查 znode 是否存在，设置一个监测者，并当 zkeeper.exists() 方法完成回调对象时，传递一个自身的引用。在这个情形下，当监测者的触发引发了真实的处理，事情由 zkeeper.exists() 方法拉开序幕。zkeeper.exists() 完成回调，也就是说，当监测者操作（通过 zkeeper.exists()）的异步设置在服务器上结束时，调用实现在 DataMonitoring 对象中的 OStatCallback.processResult() 方法。当 Exec 被注册为 ZooKeeper 对象的 Watcher 时，通过对监测者的触发，发送一个事件到 Exec 对象
2	**DMListener** 接口是一个完全自定义的接口，不是 ZooKeeper API 的一部分。它专为该示例应用程序而设计，DataMonitoring 对象用它来与其容器（也是 Exec 对象）反向通信。接口定义在 DataMonitoring 类中，并在 Executor 类中实现。当调用 Executor. exists() 时，Executor 按每个要求决定是否要启动或关闭。当调用 Executor. closing() 时，Executor 选择是否它应该由它自己关闭，作为对 ZooKeeper 连接永久性消失的响应
3	znode 存在的错误代码、致命错误和可恢复的错误首先由 processResult() 方法进行检查。如果该文件存在，数据就从 znode 中获取；如果状态不得不被改变，调用 Exec 类的 exists() 回调。然而，getData 回调没有异常处理，因为它有为任何可能引发错误而挂起的监测。如果该节点的删除发生在调用 zkeeper.getData() 之前，zkeeper.exists() 发送的监测事件会触发一个回调。当发生通信错误时，对连接进行备份，触发连接监测事件

DataMonitoring 把本身当作 Watcher，注册到特殊监测事件中也是可能的。但在这个例子中，DataMonitoring 作为 Watcher 的注册没有完成。

1.5.4 实现屏障和生产者-消费者队列

使用 ZooKeeper 的屏障和生产者-消费者队列的一个简单实现如代码清单 1-1-4 所示。

代码清单 1-1-4　屏障和生产者-消费者队列的实现

```
SynchroPrimitive.Java
import java.io.IOException;
import java.net.InetAddress;
import java.net.UnknownHostException;
import java.nio.ByteBuffer;
import java.util.List;
import java.util.Random;
import org.apache.zookeeper.CreateMode;
import org.apache.zookeeper.KeeperException;
import org.apache.zookeeper.WatchedEvent;
import org.apache.zookeeper.Watcher;
import org.apache.zookeeper.ZooKeeper;
import org.apache.zookeeper.ZooDefs.Ids;
import org.apache.zookeeper.data.Stat;
public class SynchroPrimitive implements Watcher {
    static ZooKeeper zkeeper = null;
    static Integer mutex;
    String rt;
    SynchroPrimitive(String ad) {
        if(zkeeper == null){
            try {
                System.out.println("Starting ZooKeeper:");
                zkeeper = new ZooKeeper(ad, 3000, this);
                mutex = new Integer(-1);
                System.out.println("Finished starting ZooKeeper: " + zkeeper);
            } catch (IOException ex) {
                System.out.println(ex.toString());
                zkeeper = null;
            }
        }
    }
    synchronized public void process(WatchedEvent wet) {
        synchronized (mutex) {
            //System.out.println("Process: " + wet.getType());
            mutex.notify();
        }
    }
    /**
     * Barrier
     */
    static public class Barrier extends SynchroPrimitive {
        int size;
        String bname;
```

1
2

```
    /**
     * Barrier constructor
     *
     * @param ad
     * @param rt
     * @param size
     */
    Barrier(String ad, String rt, int size) {
        super(ad);
        this.rt = rt;
        this.size = size;
        // Create barrier node
        if (zkeeper != null) {
            try {
                Stat stat = zkeeper.exists(rt, false);
                if (stat == null) {
                    zkeeper.create(rt, new byte[0], Ids.OPEN_ACL_UNSAFE,
                    CreateMode.PERSISTENT);
                }
            } catch (KeeperException kex) {
                System.out.println("ZooKeeper exception while instantiating queue:"
                + kex.toString());
            } catch (InterruptedException ie) {
                System.out.println("Interrupted exception thrown");
            }
        }
        // My node name
        try {
            bname = new String(InetAddress.getLocalHost().
            getCanonicalHostName().toString());
            } catch (UnknownHostException ex) {
                System.out.println(ex.toString());
            }
        }
    /**
     * Join barrier
     *
     * @return
     * @throws KeeperException
     * @throws InterruptedException
     */
    boolean entey() throws KeeperException, InterruptedException{
        zkeeper.create(rt + "/" + bname, new byte[0], Ids.OPEN_ACL_UNSAFE,
    CreateMode.EPHEMERAL_SEQUENTIAL);
```

```
        while (true) {
            synchronized (mutex) {
                List<String> l = zkeeper.getChildren(rt, true);
                if (l.size() < size) {
                    mutex.wait();
                } else {
                    return true;
                }
            }
        }
    }
    /**
     * Wait until all reach barrier
     *
     * @return
     * @throws KeeperException
     * @throws InterruptedException
     */
    boolean leaveing() throws KeeperException, InterruptedException{
        zkeeper.delete(rt + "/" + bname, 0);
        while (true) {
            synchronized (mutex) {
                List<String> l = zkeeper.getChildren(rt, true);
                if (l.size() > 0) {
                    mutex.wait();
                } else {
                    return true;
                }
            }
        }
    }
}
/**
 * Producer-Consumer queue
 */
static public class Queue extends SynchroPrimitive {
    /**
     * Constructor of producer-consumer queue
     *
     * @param ad
     * @param bname
     */
```

```
5    Queue(String ad, String bname) {
         super(ad);
         this.rt = bname;
         // Create ZK node name
         if (zkeeper != null) {
         try {
             Stat stat = zkeeper.exists(rt, false);
             if (stat == null) {
                 zkeeper.create(rt, new byte[0], Ids.OPEN_ACL_UNSAFE,
                 CreateMode.PERSISTENT);
             }
             } catch (KeeperException kex) {
                 System.out
                 .println("ZooKeeper exception while instantiating queue: "
                 + kex.toString());
                 } catch (InterruptedException ie) {
                     System.out.println("Interrupted exception is thrown");
                 }
             }
         }
         /**
          * Add element to the queue.
          *
          * @param ins
          * @return
          */
6    boolean produce(int ins) throws KeeperException, InterruptedException{
         ByteBuffer bb = ByteBuffer.allocate(4);
         byte[] value;
         // Add child with value ins
         bb.putInt(ins);
         value = bb.array();
         zkeeper.create(rt + "/element", value, Ids.OPEN_ACL_UNSAFE,
         CreateMode.PERSISTENT_SEQUENTIAL);
         return true;
     }
     /**
      * Removeing first element from the queue.
      *
      * @return
      * @throws KeeperException
      * @throws InterruptedException
      */
```

```
7   int consume() throws KeeperException, InterruptedException{
    int retval = -1;
    Stat st = null;
    // Geting the first element available
    while (true) {
        synchronized (mutex) {
8           List<String> l = zkeeper.getChildren(rt, true);
            if (l.size() == 0) {
                System.out.println("Going to wait");
                mutex.wait();
            } else {
                Integer minval = new Integer(l.get(0).substring(7));
                for(String str : l){
                    Integer temp = new Integer(str.substring(7));
                    //System.out.println("Temporary value: " + temp);
                    if(temp < minval) minval = temp;
                }
                System.out.println("Temporary value: " + rt + "/element" +
                minval);
                byte[] bval = zkeeper.getData(rt + "/element" + minval,
                false, st);
                zkeeper.delete(rt + "/element" + minval, 0);
                ByteBuffer bbuffer = ByteBuffer.wrap(bval);
                retval = bbuffer.getInt();
                return retval;
            }
        }
    }
}
public static void main(String args[]) {
    if (args[0].equals("qTest"))
        qTest(args);
    else
        bTest(args);
}
public static void qTest(String args[]) {
    Queue queue = new Queue(args[1], "/app1");
    System.out.println("Input: " + args[1]);
    int k;
    Integer maxval = new Integer(args[2]);
    if (args[3].equals("p")) {
        System.out.println("Producer");
        for (k = 0; k < maxval; k++)
```

```
            try{
                queue.produce(10 + k);
            } catch (KeeperException kex){ }
                catch (InterruptedException ie){ }
            } else {
                System.out.println("Consumer");
                for (k = 0; k < maxval; k++) {
                    try{
                        int item = queue.consume();
                        System.out.println("Item: " + item);
                    } catch (KeeperException kex){
                        k--;
                    } catch (InterruptedException ie){
                    }
                }
            }
        }
        public static void bTest(String args[]) {
            Barrier br = new Barrier(args[1], "/barrier1", new
            Integer(args[2]));
            try{
                boolean flag = br.entey();
                System.out.println("Entered the barrier: " + args[2]);
                if(!flag) System.out.println("Error while entering the barrier");
                } catch (KeeperException kex){
                } catch (InterruptedException ie){
            }
            // Generate random integer
            Random random = new Random();
            int rand = random.nextInt(100);
            // Loop for random iterations
            for (int i = 0; i < rand; i++) {
                try {
                    Thread.sleep(100);
                } catch (InterruptedException ie) {
                }
            }
            try{
                br.leaveing();
            } catch (KeeperException kex){
            } catch (InterruptedException ie){
            }
            System.out.println("Left barrier");
        }
    }
}
```

代码清单 1-1-4 的解释

1	`process()`方法处理因监测而触发的通知。ZooKeeper 可以通过称作 watch 的内部结构，把任何对节点的修改告知客户端。例如，为了知道某个客户端离开屏障物的时间，其他等待屏障物的客户端可以设置 watch 以便在等待结束时通知该特殊节点
2	通过一个原始的称为屏障的物件，进程组可以实现启动和关闭计算机的同步。实施的主要目标是提供一个屏障节点，满足每个进程节点都有一个父节点的需求。我们假设"/b1"是一个屏障节点，则"/b1/p"节点由每个处理"p"所创建。在所需过程创建相应的节点之后，就由加入的进程启动计算
3	ZooKeeper 服务器的地址通过屏障的构造函数传递给父类构造函数。如果 ZooKeeper 的实例不存在，父类就会创建一个。屏障物节点由 ZooKeeper 上屏障物的构造函数生成。屏障节点是所有进程节点的父节点，也称为根
4	生产者、消费者队列是一个分布式数据结构，处理器组用它来生成和消费项目。生成新元素，然后通过生产者进程将它们添加到队列中去。从列表中消除元素并通过消费者进程完成相同的处理。在该实现中的元素是简单的整型
5	调用父类的构造函数 SynchroPrimitive。在这个例子中，ZooKeeper 对象不存在，因此创建了一个新的 ZooKeeper 对象。随后，构造函数检查根节点是否存在。在这个例子中，根节点不存在，构造函数创建了一个新的根节点
6	为了把元素添加到队列中，并将整数通道作为参数传递，生产者进程需调用 `produce()`。为了在队列中添加元素，可以通过 `create()` 方法产生新节点。然后，为了指导 ZooKeeper，添加与根节点相关的序列计数器的值，该方法用到了 SEQUENCE 标识
7	获取根节点的子节点，读取拥有最小计数器值的节点，并为了消费该元素返回由消费者进程完成的元素。注意，无论何时发生了冲突，两个竞争进程中任一进程都不可能删除节点，并且 `delete` 操作会抛出一个异常
8	调用 `getChildren()` 时会按照字母顺序返回子节点列表。必须确定哪个元素是最小的，因为计数器值的数字顺序基本上不遵循字典顺序。遍历列表并从每个中消除前缀 `element` 将确定最小的计数器值

为了避免这种屏障，当计算完成时，进程调用 `leaving()`。一开始，先删除其相应的节点，并获得根节点的子节点。

知识检测点 6

1. 编写一个程序，在 Apache ZooKeeper 中避免冗余的临时节点。
2. `KeeperException.NoNodeException` 是一种异常错误。产生该错误的原因是什么？
  a. 服务器状态改变
  b. ZooKeeper 客户端未运行
  c. 命令行参数未指定
  d. 组 znode 不存在

基于图的问题

1. 考虑下图：

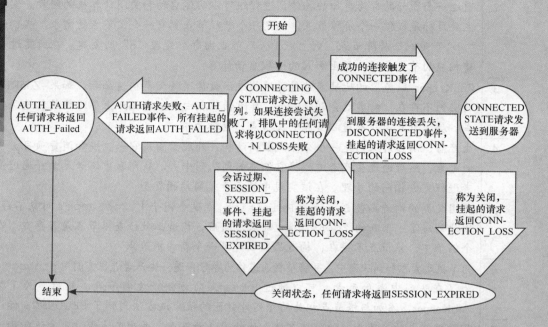

a. 研究给定的图片并解释引发 CONNECTION_LOSS 错误的不同情形。

b. 为了测试目的，是否有使会话过期的容易方式？

2. 通过使用下图，解释远程发现服务的 Apache ZooKeeper 实现。

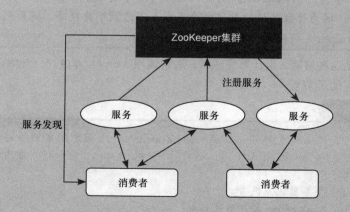

选择正确的答案。在下面给出的"标注你的答案"里将正确答案涂黑。

1. 如果到服务器的 TCP 连接中断了,会发生什么?
   a. 数据将会丢失
   b. 需要重装 ZooKeeper
   c. 客户端将连接到另一个服务器上
   d. 系统会损坏

2. ZooKeeper 中的参数被用作:
   a. 串行执行
   b. 创建有序的 Znode
   c. 为执行指明服务
   d. 访问从节点

3. 单一节点仅能容纳:
   a. 1 GB 数据   b. 1 KB 数据
   c. 1 MB 数据   d. 1 字节数据

4. 假设连接到 ZooKeeper 的客户端有 5 s 的会话超时时间,管理员为了升级关闭了整个 ZooKeeper 集群。集群关闭几分钟后重启,则客户端:
   a. 能够重连接并刷新其会话,因为会话跟踪器被指挥者所跟踪
   b. 不能够重连接和刷新
   c. 当升级 ZooKeeper 时,不能关闭集群
   d. 会话会被自动删除

5. 下面哪种操作对于 ZooKeeper 不可行?
   a. 数据传输   b. 数据存储
   c. 快速的内存操作   d. 以上均是

6. ZooKeeper 使用 Watcher 接口是用来:
   a. 与其容器反向通信   b. 控制流
   c. 避免与其容器通信   d. 以上均不是

7. ZooKeeper 创建一个 CreateGroup 实例:
   a. 当 run()方法运行时
   b. 当 start()方法运行时
   c. 当 execute()方法运行时
   d. 当 main()方法运行时

8. ZooKeeper 服务器是一台保留整个系统状态副本的机器,并将信息持久化到:
   a. 可执行文件   b. 本地日志文件

c. 文本文件　　　　　　　　d. 二进制文件

9. 应用程序使用 ZooKeeper 来确保跨集群的任务是：

   a. 序列化或同步的　　　　　b. 并行的

   c. 临时的　　　　　　　　　d. 持久的

10. 当触发监测时，客户端收到了一个包，告知：

   a. Znode 被创建

   b. Znode 已经改变了

   c. 服务器失效

   d. 主或从节点已经损坏

标注你的答案（把正确答案涂黑）

1. ⓐ ⓑ ⓒ ⓓ　　　　　　6. ⓐ ⓑ ⓒ ⓓ

2. ⓐ ⓑ ⓒ ⓓ　　　　　　7. ⓐ ⓑ ⓒ ⓓ

3. ⓐ ⓑ ⓒ ⓓ　　　　　　8. ⓐ ⓑ ⓒ ⓓ

4. ⓐ ⓑ ⓒ ⓓ　　　　　　9. ⓐ ⓑ ⓒ ⓓ

5. ⓐ ⓑ ⓒ ⓓ　　　　　10. ⓐ ⓑ ⓒ ⓓ

测试你的能力

1. 为什么 NodeChildrenChanged 和 NodeDataChanged 监测事件不返回更多的关于该变化的信息？

2. 编写代码在 ZooKeeper 服务中创建和删除 znode。

○ ZooKeeper 是一个高性能的协调服务，其目的是存储和提供服务，如命名、维护配置和位置信息，并为分布式应用程序提供分布式同步。

○ ZooKeeper 的架构通过冗余服务支持高可用性。ZooKeeper 的目的是提取分布式应用所需的服务要素至一个集中协调服务的简单接口中去。

○ 由于下列的好处，许多公司（包括 Yahoo!、eBay 和 Solr）都使用了 ZooKeeper。

- ZooKeeper 是简单的；
- ZooKeeper 是可复制的；
- ZooKeeper 是有序的；
- ZooKeeper 是快速的。

○ 一些常见的与 ZooKeeper 服务相关的术语是：

- 节点和临时节点；
- ZooKeeper 是可复制的；
- 保证；
- 简单 API。

○ ZooKeeper 有一个可供交互使用的命令行客户端，这可以通过 ZooKeeper-client 命令的执行来启动。

○ ZooKeeper 中的数据存储在 znode 的层次结构上。数据（类似于文件）和子节点（类似于目录）被包含在每个 znode 中。

○ ZooKeeper 客户端保证每个操作对应的回调按顺序被调用。

○ 要安装和运行 ZooKeeper，需要先确保与支持的平台和软件相关的先决条件都满足了，下列平台支持 ZooKeeper：：

- GNU/Linux；
- Sun Solaris；
- FreeBSD；
- Win32；
- MacOSX。

○ ZooKeeper 运行在 Java 1.6 或更高（JDK 6 或更高）版本上。它以一组 ZooKeeper 服务器的形式整体运行。

○ 各种各样的 Hadoop 项目都使用 ZooKeeper 来协调集群并提供高可用的分布式服务。

○ 关于 ZooKeeper 使用的更多实例如下：

- 组成员关系和名称服务；
- 分布式互斥锁和主节点的选择；
- 异步消息传递和事件广播；
- 集中配置管理。

○ 在 ZooKeeper 中，znode 形成了层次命名空间。它们通过创建一个带有组名称的父 znode 以及带有组成员（服务器）名称的子 znode，构建了成员关系列表。

○ 使用 ZooKeeper 的一些应用程序是：

- 获取服务（FS）爬取；
- Katta；
- Yahoo!消息代理（YMB）。

○ ZooKeeper Java API 定义了监测者接口，ZooKeeper 用它来与其容器通信。

○ 它支持的唯一方法是 process()，ZooKeeper 用该方法来与主线程感兴趣的通用事件通信，如 ZooKeeper 连接或 ZooKeeper 会话的状态。

利用 Sqoop 有效地传输批量数据

模块目标

学完本模块的内容，读者将能够：

▶▶ 将来自非 Hadoop 存储系统的数据载入到 Hive 和 HBase

本讲目标

学完本讲的内容，读者将能够：

▶▶	解释使用 Sqoop 的基础知识
▶▶	应用这些步骤将数据导入至 Hive 和 HBase
▶▶	应用这些步骤将数据从 HDFS 中导出
▶▶	解释在 Sqoop 中的驱动程序和连接器的用法
▶▶	解释 Sqoop 的架构并列出 Sqoop 的挑战
▶▶	列出 Sqoop 2 相对于 Sqoop 1 的优势

"技术使庞大的人口成为了可能，庞大的人口使技术不可或缺。"

——Joseph Wood Krutch

要使用 Hadoop 进行分析需要将数据加载到 Hadoop 集群中，并结合驻留在企业应用服务器和数据库中的数据对其进行处理。不管是将 GB 级和 TB 级的数据从生产数据库加载到 HDFS 中，还是从 MapReduce 应用程序中访问这些数据，都是一项具有挑战性的任务。

在这样做的同时，我们也必须考虑像数据一致性这样的问题，以及在生产系统上运行这些作业的开销，还有最终这些进程是否被有效地完成了。使用批处理脚本来加载数据显然是一种低效率的方法。

在一个典型的场景中，我们希望利用 MapReduce 的能力处理存储在关系型数据库管理系统（RDBMS）中的数据。例如，我们可以说我们有**遗留数据**（legacy data）或**查找表**（lookup table）要处理。

一种解决方案是直接将来自 RDBMS 表中的数据读入你的 mapper 中并处理相同的内容。但是在你的 RDBMS 上这会导致相当于**分布式拒绝服务**（Distributed Denial of Service，DDoS）这样的攻击。所以，在实践中不应该这样做。

那么，使用 MapReduce 处理存储在关系型数据库中的数据的可能的解决方案是什么？答案是，在 HDFS 上导入数据！

Sqoop 无非就是 Hadoop 的 SQL。

Apache Sqoop 是一种批量数据传输的手段，可以用它来从结构化数据存储中导入/导出数据。结构化数据存储的例子可以是关系型数据库、企业数据仓库和 NoSQL 系统。可以使用 Sqoop 将任何来自外部系统的数据运至 HDFS 中，并填充 Hive 和 HBase 中的表。

在本讲中，我们将了解 Sqoop 在导入和导出数据时的角色。

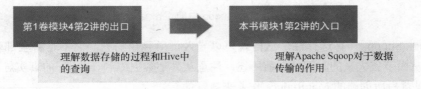

2.1　Sqoop 简介

虽然有时候可能需要实时移动数据，但是最常见的是需要批量加载或卸载数据。

Sqoop 是 Hadoop 生态系统的一个工具，它提供了以下几方面的能力。

○　从非 Hadoop 数据存储中提取数据。

○　将数据转换为 Hadoop 可用的形式。

○　将数据加载到 HDFS 中。

该过程被称作**提取**（extract）、**转换**（transform）和**加载**（load），或称作 **ETL**。

以下是 Sqoop 的 4 个关键能力。

○　**批量导入**：Sqoop 可以将单个表或整个数据库导入到 HDFS 中。该数据存储于 HDFS 文件系统的原生目录和文件中。

○　**直接输入**：Sqoop 可以导入和将 SQL（关系型）数据库直接映射到 Hive 和 HBase 中。

○ **数据交互**：Sqoop 可以生成 Java 类，因此可以通过编程的方式与数据进行交互。
○ **数据导出**：Sqoop 可以直接从 HDFS 中导出数据到关系型数据库中，使用基于目标数据库规格的目标表定义。

总体情况

因此，对于非程序员来说，Sqoop 是一个有效的工具。另一件需要注意的重要事情是其依赖于类似于 HDFS 和 MapReduce 这样的底层技术，就像 Hadoop 生态系统中大多数工具那样。

类似于 Pig，Sqoop 也是一个命令行解释器。可以将 Sqoop 命令输入到解释器中，这些命令每次执行一次。

2.1.1 Sqoop 中的工作流

Sqoop 识别你想要导入数据的数据库，并为源数据选择一个恰当的导入函数。在它识别输入之后，它读取表（或数据库）的元数据，并根据你的输入要求创建一个类定义。Sqoop 的工作流如图 1-2-1 所示。

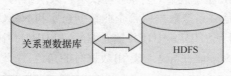

图 1-2-1　Sqoop 中的工作流

可以强制 Sqoop 具有选择性，这样就可以导入你所寻找的列，而不是将全部输入都导入 HDFS 中，从而节省大量的时间。如前所述，注意从外部数据库到 HDFS 的真实导入是使用由 Sqoop 在场景背后所创建的 MapReduce 作业来执行的。

2.1.2 Sqoop 的特性

正如在前一小节中讨论的那样，Sqoop 允许以下操作。
（1）导入单个表。
（2）导入完整的数据库。
（3）导入所选的表。
（4）导入从特定表中所选的列。
（5）从特定表中过滤出特定的行等。

技术材料

推荐不要设定一个过高的 mapper 数量，因为它可能导致消耗掉源数据库全部的 spool 空间。

Sqoop 使用 MapReduce 从 RDBMS 中获取数据并将其存储在 HDFS 中。这样做的时候，它限制了访问 RDBMS 数据的 mapper 的数量，以避免 DDoS。默认情况下使用 4 个 mapper，但是该值是可配置的。

Sqoop 内部使用 JDBC 接口，因此它可以与任何兼容 JDBC 的数据库协同工作。

知识检测点 1

> Sqoop 是一个将数据从传统数据库（如 MySQL）导入到 Hadoop 系统中去的工具。在没有像 Sqoop 这样的工具的情况下，你有其他的导入数据的选择吗？

2.2　使用 Sqoop 1

Sqoop 1（Sqoop 的初始版本）启动了一个只包含 map 的作业，它执行了数据传输和转换。MapReduce 作业从数据库中导入了一个表，从表中提取了行，并将记录写入 HDFS 中。然后 Sqoop 将它集成到 Hive/HBase 中，或通过格式转换、压缩、分区、索引进行处理。

Hadoop（Sqoop）的 SQL 功能如下：

○　从关系型数据库、企业数据仓库、NoSQL 系统中导入/导出；

○　填充 Hive、HBase 中的表；

○　通过基于架构的连接器支持插件；

○　Sqoop 从数据库中将表导入至 HDFS 进行深度分析；

○　Sqoop 将 MR 结果导回至数据库，呈现给最终用户；

○　Sqoop 可以在 HDFS 中导入/导出；Sqoop 仅可以导入至 Hive、HBase 中。

Sqoop 1 的架构如图 1-2-2 所示。

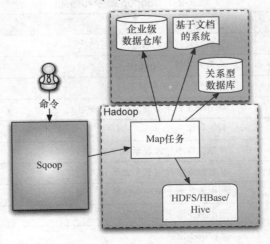

图 1-2-2　Sqoop 1 的架构

图 1-2-2 显示了 Sqoop 的高层架构。可以看到，当用户从命令行界面调用命令时，该进程就启动了。该命令将在恰当的 Hadoop 集群上启动一个或多个 map 任务，它可以导入到 HDFS/关系型数据库中或者从 HDFS/关系型数据库导出。

正在被转移的数据集首先被分割成不同的分区。只包含 map 的作业被初始化了，其中各个 mapper 传输一部分数据集。因为 Sqoop 使用数据库元数据来推断数据类型，所以每个数据记录都是以类型安全的方式进行处理的。

Sqoop 1 启动了一个只包含 map 的作业，它执行了数据传输和转换。MapReduce 作业从数据库中导入表，从表中提取行，并将记录写入到 HDFS。然后 Sqoop 集成到 Hive/HBase 中，或通过格式转换、压缩、分区、索引进行处理。

启动 Sqoop

安装好 Sqoop 之后，就可以非常容易地使用 Sqoop 命令行工具了。

为了启动 Sqoop，必须在键入 Sqoop 时附上参数和工具来运行它：

```
$ sqoop tool-name [tool-arguments]
```

其中：

○ tool-name 是想要执行的操作，如导入、导出等；

○ tool-arguments 是需要指定的额外参数，它有助于工具的执行。tool-arguments 的一个例子是 connect，它指定了源数据库 URL；另一个例子是 -username，它允许指定用户所要连接的源数据库。

Sqoop 也有一个可用的帮助工具，可以列出所有的可用工具。我们可以用下面的命令来访问帮助文件。

```
$ sqoop help
```

用法：Sqoop 命令[参数]。表 1-2-1 列出了一些有用的 Sqoop 命令及其描述。

表 1-2-1　Sqoop 命令和描述

Sqoop 命令	描述
codegen	生成与数据库记录进行交互的代码
create-hive-table	将表定义导入 Hive 中
eval	评估 SQL 语句并显示结果
export	将 HDFS 目录导出到数据库表中
help	列出可用的命令
import	从数据库中导入表至 HDFS
import-all-tables	从数据库中导入多个表至 HDFS
list-databases	列出服务器上可用的数据库
list-tables	列出服务器上可用的表
version	显示版本信息

查看"Sqoop 帮助命令"以获取特定命令的信息。

其他参数的帮助输出如表 1-2-2 所示。

表 1-2-2　参数的帮助输出

命令参数	描　　述
--connect <jdbc-uri>	指定 JDBC 连接字符串
--connection-manager <class-name>	指定连接管理器类名
--connection-param-file <properties-file>	指定连接参数文件
--driver <class-name>	手工指定要使用的 JDBC 驱动程序类
--hadoop-home <dir>	覆盖$HADOOP_HOME
--help	打印使用指南
-P	从控制台读取密码
--password <password>	设置认证密码
--username <username>	设置认证用户名
--verbose	当工作的时候打印更多的信息

导入控制参数

命令参数	描　　述
--append	以追加模式导入数据
--as-avrodatafile	将数据导入至 Avro 数据文件
--as-sequencefile	将数据导入至序列文件
--as-textfile	将数据作为平面文本（默认）导入
--boundary-query <statement>	设置边界查询，用于检索主键的最大和最小值
--columns <col,col,col...>	从表中导入的列
--compression-codec <codec>	用于导入的压缩编码器
--direct	使用直接导入的快速路径
--direct-split-size <n>	当用直接模式导入的时候，以 n 个字节的间隔来分割输入流
-e,--query <statement>	导入 SQL "语句"的结果
--fetch-size <n>	当需要更多的行时，设置从数据库中获得的行数 n
--inline-lob-limit <n>	设置内联 LOB 的最大尺寸
-m,--num-mappers <n>	使用 n 个 map 任务来并行导入
--split-by <column-name>	用以拆分单元的表列
--table <table-name>	要读取的表
--target-dir <dir>	HDFS 平面表终点
--warehouse-dir <dir>	表终点的 HDFS 父级
--where <where clause>	在导入过程中使用的 WHERE 子句
-z,--compress	启用压缩

续表

命 令 参 数	描 述
增量导入参数	
--check-column <column>	检查增量更新的源列
--incremental <import-type>	定义类型"append"或"lastmodified"的增量导入
--last-value <value>	在增量检查列中的最后一次导入值
输出行格式参数	
--enclosed-by <char>	设置所需的字段包裹字符
--escaped-by <char>	设置退出字符
--fields-terminated-by <char>	设置字段分割字符
--lines-terminated-by <char>	设置行结束字符
--mysql-delimiters fields: ,lines: \n escaped-by: \ optionally-enclosed-by: '	使用 MySQL 的默认分隔符集合:
--optionally-enclosed-by <char>	设置字段包裹字符
输入解析参数	
--input-enclosed-by <char>	设置所需的字段包裹符号
--input-escaped-by <char>	设置输入退出字符
--input-fields-terminated-by <char>	设置输入字段分隔符
--input-lines-terminated-by <char>	设置输入行结尾字符
--input-optionally-enclosed-by <char>	设置字段包裹字符
Hive 参数	
--create-hive-table	如果存在有目标 hive 表，则失败
--hive-delims-replacement <arg>	从导入的带有用户定义字符串的字符串字段中，替换 Hive 记录\0x01 和行分隔符（\n\r）
--hive-drop-import-delims	从导入的字符串字段中，删除 Hive 记录\0x01 和行分隔符（\n\r）
--hive-home <dir>	覆盖$HIVE_HOME
--hive-import	把表导入到 Hive 中（如果未设置，则使用 Hive 的默认分隔符）
--hive-overwrite	覆盖 Hive 表中现有的数据
--hive-partition-key <partition-key>	设置当导入至 Hive 中时使用的分区键
--hive-partition-value <partition-value>	设置当导入至 Hive 中时使用的分区值
--hive-table <table-name>	设置当导入至 Hive 中时使用的表名称
--map-column-hive <arg>	对于 Hive 类型的特殊的列，覆盖映射

命令参数	描　　述
HBase 参数	
--column-family <family>	为了导入，设置目标列族
--hbase-create-table	如果指定了，则创建丢失的 HBase 表
--hbase-row-key <col>	指定将哪个输入列用作行键
--hbase-table <table>	导入 HBase 中的<table>

2.3   用 Sqoop 导入数据

现在，让我们从导入数据至 HDFS 开始。假定我们在 MySQL 数据库中有一张叫 student 的表，看上去是下面这样的：

编　　号	名　　字	得　　分
1	James	88
2	John	76
3	Mark	97
4	Kerry	82

我们想要将该表导出到 HDFS 中，以便处理该数据以创建一些有用的报表。现在让我们围绕这张表，在不同的场景下理解 Sqoop 的应用。

2.3.1   导入完整的表

为了从 MySQL 中导入完整的 student 表，我们使用如下命令：

```
$ sqoop import --connect jdbc:mysql://<hostname>/<database_name> \
--tableSTUDENT --username user1 --password pwd
```

上面的命令包含了如下参数。

○ connect：这里给出源数据库的 JDBC URL。

○ username：这里指定数据库用户，他要求访问涉及的表。

○ password：指定用上述用户名连接到数据库的密码。

这将导致将完整的 student 表导入一个以逗号分隔的（csv）文件中去。默认情况下，带有表名的目录会被创建在 HDFS 中，它将存储 student 数据的 csv 文件。

我们可以看到导入的数据如下：

```
$hadoop fs -cat student/part-*
1,James,88
2,John,76
3,Mark,97
4,Kerry,82
```

2.3.2　用 HBase Sqoop 导入带有复合键的表

在 Sqoop 中向 HBase 导入带有复合键的表时，需要指定 hbase-row-key。需要使用--hbase-row-key 命令行参数指定一个以逗号分隔的、构成复合键的列的列表。

例如，如果表中的复合键由两个属性组成，即 ID 和 Name，下面的选项应该被添加到该命令中：

```
hbase-row-key ID,Name
```

对于带有复合键的表，导入数据至 HBase 的示例 Sqoop 命令为：

```
sqoop import --connect connect_string --username user --P --table
tableName --hbase-table hbase_tableName --column-family columnFamily
--hbase-row-key attr1,attr2 --hbase-create-table
```

那么，数据将如何被导入到 HBase 中呢？

通过追加复合键属性值的方式，使用下划线字符构建 HBase 的行键。所有的列值，包括那些作为复合键一部分的列值，都将被添加到 HBase 列族中。

考虑一个 MySQL Student(RollNo, Name, Marks) 样例表，RollNo 和 Name 作为复合键。

RollNo	Name	Marks
1001	John	70
1002	Mark	85

技术材料

对于 HBase 中带有复合键的表，需要修改 org.apache.Sqoop.hbase.ToStringPutTransformer 类来处理数据导入。

在 Sqoop 导入之后，HBase 中的数据如下：

```
RowKey ColumnFamily
1001_John 1001, John, 70
1002_Mark 1002, Mark, 85
```

导入通常发生在两个阶段。第一阶段是数据收集阶段，在该阶段收集了所有要被导入的表的相关源数据。在第二阶段，提交了仅包含 map 的 Hadoop 作业，它实际获取了所需的数据。这两个阶段在图 1-2-3 中展示。

知识检测点 2

Raul 需要从包含了雇员 ID、姓名和薪酬细节的名为 Employee 的表中导入数据至 Hive 中进行进一步的分析。写出把表从 MySQL 提取到 Hive 中的步骤和命令。

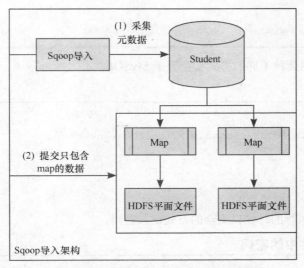

图 1-2-3　数据采集并提交只包含 Map 的数据

2.3.3　指定目标目录

Sqoop 允许用户指定想要在 HDFS 中存储导入数据的目标目录。我们可以执行下面的查询来完成该任务:

```
sqoop import \
--connect jdbc:mysql://<hostname>/<database_name> \
--username user1 \
--password pwd \
--table student \
--target-dir /data/student
```

注意上面的 Sqoop 作业将在 HDFS 的给定路径创造一个新目录,因此该目录不能是已经存在的。如果该目录已经存在,那么 Sqoop 将会返回下面的错误:

```
Target directory already exists
```

2.3.4　导入选择的行

Sqoop 允许执行一个带有 WHERE 子句的命令,可以从源表中只导入所需的或选择的行。可以按下列方式来完成:

```
sqoop import \
--connect jdbc:mysql://<hostname>/<database_name> \
--username user1 \
--password pwd \
--table student \
--where "name= 'John'"
```

2.3.5　密码保护

Sqoop 允许用户用两种不同的方式安全登录 MySQL。

通过指定-P 参数

```
Sqoop import \
--connect jdbc:mysql://<hostname>/<database_name> \
--username user1 \
--password pwd \
--table student \
-P
```

它将要求用户在执行的时候以安全的方式键入密码。

通过读取存储在文件中的密码

```
sqoop import \
--connect jdbc:mysql://<hostname>/<database_name> \
--username user1 \
--password pwd \
--table student \
-- password-file /usr/local/mypassword_file
```

在这里，/usr/local 是密码文件的存储目录。你应该为自己的密码文件指定一个相关的、恰当的路径。

知识检测点 3

> 在组织中，数据操作者需要在指定的位置存储所有的雇员明细。编写命令步骤将包含了雇员信息的表从 MySQL 导出至特定的目录，并使用密码保护参数。

2.3.6　用不同的文件格式导入数据

Sqoop 允许我们将导入的数据保存为不同的文件格式，如 AVRO 文件格式、SEQUENCE 文件格式或纯文本文件格式。我们可以按照下面的方式来实现。

将数据存储到 AVRO 文件

```
sqoop import \
--connect jdbc:mysql://<hostname>/<database_name> \
--username user1 \
--password pwd \
--table student \
-- as-avrodatafile
```

将数据存储到顺序文件

```
sqoop import \
--connect jdbc:mysql://<hostname>/<database_name> \
--username user1 \
--password pwd \
--table student \
-- as-sequencefile
```

2.3.7 导入数据压缩

有时候需要在 HDFS 中以压缩的状态保存导入的数据，以降低整体磁盘使用率。因为 Sqoop 是基于 MapReduce 执行的，所以它集成了 Hadoop 的压缩特性。这就允许 Sqoop 将导入的数据保存为不同的压缩格式，如 GZIP 或 BZ2 等。

我们可以执行下面的查询来默认使用 GZIP 压缩：

```
sqoop import \
--connect jdbc:mysql://<hostname>/<database_name> \
--username user1 \
--password pwd \
--table student \
--compress
```

它将以**.gz** 为扩展名来存储所有的导入文件。若要使用其他的压缩编码器，需要在执行的时候指明：

```
sqoop import \
--connect jdbc:mysql://<hostname>/<database_name> \
--username user1 \
--password pwd \
--table student \
--compress\
--compression-codec org.apache.hadoop.io.compress.BZip2Codec
```

这将以**.bz2** 为扩展名来存储所有的文件。

2.4 控制并行

我们可以指定从源数据库系统中导入数据所需的任务执行并行度。在这里，增加并行性必然意味着将 mapper 的数量从默认的 4 增加到更大的数字。对于许多数据库系统和 Hadoop 集群来说，把值增加到 **8** 或 **16** 会在性能上带来显著的改进。但如果要这样做，我们必须考虑一些其他的东西，如 Hadoop 集群上的 mapper 槽的数量、给定用户的 spool 空间（由用户指定的磁盘空间）等。

让我们试着了解 Sqoop 在给定数据集上并行工作的方式。

考虑你有张由 1000 条记录组成的 student 表，以 roll_no 作为主键，取值范围从 1 到 1000。

现在这种情况下，Sqoop 将自动找出给定表的主键，并把记录平均分给每个 mapper。

> 建议让 map 任务的数量低于集群 map 槽的数量。因为如果这个数字增加到大于 map 槽的数量，任务将按照串行顺序执行，这会导致性能的退化。

假定如果我们有 4 个 mapper，然后第一个 mapper 将在记录 1~250 上工作，第二个 mapper 工作在记录 251~500 上，第三个 mapper 工作在记录 501~750 上，第四个 mapper 工作在记录 751~1000 上。Sqoop 中的并行性概念如图 1-2-4 所示。

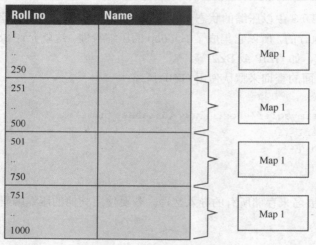

图 1-2-4　Sqoop 中的并行性

预备知识　了解可用于并行的架构技术。

为了设置 mapper 的数量，执行如下命令：

```
sqoop import \
--connect jdbc:mysql://<hostname>/<database_name> \
--username user1 \
--password pwd \
--table student \
--num-mappers 8
```

或

```
sqoop import \
--connect jdbc:mysql://<hostname>/<database_name> \
--username user1 \
--password pwd \
--table student \
--m 8
```

2.5　编码 NULL 值

Sqoop 允许我们将源数据库中的 NULL 设置为不同的值。众所周知，不同的数据库使用不同的 NULL 值编码。这允许我们把默认的编码改写为一个更好的编码。下面的示例将\N 设置为 NULL 值：

```
sqoop import \
--connect jdbc:mysql://<hostname>/<database_name> \
--username user1 \
--password pwd \
--table student \
--null-string '\\N' \          # 将所有指定为 STRING 的 null 值设置成\N
--null-non-string '\\N'        # 将所有未指定为 STRING 的 null 值设置成\N
```

2.6　将数据导入 Hive 表

Sqoop 允许从源数据库中将数据直接导入 Hive 表。这可以通过 hive-import 选项来实现，如下所示：

```
sqoop import \
--connect jdbc:mysql://<hostname>/<database_name> \
--username user1 \
--password pwd \
--table student \
--hive-import
```
这将在 Hive 仓库目录下创建 student 表。

2.7　将数据导入 HBase

当利用 Hive 导入时，你还可以直接导入到 HBase 表。这可以通过下面的命令来实现：

```
sqoop import \
--connect jdbc:mysql://<hostname>/<database_name> \
--username user1 \
--password pwd \
--table student \
--hbase-create-table \         # 这指示 Sqoop 在 HBase 中创建一个新的表
--hbase-table STUDENT\         # 这是 HBase 中准备赋予表的名字
--column-family mysql          # 这是列族的名字
```

知识检测点 4

Zen 系统计划从 MySQL 中导入过去 10 年的历史销售数据至 HBase。数据非常庞大，因此是以压缩格式存储的。解释该过程并编写命令来实现。

2.7.1 使用自由形式查询

有时候，你可能需要从多个表中导入数据、执行连接、提交嵌套查询等。对于这样的复杂案例，Sqoop 支持使用自由形式的查询，这允许从各种来源中获取所要的数据。这使得我们在编写查询和同时从多个来源获取数据方面获得很大的灵活性。但也有一些与之关联的额外开销。

当你编写自由形式的查询时，Sqoop 不能使用数据库编目来获取表的元数据。因此，与它们的表导入等价物项目相比，自由形式的查询需要花费更多的时间。你还需要指定列，表数据应该根据该列数据进行拆分，以供并行处理。这可以通过参数 split-by 给出，如代码清单 1-2-1 所示。

代码清单 1-2-1　显示我们需要如何编写自由形式的查询

```
$ sqoop import \
--connect jdbc:mysql://<hostname>/<database_name> \
--username user1 \
--password pwd \
--query 'SELECT a.a1, b.b1 FROM a JOIN b on (a.id == b.id) WHERE
$CONDITIONS' \
--split-by a.id --target-dir /data/join_output/
```

这里我们必须在 WHERE 子句中指定记号$CONDITIONS，以帮助 Sqoop 并行分配数据。这是每个 Sqoop 进程都要替换的一种占位符，根据需要在任务间分割的数据的大小而有所不同。

如果 mapper 的数量被设置成 1 的话，我们可以跳过$CONDITIONS 记号，但是这会反过来严重影响查询性能。这里 target-dir 是必不可少的。

2.7.2 重命名 Sqoop 作业

默认情况下，Hadoop 集群上的每个 Sqoop 作业都会被命名成 QueryResults.jar。为了避免 Sqoop 作业之间的混淆，我们可以重命名作业，如下面给出的查询所示：

```
$ sqoop import \
--connect jdbc:mysql://<hostname>/<database_name> \
--username user1 \
--password pwd \
--query 'SELECT a.a1, b.b1 FROM a JOIN b on (a.id == b.id) WHERE
$CONDITIONS' \
--split-by a.id --target-dir /data/join_output/
--mapreduce-job-name abjoin
```

知识检测点 5

　　Sqoop 将数据从关系型数据库导入了 HDFS 中。从那里，MapReduce 可以运行 ETL 相关的任务，并将转换后的数据放入 HDFS 的其他部分中去。如果需要，可以删除原始的数据。有没有办法避免将原始的数据导入到 HDFS 中，并在这些数据上运行 MapReduce，就像通过 Sqoop 那样？这该如何实现？

2.8　导出数据

到现在为止，我们已经看到了如何在 HDFS 上导入数据。

开发人员通常更喜欢将大量的数据集导入至 Hadoop，处理或汇总这些数据，然后将汇总的数据返回到关系型数据库。Sqoop 是一种从 HDFS 导出数据至关系型数据库的专家工具。

让我们了解一下如何导出数据至 RDBMS：

```
$ sqoop export \
--connect jdbc:mysql://<hostname>/<database_name> \
--username user1 \
--password pwd \
-- export-dir /user/hive/warehouse/student
```

在这里，/user/hive/warehouse/student 是学生数据在 HDFS 上所放置位置的完整路径。

与 Sqoop 导入一样，导出也分两个工作阶段。

○　第一阶段采集需要被转移的表的元数据。

○　第二阶段真正地把数据放置于目标数据库服务器上。它将输入数据集划分为块，这些块被并行插入到数据库中。

Sqoop 导出架构如图 1-2-5 所示。

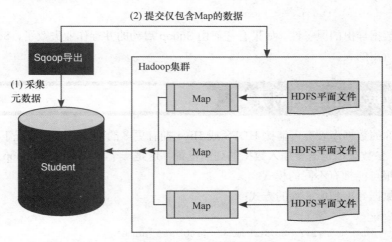

图 1-2-5　Sqoop 导出架构

2.8.1　批量导出

常规的导出可能有一点慢，因为它每次导出一行。因此，Sqoop 还提供了一种一起插入多行的方式。

众所周知，Sqoop 是基于 JDBC 接口的，它利用 API 继承。JDBC 提供了一个 API，可以一批插入多行。Sqoop 使用这个 API 来增强进程，命令语法如下：

```
$ sqoop export \
--connect jdbc:mysql://<hostname>/<database_name> \
--username user1 \
--password pwd \
-- export-dir /user/hive/warehouse/student
-- batch
```

2.8.2　原子导出

读者可能已经熟悉**原子性**的概念，即要么完成一个完整的作业要么什么也不做。

同样地，如果使用 Sqoop 将数据导出到一张从应用程序的视角来看非常重要的表，想要确保 Sqoop 导出了 HDFS 中存在的所有数据，那么可以使用**分阶段表**选项。

下面的代码清单展示了一个分阶段表的操作，其中 Sqoop 将导出它的所有数据。只有在成功地执行了所有的数据导出时，才将数据写入表中。

下面给出了对应的语法：

```
$ sqoop export \
--connect jdbc:mysql://<hostname>/<database_name> \
--username user1' \
--password pwd \
-- export-dir /user/hive/warehouse/student
--staging-table staging_student
```

这保证了数据导出的原子性。如果有任何由 Sqoop 启动的并行作业失败了，Sqoop 不会传递任何数据去往所需的表。

2.9　将数据导出至列的子集

有时候，你的数据库表有可能比 HDFS 或 Hive 拥有更多的列。在这种情况下，我们可以使用--columns 参数来指定需要插入数据的列的位置。这是一个非常有用的 Sqoop 特性，因为数据库和 HDFS 很可能拥有不同的模式。

下面是将数据导出到所选列的方式：

```
$ sqoop export \
--connect jdbc:mysql://<hostname>/<database_name> \
--username user1 \
```

```
--password pwd \
-- export-dir /user/hive/warehouse/student
--columns roll_no,name
```

在此我们必须保证 HDFS 中数据的顺序和你在 `--columns` 中指定的一样。未在此提及的列应当允许 NULL/空值。

编码 NULL 值

你已经阅读了 Sqoop 导入中的 NULL 值编码内容。你也有能力进行导出。可以在数据库中指定应当在 HDFS 中将哪个值设为 NULL 值。

当在 HDFS 文件中对 NULL 值有不同编码时，可以在 Sqoop 命令中指定它——它将为数据库中所有这样的记录设置 NULL 字符串。

假定你将 \N 作为自己的 HDFS 文件中的 NULL。你可以告知 Sqoop 将这些值视为 NULL，如下所示：

```
$ sqoop export \
--connect jdbc:mysql://<hostname>/<database_name> \
--username user1 \
--password pwd \
-- export-dir /user/hive/warehouse/
student
--input-null-string '\\N' \      #用于 STRING 常量
--input-null-non-string '\\N'    #用于非 STRING 常量
```

知识检测点 6

> 为了分析大数据，目前使用 NoSQL 数据存储或带有 Hadoop 连接器的并行数据库。由于这两个系统之间有大量的数据传输，可能会出现哪种性能问题？

2.10　Sqoop 中的驱动程序和连接器

到现在为止，已经给出了 Sqoop 如何连接到各种数据库，并有效地导入、导出数据的概览。如前所述，Sqoop 使用 JDBC 来连接到各种数据库。所以，现在让我们剖析一下在 Sqoop 中的驱动程序和连接器。

2.10.1　驱动程序

○ Sqoop 术语中的驱动程序就是 JDBC 驱动程序。

○ JDBC 是一种 Java 标准，允许用户通过各种 API 连接到数据库。

○ 每个数据库供应商都负责编写它自己的驱动程序，以便开发人员可以使用这些 API 并在其应用程序中使用它们。

由于各自的数据库供应商创建了这些驱动程序，它限制了 Sqoop 用其自己的库来将它们打包。

因此，从数据库供应商网站上下载驱动程序 jar 是一种常见的做法。比如，MySQL 驱动程序 jar 可以从 MySQL 网站下载，其他数据库也是如此。

2.10.2　连接器

正如你可能已经知道的那样，即使每个数据库供应商提供了一个 SQL 接口来连接到他们各自的数据库，每家供应商提供的 MySQL、SQLpostgre、Oracle、SQL Server、DB2 等产品之间总是存在着一些差异，尽管 SQL 的基础相同。

为了克服所有这些差异，Sqoop 需要一个连接器以恰当的格式翻译查询。连接器是可插拔的，用来收集关于被转移数据的元数据（列、数据类型等），并以有效的方式驱动数据的传输。

Sqoop 通用 JDBC 连接器是一个基本的连接器，有助于用 JDBC 接口来连接。Sqoop 还为 MySQL、PostgreSQL、Oracle、Microsoft SQL Server、DB2 等交付专门的连接器。Sqoop 与数据库的连接过程如图 1-2-6 所示。

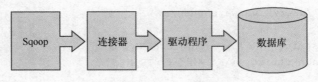

图 1-2-6　Sqoop 通信

第三方连接器

- ○ **Oracle**：由 Quest 软件开发。
- ○ **Couchbase**：由 Couchbase 开发。
- ○ **Netezza**：由 Cloudera 开发。
- ○ **Teradata**：由 Cloudera 开发。
- ○ **Microsoft SQL Server**：由 Microsoft 开发。
- ○ **Microsoft PDW**：由 Microsoft 开发。
- ○ **Volt DB**：由 VoltDB 开发。

为了说明驱动程序和连接器的工作原理，我们来看看 Sqoop 是如何连接到数据库的。

2.10.3　连接到数据库

Sqoop 将根据指定的命令行参数和所有可用的连接器，尝试加载能提供最佳性能的产品。图 1-2-7 展示了连接 Sqoop 和数据库的例子。

图 1-2-7　连接到数据库

第一步：选择连接器

这个过程始于 Sqoop 扫描所有额外手工下载的连接器，以确认是否有可用的。如果没有手工安装的连接器存在，或没有安装的连接器标识自己作为候选，那么 Sqoop 将检查 JDBC URL（通常以 jdbc:开头）查看你是否连接到了一个内置专用连接器可用的数据库。例如，对于可用于 MySQL 的 jdbc:mysql://地址，Sqoop 将选取针对 MySQL 优化的 MySQL 连接器。

最后，如果没有连接器被确认使用，Sqoop 将默认用通用的 JDBC 连接器。

如果这种选择机制不适合你的环境，你还可以连同任意连接器的类名使用参数 -connection-manager。然而请记住，连接器通常是专为一个特定数据库供应商而设计的。举个例子，MySQL 连接器将不能工作于 PostgreSQL。

图 1-2-8 展示了连接器是如何在 Sqoop 和数据库之间工作的。

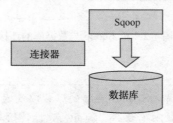

图 1-2-8　使用连接器

第二步：选择 JDBC 驱动程序

在选择连接器之后，下一步是选择 JDBC 驱动程序。

大多数连接器是专门用于给定数据库的，大多数数据库只有一个可用的 JDBC 驱动程序，连接器本身决定应当要用哪个驱动程序。

例如，MySQL 连接器总是使用名为 Connector/J 的 MySQL JDBC 驱动程序。

唯一的例外是**通用 JDBC 连接器**，它不与任何数据库绑定，因此不能确定应该使用哪个 JDBC 驱动程序。在这种情形下，你必须在命令行的-driver 参数中提供驱动程序名称。

但这样做必须小心，因为-driver 参数总是强制 Sqoop 使用通用 JDBC 连接器，而不论是否存在可用的更专业的连接器。

例如，如果是因为 URL 以 jdbc:mysql://开头而使用 MySQL 的专业连接器，那么指定-driver 选项会强制 Sqoop 使用通用的连接器。因此，在大多数情况下，你一点都不需要使用-driver

选项！图 1-2-9 展示了在 Sqoop 和数据库之间使用连接器和驱动程序。

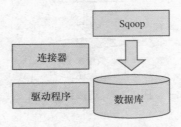

图 1-2-9 使用连接器和驱动程序

第三步：确立一个连接

最后，在连接器和驱动程序都被确定之后，Sqoop 客户端和目标数据库之间的连接就建立了，如图 1-2-10 所示。

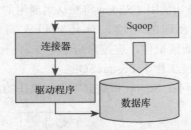

图 1-2-10 Sqoop 与数据库的连接

附加知识

注意，图 1-2-10 仅仅演示了打开初始连接的过程以及连接器和驱动程序的角色。该图并没有展示出 Sqoop 可以打开的所有连接。例如，数据传输本身可能在一个 MapReduce 作业中完成，而不是在 Sqoop 客户端执行。

2.11 Sqoop 架构概览

你已经得到了 Sqoop 用来连接到你的数据库服务器的所有可插拔组件的概览。现在是时候来看看如何把这些组件放置在一起了。

连接器是一种特定于 Sqoop 的插件，所以它作为 Sqoop 安装过程的一部分被安装。事实上，Sqoop 运送各种开箱即用的连接器，各种额外附加的连接器可以被下载并容易地安装到 Sqoop 中。

虽然驱动程序是特定于数据库的一部分，由各种数据库供应商进行创建和分配，但是它们通常不和数据库服务器一同安装。相反，它们需要被安装在执行 Sqoop 的机器上，因为连接器使用它们来建立与数据库服务器的连接。例如，如前所述，由于许可证不相容的原因，JDBC 驱动程序没有和 Sqoop 一同交付。因此，你必须手工下载和安装。恰当的驱动程序通常可以在数据库供应商的网站上找到，或独立在数据库安装源中发行。

　　连接器和驱动程序仅需要被安装在执行 Sqoop 的机器上。你不需要在 Hadoop 集群的所有节点上安装它们。Sqoop 将在必要的时候自行传播它们。

Sqoop 的挑战

　　Sqoop 已经很大程度上被企业采纳。然而，Sqoop 的原始版本在用户友好性、安全问题和可扩展性限制等方面都有一些局限性。

　　下面是一个与 Sqoop 相关的各种挑战的列表。

❍　隐含的以及上下文相关的命令行参数可以导致不正确的连接器匹配，这反过来可能导致用户错误。

❍　由于串行化格式和数据传输之间的紧密耦合，一些连接器可以支持特定的数据格式，另一些连接器则不能支持。例如，直接 MySQL 连接器不支持序列文件。

❍　Sqoop 中公开共享的凭据可能导致各种安全问题。

❍　因为它需要 root 权限，这导致了本地配置和安装的难度。

❍　调试 map 作业仅限于冗长标志的标识。

❍　无论它们是否适用，连接器被强制遵循 JDBC 模型，并被要求使用通用的 JDBC 词汇（URL、数据库、表等）。

技术材料

　　然而 Sqoop 2 是一项处于开发中的工作，它的设计仍未稳定。

　　这些 Sqoop 1 的挑战促成了 **Sqoop 2** 的设计。

2.12　Sqoop 2

　　Sqoop 2 支持命令行交互，而且还支持可用的基于 Web 的 GUI。它具有简单的用户接口。通过该接口，用户在用户接口提示下可以导入/导出，这反过来消除了冗余的选项。

　　Sqoop 2 较 Sqoop 1 有如下的优势。

❍　各种连接器在应用程序中提供一种全面的方式，开发人员不需要在他或她的沙盒中安装或配置连接器。

❍　这些连接器将为 Sqoop 框架提供各种所需的首选项，然后将它们翻译成用户接口。

❍　用户接口在 REST API 的顶层可用，并且可以用于提供类似功能的命令行客户端。

❍　可以有管理员和操作员角色，它可以为到管理员的连接限制"建立"的访问权限，为到操作员的连接限制"执行"的访问权限。

❍　启用与平台安全集成的特性和对终端用户仅能查看用于相应用户操作的限制将变得可用。Sqoop 2 的架构如图 1-2-11 所示。

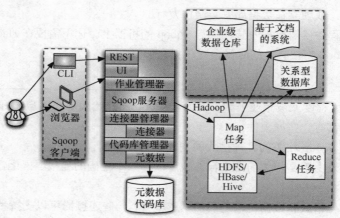

图 1-2-11　Sqoop 2 的架构

图 1-2-11 展示了 Sqoop 2 中重要的组件。请求来自 CLI，去往包含了 REST 服务的 Sqoop 服务器。使用连接器，Sqoop 可以访问来自于关系型数据库的数据。

2.12.1　Sqoop 2 的优势

下面是 Sqoop 2 提供的一些优势。

（1）Sqoop 需要客户端的安装和配置。然而，Sqoop 2 可以在一个地方被安装和配置，由管理员角色来管理，并由操作员角色来运行。

（2）JDBC 驱动程序在服务器上是必需的。

（3）作为一个基于 Web 的服务，Sqoop 2 有**命令行界面**（CLI）和浏览器，并通过一个**元存储库**来结束。

（4）Sqoop 2 与 Hive 和 HBase 的服务级别整合是位于服务器端的。

（5）Sqoop 任务是由 Oozie 通过 REST API 管理的。这将从 Oozie 中解耦 Sqoop 内部对象。所以如果安装了新的 Sqoop 连接器，就不需要再在 Oozie 上安装它了。

2.12.2　易于扩展

在 Sqoop 2 中，连接器不仅限于 JDBC 模型。这些可以用他们自己的词汇来定义。鉴于此，例如，Couchbase 将不再需要指定表名。

Sqoop 2 的常见功能从连接器中抽象出来；连接器只负责数据传输。Reduce 阶段将使用一个共同功能，保证连接器能从未来的功能扩展中获益。

Sqoop 2 基于 Web 的用户接口允许用户利用导入/导出设置直接导入/导出。这将减少额外的步骤和多余的选项。将连接器添加到一个地方，连接器将提供所需的选项到 Sqoop 框架。这将允许用户提供只适用于其用例的信息。

这样用户就可以能选择一个明显的连接器。这将进一步限制更不易出错的选择。

2.12.3　安全

在 Sqoop 中，用户主要运行"Sqoop"命令。因此，当启动 Sqoop 时，用户使用的凭据决定了 Sqoop 作业中使用的安全原则。另外，Sqoop 2 起到了基于服务器的应用程序的作用，规定通过对连接对象的基于角色的访问来获取对于外部系统的访问。

对于额外的安全性，Sqoop 2 不再允许代码生成，或者要求对于 Hive 和 HBase 进行直接访问。它也不会对所有的客户端开放执行作业的入口。

在 Sqoop 2 中，作为第一类对象的连接是可用的。连接由 Admin 所创建并由操作员使用，这样能阻止最终用户对凭据的滥用。此外，包括凭据的连接将被创建一次，然后为多个导入/导出作业多次使用。

除此之外，连接还依赖于（导入/导出）行为。限制同时可用的物理连接数目并允许禁用连接，这可以带来更理想的资源管理。

知识检测点 7

Apache Sqoop 和 Apache HBase 之间的整合为何很重要？

选择正确的答案。在下面给出的"标注你的答案"里将正确答案涂黑。

1. Fraser Techno 是一家跨国公司，有多个不同类型的位于不同位置的数据库，它们被连接到了它们的 Hadoop 集群。Hadoop 管理员会使用下面哪个 Sqoop 工具以确定每台服务器上的数据库类型？

   a. Sqoop-list-databases 工具　　　　　b. Sqoop-show-databases

   c. JDBC 连接器　　　　　　　　　　　d. API 工具

2. 通过将 Sqoop.metastore.client.record.password 设置为 true，每次作业执行时它都要求密码。但是当作业通过 Oozie 执行时，则不需要密码。这是什么原因呢？

   a. Sqoop 的元存储是不安全的，对于执行 Oozie 任务来说，Sqoop 无法提示用户输入密码

   b. Sqoop 与 Oozie 有相同的定义且共享同样的元存储

   c. 密码不能为 Oozie 任务而设置，对于其他作业则需要 root 权限

   d. 运行 Sqoop 元存储在当前机器上初始化了一个共享的 HSQLDB 数据库实例

3. 从 SQL Server 中导入数据时，Sqoop 需要下面哪个锁？

   a. 共享低层锁　　　　　　　　　　　　b. 排他低层锁

   c. 只读锁　　　　　　　　　　　　　　d. 阻塞锁

4. 如果我们忘记传递 hbase-row-key 的值，会发生什么？

   a. 即使没有指定值，命令执行也不会有错

   b. 命令将采用表的主键属性作为 hbase-row-key 的值

   c. 命令自动选择表的任一属性作为 hbase-row-key 的值

   d. MySQL 表会被删除

5. 在 Java 类路径中加入 Sqoop jar 后，哪个方法能允许 Sqoop 从 Java 代码中运行（执行）？

   a. Sqoop.start()　　　　　　　　　　b. Sqoop.runTool()

   c. Sqoop.runJava()　　　　　　　　　d. Sqoop.javaConn()

6. Sqoop import -connect jdbc:mysql://localhost/Demo –table student -username root -password 1234 –target-dir /Hadoop/hadoop-0.20.2。在这个语法中，JDBC 连接字符串是什么？

   a. jdbc:mysql　　　　　　　　　　　　b. jdbc:mysql://localhost/Demo

   c. jdbc:mysql//localhost　　　　　　　d. mysql://localhost

7. 导出命令默认使用 4 个任务来并行载入数据，每个任务提供它自己的事务容器，这引发了不一致的问题。下列哪个工具被用来克服该限制？

   a. 分阶段表　　　　　　　　　　　　　b. JDBC

c. Batch   d. API

8. 当你在 Hadoop 中修改数据集且想要将这些变更传递回你的 MySQL 数据库的时候，使用哪个参数？

   a. -modify-mode   b. -update-mode allowinsert

   c. -insert   d. -alter-mode allowinsert

9. 一家公司想要通过 Sqoop 从它的关系型数据库中把数据导入至 Hadoop 集群。在集群安装过程中，他们将 mapper 的数目设置为 4。他们还需要设置多少 mapper 来产生更快的性能？

   a. 8   b. 16

   c. 4   d. 没有设置更多 mapper 的必要

10. 一家公司想要利用 MapReduce 的能力来处理 RDBMS 中的数据。下面哪个是首先导入数据至 HDFS，然后再执行 map reduction 的原因？

   a. MapReduce 函数不能在 RDBMS 上工作

   b. 这个过程会导致 RDBMS 的分布式拒绝服务攻击

   c. 这个过程是耗时的，因为过载系统会崩溃

   d. mapper 和 reducer 有大量的开销，这会损坏 RDBMS 的数据

标注你的答案（把正确答案涂黑）

1. a b c d   6. a b c d
2. a b c d   7. a b c d
3. a b c d   8. a b c d
4. a b c d   9. a b c d
5. a b c d   10. a b c d

测试你的能力

1. Cosmo 系统是一家 IT 公司，它安装了 Hadoop 系统。他们需要从 MySQL 中导入 3 张表至 HDFS。请说明他们如何使用 Sqoop 来实现这一目标。

2. 如何在 MapReduce 中使用由 Sqoop 生成的类？

備忘单

- Apache Sqoop 是一种批量数据传输的手段，可以用它来从关系型数据库、企业数据仓库、NoSQL 系统等结构化数据存储中方便地导入/导出数据。
- Sqoop 是一个 Hadoop 生态系统的工具，它提供了以下能力：
  - 从非 Hadoop 的数据存储中提取数据；
  - 将数据转换为 Hadoop 可用的形式；
  - 将数据载入 HDFS 中。
- 以下是 Sqoop 的 4 个关键能力：
  - 批量导出；
  - 直接输入；
  - 数据交互；
  - 数据导出。
- Sqoop 是一种命令行解释器。
- Sqoop 通过确定你想要导入数据的数据库以及为源数据选择合适的导入函数而工作。
- Sqoop 1 启动了一个只包含 map 的作业，它执行了数据传输和转换。
- 为了在 Sqoop 中向 HBase 导入带有复合键的表，需要指定 hbase-row-key。
- 导入通常发生在两个阶段：
  - 数据收集阶段；
  - 仅包含 map 的 Hadoop 作业。
- Sqoop 允许用户指定想要在 HDFS 中存储导入数据的目标目录。
- Sqoop 允许执行一个带有 WHERE 子句的命令，使得我们可以从源表中只导入所需的或选择的行。
- Sqoop 允许用户用两种不同的方式安全地访问 MySQL：
  - 通过指定 P 参数；
  - 通过读取存储在文件中的密码。
- Sqoop 允许我们将导入的数据保存为不同的文件格式，如 AVRO 文件格式、SEQUENCE 文件格式或纯文本文件格式。
- 因为 Sqoop 是基于 MapReduce 执行的，它继承了 Hadoop 的压缩特性。
- 用户可以指定从源数据库系统中导入数据所需的任务执行并行度。
- Sqoop 允许我们从源数据库直接导入数据至 Hive 表。
- 与 Hive 类似，用户也可以执行到 HBase 表的直接导入。
- 连接器是一种特定于 Sqoop 的插件。连接器和驱动程序仅需要被安装在执行 Sqoop 的机器上。
- 下面是一个与 Sqoop 相关的各种挑战的清单。
  - 隐含的以及上下文相关的命令行参数可以导致不正确的连接器匹配，这反过来可能导致用户错误。

- 由于串行化格式和数据传输之间的紧密耦合，一些连接器可以支持特定的数据格式，另一些连接器则不能支持。例如，直接 MySQL 连接器不支持序列文件。
- Sqoop 中公开共享的凭据可能导致各种安全问题。
- 调试 map 作业仅限于冗长标志的标识。
- 连接器被强制遵循 JDBC 模型，并被要求使用通用的 JDBC 词汇（URL、数据库、表等），无论它们是否适用。

○ 在 Sqoop 2 中，连接器不局限于 JDBC 模型。

Flume

模块目标

学完本模块的内容，读者将能够：

▶▶ 描述 Flume 的角色

▶▶ 使用 Flume 进行数据聚合

本讲目标

学完本讲的内容，读者将能够：

▶▶	讨论 Flume 的架构
▶▶	描述 Flume 配置文件的使用
▶▶	为数据聚合安装、配置和构建 Flume

"Flume 是用数据填充 Hadoop 的框架。代理遍布在 IT 基础架构之中——在 Web 服务器、应用服务器和移动设备之中。"

——Jeff Kelly

Hadoop 被设计为一种用来存储和管理大量数据的平台。为了进行有效的处理，能够可靠地把数据加载至 Hadoop 集群是重要的。但随着大量的数据被不断地创建出来，对于该工具有个需求，就是可以快速地和有效地把数据加载至 Hadoop。**Cloudera** 是一家为 Hadoop 提供专业服务的公司，提出了一种叫作 Flume 的解决方案来满足该需求。Flume 是一个简单、强大、灵活且具有扩展性的工具，能够把大量的数据流输入 Hadoop。

本讲将介绍 Flume。读者将学到 Flume 的架构、数据模型和组件，还将学习如何安装和配置它。

- 第1卷模块4的出口
  - 熟悉Hadoop及其组件工具
- 本书模块1第3讲的入口
  - 探究Flume的角色和架构
  - 安装和构建Flume以实现数据整合

3.1　Flume 简介

Flume 是一种分布式的、一致性的和可用的服务。它有效地组装、聚集大量的日志数据并立即传输至一个集中的位置。除了聚集日志数据之外，Flume 也用于传输通过各种源生成的大量数据，包括社交网络数据、网络流量数据和电子邮件消息。

Flume 在 Hadoop 中可以用于传输大量的由应用程序生成的数据至 **Hadoop 分布式文件系统**（Hadoop Distributed File System，HDFS）。

技术材料

几个你可能已经知道的 Hadoop 关键特性如下：
- 它有一个简单灵活的架构来处理数据流；
- 它有一个有效的容错系统，提供了可靠性和故障转移以及恢复机制；
- 它支持与其他几个在线分析应用程序的集成。

Flume 工作在**数据流模型**（DFM）上，它遵循面向流的数据流。数据流指定了从来源到最终目的地的数据传输和处理方法。

数据流是由逻辑节点组成的，这些逻辑节点有能力转换或进行聚合收到的事件。换句话说，逻辑节点按路径结合在一起，以形成一个数据源。逻辑节点的组合方式称为**逻辑节点配置**。

Flume 主节点控制 Flume 环境中的数据流。这是一个单独的服务，拥有关于所有物理和逻辑节点的信息。Flume 主节点负责分配和更新配置逻辑节点。所有的逻辑节点还与 Flume 主节点通信，以共享监测和配置信息。

图 1-3-1 展示了 Flume 的 DFM。

在图 1-3-1 中，**代理**是生成数据的 Java 进程，**收集器**是临时收集数据的缓冲区，主节点是 **Flume 主服务**，**HDFS** 是永久存储空间。

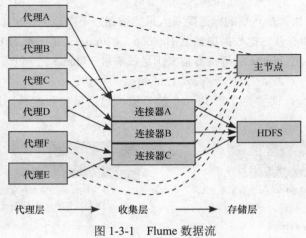

图 1-3-1　Flume 数据流

总体情况

　　Apache Flume 1.4.0 是第四个版本，于 2013 年 7 月 2 日发布。Apache 将这个 Flume 版本作为一个顶级项目发布。Flume 1.4.0 是一个可靠、高效的分布式框架，允许收集、聚合和移动大量的流式数据。Apache 设法修复了包括功能、改进和 bug 在内的 261 个补丁。

3.1.1　Flume 架构

预备知识　将 Flume 与 Scribe 进行对比。Scribe 服务器是一种为许多处理实时数据的服务器汇总日志数据流的工具。

　　Flume 的架构基于**源点**（source）和**汇点**（sink）模型。源点被称为输入，汇点被称为 Flume 的最终输出。要连接源点和汇点，需要使用一个**通道**。一种 Flume 的简化结构如图 1-3-2 所示。

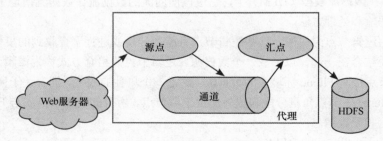

图 1-3-2　Flume 的简化架构

　　Flume 架构拥有以下一些主要组件：

○ **Flume 事件**：这是数据从源点到其最终目的地传输的基本单元。它有一些可选的**头**和**主体**。

- 头是用在路由中独一无二的键值对。
- 主体是一组包含实际净荷的字节。

○ **客户端**：这是一个对象，它生成事件并将它们发送到 Flume 代理。例如，**Flume log4j Appender** 是一个定制的客户端，使用了客户端的软件开发包（SDK）。

○ **Flume 代理**：这是一个 **Java 虚拟机**（JVM）进程，宿主了如源点、通道和汇点这样的组件。Flume 代理被用来将事件从一处传输至另一处。它为托管组件提供了配置、生命周期管理和监控的支持。

○ **Flume 源点**：这是一个主动的组件，从外部源点（如 Web 服务器）接收事件，并将它们存储在通道中。源点有几种不同的类型，具体如下。

- 融合了各种熟悉系统的专门源点，如 **Syslog** 和 **Netcat**。
- 自动生成的源点，如 **exec** 和 **SEQ**。
- 针对代理到代理间通信的进程间通信（IPC）源点，如 **Avro**。

○ **Flume 通道**：这是一个被动的组成部分，它缓冲来自 Flume 源点的输入事件。它存储一个事件，直到它被 Flume 汇点所消耗。通道是完全事务化的。它们提供了对**弱排序**（WO）的保证。WO 是一个二元函数，它匹配两个对象；如果第一个对象先于第二个对象则返回真，否则返回假。Flume 通道可以与任意数量的源点和汇点协同工作。不同的通道提供了不同的持久性类型。

- **内存通道**：挥发性。
- **文件通道**：由预写日志（WAL）提供支持。
- **Java 数据库连接（JDBC）通道**：由嵌入式数据库提供支持。

○ **Flume 汇点**：这是一个主动的组件，它从通道中取出事件，并将其传输到下一跳。下一跳可以是一个外部存储库，如 HDFS、Flume 源点或流中的下一个 Flume 代理。几种不同种类的汇点如下。

- **终端汇点**：用于将事件存储至它们的最终目的地，如 HDFS 和 HBase。
- **自动消耗的汇点**：指 null 汇点。
- **IPC 汇点**：用于代理和代理间的通信，如 Avro。

快速提示

Flume 源点应当至少有一个起作用的通道。

技术材料

源点将事件传输至多个通道，但是汇点仅可以接收来自一个通道的事件。因此，汇点仅需要一个通道就能工作了。

3.1.2 流可靠性

流可靠性是 Flume 的一大优点。大型分布式系统发生失败有几种情况，如硬件故障、罕见的带宽或内存、软件崩溃。Flume 保证了数据传输的可靠性。遇到失败时，它可以在不丢失数据的情况下交付事件。流的可靠性取决于代理之间的事务交换和通道的持久特性。

Flume 使你能够指定所需的可靠性水平。它支持以下 3 个可靠性水平。

○ **最大努力（BE）**：在这种模式下，数据被传输至下一跳，而无须任何努力来确认或者再次尝试数据交付。如果节点失败了，任何处于传输或者交付过程中的数据都是错位的。这是最轻和最弱的模式。

○ **磁盘故障转移（DFO）**：在这种模式下，节点仅在从节点下游的下一跳收到确认之后才传输数据。如果传输节点发现了失败，它将数据存储在其本地磁盘上，直到接收节点被修复，或选择了一个替换的目的地。在这种模式下，如果有一个复合的或静默的节点故障，数据可以被丢弃。

○ **端到端（E2E）**：这种模式保证了事件到它们预期目的地的传输。这是因为 Flume 代理在 WAL 中将事件写入磁盘。所以，在代理崩溃并重新启动的情况下，事件仍旧被保存。事件成功到达其流的结尾后，它发送一个确认到源点代理。然后源点代理能够自由地从磁盘中移除事件。这种模式可以容忍任何数量的失败。

知识检测点 1

下面哪个 Flume 组件指的是一个承载着如源点、通道和汇点的 JVM 进程？

a. Flume 事件

b. 客户端

c. Flume 代理

d. Flume 源点

我们已经了解了 Flume 的基础知识及其架构。要使用 Flume，需要使用配置文件来配置它。让我们来了解一下 Flume 的配置文件。

3.2 Flume 配置文件

配置文件具有和 Java 属性文件格式相匹配的格式，具有分层设置，存储了 Flume 代理的配置。利用配置文件可以完成以下任务：

○ 指定流定义；

○ 配置单个组件；

○ 在代理中添加多个流；

○ 配置多代理流；

○ 配置流扇出。

让我们逐个学习上面的任务。

3.2.1　流定义

一个将源点和汇点连接在一起的通道，在单个代理中被用作流定义。为此，需要列出特定代理的组件，在此之后，代理的源点和汇点都被定向往一个通道。用单一的源点向多个通道写入是可能的，但是对于单个汇点只能指定一个通道。

源点和汇点可以连接在一起，如代码清单 1-3-1 所示。

代码清单 1-3-1　连接源点和汇点的代码

```
#Obtain the listing of the components for the agent
<Agent>.sources = <Source>
<Agent>.sinks = <Sink>
<Agent>.channels = <Channel1> <Channel2>
#set the channels for the source
<Agent>.sources.<Source>.channels = <Channel1> <Channel2>…
#set the channel for the sink
<Agent>.sinks.<Sink>.channel = <Channel1>
```

在下面的例子中，我们采用一个名为 new_agent 的代理。来自外部 Avro 客户端的数据由代理所读取，并通过类型内存通道转发给 HDFS。存储关于代理配置信息的 weblog.config 文件如代码清单 1-3-2 所示。

代码清单 1-3-2　代理的配置信息

```
#listing of components for the agent
new_agent.sources = external-avro-client-src-1
new_agent.sinks = hdfs-sink-1
new_agent.channels = mc1
#setting of channels for the source
new_agent.sources.external-avro-client-src-1.channels = mc1
#setting of channel for the sink
new_agent.sinks.hdfs-sink-1.channel = mc1
```

在代码清单 1-3-2 中，内存通道 mc1 被用来定义从 avro-app-service-source 去往 hdfs-sink-clust 的事件流。流在代理启动的时候定义，其配置文件为 weblog.config。

3.2.2　配置单个组件

在定义了流之后，每个组件都需要设置其属性，这些工作应当以与定义层次命名空间相同的方式来完成，与之前一样定义。在这里，特定于每个组件的属性类型和值将被设定，如代码清单 1-3-3 所示。

代码清单 1-3-3　设定单个组件的属性

```
#setting the source properties
```

```
<Agent>.sources.<Source>.<someProperty> = <someValue>
#setting the channel properties
<Agent>.channel.<Channel>.<someProperty> = <someValue>
#setting the sink properties
<Agent>.sources.<Sink>.<someProperty> = <someValue>
```

每个组件有其由 **type** 属性所描述的对象类型，它指明了组件的一套必要属性。这些属性定义了组件执行预定任务的行为方式。

内存通道 mc1 的组件配置如代码清单 1-3-4 所示。

代码清单 1-3-4　设置内存通道 mc1 的代码

```
new_agent.sources = avro-app-service-source
new_agent.sinks = hdfs-sink-clust
new_agent.channels = mc1
#setting the channel for the sinks and sources
#setting the properties for avro-app-service-source
new_agent.sources.avro-app-service-source.type = avro
new_agent.sources.avro-app-service-source.bind = localhost
new_agent.sources.avro-app-service-source.port = 10000
#defining the properties of channel mc1
new_agent.channels.mc1.type = memory
new_agent.channels.mc1.capacity = 1000
new_agent.channels.mc1.transactionCapacity = 100
#defining the properties of hdfs-sink-clust
new_agent.sinks.hdfs-sink-clust.type = hdfs
new_agent.sinks.hdfs-sink-clust.hdfs.path = hdfs://namenode/flume/
webdata
#...
```

3.2.3　在代理中添加多个流

多个独立的流可以添加到同一个 Flume 代理中。多个源点、汇点和通道可以在同一个配置文件中列出。多个流的形成是通过连接组件来实现的，如代码清单 1-3-5 所示。

代码清单 1-3-5　连接多个组件

```
#listing the sources, sinks, and channels for the agent
<Agent>.sources = <Source1> <Source2>
<Agent>.sinks = <Sink1> <Sink2>
<Agent>.channels = <Channel1> <Channel2>
```

两个不同的流可以通过连接源点和它们相应的通道以及连接汇点与各自通道的方式来构建。作为一个实例，假设需要设置一个带有两个不同流的代理，一个连接到来自外部 Avro 的外部 HDFS，另一个连接了 Avro 汇点与 tail 的输出。因此，配置文件采用代码清单 1-3-6 中所显示的形式。

代码清单 1-3-6　指定代理的组件

```
#listing the components in the agent
new_agent.sources = avro-AppService-src1 tail-output-source2
new_agent.sinks = hdfs-sink-clust1 avro-fwd-sink2
new_agent.channels = mc1 mc-file-2
#configuring flow #1
new_agent.sources.avro-AppService-src1.channels = mc1
new_agent.sinks.hdfs-sink-clust1.channel = mc1
#configuring flow #2
new_agent.sources.tail-output-source2.channels = mc-file-2
new_agent.sinks.avro-fwd-sink2.channel = mc-file-2
```

3.2.4　配置多代理流

要配置多代理流，可以先使用 Avro/Thrift 汇点来为下一个阶段说明 Avro/Thrift 源点。如果使用这种配置，第一个 Flume 代理将事件移动到下一个 Flume 代理。例如，可以为本地 Flume 代理使用每个事件的 Avro 客户端。现在，这些文件可以由本地 Flume 代理转发给其他的 Flume 代理，以便允许挂载的存储，如代码清单 1-3-7 所示。

代码清单 1-3-7　配置多代理流

```
The Weblog agent configuration:
#listing the components in the agent
new_agent.sources = avro-app-service-source
new_agent.sinks = avro-fwd-sink
new_agent.channels = mc-file
#defining the flow
new_agent.sources.avro-app-service-source.channels = mc-file
new_agent.sinks.avro-fwd-sink.channel = mc-file
#defining the Avro sink properties
new_agent.sources.avro-fwd-sink.type = avro
new_agent.sources.avro-fwd-sink.hostname = 10.1.1.100
new_agent.sources.avro-fwd-sink.port = 10000
#configuring other pieces
#...
The HDFS agent configuration:
#listing the components in the agent
new_agent.sources = avro-cln-src
new_agent.sinks = hdfs-sink
new_agent.channels = mc
#defining the flow
new_agent.sources.avro-cln-src.channels = mc
new_agent.sinks.hdfs-sink.channel = mc
#defining the Avro sink properties
```

```
new_agent.sources.avro-cln-src.type = avro
new_agent.sources.avro-cln-src.bind = 10.1.1.100
new_agent.sources.avro-cln-src.port = 10000
#configuring other pieces
#...
```

3.2.5　配置流扇出

流扇出是指从一个源点去往多个源点的流。

默认情况下，Flume 有两种模式（即**复用**和**复制**）来实现流扇出的概念。

复用允许发送事件至符合特定条件的通道的子集，而复制则允许将事件发送至所有的配置通道。要实现流扇出，需要通道和策略。

可以通过增加一个**通道分区**来完成这个任务。可以复制或复用这个通道分区。默认情况下，该通道分区是复制的。如果要执行复用，还需要指定通道必须遵循的复用规则，以符合扇出要求。

代码清单 1-3-8 显示了实现流扇出的例子。

代码清单 1-3-8　使用流扇出的代码

```
#listing the components for the agent
<Agent>.sources = <Source1>
<Agent>.sinks = <Sink1> <Sink2>
<Agent>.channels = <Channel1> <Channel2>
#setting the list of channels, separated by space, for a source
<Agent>.sources.<Source1>.channels = <Channel1> <Channel2>
#setting the corresponding channel for individual sinks
<Agent>.sinks.<Sink1>.channel = <Channel1>
<Agent>.sinks.<Sink2>.channel = <Channel2>
#defining the type of the selector
<Agent>.sources.<Source1>.selector.type = replicating
```

为了增强源点和汇点之间的信息流，复用还允许一些额外的属性。这允许用户定义事件属性至一组通道的映射。选择器在事件头中搜索配置的属性。如果事件的配置属性值与通道选择器中指定的规则相匹配，那么事件被发送给所有指定的通道。没有匹配的事件被转发至一个默认的通道集合。

知识检测点 2

下面哪个选项被默认用于 Flume 的配置文件，以启用流扇出机制？
a. 复用
b. 索引
c. 复制
d. 激励

至此我们已经学习了有助于使用 Flume 的 Flume 配置文件，现在让我们了解一下如何设置 Flume 来使用它。

3.3　设置 Flume

可以设置 Flume 和 Hadoop，简化收集数据和传输至 HDFS 的过程。要为 Hadoop 设置 Flume，需要执行以下步骤。

（1）安装 Flume。

（2）设置 Flume 代理。

（3）设置数据使用的方法。

让我们逐个学习以上步骤。

技术材料

要安装 Flume，必须确保已经安装了 Java 1.6 或更高版本，且读写权限对于 Flume 代理使用的目录可用。

3.3.1　安装 Flume

要在计算机上安装 Flume，需要执行以下步骤。

（1）从 Flume 官方网站下载最新版本的 `flume-ng` 二进制代码。

（2）解压已下载的文件到首选目录。为此，键入下面的命令：

```
$ tar -xzf/opt/apache-flume-1.2.0-bin.tar.gz
```

（3）为了方便起见，输入下面的命令为安装构建一个符号链接：

```
$ ln -s/opt/apache-flume-1.2.0/opt/flume
```

（4）输入下面的命令，分别设置环境变量 FLUME_HOME 和 PATH：

```
Export FLUME_HOME=/opt/flume
Export PATH=${FLUME_HOME}/bin:${PATH}
```

确保已经设置了 JAVA_HOME。为了检查，输入下面的命令：

```
Echo ${JAVA_HOME}
```

检查 CLASSPATH 变量以检验 Hadoop 库是否存在。为了做到这一点，输入下面的命令：

```
$ echo ${CLASSPATH}
```

（5）键入以下的命令创建一个 Flume 配置目录，该目录包括了定义了默认日志属性及环境变量（如 JAVA_HOME）的所有文件：

```
$ mkdir/home/Hadoop/flume/conf
```

（6）键入下面的命令把所需文件（包括日志属性和环境变量）复制到为了 Flume 配置而创建的目录中去：

```
$ cp/opt/flume/conf/log4j.properties/home/Hadoop/flume/conf
$ cp/opt/flume/conf/flume-env.sh.sample/home/Hadoop/flume/conf/flume-env.sh
```

（7）改变 `flume-env.sh` 的值，并设置环境变量 JAVA_HOME 的值。

现在已经安装好了 Flume，为了使用它，还需要设置 Flume 代理。让我们学习如何配置 Flume 代理。

3.3.2　配置 Flume 代理

默认情况下，Flume 代理的配置以 Java 属性**键值对**的形式存储在文本文件中。代理包含所有 3 个组件（即与它一起列出的源点、通道和汇点）的属性。代理配置也指定了这些组件结合以形成数据流的方式。

在启动时，代理可以将该配置文件作为参数传递。然而，也需要将代理标识符连同配置文件一起传递，以确定需要使用的文件。这是必需的，因为，同一个文件中有着指定多代理配置的可能性，代理无法区分所要使用的文件。

下面的示例指定了一个名为 agent1 的代理。重要的是要注意，在这里，每一个代理配置都在开始的位置包括以下 3 个参数。

○　源点列表：名为 agent1 的代理的源点，可以由下面的命令列出：

agent1.sources=<source-list >

○　通道列表：名为 agent1 的代理的通道，可以由下面的命令列出：

agent1.channels=<list of channels>

○　汇点列表：名为 agent1 的代理的汇点，可以由下面的命令列出：

agent1.sinks=<list of sinks>

在 Flume 代理中设置代理包括如下步骤：

（1）配置单个组件。

（2）合并组件。

（3）安装第三方插件。

让我们逐一完成以上步骤。

配置单个组件

每一个组件都与 3 个主要的规格相关联，即名称、类型和属性。组件的属性特定于它们的类型和用途。例如：

○　**Avro** 源点需要一个主机名或 IP 地址，以及提供数据的端口号；

○　内存通道可以指定最大的队列尺寸和 HDFS 汇点以获取关于文件系统的**统一资源标识符**（Uniform Resource Identifier，URI）的信息，以及用于文件创建的路径和文件轮转频率。

承载 Flume 代理的属性文件需要设置这些特定属性。

例如，定义一个叫作 **access** 的通道来传输 Apache access 日志。由于每个代理参数以前缀开始，访问通道将用 **agent.channels.access** 启动其配置。源点、通道或汇点的类型是由类型属性来表示的，它与配置中的每一项相关联。下面的例子使用了指定了类型为 **memory** 的内存通道。因此，可以为名为 **access** 的通道完成名为 **agent** 的代理配置，如下面的代码所示：

agent.channels.access.type=memory

普遍使用前缀 agent.channels.access 来为每个组件添加任意其他参数。该前缀也可以用于其他属性。在这个例子中，我们指定使用 memory 类型。内存通道还具有指定最大可能事件数的 capacity 参数。默认情况下，capacity 参数的值是 100。

通过使用下面的代码，可以指定内存通道的容量：

```
agent.channels.access.type=memory
agent.channels.access.capacity=200
```

在上面的代码片段中，我们指定了最大的内存容量为 200，这意味着内存通道可以同时处理 200 个 Flume 事件。

合并组件

要加载的具体组件和这些组件需要被连接以构建流的方式的情况对于代理必须是已知的。为此，代理必须列出每个组件。之后，连接单个源点与汇点的通道必须单独指定。

例如，这里使用名为 mc-file 的文件通道，在传输连接事件的代理的帮助下，连接了称为 avroWeb 的 Avro 源点和 HDFS 汇点 hdfs-cluster1。

mc-file 将其自身共享给 Avro 源点和 HDFS 汇点，并包含在配置文件中，该文件还包含了组件的名称。

在下面的例子中，通道名称 access 被分配给了属性 agent.channels，使代理可以意识到它的加载：

```
agent.channels =access
```

一个名为 TerminalAgent 的代理，由上面的配置所定义，该配置包含了如下的组件。

○　一个终端 sourceTerminal，由端口 44444 提供数据。

○　一个通道 MemChannel，拥有为事件数据所创建的内存缓冲。

○　汇点 logsink，记录事件数据至控制台。

下面的命令用来配置配置文件：

```
$ bin/flume-ng agent --conf conf --conf-file Terminal.conf --name
TerminalAgent -Dflume.root.logger=INFO console
```

全面的部署包含了另一个选项--conf=<conf-dir>，它包含了一个 shell 脚本 flumeenv.sh 和一个属性文件 log4j。在这个例子中，通过一个 Java 选项，强迫 Flume 登录到控制台，并使用非自定义环境的脚本。在这一步之后，使用一个独立终端来 telnet 到端口 44444，使得事件可以被发送给 Flume。为此，使用以下的命令：

```
$ telnet localhost 44444
Trying 127.0.0.1…
Connected to localhost.localdomain (127.0.0.1)/
Escape character is '^]'.
Hello world! <Enter>
OK
```

在原始 Flume 终端上，日志消息返回了该事件作为输出：

```
12/06/19 15:32:19 INFO source.NetcatSource: Source starting
12/06/19 15:32:19 INFO source.NetcatSource: Created serverSocket:sun.
```

```
nio.ch.ServerSocketChannelImpl[/127.0.0.1:44444]
12/06/19 15:32:34 INFO sink.LoggerSink: Event: { headers:{} body: 48 65
6C 6C 6F 20 77 6F 72 6C 64 21 0D Hello world!. }
```

现在，已经配置并组合了 Flume 组件。除了它们现有的组件，Flume 还支持各种附加组件和插件以增强其功能。可以利用 Flume 安装和使用第三方应用程序。让我们学习如何利用 Flume 安装第三方应用程序。

安装第三方插件

Flume 提供了一个基于各种插件的架构，这可能是第三方组件和/或序列化器。通过添加 JAR 文件到 Flume shell 脚本文件中的 FLUME_CLASSPATH 变量，可以支持额外的自定义组件。

带有任何特定封装形式的插件都会被叫作 **plugins.d** 的 Flume 特别目录所自动提取，使插件封装的问题很容易被管理。它也有助于调试和解决不同类别的问题，特别是库依赖的冲突。

plugins.d 目录存储的位置是$FLUME_HOME/plugins.d，flume-ng 脚本在启动的时候从它里面搜索插件。Java 启动时加载插件，由以下格式在恰当的路径中指定。

下面 3 个子目录对于位于 plugins.d 目录中的每个插件都可用。

（1）lib：插件的 JAR。

（2）libext：插件依赖的 JAR。

（3）native：可能需要的原生库，如.so 文件。

下面的例子在 plugins.d 目录中直接显示了两个插件，即 custom-source-1 和 custom-source-2：

```
plugins.d/
plugins.d/custom-source-1/
plugins.d/custom-source-1/lib/my-source.jar
plugins.d/custom-source-1/libext/spring-core-2.5.6.jar
plugins.d/custom-source-2/
plugins.d/custom-source-2/lib/custom.jar
plugins.d/custom-source-2/native/gettext.so
```

3.3.3 数据消费

Flume 支持使用来自外部源点的数据。为了允许外部的数据消费，使用下列技术。

- **远程过程调用（Remote Procedure Call，RPC）**：RPC 技术允许从位于 Flume 的 Avro 客户端将 Flume Avro 源点发送至文件。Flume 源点通过以下命令，在端口 41414 提供了 /usr/logs/log.10 文件的内容：

  `$ bin/flume-ng avro-client -H localhost -p 41414 -F/usr/logs/log.10`

- **执行命令**：执行一个给定的命令，在 Flume 中输出。输出呈现在单个"行"中，最后传输一个回车符（\r）、一个换行符（\n）或者两者一起传输。

- **网络流**：Flume 支持从流行的日志流，如 Avro、Thrift、Syslog 和 Netcat 中接收数据。为此，它提供了如下技术：

- 设置多代理流；
- 整合；
- 复用流。

设置多代理流

设置多个代理流是一种网络流数据使用的技术。在这项技术中，定向到主机名（或 IP 地址）和源点端口的任务是由汇点执行的。多代理流如图 1-3-3 所示。

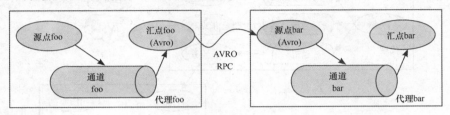

图 1-3-3　多代理流

在图 1-3-3 中，可以看到 Avro 是现有代理的源点和先前代理的汇点。

整合

通常，数以百计的客户端发送数据到几十个 Flume 代理中。可以在 Flume 中用 Avro 汇点配置几个第一层代理，其中所有的代理都指向单个代理的 Avro 源点。二级代理的源点将被认可的代理合并成一个单一的通道。汇点使用来自单一通道并去往它们终点的事件。图 1-3-4 展示了一个整合机制的例子。

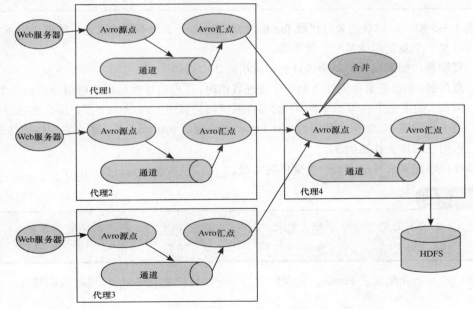

图 1-3-4　整合机制

复用流

可以复用事件，以便它们流入一个或多个终点。为此需要定义一个流复用器，可以复制或选择性地将事件路由到一个或多个通道中。

图 1-3-5 展示了复用流的图。

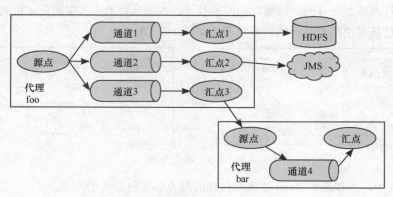

图 1-3-5　复用流

快速提示

　　Flume 不支持 tail 命令作为源点来流式传输文件。tail 命令需要给定文本的最后几行作为输入，并将这些行写到标准的输出端作为输出。可以把 tail 命令封装进 exec 源点以流式传输文件。

在图 1-3-5 中，可以看到来自**代理 foo** 的源点扇出流至 3 个不同的通道。依赖于以下条件，流扇出可以是一个复制器或是一个复用器。

○　**复制器**：如果代理将每个事件交付给所有 3 个通道。
○　**复用器**：如果在事件属性匹配一个预配置值时，代理将事件传递给可用通道的一个子集。例如，如果一个名叫 txnType 的事件属性被设置成 customer 了，那么它应该去往通道 1 和通道 3。如果事件属性 txnType 被设置成 vendor 了，那么它应该去往通道 2；否则它应该去往通道 3。

可以在代理配置文件中设置一个事件的映射。

知识检测点 3

　　使用下面哪个命令来配置包括 FLUME_HOME 和 PATH 在内的环境变量？
　　a. Export　　　　b. mkdir　　　　c. tar　　　　d. tail

现在已经安装和配置了 Flume，让我们学习一下如何构建 Hadoop 以进行数据整合。

3.4　构建 Flume

安装和配置 Flume 之后，需要构建它进行数据整合。为了构建 Flume，需要执行以下 3 个广义层面上的步骤。

（1）获得源点。　　　（2）编译/测试 Flume。　　　（3）开发自定义组件。

3.4.1　获得源点

为了编译生成 Flume，获取源点是需要执行的第一步。可以使用 **Git** 命令来检查和验证源点。

要检查和验证源点，使用以下命令：

```
Git clone https://git-wip-us.apache.org/repos/asf/flume.git
```

3.4.2　编译/测试 Flume

编译 Flume 使用标准的 Maven 命令，该命令连同它们的描述如表 1-3-1 所示。

表 1-3-1　标准 Maven 命令

命令	描述
mvn clean compile	该命令仅用于编译目的
mvn clean test	该命令用于编译和运行单元测试
mvn clean test -Dtest=<Test1>,<Test2>,... -DfailIfNoTests=false	该命令用于运行单个测试
mvn clean install	该命令用于创建 tarball 包
mvn clean install - DskipTests	该命令用于创建 tarball 包，并跳过单元测试

快速提示

编译生成 Flume 的一个重要要求是在路径中包含 Google 协议缓冲编译器。

3.4.3　开发自定义组件

Flume 在自定义组件的帮助下工作。为了利用 Flume 开展工作，可以开发自定义组件。这些组件可以让你收集和汇总来自于源点的数据，并传输收集的数据到所需的位置。Flume 支持下列自定义组件：

- ○　客户端；　　　　○　嵌入式代理；　　　　○　事务接口；
- ○　汇点；　　　　　○　源点。

让我们逐个了解如何开发上述组件。

客户端

Flume 客户端将事件的初始点作为其操作点，负责为 Flume 代理提供事件。在大多数情况下，提供数据至客户端的应用程序的进程空间作为客户端操作空间进行工作。

客户端由下列组件所构成：

- SDK 客户端；
- RPC 客户端——Avro 和 Thrift；
- 负载均衡 RPC 客户端。
- RPC 客户端接口；
- 失效转移客户端；

SDK 客户端

Flume 支持多个机制来获取数据并与外部应用程序通信。Flume SDK 客户端是一个库，允许外部应用程序与 Flume 连接，并利用 RPC 将数据传输给 Flume 环境。

RPC 客户端接口

Flume 支持 RPC 机制，这是由 Flume 的 RpcClient 接口所简述的。Flume SDK 客户端的 append(Event) 或 appendBatch(List<Event>) 方法可以简单地被应用程序调用，以便可以转发数据而无须关心消息交换的底层细节。为了使用 RPC 客户端接口，用户必须提供所需的事件。

下列方法可以用来提供所需的事件参数：

- 实现事件接口；
- 使用方便的实现，如 SimpleEvent 类；
- 使用 EventBuilder，名为 Body() 静态帮助方法所重载的。

RPC 客户端——Avro 和 Thrift

Flume 1.4.0 宣布引入 Avro 作为 RPC 的默认协议。在这里，RpcClient 接口实现于 Flume 客户端的两个默认实现中，即 NettyAvroRpcClient 和 ThriftRpcClient。

首先，这个对象，包括主机和所针对的 Flume 代理的端口，需要通过客户端来创建。在这之后，通过 RpcClient 接口把数据发送给代理。这个例子显示了如何在用户应用程序中使用 Flume SDK 客户端应用程序编程接口（API），创建数据生成，如代码清单 1-3-9 所示。

代码清单 1-3-9　Flume SDK 客户端 API 的例子

```
import org.apache.flume.Event;
import org.apache.flume.EventDeliveryException;
import org.apache.flume.api.RpcClient;
import org.apache.flume.api.RpcClientFactory;
import org.apache.flume.event.EventBuilder;
import java.nio.charset.Charset;
public class MyApp {
    public static void main(String[] args) {
```

```
                MyRpcClientFacade mr_cli = new MyRpcClientFacade();
2               client.init("host.example.org", 41414);
                String sampleData = "Hello Flume!";
                for (int i = 0; i < 10; i++) {
                    mr_cli.sendDataToFlume(sampleData);
                }
                mr_cli.cleanUp();
        }
    }
    class MyRpcClientFacade {
        private RpcClient rpc_cli;
        private String hostname;
        private int port;
        public void init(String hostname, int port) {
3           this.hostname = hostname;
            this.port = port;
            this.rpc_cli = RpcClientFactory.getDefaultInstance(hostname,
            port);
4           this.rpc_cli = RpcClientFactory.getThriftInstance(hostname, port);
        }
5       public void sendDataToFlume(String data) {
6           Event event = EventBuilder.withBody(data,
            Charset.forName("UTF-8"));
7           try {
                rpc_cli.append(event);
            } catch (EventDeliveryException e) {
8               rpc_cli.close();
                rpc_cli = null;
                rpc_cli = RpcClientFactory.getDefaultInstance(hostname, port);
                :
                // this.rpc_cli = RpcClientFactory.getThriftInstance(hostname,
                port);
            }
        }
9       public void cleanUp() {
            // Close the RPC connection
            rpc_cli.close();
        }
    }
```

代码清单 1-3-9 的解释

1	利用远程 Flume 代理的主机和端口，初始化客户端
2	发送 10 个事件到远程 Flume 代理。该代理应当被配置来利用 AvroSource 进行监听
3	设置 RPC 链接
4	要创建 Thrift 客户端，使用 RpcClientFactory.getDefaultInstance()方法
5	创建一个封装了样例数据的 Flume 事件对象
6	使用 EventBuilder.withBody()方法，发送事件
7	清理和重建客户端
8	要创建 Thrift 客户端，使用 RpcClientFactory.getThriftInstance()方法
9	关闭 RPC 连接 rpc_cli.close()

远程工作的 Flume 代理，需要一个 AvroSource（在使用 Thrift 客户端的情形下是一个 ThriftSource），并提供给它来自端口的数据。该代码配置一个 Flume 代理，它等待来自 MyApp 的连接，如代码清单 1-3-10 所示。

代码清单 1-3-10　Flume 代理等待连接

```
a1.channels = ch1
a1.sources = src1
a1.sinks = sk1
a1.channels.ch1.type = memory
a1.sources.src1.channels = ch1
a1.sources.src1.type = avro
# Use of a thrift source requires setting the following instead of
the preceding ones.
# a1.source.src1.type = thrift
a1.sources.src1.bind = 0.0.0.0
a1.sources.src1.port = 41414
a1.sinks.sk1.channel = ch1
a1.sinks.sk1.type = logger
```

利用表 1-3-2 中给出的属性，配置 Flume 客户端的默认实现 NettyAvroRpcClient 和 ThriftRpcClient 会更加灵活。

表 1-3-2　Flume 客户端默认实现的属性

client.type = 默认（针对 Avro）或 thrift（针对 Thrift）	
Hosts = hs1	仅有单个主机能被默认客户端所接收
hosts.hs1 = host1.example.org:41414	主机和端口都需要明确的规范（都不具有默认值）
batch-size = 100	最小必须是 1，默认值为 100
connect-timeout = 20000	最小必须是 1 000，默认值为 20000
request-timeout = 20000	必须是 1 000 或更大，默认值为 20000

失效转移客户端

失效转移客户端是一个类，通过封装默认的 Avro RPC 客户端，它支持客户端处理代理的失效转移。

该类以<host>:<port>的形式提供了一个包含了主机和端口的列表，来代表失效转移的 Flume 代理。在这份列表中，通过分割空格的方式指定失效转移代理。Thrift 不被失效转移客户端的支持。目前具有通信错误的主机代理会引发失效转移客户端自动将失效转移至列表中的下一客户端的情形，如代码清单 1-3-11 所示。

代码清单 1-3-11　配置失效转移客户端的代码

```
// Setup properties for the failover
Properties p1 = new Properties();
p1.put("rpc_cli.type", "default_failover");
// List of hosts (space-separated list of user-chosen host aliases)
p1.put("hosts", "hs1 hs2 hs3");
// host/port pair for each host alias
String host1 = "host1.example.org:41414";
String host2 = "host2.example.org:41414";
String host3 = "host3.example.org:41414";
p1.put("hosts.hs1", host1);
props.put("hosts.hs2", host2);
props.put("hosts.hs3", host3);
// create the client with failover properties
RpcClient rpc_cli = RpcClientFactory.getInstance(p1);,
```

附加知识

在下表中给出的失效转移 Flume 客户端实现的属性，使配置失效转移 Flume 客户端更加灵活。

属　　　性	描　　　述
flume_cli.type = default_failover	这是默认的配置
hosts = hs1 hs2 hs3	至少一个是必需的，但是两个或更多将会更适合
hosts.hs1 = host1.example.org:41414 hosts.hs2 = host2.example.org:41414 hosts.hs3 = host3.example.org:41414 max-attempts = 3	必须大于等于0，默认值是指定的主机数量，在这个例子中为3 • 0 值，只会造成一个附加调用立即失败，这几乎没有任何意义 • 1 值也不太适合。在这种情况下，失效转移客户端试图仅发送一次事件，失效即意味着不能把失效转移到第二个客户端。所以，这个值把失效转移客户端退化成默认客户端
batch-size = 100	必须是 1 或更大，默认值是 100
connect-timeout = 20000	必须至少是 1 000，默认值是 20 000
request-timeout = 20000	必须是 1 000 或更大，默认值是 20 000

负载均衡 RPC 客户端

为了在多个主机中负载均衡，RpcClient 也受到了 Flume SDK 客户端的支持。组成负载均衡组的 Flume 代理被提供在由从空格彼此分开的<host>:<port>列表中。

一个不是以随机方式就是以轮询方式选择的已配置的主机，可以被用来以均衡负载策略来配置客户端的类型。还可以指定自定义类，它通过实现 LoadBalancingRpcClient$HostSelector 接口，启用自定义选择顺序。在这种情况下，将自定义类的完全限定类名（FQCN）指定给主机选择器属性的值是必需的。Thrift 不受均衡负载 RPC 客户端的支持。

均衡负载客户端使用一个叫作 backoff 的属性，它是指均衡负载客户端查看节点以消费事件所耗费的时间量。如果在指定的时间内节点不能成功地消费事件，均衡负载客户端将停止尝试该节点。如果启用了 backoff，客户端的失效主机的临时黑名单就在给定的超时时间内，限制了主机被选为故障转移机。如果即使超时时间过了主机仍然无反应，该失效称为**顺序的**。在这种情况下，可以通过指数级增加超时时间的方式来避免可能的死锁。

通过给 maxBackoff() 方法传递以毫秒表示的时间，backoff 时间可以被设置成其最大值。backoff 的默认最大值为 30 s，并指定在 OrderSelector 类中。每次顺序失效会造成 backoff 超时时间成指数级增长，直至达到 backoff 超时时间的最大可能值，即大约 65 536 s，即 18.2 h。

设定 backoff 时间的例子如代码清单 1-3-12 所示。

代码清单 1-3-12 设置 backoff 时间

```
// Setup properties for the load balancing
Properties p1 = new Properties();
p1.put("rpc_cli.type", "default_loadbalance");
// List of hosts (space-separated list of user-chosen host aliases)
p1.put("hosts", "hs1 hs2 hs3");
// host/port pair for each host alias
String host1 = "host1.example.org:41414";
String host2 = "host2.example.org:41414";
String host3 = "host3.example.org:41414";
p1.put("hosts.hs1", host1);
p1.put("hosts.hs2", host2);
p1.put("hosts.hs3", host3);
p1.put("host-selector", "random"); // For random host selection
// p1.put("host-selector", "round_robin"); // For round-robin host
// // selection
p1.put("backoff", "true"); // Disabled by default.
p1.put("maxBackoff", "10000"); // Defaults 0, which effectively
// becomes 30000 ms
// Create the client with load balancing properties
RpcClient rpc_cli = RpcClientFactory.getInstance(p1);
```

附加知识

配置负载均衡类型的 Flume 客户端的实现，即 LoadBalancingRpcClient，其在下表中列出的属性使它更加灵活。

属　　　性	描　　　述
`client.type = default_loadbalance`	这是默认配置
`hosts = hs1 hs2 hs3`	最少必须有两台主机

`hosts.hs1 = host1.example.org:41414`
`hosts.hs2 = host2.example.org:41414`
`hosts.hs3 = host3.example.org:41414`
`backoff = false`
	提供规范，指明对于临时性的超时，是否应当把失效的主机列入黑名单

`maxBackoff = 0`	backoff 的最大超时时间，其默认值设置为 0，最终能达到 30 000 ms
`host-selector = round_robin`	在主机之间均衡负载的过程中，对主机选择采用的策略。默认值为 round_robin 时，它可以"随机"采取另一个值，这是实现了 LoadBalancingRpcClient$Host Selector 的自定义类的 FQCN
`batch-size = 100`	最小必须是 1，其默认值是 100
`connect-timeout = 20000`	必须大于等于 1 000，其默认值是 20000
`request-timeout = 20000`	必须大于等于 1 000，其默认值是 20000

附加知识

Flume 支持的从外部源点进行数据传输的工具包括以下几个：

- Avro；
- Log4j；
- Syslog；
- Http POST（具有 JSON 主体）；
- ExecSource+。

除了上述工具之外，Flume 还可以使用自定义的技术从外部源点收集数据。开发自定义方法可以使用下列方式之一。

- 创建一个自定义客户端，它有能力与先前存在的 Flume 源点，如 AvroSource 或 SyslogTcpSource，建立连接。客户端把数据转换成 Flume 源点可以理解的消息。
- 编写一个自定义的 Flume 源点，与先前客户端具有通过 IPC 或 RPC 协议的直接通信。在这里，客户端数据被转换成事件，并由 Flume 源点发送给下游。

嵌入式代理

Flume 包含了一个嵌入式代理 API，它允许一个代理被嵌入到一个应用程序中。对于快速处理来讲，只允许在应用程序中嵌入轻量级代理。因此，只有特定组件可以被嵌入式代理所支持。嵌入式代理的受支持组件如下。

- ○　**源点**：`put()`、`putAll()`方法使用在 EmbeddedAgent 对象中，将事件转发给源点；嵌入式代理支持特殊的嵌入式源点。

○ **通道**：嵌入式代理支持文件和内存通道。

○ **汇点**：嵌入式代理支持 Avro 汇点。

应以类似于完整代理的方式来配置嵌入式代理。对于一个嵌入式代理，配置选项如表 1-3-3 中所示。

表 1-3-3　嵌入式代理的配置选项

属性名称	默　　认	描　　述
source.type	嵌入式	只有嵌入式源点是可用的
channel.type	—	为 MemoryChannel 指定为内存，为 FileChannel 指定为文件
channel.*	—	该选项配置所请求的通道类型
sinks	—	汇点的名称列表
sink.type	—	值固定为 Avro，属性名称必须在汇点列表中有一个相匹配的名称
sink.*	—	该选项配置汇点
processor.type	—	为 FailoverSinksProcessor 指定为失效转移，为 LoadBalancing-SinkProcessor 指定为 load_balance
processor.*	—	该选项配置所选的汇点处理器

嵌入式代理的使用方式如代码清单 1-3-13 所示。

代码清单 1-3-13　嵌入代理的代码

```
Map<String, String> properties = new HashMap<String, String>();
properties.put("channel.type", "memory");
properties.put("channel.capacity", "200");
properties.put("sinks", "s1 s2");
properties.put("s1.type", "avro");
properties.put("s2.type", "avro");
properties.put("s1.hostname", "collector1.apache.org");
properties.put("s1.port", "5564");
properties.put("s2.hostname", "collector2.apache.org");
properties.put("s2.port", "5565");
properties.put("processor.type", "load_balance");
EmbeddedAgent ea = new EmbeddedAgent("myagent");
ea.configure(properties);
ea.start();
List<Event> e1 = Lists.newArrayList();
e1.add(event);
e1.add(event);
e1.add(event);
e1.add(event);
ea.putAll(e1);
```

```
...
ea.stop();
```

事务接口

有了 Transaction 接口的内容，Flume 变得可靠了，Flume 代理的所有主要组件都必须使用它。Flume Transaction 接口的工作原理如图 1-3-6 所示。

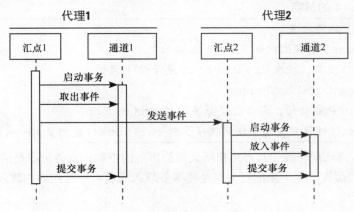

图 1-3-6　事务接口

通道的实现在内部实现了一个事务。每一个源点和汇点必须获得事务对象，事务对象与通道有连接。在 ChannelSelector 类实例的帮助下，源点获得了事务的概要。一个活动的交易有一个阶段，该阶段意味着进入一个通道并提取。进入通道和提取的过程是指为一个正在其内执行事件的通道取出操作。

实现事务接口的例子如代码清单 1-3-14 所示。

代码清单 1-3-14　实现事务接口

```
1  Channel channel = new MemoryChannel();
2  Transaction tsn = ch.getTransaction();
3  tsn.begin();
   try {
       // This try clause includes whatever Channel operations you want to do
       Event e2 = EventBuilder.withBody("Hello Flume!", Charset.forName("UTF-8"));
4      channel.put(e2);
       // Event takenEvent = channel.take();
       // ...
5      tsn.commit();
   } catch (Throwable tr) {
6      tsn.rollback();
       // Log exception, handle individual exceptions as needed
       // re-throw all Errors
```

```
      if (tr instanceof Error) {
          throw (Error)tr;
      }
} finally {
      tsn.close();
}
```

代码清单 1-3-14 的解释

1	创建一个新的通道
2	在 Channel 实现的内部实现 Transaction
3	begin()返回；现在 Transaction 是活动/打开的
4	然后 Event 被放入 Channel
5	如果 put 是成功的，那么提交并关闭 Transaction
6	如果在执行过程中发生了任何错误，则 rollback()返回至前一状态

在这一点上，该通道释放了其对用户所采用的事务的控制。事务仍旧是活跃/打开的，就像 begin()所返回的那样。接下来的行为就是将事务**放入**通道。一次成功的**放入**意味着交易的提交和关闭。

汇点

来自通道的事件在汇点的帮助下被提取并转发给流中的下一个 Flume 代理或存储在外部存储位置中。只有一个通道可以与汇点相关联，而每个配置的汇点与 SinkRunner 实例相关联。新创建的线程 SinkRunner.PollingRunner 是可运行的，是从由 Flume 框架调用的 SinkRunner.start()方法中生成的，在它的帮助下驱动汇点。在该线程的帮助下，汇点的生命周期得以管理。

start()方法和 stop()方法的实现，组成了汇点的 LifecycleAware 接口。该接口要求做到以下几点。

○ 汇点初始化并达到了在 Sink.start()方法的帮助下，其中的事件可以被它转发到下一个目的地的条件。

○ 事件是通过使用 Sink.process()方法，从通道中被提取并转发的。

○ Sink.stop()方法采取了必要的清理行为，如释放资源。

处理汇点的配置设置，需要实现可配置的接口，这也用于实现该汇点。

编译生成汇点组件的例子如代码清单 1-3-15 所示。

代码清单 1-3-15　编译生成 Sink 客户端的代码

```
public class MySink extends AbstractSink implements Configurable {
    private String mp;
    @Override
    public void configure(Context context) {
        String mp = context.getString("mp", "defaultValue");
```

```
        // Process the mp value (e.g. validation)
        // Store mp for later retrieval by process() method
        this.mp = mp;
    }
    @Override
    public void start() {
        // Initialize the connection to the external repository (e.g. HDFS) that
        // this Sink will forward Events to ..
    }
    @Override
    public void stop () {
        // Disconnect from the external respository and do any
        // additional cleanup (e.g. releasing resources or nulling-out
        // field values) ..
    }
    @Override
    public Status process() throws EventDeliveryException {
        Status st = null;
        // Start transaction
        Channel channel = getChannel();
        Transaction tsn = ch.getTransaction();
        tsn.begin();
        try {
            // This try clause includes whatever Channel operations you want to do
            Event e1 = channel.take();
            // Send the Event to the external repository.
            // storeSomeData(e);
            tsn.commit();
            st = Status.READY;
        } catch (Throwable tr) {
            tsn.rollback();
            // Log exception, handle individual exceptions as needed
            st = Status.BACKOFF;
            // re-throw all Errors
            if (tr instanceof Error) {
                throw (Error)tr;
            }
        } finally {
            tsn.close();
        }
        return st;
    }
}
```

源点

采用了 ChannelProcessor 实例进行事件处理的源点负责接收来自外部客户端的数据，并将其存储到通道中去的任务。通道和源点的关联可以在 ChannelSelector 实例的帮助下获得，反过来，ChannelProcessor 采用了它。在此之后，对于一个可靠的放置到通道中去的事件，可以从每一个与源点相关的通道中检索事务。

源点可以划分成如下两种类别。

○ **PollableSource**：以一种类似于 SinkRunner.PollingRunner 类实例的方法，Flume 框架调用了 PollableSourceRunner.start() 方法，导致了生成一个线程；在该线程之上，可运行的 PollingRunner 得到了执行。对于运行 PollingRunner 而言，一个自身线程与每个配置的 PollableSources 具有关联。PollableSource 的生命周期的活动，如 start() 和 stop() 方法，是由线程管理的。对于 PollableSource，必须要实现 start() 和 stop() 方法，在 LifecycleAware 接口中拥有它们的声明。由 PollableSource 运行器所调用的源点的 Process() 方法，它需要检查新的数据并将其作为 Flume 事件存储至通道中。

○ **EventDrivenSource**：它自身的回调技术必须与 EventDrivenSource 相关联。通过回调机制，将新的数据和其存储捕捉至通道中去。类似于 PollableSources，并不使用每个 EventDrivenSource 线程来驱动源点。

代码清单 1-3-16 显示了使用自定义 PollableSource 的例子。

代码清单 1-3-16 使用 **PollableSource** 类的代码

```
public class MySource extends AbstractSource implements Configurable,
PollableSource {
    private String mp;
    @Override
    public void configure(Context context) {
        String mp = context.getString("mp", "defaultValue");
        // Process the mp value (e.g. validation, convert to another type,
        ...)
        // Store mp for later retrieval by process() method
        this.mp = mp;
    }
    @Override
    public void start() {
        // Initialize the connection to the external client
    }
    @Override
    public void stop () {
        // Disconnect from external client and do any additional cleanup
        // (e.g. releasing resources or nulling-out field values) ..
    }
    @Override
```

```
public Status process() throws EventDeliveryException {
    St status = null;
    // Start transaction
    Channel channel = getChannel();
    Transaction tsn = ch.getTransaction();
    tsn.begin();
    try {
        // This try clause includes whatever Channel operations you want
        to do
        // Receive new data
        Event e1 = getSomeData();
        // Store the Event into this Source's associated Channel(s)
        getChannelProcessor().processEvent(e1)
        tsn.commit();
        st = Status.READY;
    } catch (Throwable tr) {
        tsn.rollback();
        // Log exception, handle individual exceptions as needed
        st = Status.BACKOFF;
        // re-throw all Errors
        if (tr instanceof Error) {
            throw (Error)tr;
        }
    } finally {
        tsn.close();
    }
    return st;
}
```

知识检测点 4

　　可以使用下面哪个 Flume 客户端组件来允许外部的应用程序与 Flume 相连接，并使用 RPC 将数据传输至 Flume 环境？

a.　SDK 客户端

b.　RPC 客户端接口

c.　RPC 客户端——Avro 和 Thrift

d.　故障转移客户端

基于图的问题

考虑下面的图：

a. 解释上面的 Twitter 流式 API。

b. 连接到组件，显示流程。它们是按照什么顺序来被使用的？

c. 编写必要的配置代码来访问 Twitter 数据。

多项选择题

选择正确的答案。在下面给出的"标注你的答案"里将正确答案涂黑。

1. 在下面哪种流可靠性模式中，数据可以被传输至下一跳而无须任何工作来确认或重新尝试数据传输？

    a. BE   b. DFO

    c. E2E   d. 结束到开始

2. 在 Flume 配置文件中，每个组件使用下面哪个属性来为该组件指定所需属性的特性集合？

    a. 源点   b. 汇点

    c. 容量   d. 类型

3. 当为 Flume 安装第三方插件时，你使用下面哪个目录来管理 JAR 文件的依赖？

    a. lib   b. libext

    c. native   d. plugins.d

4. 在 Flume 数据整合中，下列哪一种方法被汇点用来将事件转发给下一个目的地？

    a. SinkRunner.start()   b. Sink.process()

    c. Sink.start()   d. Sink.stop()

5. 在 Flume 中，下面哪个任务是由 Avro 执行的？

    a. 聚合日志数据   b. 访问日志数据

    c. 从远程系统配置 Flume   d. 启用 IPC

6. 下面哪个数据类型被 Flume 的支持？
   a. 任意类型的数据　　　　　　　b. 存储在 HDFS 和 HBase 中的数据
   c. 电子邮件数据　　　　　　　　d. 社交网络数据，如 Facebook 和 Twitter

7. 在 Flume 分布式处理应用程序中，下列关于汇点的哪一个判断是正确的？
   a. 可以与任意数量的源点和通道协同工作
   b. 不要求任何通道发挥功能
   c. 精确地要求每个通道都发挥功能
   d. 为多个代理使用多个通道

8. 下面关于在 Flume 环境中的代理的哪一个判断是正确的？
   a. 这是一个基本的数据单元，从源点传输至其最终目的地
   b. 这是一个对象，生成事件并将它们发送给源点和汇点
   c. 这是一个 JVM 进程，它宿主了源点、通道和汇点这样的组件
   d. 这是一个主动组件，它接收来自外部源点（如 Web 服务器）的事件并将它们
      存储在通道中

9. 下面哪个类实例是获取事务对象概要的来源？
   a. ChannelSelector　　　　　　　b. LifecycleAware
   c. SinkRunner　　　　　　　　　d. SinkRunner.PollingRunner

10. 你将使用下面哪个命令来为代理列出所有的通道？该代理的名称为 AG1。
    a. agent.AG1.channels　　　　　b. AG1.channels
    c. agent.AG1.getchannels　　　 d. AG1.getchannels

标注你的答案（把正确答案涂黑）

1. (a) (b) (c) (d)　　　　　6. (a) (b) (c) (d)
2. (a) (b) (c) (d)　　　　　7. (a) (b) (c) (d)
3. (a) (b) (c) (d)　　　　　8. (a) (b) (c) (d)
4. (a) (b) (c) (d)　　　　　9. (a) (b) (c) (d)
5. (a) (b) (c) (d)　　　　　10. (a) (b) (c) (d)

测试你的能力

1. 使用 Flume 编写命令将数据存储在 HDFS 中。
2. 编写简单的代码来连接源点和汇点。

○ Flume 是一种分布式的、一致性的和可用的服务。它有效地组装、聚集大量的日志数据并立即传输至一个集中的位置。

○ Flume 工作在 DFM 上,它遵循面向流的数据流。数据流指定了从其来源到最终目的地的数据传输和处理方法。

○ Flume 主节点负责分配和更新配置逻辑节点。

○ Flume 的架构基于源点和汇点模型。源点被称为输入,汇点被称为 Flume 的最终输出。

○ Flume 架构有下面的主要组件。

  • Flume 事件:这是一个基本单元,将数据从源点传输至其最终目的地。

  • 客户端:这是一个对象,它产生事件并将它们发送给 Flume 代理。

  • Flume 代理:这是一个 JVM 进程,它宿主了源点、通道和汇点这样的组件。

  • Flume 源点:这是一个主动组件,它接收来自外部源点(如 Web 服务器)的事件并将它们存储在通道中。

  • Flume 通道:这是一个被动组件,它缓存了来自 Flume 源点的输入事件。

  • Flume 汇点:这是一个主动组件,它从通道中取出一个事件并将其传输至下一跳。

○ Flume 保证了数据传输的可靠性。遇到失败时,它可以在不丢失数据的情况下交付事件。流的可靠性取决于代理之间的事务交换以及通道的持久性特点。

○ Flume 使你能够指定所需的可靠性水平。它支持以下 3 个可靠性水平:

  • BE;

  • DFO;

  • E2E。

○ 配置文件具有和 Java 属性文件格式相匹配格式,具有分层设置,存储了 Flume 代理的配置。

○ 利用配置文件可以完成以下任务:

  • 指定流的定义;

  • 配置单个组件;

  • 在代理中添加多个流;

  • 配置多代理流;

  • 配置流扇出。

○ 可以在 Hadoop 中设置 Flume 以简化收集数据和传输至 HDFS 的过程。要为 Hadoop 设置 Flume,需要执行以下三大步骤:

  • 安装 Flume;

  • 设置 Flume 代理;

  • 设置数据消费方法。

○ 每一个组件都与 3 个主要的规格相关联,即名称、类型和属性。组件的属性特定于它们的类型和用途。

○ 要加载的特定组件和这些组件需要被连接以构建流的方式的情况对于代理必须是已知的。

○ Flume 提供了一个基于各种插件的架构，这可能是第三方组件和/或序列化器。

○ 通过添加 JAR 文件到 Flume shell 脚本文件中的 FLUME_CLASSPATH 变量，可以支持额外的自定义组件。

○ 下面 3 个子目录对于位于 plugins.d 目录中的每个插件都可用。

- lib：插件的 JAR。
- libext：插件依赖的 JAR。
- native：可能需要的原生库，如.so 文件。

○ Flume 支持使用来自外部源点的数据。为了允许外部的数据消费，使用下面的技术：

- RPC；
- 执行命令；
- 网络流。

○ 安装和配置 Flume 之后，需要编译生成它进行数据整合。要编译生成 Flume，需要执行以下 3 个广义层面上的步骤：

- 获得源点；
- 编译/测试 Flume；
- 开发自定义组件。

○ 为了利用 Flume 工作，你可以开发自定义的组件。这些组件可以让你从源点收集和聚合数据，并将收集到的数据传输到所需的位置。

○ Flume 支持下列自定义组件：

- 客户端；
- 嵌入式代理；
- 事务接口；
- 汇点；
- 源点。

○ Flume 客户端将事件的初始点作为其操作点，负责为 Flume 代理提供事件。

○ 客户端由以下组件组成：

- SDK 客户端；
- RPC 客户端接口；
- RPC 客户端——Avro 和 Thrift；
- 失效转移客户端；
- 均衡负载 RPC 客户端。

超越**MapReduce**——**YARN**

模块目标

学完本模块的内容，读者将能够：

▶▶ 解释 YARN 的角色，并将其与 Hadoop 1.0 中的 MapReduce 角色作比较

本讲目标

学完本讲的内容，读者将能够：

▶▶	解释 YARN 在 Hadoop 1.0 中超越 MapReduce 的优点
▶▶	解释 YARN 生态系统
▶▶	描述 YARN 架构
▶▶	解释 YARN API 的关键概念
▶▶	将 YARN 与 Mesos 做比较

"事情应该力求简单，不过不能过于简单。"

——Albert Einstein

Hadoop 和 MapReduce 将分布式数据处理带给了大众。虽然它们为并行处理提供了一种相对简单的方法，但是 MapReduce 已经被成功地广泛运用到了大规模数据处理问题中了。然而，它不是一个针对所有问题的解决方案，并且随着数据大小的持续增长和数据种类的增多，新的数据处理方式开始出现了。

在本讲中，我们讨论作为 Hadoop 2.0 一部分的 YARN，它是一套新的服务。该套服务将 Hadoop 转换成一个能够运行任意分布式框架（而不仅仅是 MapReduce）的通用数据处理平台。

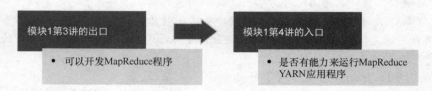

本讲深入探究 YARN、YARN 架构及其创建的生机勃勃的生态圈。本讲还涵盖了 YARN API 并解释了用它来编写 YARN 应用程序的方式。最后将 YARN 与来自加州大学伯克利分校的称作 Mesos 的一种可替代技术作比较。

在本讲的结尾，读者将会深度了解 YARN 的架构、API 以及如何使用 YARN 发挥 Hadoop 集群的最大效益方式。

4.1　YARN 简介

YARN 代表 **Yet Another Resource Negotiator**，是 Hadoop 2.0 的一种通用的作业调度和资源管理器。

作为 Hadoop 2.0 的一部分，YARN 将**资源管理**从**数据处理**中分离开来，从而使组织以强大的新方法来利用他们现有的 Hadoop 集群。

图 1-4-1 展示了 YARN 是如何更改 Hadoop 栈。

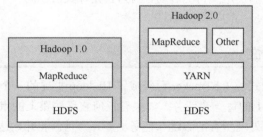

图 1-4-1　Hadoop 1.0 和 Hadoop 2.0 的栈

在 Hadoop 1.0 中，资源管理和数据处理在本质上是一回事（如 MapReduce）。用户把自己的数据存储在 HDFS 中，并利用 MapReduce 进行处理。

在 Hadoop 2.0 中，资源管理和数据处理是分开的。你仍然将你的数据存储在 HDFS 中，但是 MapReduce 仅仅是多种数据处理选项的其中之一。如上所示，新的 YARN 组件处理资源管理，而 MapReduce 仅是位于 YARN 上层的多种数据处理框架之一。

> **附加知识**
>
> YARN 上的工作起始于 2008 年的雅虎。作为 Hadoop 的早期采用者，雅虎运行着世界上大型的一些集群，并不断地突破 Hadoop 可以达到的极限。由于 Hadoop 在雅虎成了大型数据处理的核心，其背后的团队努力跟上其两个用户的需求多样化。
>
> 经过许多补丁和变通措施之后，下面两个关键问题凸显出来。
>
> ○ 用户不能灵活地处理他们的数据，这导致了 MapReduce 的许多滥用，这使集群的管理更加困难。
>
> ○ 集中的 JobTracker 严重阻碍了 Hadoop 的可扩展性。
>
> Jira 标签 MAPREDUCE-279 包含了 YARN 的初始种子。最终，YARN 被捐赠给了 Apache 基金会，使它对于其他的 Hadoop 社区可用。今天，YARN 是 Apache Hadoop 的一个成熟的子项目，就其重要性而言等同于 HDFS 和 MapReduce。

虽然 Hadoop 2.0 和 YARN 仍然是比较新的，但是有很多公司已经将 YARN 用于产品了。毫无疑问，雅虎是这些公司之一，从 2012 年起，他们已将它运行于超过 3 万个节点之上。Cloudera 和 Hortonworks 是 YARN 的强有力的支持者，将它定位成 Hadoop 未来的一个关键因素。

4.2　为什么用 YARN

如今，大多数组织将其数据存储于 Hadoop 之上，并使用 MapReduce 处理它。MapReduce 是一个强大的锤子，它最适合于批处理作业。因此，许多组织已经开始寻找其他更加专用的数据处理框架。已有的案例包括用于流处理的 **Storm**、用于快速查询的 **Spark** 及用于迭代图形处理的 **Giraph**。

YARN 使得其他框架的使用变得更容易，因为它允许我们在同一个集群上运行这些框架，包括 MapReduce。

4.2.1　提高可扩展性

回退到 2008 年，集中式的 JobTracker 已经成了 Hadoop 扩展的一个限制因素。首要的问题是，JobTracker 需要跟踪集群上的每一个任务。如果有任何它无法跟上的点，整个系统就开始崩溃。由于 JobTracker 必须及时处理所有的心跳和任务更新，一旦作业开始达到成千上万个任务，这就成了一个关注点。大约在 2013 年，这种情况更加常见了。

通过消除 JobTracker，YARN 解决了该限制。与之前相反，任务管理现在是分散的，由应用程序本身来处理。

例如，如果有 4 个 MapReduce 作业运行在 Hadoop 1.0 集群上，每个作业有 5 000 个任务。单个的 JobTracker 进程需要跟踪所有的 20 000 个任务。然而，在 YARN 中，每个作业将在单独进程中跟踪其自身的任务。

尽管 YARN 仍然有一个叫作 ResourceManager 的集中服务器，它所做的工作已经比 JobTracker 少得多了，所以具有好得多的伸缩性。

4.2.2　效率

Hadoop 1.0 资源模型是基于槽（slot）的抽象概念。槽代表了计算资源的一个片段，一旦被定义之后，若进程不重启，它们就无法被改变。这种基于槽的资源管理方法可以导致许多类型的低效率。

例　子

由于槽需要定义成 map 或 reduce，所以有可能有 reduce 槽空闲在那里，而数以千计的 map 任务在队列中等待可用的 map 槽。

有些工作需要大量的 CPU 而其他工作需要大量的内存。基于槽的方法假定所有进程都是平等创建的，所以不会考虑去区分资源要求。这可能会导致一些节点被 CPU 密集型任务所过载，而另一些节点则陷入了内存密集型任务。

YARN 引入了更细粒度的方法来管理资源。YARN 跟踪像内存和 CPU 这样的物理资源，而不是槽。就为具有不同需求的任务分配资源而言，这种方法使得 YARN 更加聪明。

4.2.3　集群共享

许多组织已经运行了 MapReduce 之外的其他框架。例如，运行 Hadoop 集群进行批处理、运行 Storm 集群进行流处理和运行 Spark 集群进行机器学习的组织并不少见。虽然更加容易去管理，但是在其自身专用集群上运行每个框架可能效率不高，因为这些集群很有可能未被充分利用。

利用 YARN 的能力来运行多个框架，组织可以消除对于专用集群的需求，并对所有的数据处理需求使用一个单一的集群。调度器和细颗粒度的 YARN 资源模型可以为每个框架确保足够的资源，同时在集群上确保使用每一个可用周期。

一旦在一个集群上运行所有框架，就引出了一个重要的效率因子——可以在一个类似于 HDFS 的位置存储所有东西。你不再需要在自己的 Hadoop 集群和 Spark 集群之间同步数据，因为它们成了同样的一个东西。

知识检测点 1

Simpson 已经安装了 YARN。相对于旧版的 Hadoop，其优势何在？最大的效率收益是什么？

4.3 YARN 生态系统

预备知识　了解 Spark 计算框架的重要组件。

如前所述，YARN 为运行于 Hadoop 之上的应用程序打开了不同于 MapReduce 的一扇门。虽然 YARN 还是相对比较新的，但是许多开源系统已经被移植到 YARN 上了。下面介绍一些运行在 YARN 之上的更加重要和有趣的系统。

Storm

Storm 是一个开源的分布式流处理框架。Storm 最初是由 **Twitter** 构建的，由于适用于实时计算，现在它已经被其他许多组织所采用。

Spark

Spark 是一个分布式处理框架，为迭代处理而优化。通过其内存处理的使用，Spark 针对特定类型的作业可以比 MapReduce 快上 100 倍。一种被称为 **Shark** 的 Spark 分支，可以作为 **Hive** 背后的底层引擎来替代 MapReduce，从而使 Hive 适合于交互式报表的数据存储。

Giraph

Giraph 是一个开源图形处理框架，受到了谷歌 **Pregel** 的启发。虽然它能够作为 MapReduce 作业运行，但是 YARN 版得到了极大的简化，速度明显加快。

Open MPI

Open MPI 是 MPI（Message Passing Interface）的开源实现。它是一种基于进程间非常快速的消息交换的分布式处理的可选框架。它主要用于科学界，常用于所需的处理量相对于数据流较大时。

Hoya

Hoya 代表"YARN 上的 HBase"。顾名思义，它是 HBase 去往 YARN 的端口。Hoya 使启动临时 HBase 集群以及动态地重新分配 HBase 与其他运行于集群上的框架之间的资源成为可能。

Tez

Tez 旨在取代 MapReduce 成为 PIG 和 Hive 之类工具的底层引擎。基于有向无环图（DAG），Tez 运行 SQL 和类 SQL 查询的速度明显快于 MapReduce，使它适合于进行交互式查询。例如，现在需要一系列的 MapReduce 作业来运行的 Hive 查询，可以在一个单一的 Tez 作业中完成。

技术材料

注意，Tez 仍然是一个 Apache 孵化器项目，尚不能用于生产系统。

Samza

　　Samza 是另一个开源的分布式流处理框架。类似于 Storm，其主要区别在于，它是在 YARN 之上重新构建的。在后台，它使用 **Kafka** 作为消息处理引擎，该引擎使其能够在订购、交付和持久性方面提供强大的而其他开源流处理引擎所无法提供的功能。

> **技术材料**
>
> 　　Samza 起源于 LinkedIn，目前是一个 Apache 孵化器项目。

Weave

　　Weave 是一个基于 Java 的库，它使编写新的基于 YARN 的应用程序更加容易。它在一个熟悉的线程模型之下隐藏了底层关于 YARN API 的细节。

> **技术材料**
>
> 　　最初由 **Continuity** 构建的 Weave 在 Apache 2.0 许可证下可用。

> **总体情况**
>
> 　　商业厂商也开始将其应用程序与 YARN 集成。Splunk、Tableau、Informatica 和 Microstrategy 都工作于其应用程序的 YARN 版本上。Hadoop 厂商也开始提供各种 YARN 认证程序以确保恰当的集成。

4.3.1　YARN 架构

　　在深入探究 YARN 架构之前，我们先对 Hadoop 1.0 的架构做一个快速回顾是有用的。图 1-4-2 展示了 Hadoop 1.0 中作业的提交和执行。

　　○　客户端将作业提交给 JobTracker。

　　○　JobTracker 负责调度、任务管理和监测整体工作状况。

　　○　JobTracker 将单个任务交给每个节点上的 TaskTracker 进行实际执行。

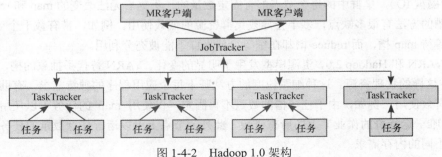

图 1-4-2　Hadoop 1.0 架构

○ TaskTracker 将任务状态报告回给中央的 JobTracker。

○ 硬编码 JobTracker 和 TaskTracker，仅理解 MapReduce 作业。

图 1-4-3 展示了 Hadoop 2.0 架构。

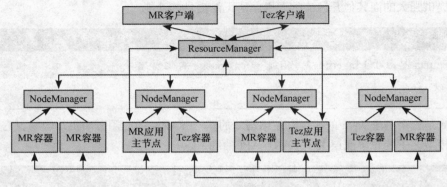

图 1-4-3　Hadoop 2.0 架构

在 Hadoop 2.0 中：

○ 客户端把作业提交给集中的 ResourceManager；

○ 对于每个作业，ResourceManager 接着启动一个名为 ApplicationMaster 的进程；

○ ApplicationMaster 进程可以运行在集群的任意节点上，它负责管理任务的执行、错误处理并监控每一项作业的作业状态；

○ 要执行实际的任务，ApplicationMaster 将 ResourceRequest 分配给 ResourceManager 并取回容器；

○ ApplicationMaster 将任务分配给容器，并将它们发送到 NodeManager 进行执行，单个任务将它们的状态直接报告给 ApplicationMaster。

在本讲的其余部分中，我们将更加详细地讨论 YARN 的关键概念和组件。

4.3.2　资源

在 Hadoop 1.0 中，资源模型围绕着槽旋转。一般而言，一个槽代表着一个计算资源片段（如内存/CPU/磁盘 IO），集群中的每个节点都有固定数量的、不重启无法改变的 map 和 reduce 槽。这种基于槽的方法有很多缺点，多半会导致集群资源的低效使用。例如，带有数千个 map 任务的作业会等待 map 槽，而 reduce 槽却在空等，使集群不能被充分利用。

有了 YARN 和 Hadoop 2.0，资源模型发生了明显的变化。YARN 替代了抽象的槽，来跟踪内存和 CPU 这样的物理资源。这种细颗粒度的方法基于每个应用程序的独特需求，有助于确保集群资源被有效使用。例如，由于任务槽的数量不再固定，仅使用 map 的任务可以使用给定节点（假设它是唯一运行着的作业）上的所有资源。此外，节点上可以运行任意数量的任务，每个都可以有着不同的内存需求。

资源请求

应用程序通过 ResourceManager，以 ResourceRequest 形式请求集群资源。ResourceRequest 对象有下列字段。

- ○ **ResourceName**：所需资源所处的主机或机架的位置是重要的。可以想象，这是一个 MapReduce 这样的框架的重要字段，是令人满意的数据存储位置。对那些不太挑剔的框架，该位置可以被指定成"*"，这意味着集群中的任意节点。注意，如果特定时间段内资源在主机/机架上变得不可用，ResourceManager 可能会忽略 ResourceName 字段。这与 MapReduce 现在所做的没什么不同。
- ○ **Priority**：用于指定应用程序内部的请求优先级。对于希望确保某些特定资源请求在其他请求之前被满足的框架而言，这个字段有用。
- ○ **Capability**：执行容器的资源（如内存和 CPU）请求。换句话说，执行任务需要的资源最终将由该容器执行。
- ○ **NumContainers**：如果请求许多类似的资源，可以请求多于一个具有相同属性的容器。

容器

ResourceManager 响应 ResourceRequest 并分配容器。容器代表了集群上被分配的资源。容器对象有如下字段。

- ○ **Id**：容器的全球唯一标识符。
- ○ **Token**：用于验证容器可靠性的安全令牌。这让我们的 NodeManager 验证容器被 ResourceManager 真正地生成了。在 YARN 架构上，只有 ResourceManager 可以生成有效的容器对象。
- ○ **NodeId**：容器对象总是指代单个主机。例如，指定 ResourceName 为"rack1"的 ResourceRequest 生成的容器总是包含了一个特定的主机名，希望来自于"rack1"。
- ○ **Priority**：容器的内部应用程序的优先级。这应该符合原 ResourceRequest 的优先级。
- ○ **Resource**：分配给容器的资源（如内存和 CPU）。这应该符合原 ResourceRequest 的 capability 字段。

> **知识检测点 2**
>
> 　　Sam 在一家药物研究机构工作并使用 Hadoop 1.0。如果他改到 Hadoop 2.0，他的公司能从中受到什么益处？它在提升性能方面有何帮助？请展开讨论。

4.3.3　资源管理器

在 Hadoop 1.0 中，JobTracker 身兼数职。它处理：

- ○ 作业提交；
- ○ 作业调度；
- ○ 作业监控；

○ 错误恢复。

回退到 2008 年，拥有超大规模集群的组织开始批评 JobTracker 的问题及其对于重负载的扩展能力。在 JobTracker 成了瓶颈的集群上，资源未被充分利用，作业需要更长的时间来完成。

有了 YARN 和 Hadoop 2.0，我们都知道 JobTracker 就消失了。取而代之的是 ResourceManager 以及一个或多个 ApplicationMaster。

与 JobTracker 类似，**ResourceManager** 处理来自客户端的作业提交请求。ResourceManager 也像 JobTracker 那样，跟踪每个节点的健康以及集群的整体健康。但是和 JobTracker 不同的是，ResourceManager 不处理运行中的作业或执行中的任务。

ResourceManager 的核心是一个调度器。应用程序将 ResourceRequest 发送给 ResourceManager 并且它响应容器。

ResourceManager 不关心也不跟踪应用程序利用这些容器做了些什么。一旦容器被分配了，那就由应用程序本身与 NodeManager 通信，以在这些容器中执行任务。

类似地，如果一个任务失败了，就由应用程序来重试该任务。有了这种职责分离，ResourceManager 较 JobTracker 而言更不会成为瓶颈，在提高可扩展性和容错性的同时也提高了资源利用率。

调度器

当在一个集群上运行多个应用程序时，ResourceManager 依赖于一个可插拔的调度算法来决定如何在不同的应用程序中分配资源。YARN 装配有两个不同的调度器，它们对大多数人来说都应该很熟悉。

计算能力调度算法

YARN 默认使用计算能力调度算法。它被设计为允许共享一个大的集群，同时为不同的用户组维持一定程度的担保级别。

在 Hadoop 1.0 中，我们定义层次队列，然后在这些队列上设置最小和最大的容量。

利用 YARN 的主要区别是，计算能力是根据物理资源（如内存和 CPU）来定义的，而不是槽。除非启用了 cgroup（它们默认是关闭的），否则计算能力调度算法将只在其计算中考虑内存。

例如，当你说队列 A 获得了集群能力的 50%，你就是指其获取了内存的 50%。如果启用了 cgroup，公平调度器可能是更好的选择，因为它允许在每个队列上独立设置 CPU 和内存。

公平调度器

YARN 的另一个可用的调度器是公平调度器。

该调度器被设计用于确保所有的应用程序随着时间的推移，可以获得平均的资源份额。利用 YARN，公平调度器从池切换到队列，以保持更加一致的术语。利用 YARN，公平调度器还有能力管理内存和 CPU。

默认情况下，公平调度器只管理内存。为了为多个资源类型提供支持，需要启用 DRF 队列调度策略并启用 cgroup。DRF 代表 **Dominant Resource Fairness**，它是一种试图根据每个运行中作业的主要需求来平衡集群使用率的调度算法。

例如，如果应用程序 A 的主要资源是 CPU，应用程序 B 的主要资源是内存，DRF 将努力确保分配给应用程序 A 的 CPU 百分比与分配给应用程序 B 的内存百分比相同。

应用程序申请提交和管理

如前所述，ResourceManager 也处理应用程序的申请提交。它工作方式非常类似于 Hadoop 2.0 中的 JobTracker，唯一区别在于 ResourceManager 还负责启动每个应用程序。

4.3.4 ApplicationMaster

要启动一个 ApplicationMaster，客户端需要把所有需要的信息（如 JAR、配置等）提供给 ResourceManager。然后 ResourceManager 为 ApplicationMaster 创建一个容器并在某个集群节点上启动它。ResourceManager 还将负责监测 ApplicationMaster。如果它在作业完成之前失败了，则重启它。

知识检测点 3

Pam 正在使用 Hadoop 2.0。调度器在资源管理中如何起作用？

在 Hadoop 1.0 中，JobTracker 管理作业执行的所有方面，包括故障处理。正如已经讨论的那样，当运行单一 JobTracker 进程来处理大作业却无法跟上时，就会导致瓶颈。这也意味着，Hadoop 1.0 只能处理一类应用：MapReduce。

有了 YARN，作业执行是由 ApplicationMaster（简称 AM）处理的。每个作业都有其自己的 AM，所以一个同时运行着两个 MapReduce 作业的集群将有两个运行中的 ApplicationMaster。当作业第一次被提交时，AM 被 ResourceManager 分配给集群节点。通过给定每个作业其自身的 AM，不再需要有一个进程来管理集群上的所有作业，这使超大规模集群上的 Hadoop 扩展更加容易。

总体情况

AM 连同集中化 ResourceManager 的引入为运行应用程序打开了一扇不同于 MapReduce 的门，这甚至比可扩展性更加重要。在 Hadoop 1.0 中，因为执行作业的所有逻辑都是绑定在 JobTracker 上且专门为 MapReduce 连接的，因此这是不可行的。

要执行作业，ApplicationMaster 将 ResourceRequest 发送给 ResourceManager 并取回容器。然后 AM 使用这些容器来执行组成作业的任务。

像 MapReduce 这样的应用程序有能力用专用的 ResourceRequest 来实现数据局部性。例如，如果 MapReduce 作业正在读取一个位于节点 1 上的 HDFS 块，该作业的 AM 可以发出 ResourceRequest，指定来自节点 1 资源的偏好。如果在节点 1 上有足够的可用资源，ResourceManager 将分配它们给应用程序。如果在节点 1 上资源不可用，AM 可以向其他带有数据副本的主机或来自同一机架的其他主机请求资源。

> **附加知识**
>
> YARN API 使写入 ApplicationMaster 更加容易，但是当考虑到错误处理、数据局部性、可伸缩等因素时，它们仍然十分复杂。类似于来自 Continuity 的 Weave 这样的更高层的 API 隐藏了许多底层细节。
>
> 与 Hadoop 1.0 相比，虽然 ResourceManager 和 AM 之间的通信增加了一些开销，但是来自 YARN 其他方面的性能收益远大于该损失。

NodeManager

在 Hadoop 1.0 中，TaskTracker 运行于每个节点之上，负责任务的执行/清理并将任务和节点状态报告回 JobTracker。因为它仅仅需要处理 MapReduce 任务，所以 TaskTracker 有大量构建的 MapReduce 特定逻辑，尤其是在 shuffle 这一步。

利用 YARN，NodeManager（简称 NM）替代了 TaskTracker，容器替代了任务。

类似于 TaskTracker，NM 运行于每个节点之上，负责容器的执行/清理。同样类似于 TaskTracker，NM 跟踪运行于它之上的每个容器的状态。

辅助服务

为了在保持 NM 通用性的同时仍然支持类似 MapReduce 这样的关键应用，NM 允许框架在每个节点上运行辅助服务。启动时，辅助服务在 NM 上需要通过 yarn-site.xml 被预配置，这意味着对于服务的任何依赖也需要被提供给节点。

> **总体情况**
>
> 要给你一个如何使用辅助服务的概念，MapReduce 框架利用辅助服务启动了基于 Netty 的 HTTP 服务器，当作业运行时，转变监听来自 reduce 任务的 shuffle 请求的每个节点。关于它的一个值得注意的有趣事实是，它使 shuffling 步骤即插即用。事实上，YARN 装配有一个替代的 shuffler，它加密了正在被洗牌的数据，增加了安全性。

监控资源利用率

回顾一下 Hadoop 1.0 中的主要资源是槽。槽代表着计算资源的一个片段。每个 TaskTracker 知道它有多少个槽来执行任务，以及这些槽是用于 map 还是 reduce 任务的。如果一个给定的任务继续执行并使用相当于 4 个槽的 CPU 和/或内存，那么 TaskTracker 不会采取任何可能会使其他作业中的任务慢下来的行动。

有了 YARN，资源模型更加细颗粒度了，NM 实际上跟踪了每个容器的资源使用率。如果容器超过其分配，NM 将杀掉任务。YARN 也支持 cgroup。

关于 cgroup 的详细讨论超出了本讲的范围，读者可以将其想象成某种形式的虚拟化，它比硬件级别的虚拟化执行得更好。注意，需要用 cgroup 执行 CPU 的限制。

cgroup 是一种在操作系统级别执行资源隔离的途径。

执行容器

NM 在独立进程中执行每个容器。这与 Hadoop 1.0 在独立进程中执行每个容器的方式类似，并且与 Hadoop 1.0 TaskTracker 处理任务的方式类似。

与 TaskTracker 不同的是，YARN 不允许跨容器的 JVM 重用。NM 能够运行非 JVM 进程的能力也与 TaskTracker 不同。基本上，任何带有命令行的东西都能被 YARN 运行。

如果不启用安全性，容器与 NM 在同一用户账户下运行。启用安全性后，它运行在提交作业的用户账户之下。

依赖

类似于 Hadoop 1.0 中的任务，YARN 容器可以有外部的依赖。例如，如果一个容器启动了一个 Java 程序，它很有可能需要一个或多个 jar。当将一个容器传递给 NM 时，AM 可以指定容器执行其任务所需的所有 jar 和文件等。如果指定了外部依赖，NM 则需要在启动容器之前，将这些文件下载至本地文件系统中。当指定了一个依赖项时，应用程序包括了以下字段。

○ **URL：** 文件的远程位置。通常是一个 HDFS 位置。也可以通过 HTTP 下载。
○ **资源类型：** 资源的类型。可以是 FILE 或 ARCHIVE。ARCHIVE 类型告诉 YARN 在下载之后将文件展开至本地文件系统，而 FILE 类型会导致直接复制。
○ **资源可见性：** 资源可以仅为应用程序的实例下载、为被同一用户所运行的所有程序下载或为所有用户的所有应用程序下载。

日志

YARN 的新特点之一是 NM 有能力复制容器日志到另一个文件系统（如 HDFS），以进行进一步的检查。这比 Hadoop 1.0 要方便多了，Hadoop 1.0 要求你访问节点本身上的日志。

一旦位于 HDFS 之上，这些日志可以通过 YARN UI 和/或直接通过 HDFS 来访问。需要记住的是，YARN 仅在任务完成之后复制这些文件。如果在任务仍在运行时就要查看日志，你仍然需要直接去往节点。

高可用性和故障处理

在 Hadoop 1.0 中，JobTracker 管理作业级别的故障。例如，当一个任务失败时，执行它的 TaskTracker 通知 JobTracker，JobTracker 重试任务，这可能会在不同的节点上。如果整个 TaskTracker 死掉了，JobTracker 给相应节点打上死亡标记，并为死亡的 TaskTracker 重试所有的活跃任务。

由 YARN 引入的额外组件使故障处理更为复杂。如同 Hadoop 1.0，ResourceManager 期望从每个 NodeManager 中获取周期性的心跳。如果一个给定的 NM 没有在给定的时间间隔内发出心跳，则 NM 被 ResourceManager 标记成已死。一旦节点被标记成已死，就不会有新的容器被分配给该节点。

使用 YARN 的另一个新内容是 AM 故障发生的可能性。同使用 NM 一样，AM 发送周期性的心跳给 ResourceManager。如果 AM 不在指定的超时时间内发送一个心跳，它就被 ResourceManager 认为已死。此时，任何分配给已死 AM 的容器也被标志成已死，ResourceManager 则试图重启该 AM。

对 AM 而言，上述行为可能是棘手的。例如，一个过载的 AM 可能无法发送心跳，在这种情况下，ResourceManager 将试图运行另一个实例。除非你的 AM 被编码来检测它，否则这两个同时运行的实例会导致脑裂（split-brain）问题。同样地，一个在大型作业中途失效的 AM 可能要在某处存储其中间状态，以便当 ResourceManager 重启它时可以获取它离开的位置；否则，它将从零开始。

安全

对于认证和授权，YARN 继承了基于 Kerberos 的标准的 Hadoop 安全模型。

4.3.5　YARN 的局限性

YARN 代表了 Hadoop 的一个重大飞跃，虽然 YARN 开发已经过去 4 年了，但它仍是复杂的代码块。

本讲讨论 YARN 截至 Hadoop 2.2.0 的一些已知局限性和在未来版本中解决它们的计划（如果有的话）。请注意，本讲并不意味着要阻止读者使用 YARN。如前所述，许多公司已经在跨越数以千计节点的生产环境中使用它了。同时，Hadoop 的重量级人物，如 Hortonworks、雅虎和 Cloudera，都 100%支持 YARN，所以我们可以期待 bug 能够很快解决。

向后兼容性

YARN 对于 Hadoop 1.0 的向后兼容性走得很远，但它也不是 100%兼容的，所以可以根据不同情况有不同的选择。

- ○ 如果应用程序使用老版的 MapReduce 包，它们应该与 YARN 二进制兼容。换句话说，在 Hadoop 2.0 的集群上运行它们无须任何更改。
- ○ 如果应用程序使用新版 MapReduce 包，就需要在 Hadoop 2.0 集群上运行你的程序之前重编译它们。
- ○ 如果采用了早期的 YARN，可能需要重编译应用程序，因为 Hadoop 2.0 发行版中的一些变化并不是二进制兼容的。
- ○ 用于查看作业等的用户接口随着 YARN 改了很多，用户需要一些时间来习惯它们。

与 YARN 带来的很多变化相比，上述不兼容是相对较小的，它们不太可能会被实质性地解决。

长期进程

YARN 非常适合于运行长期容器的应用程序。长期进程的一个例子是某些类似于 Storm 拓扑的东西，它需要处理一个永无止境的事件数据流。下面列出几个问题。

○ 正如前面所讨论的那样，当容器完成执行之后，YARN 将容器日志聚合至 HDFS。对于那些注定要永远运行的容器，这就没那么有用。

○ 当 NodeManager、ApplicationMaster 和/或 ResourceManager 需要被重启时，就会有点混乱，这是由于现在长期容器也需要被重启。对于某些应用而言，这会是代价高昂的。

○ 当集群空闲时，贪婪的长期进程比它们的公平份额占用了更多的资源；但当集群再次变得忙碌时，它们却永远不会返还资源了。

有限的资源类型

目前，YARN 对内存和 CPU 资源类型提供支持。虽然这是一个对于槽的显著改善，YARN 需要支持其他资源类型，如真正通用的磁盘和网络。

虽然增加针对这些资源类型的支持不属于 YARN 短期路线图的一部分，但是有一个明确路径通过 cgroup 来支持它们，YARN 已经使用它进行 CPU 隔离。

> **附加知识**
>
> 同样值得一提的是，CPU 作为 YARN 中的一种资源类型，仍在不断发展。默认情况下，CPU 支持是禁用的；要启用它，需要在你的节点上设置 cgroup。此外，试图决定你的应用程序所需的 CPU 数量是具有挑战性的。YARN 支持 vcore 的概念，它让你能够规范异构硬件集群上的核心概念。虽然它有所帮助，但是它仍然相当抽象。

> **知识检测点 4**
>
> Mary 希望维护一个集中的资源管理。请讨论一下 ApplicationMaster 如何能有所帮助。

4.4　YARN API 例子

在本节中，我们提出了一个原始骨架的 YARN 应用程序来介绍 YARN API 背后的关键概念。这里提出的 API 与用于实现更复杂应用程序如 MapReduce 和 Storm 使用的 API 是一样的。

4.4.1　YARN 应用程序剖析

对于大多数应用程序而言，需要编写以下 3 个组件。

○ **客户端组件**主要负责将作业提交给 ResourceManager，然后负责监控其状态直到它完成。

○ **ApplicationMaster** 的主要职责是为来自 ResourceManager 的作业请求资源，然后将这些资源用于执行组成作业的任务。在类似 MapReduce 的情况下，这是 JobTracker 和 TaskTracker 所用到的大部分功能。

○ YARN 应用程序还需要为容器的运行提供实际的任务代码。在 MapReduce 的案例中，这包括 MapReduce 库再加上具体作业的业务逻辑（如在字数统计应用中实现字数统计的逻辑）。

在这 3 个组件中，大多数应用程序必须实现以下交互。

○ **客户端到 ResourceManager（RM）**：可以使用 YarnClient 接口进行该交互。它包括提交应用程序和查询应用程序状态的便利的方法。

○ **ApplicationMaster（AM）到 RM**：可以使用 AMRMClient 或 AMRMClientAsync 接口来处理该交互。它包括请求容器和利用 RM 注册的便捷方法。

○ **AM 到 NodeManager（NM）**：可以使用 NMClient 或 NMClientAsync 接口来处理该交互。它包括启动容器和查询容器状态的便捷方法。

在可能的情况下，应该使用异步接口。除更好的性能之外，它们还有更加直观的设计。以上所有的类都可以在 yarn-client 模块中被找到。

在底层，YARN 为 RPC 使用 protobuf，这相对于先前 Hadoop 使用的 RPC 机制而言是一个巨大的改进。除多语言的支持之外，protobuf 给其本身带来了更好的改进，使类似于滚动升级和添加字段这类事情变得可行得多。

4.4.2 客户端

客户端应用程序必须要做的第一件事情是初始化一个 YarnClient 对象并从 ResourceManager 获得一个 ApplicationSubmissionContext 对象。YarnClient 类为客户端应用程序提供了一个易于使用的接口，与 ResourceManager 交互。使用 YarnClient 类的例子如代码清单 1-4-1 所示。

代码清单 1-4-1 使用 YarnClient 类的代码

1	`Configuration conf = new YarnConfiguration();`
	`YarnClient yarnClient = YarnClient.createYarnClient();`
	`yarnClient.init(conf);`

2	`yarnClient.start();`
	`YarnClientApplication app = yarnClient.createApplication();`
	`ApplicationSubmissionContext appContext = app.`
	`getApplicationSubmissionContext();`

代码清单 1-4-1 的解释

1	conf 是配置的实例
2	用于启动用户接口的启动方法是与资源管理器交互的

客户端然后利用 YARN 所需的所有信息来填充返回的 ApplicationSubmissionContext 对象，以运行该作业。

如前讨论的那样，ResourceManager 负责为每一个作业启动 ApplicationMaster。要达成这项，客户端必须创建一个包括了运行 ApplicationMaster 所需所有信息的 ContainerLaunchContext 对象。

　　必定需要的东西之一是包含了我们 ApplicationMaster 代码的 jar。要确保它对即将运行我们主应用的任何节点都可用，首先上传 jar 至 HDFS 中一个已知位置，如代码清单 1-4-2 所示。

代码清单 1-4-2　上传 Jar 至 HDFS 的代码

1	```ApplicationId appId = appContext.getApplicationId();```
	 ```FileSystem fs = FileSystem.get(conf);```
	 ```Path src = new Path(Client```
	 ``` .class```
	 ``` .getProtectionDomain()```
	 ``` .getCodeSource()```
	 ``` .getLocation()```
	 ``` .getPath());```
	 ```String pathSuffix = "hptl" + "/" + appId.getId() + "/" + src.getName();```
	 ```Path dst = new Path(fs.getHomeDirectory(), pathSuffix);```

2	```fs.copyFromLocalFile(false, true, src, dst);```

代码清单 1-4-2 的解释

1	ApplicationId 类为该应用程序创建了 ID
2	使用 copyFromLocalFile() 方法上传文件

　　通常，HDFS 是放置内容最方便的地方，但是也可以发布 jar 到任意可被集群节点访问的 HTTP 服务器中。

　　一旦 jar 在 HDFS 上可用，就可以开始填充我们的 ContainerLaunchContext 对象了，如代码清单 1-4-3 所示。

代码清单 1-4-3　填充 ContainerLaunchContext 对象的代码

	```ContainerLaunchContext amContainer = Records.newRecord(ContainerLaunchContext.class);``` ```Map<String, LocalResource> localResources = new HashMap<String, LocalResource>();```
1	```FileStatus destStatus = fs.getFileStatus(dst);``` ```LocalResource amJarRsrc = Records.newRecord(LocalResource.class);```

2	```amJarRsrc.setType(LocalResourceType.FILE);```
	 ```amJarRsrc.setVisibility(LocalResourceVisibility.APPLICATION);```
	 ```amJarRsrc.setResource(ConverterUtils.getYarnUrlFromPath(dst));```

3	```amJarRsrc.setTimestamp(destStatus.getModificationTime());```
	 ```amJarRsrc.setSize(destStatus.getLen());```
	 ```localResources.put(src.getName(), amJarRsrc);```
	 ```amContainer.setLocalResources(localResources);```

代码清单 1-4-3 的解释

1	getFileStatus() 方法返回了文件的文件状态
2	使用 setResource() 方法设置资源
3	使用 setTimestamp() 方法设置时间戳

我们要做的第一件事情是创建我们的 `ContainerLaunchContext` 对象。接下来，我们创建一个 map 来存储我们希望对于 `ApplicationMaster` 本地可用的所有资源的描述。关键的是，资源存储在本地的文件名和值是一个 `LocalResource` 对象，它描述了资源。

在这种情况下，我们只想让一个资源本地可用——包含了我们 `ApplicationMaster` 类代码的 jar。

正如你所看到的，资源本身是一个先前被上传至 HDFS 中去的 jar。尺寸和时间戳被显式地设置成一个完整性检查，以防文件在应用程序提交和程序启动之间被修改。如果它们不匹配，YARN 将立即退出应用程序以避免潜在的不一致性。

`FILE` 类型告诉 YARN 不要解释文件的内容。YARN 还支持 `ARCHIVE` 类型，它告诉 YARN 把文件下载至本地存储（如对于 tar 文件）之后展开文件。可见性设置为 `APPLICATION`，它告诉 YARN 该文件只对于应用程序本身可用。其他的可见性取值包括 `PUBLIC` 和 `PRIVATE`，分别表示对于应用程序的所有用户或同一用户的所有应用程序可用。最后，我们添加 map，为容器指定资源。

因为我们正从容器触发一个 java 应用程序，要做的下一件事情是通过使用代码清单 1-4-4 中给出的代码设置 `CLASSPATH` 环境变量。

代码清单 1-4-4　从容器中调用 Java 应用程序的代码

```
StringBuilder classPathEnv = new StringBuilder(Environment.CLASSPATH.$())
.append(File.pathSeparatorChar).append("./*");
for (String c : conf.getStrings(
     YarnConfiguration.YARN_APPLICATION_CLASSPATH,
     YarnConfiguration.DEFAULT_YARN_APPLICATION_CLASSPATH)) {
    classPathEnv.append(File.pathSeparatorChar);
    classPathEnv.append(c.trim());
}
Map<String, String> env = new HashMap<String, String>();
env.put("CLASSPATH", classPathEnv.toString());
amContainer.setEnvironment(env);
```

这里指出的主要问题是，包含了示例代码的 jar 将去往当前的目录，所以我们把 "." 添加到 `classpath` 中。当 YARN 启动程序时，所有传递进 `setEnvironment` 的环境变量都应当可用，所以其作用不仅仅是为了设置 Java `classpath`。

接下来，我们利用代码清单 1-4-5 中所示的代码为 YARN 设置实际的命令行。

代码清单 1-4-5　为 YARN 设置命令行

```
List<String> commands = new ArrayList<String>();
commands.add(Environment.JAVA_HOME.$() + "/bin/java -Xmx50m " +
ApplicationMaster.class.getCanonicalName());
amContainer.setCommands(commands);
```

在这种情况下，客户端调用 Java 应用程序。Classpath 来自于先前设置的环境变量。我们主类的名字是 ApplicationMaster，它作为本地资源存在于 jar 设置中。注意，ApplicationMaster 不一定是 Java 程序。只要可以从命令行调用，它就可以是一个主应用。

设置 ContainerLaunchContext 需要做的最后一件事情是告诉 YARN 容器需要哪些资源，如代码清单 1-4-6 所示。

代码清单 1-4-6　设置 ContainerLaunchContext

```
Resource capability = Records.newRecord(Resource.class);
capability.setMemory(50);
capability.setVirtualCores(1);
appContext.setResource(capability);
appContext.setAMContainerSpec(amContainer);
appContext.setApplicationName("hptl");
yarnClient.submitApplication(appContext);
```

对这个骨架应用程序来说，只需要一个虚拟核心和 50M 的内存。在那之后，将一个名称分配给应用程序以便跟踪，将 ContainerLaunchContext 对象通过 submitApplication 调用提交给 ResourceMamager。

一旦提交了 ApplicationMaster 容器，客户端等待应用程序完成。用于处理应用程序异常的代码如代码清单 1-4-7 所示。

代码清单 1-4-7　异常处理的代码

1	```while (true) { try { Thread.sleep(1000) } catch (InterruptedException e) {} ApplicationReport report = yarnClient.getApplicationReport(appId); YarnApplicationState state = report.getYarnApplicationState();```
2	``` System.err.println("status report for, " + "appId=" + appId.getId() +", yarnAppState=" + state); if (YarnApplicationState.FINISHED == state || YarnApplicationState.KILLED == state || YarnApplicationState.FAILED == state) { return; }}```

代码清单 1-4-7 的解释

1	使用 getYarnApplicationState()方法来返回应用程序状态
2	使用 System.err 打印错误

每一秒，客户端查询 ResourceManager，获取应用程序状态的报告。ApplicationReport 对象包含了关于应用程序的大量信息，包括其当前状态。如果状态是终结状态，我们知道应用程序已经完成并退出循环。

Sam 想要安装 YARN。讨论一下 YARN 应用程序的组件及其实现。

ApplicationMaster

着手编写 YARN 应用程序的最复杂的地方在于 ApplicationMaster。用于管理应用程序主响应的代码如代码清单 1-4-8 所示。

代码清单 1-4-8　管理应用程序主响应的代码

```
private AMRMClientAsync amRMClient;
...
Configuration conf = new YarnConfiguration();
AMRMClientAsync.CallbackHandler allocListener = new RMCallbackHandler();
amRMClient = AMRMClientAsync.createAMRMClientAsync(1000,allocListener);
amRMClient.init(conf);
amRMClient.start();
String appMasterHostname = NetUtils.getHostname();
RegisterApplicationMasterResponse response =
amRMClient.registerApplicationMaster(appMasterHostname, -1, "");
```

代码清单 1-4-8 的解释

RegisterApplicationMasterResponse 变量的创建响应了对应用程序主响应的管理。

AM 必须要做的第一件事情是用 RM 注册其自身，以便 RM 能知道它正在运行并可以追踪它。在这个例子中，AMRMClient 的异步版本与 RM 进行交互。异步版本比同步版本更加有效，因为它不需要你不断地轮询 RM 获取状态。registerApplicationMaster 调用是需要与 RM 一同注册的。该调用还设置了背景线程以发送定期的心跳给 RM。

要使用异步客户端，需要实现一个回调处理程序来监听响应。稍后将更详细地描述该处理程序。为了与不同的 NM 交互并启动容器，要创建一个 NMClient，如代码清单 1-4-9 所示。

代码清单 1-4-9　创建 NMClient 的代码

```
NMClientAsync.CallbackHandler containerListener = new NMCallbackHandler();
nmClientAsync =NMClientAsync.createNMClientAsync(containerListener);
nmClientAsync.init(conf);
nmClientAsync.start();
```

类似于 AMRMClient，NMClient 也使用了异步版本。类似于 NMClient，也要求用回调处理程序监听响应，稍后将更详细地描述该处理程序。接下来，AM 要做的事情是开始请求容器。设置内容请求的代码如代码清单 1-4-10 所示。

代码清单 1-4-10　设置内容请求的代码

```
private int numTotalContainers = 5;
...
for (int i = 0; i < numTotalContainers; ++i) {
    Resource capability = Records.newRecord(Resource.class);
    capability.setMemory(10);
    capability.setVirtualCores(1);
    ContainerRequest containerAsk = new ContainerRequest(capability, null,
    null, Priority.UNDEFINED);
    amRMClient.addContainerRequest(containerAsk);
}
numRequestedContainers.set(numTotalContainers);
```

代码清单 1-4-10 的解释

使用 `containerRequest` 设置内容请求

在这种情况下，我们给任意主机或机架上的 5 个容器，发出一系列的简单请求。每个容器需要 10 MB 的内存和一个虚拟核。更复杂的 AM（如 MapReduce）会发出更复杂的容器请求，指定引发数据局部性的主机/机架。`AMRMClientAsync` 的 `addContainerRequest()` 方法是请求容器所需要调用的，它需要一个描述容器的 ContainerRequest 对象作为参数。

如前所述，当使用 `AMRMClientAsync` 时，需要定义一个回调处理程序。处理程序的接口如代码清单 1-4-11 所示。

代码清单 1-4-11　处理程序接口的代码

```
public interface CallbackHandler {
    public float getProgress();
    public void onContainersAllocated(List<Container> containers);
    public void onContainersCompleted(List<ContainerStatus> containers);
    public void onError(Throwable error);
    public void onNodesUpdated(List<NodeReport> reports);
    public void onShutdownRequest();
}
```

代码清单 1-4-11 的解释

使用 `callbackHander` 接口处理回调实例

对于该例子，我们只看一下 `onContainersAllocated()` 和 `onContainersCompleted()` 方法的实现，如代码清单 1-4-12 所示。

代码清单 1-4-12　onContainersAllocated()和 onContainersCompleted()方法的实现代码

```
private class RMCallbackHandler implements AMRMClientAsync.
CallbackHandler {
    public void onContainersCompleted(List<ContainerStatus>
```

```
completedContainers) {
    for (ContainerStatus containerStatus : completedContainers) {
        int exitStatus = containerStatus.getExitStatus();
        numCompletedContainers.incrementAndGet();
        LOG.info("Container completed, containerId=" + containerStatus.
        getContainerId() +", exitStatus=" + exitStatus);
    }
    if (numCompletedContainers.get() == numTotalContainers) {
        LOG.info("Job completed!");
        done = true;
    }
}
public void onContainersAllocated(List<Container> allocatedContainers) {
    LOG.info("Got response from RM for container ask, allocatedCnt=" +
    allocatedContainers.size());
    numAllocatedContainers.addAndGet(allocatedContainers.size());
    for (Container allocatedContainer : allocatedContainers) {
        LaunchContainerRunnable runnableLaunchContainer =new Launch
        ContainerRunnable(allocatedContainer);
        Thread launchThread = new Thread(runnableLaunchContainer);
        launchThreads.add(launchThread);
        launchThread.start();
    }
}
...
}
```

代码清单 1-4-12 的解释

RMCallbackHandler 类实现了 CallbackHandler，并定义了 Callback*-Handler()方法的所有功能

每当一个或多个容器完成（成功或失败）时，就调用 onContainersCompleted()方法。在这个简单实现中，因为容器完成并进入退出状态了，所以我们才更新日志条目。更加复杂的 AM 可能会在该方法中实现容错。例如，在不同的节点上，重试一个失败的容器。

无论何时 RM 给你的应用程序分配了一个或多个容器，调用 onContainersAllocated()方法。在该实现中，我们生成一个线程来启动容器，以便可以尽快得到其他容器的分配。在一般情况下，不应该阻碍回调以避免死锁。LaunchContainerRunnable 类的描述如代码清单 1-4-13 所示。

代码清单 1-4-13　**LaunchContainerRunnable 类的代码**

```
private class LaunchContainerRunnable implements Runnable {
    Container container;
    public LaunchContainerRunnable(Container lcontainer) {
        this.container = lcontainer;
    }
    public void run() {
        ContainerLaunchContext ctx =
        Records.newRecord(ContainerLaunchContext.class);
        List<String> commands = new ArrayList<String>();
        commands.add("/bin/sleep 5");
        ctx.setCommands(commands);
        nmClientAsync.startContainerAsync(container, ctx);
    }
}
```

LaunchContainerRunnable 类负责初始化 LaunchContainerContext 对象，并连同其容器发送给恰当的 NM。在这种情况下，设置上下文是非常简单的，因为 Linux 的 sleep 命令没有任何依赖关系。更复杂的应用程序可能需要将 jar、配置文件等本地资源添加进上下文中。先前创建的 NMClientAsync 对象可以用来与正确的 NM 进行通信。NMClientAsync 对象可以处理去往多个 NM 的连接。

4.4.3　把它们整合到一起

下面的例子是基于 Hadoop 2.2.0 构建的。maven 依赖如下：

```
<dependency>
<groupId>org.apache.hadoop</groupId>
<artifactId>hadoop-client</artifactId>
<version>2.2.0</version>
</dependency>
```

它运行于 Hortonworks HDP 2.0 发行版上，运行在伪分布模式，遵循这些安装指南。

要运行该客户端，使用如下命令：

```
java -cp 'hadoop classpath':<example-jar> \
com.wiley.ptl.hadoop.samples.chapter4.Client
```

用例子中 jar 在你系统上的实际位置替换掉<example-jar>。当调试 ApplicationMaster 时，如果使用如下命令让其运行在非托管模式，调试会变得更容易：

```
hadoop jar $YARN_HOME/hadoop-yarn-applications-unmanaged-am-launcher-
2.2.0.2.0.6.0-76.jar \
Client -cmd "$JAVA_HOME/bin/java com.wiley.ptl.hadoop.samples.chapter4.
ApplicationMaster" \
-classpath /tmp/hptl-yarn-1.0-SNAPSHOT.jar
```

当运行于非托管模式时，AM 在当前主机上启动从而可以更容易地看到输出。

知识检测点 6

> John 想把 ApplicationMaster（AM）注册到资源管理器（RM），以运行 AMRMClient
> 的一个异步版本。请编写代码解决该问题。

附加知识　　实时和流式应用

我们在介绍 YARN 时描述的处理流程看上去非常像批处理的执行框架。你可能会想，
"对于应用程序的不同模式，这种灵活性的想法会发生些什么变化？"好的，在写本书时能
够投入生产使用的唯一的应用程序框架是 MapReduce。很快，Apache Tez 和 Apache Storm
也将投入生产使用，而且 Hadoop 也不仅仅可以用于批处理。

例如，Tez 将支持实时应用程序，这是互动类型的一种应用，用户期待即时的反应。
Tez 的一个设计目标是为用户提供一种交互措施，在短短几秒或更少的时间内发出 Hive 查
询并接收结果集。

Storm 可以分析流式数据。这个概念与 MapReduce 或 Tez 完全不同，后两者操作的都
是已经存在于磁盘上的数据或者说是静态的数据。Storm 处理还未被存储在磁盘上的数据，
更具体地说是正流入组织网络的数据。换句话说，它是运动中的数据。

在这两种情况下，如果 ApplicationMaster 连同所有所需的容器需要被初始化，如我们
在运行 YARN 应用程序所涉及步骤中所描述的那样，那么互动处理和流数据处理的目标就
不会起作用。YARN 在此所允许的是一个正在进行的服务（一个会话）的概念，在这里是
一个专用的保持活跃的 ApplicationMaster，等待去协调请求。ApplicationMaster 还具有关于
可重用容器的开放契约，任何请求到来时都可以执行。

4.5　Mesos 和 YARN 的比较

Mesos 和 TARN 常常相提并论。

和 YARN 一样，Mesos 允许用户在同一集群上以资源有效的方式运行不同的分布式应用程序。
比较两者是一件很有趣的事情，因为针对同一问题它们采取的方式是截然不同的。

4.5.1　Mesos 简介

Mesos 最初是由来自于加州大学伯克利分校的 AMPLab 开发的，其自身是 Apache 顶级项目，
完全独立于 Hadoop。用 C++ 编写的 Mesos 有着与 C++、Java 和 Python 绑定的 API。Mesos 通常
被称为"数据中心"内核，它支持许多与 YARN 相同的框架，包括 Storm、Spark、MPI 和 Hadoop
的 MapReduce。Mesos 还支持 Chronos、Marathon 等非数据处理的框架，使它比 YARN 更通用。
现在 Twitter 和 Airbnb 在许多生产系统上都使用 Mesos。

图 1-4-4 展示了 Mesos 的高层架构。

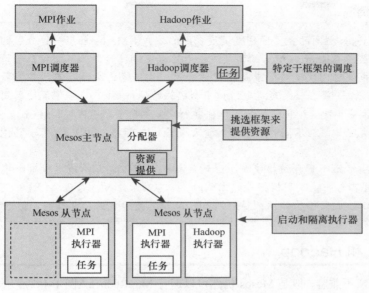

图 1-4-4　高层 Mesos 架构

　　如前所述，存在一些针对 Storm、Spark、MPI 和 MapReduce 的架构。用户也可以使用可用的 API 编写自己的框架。

　　YARN 和 Mesos 支持一种相似的基于 CPU 和内存的细粒度资源模型。但 YARN 有 Resource-Request 和容器，而 Mesos 有 ResourceOffer。

　　在 Mesos 中，框架与 YARN 中的应用程序类似。框架位于 Mesos 的上层，由以下两个部分组成。

　　○　负责调度任务的调度器。调度器最像 YARN 中的 ApplicationMaster。

　　○　运行在每个从节点上，并负责为框架执行任务的执行器。YARN 不能真的为框架执行提供并行。最接近的就是 NodeManager 中负责启动容器的那部分了。

　　除了框架的执行器，Mesos 集群上的每一个节点都运行了一个从进程。从进程负责启动/停止框架执行器，并负责使主进程能得到关于它所运行节点之上的可用资源的通知。

　　最后，Mesos 中的主进程最接近于 YARN 中的 ResourceManager。它可以跟踪集群上的所有资源并协调框架和从进程之间的通信。

总体情况

　　YARN 和 Mesos 之间的主要区别是调度资源的方式。Mesos 采用一种分散的、两级的方法来调度。主节点将 ResourceOffer 的持续流发送给框架调度器，而不需要框架请求来自主节点的资源。然后框架可以决定接受或是拒绝该资源。被拒绝的资源返回到可用资源池中，可以被提供给其他框架（或在一定延迟之后被重新提供给同一框架）。框架调度器用任务填充被接受的资源，然后将其发送给框架执行器以供执行。当注册多个框架时，Mesos 使用 DRF（主要资源公平）来决定如何在不同的框架中对资源划分优先顺序。DRF 使用与 YARN 公平调度器一样的算法。

　　通过让框架决定哪个资源该接受哪个资源该拒绝，可以更容易地实现每个框架的独特的调度需求。当允许其与一组不同框架一起工作时，这有助于让 Mesos 保持轻量。例如，Hadoop 框架的调度器可以达成数据局部性，而无须 Mesos 知道关于数据局部性的任何内容。

4.5.2　Mesos 和 Hadoop

　　Mesos 和 YARN 不兼容，但是 Mesos 仍然可以运行 MapReduce。图 1-4-5 展示了 Mesos 上的 Hadoop 的常见样子。

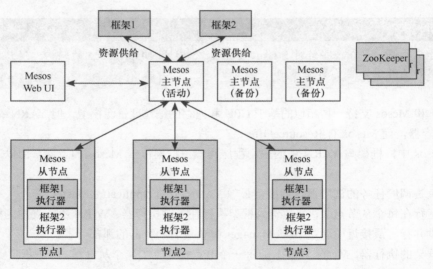

图 1-4-5　Mesos 上的 Hadoop

　　要在 Mesos 上运行 MapReduce，需要继续使用旧版的 JobTracker。Hadoop 框架调度器利用 JobTracker 运行，并监听来自 Mesos 主节点的资源供给。Hadoop 框架包括了自定义的 Hadoop 执行器而不是 TaskTracker，当没有任务要运行时，它们就退出（释放集群上的资源）。

　　请注意 Mesos 集群上的每个节点是如何运行 HDFS 数据节点的。在每个节点上运行 HDFS 为集群提供了共享的文件系统。当调度任务时，Hadoop 框架调度器将竭尽全力实现数据局部性。

　　和 YARN 一样，Mesos 消除了基于槽的资源模型的低效率。当在 YARN 上运行 Hadoop 时，每个作业获得其自身的 JobTracker。这与 YARN 中的每项作业获得其自身的 ApplicationMaster 类似。

　　像 YARN 一样，Mesos 支持基于 cgroup 的资源隔离。

附加知识

　　与 YARN 相比较，当前的 Mesos 版本在安全方面具有限制，YARN 集成了由 Hadoop 其余部分使用的基于 Kerberos 的工具。预计要包含到 Mesos v0.15 中的 Jira 标签 MESOS-704 为 Mesos 引入了基于 SASL 的安全性。

知识检测点 7

　　John 想要在系统中共享一个大的数据集。讨论一下 YARN 和 Mesos 中最适合解决这一问题的特性。

练习

1. 利用 YARN 应用组件进行填写，并详细解释每个组件。

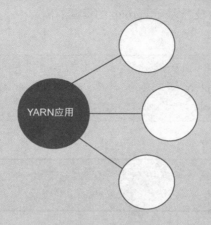

2. 下面的图展示了 Hadoop 1.0 和 Hadoop 2.0 的架构。解释生态系统中每个组件的作用。这两个架构有什么不同？

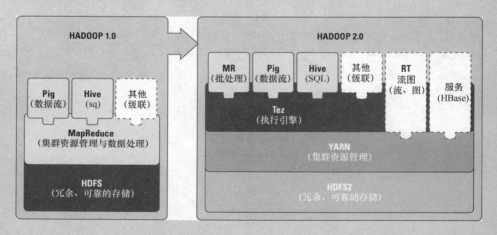

多项选择题

选择正确的答案。在下面给出的"标注你的答案"里将正确答案涂黑。

1. CQ 所需的 MapReduce 最适合于：
    a. 管理作业   b. 处理作业   c. 管理任务   d. 处理任务

2. YARN 通过集中化下述哪个选项，提升了可扩展性：
    a. JobTracker   b. Map Reducer   c. 资源管理器   d. 以上均不是

3. 资源管理器进程是由哪个进程启动的：
    a. JobTracker　　　　　　　　　　　　b. ApplicationMaster
    c. Node Master　　　　　　　　　　　 d. 以上均是
4. 下面哪个是 YARN 中的默认调度器？
    a. 公平调度器　　　　　　　　　　　　b. 计算能力调度算法
    c. 作业调度器　　　　　　　　　　　　d. 以上均不是
5. 每个作业执行都由多少个 ApplicationMaster 所处理：
    a. 1　　　　　　　b. 2　　　　　　　c. 3　　　　　　d. 共享的
6. NodeManager 的任务是：
    a. 执行　　　　　b. 清理　　　　　c. 报告　　　　　d. 以上均是
7. ApplicationMaster 做的第一件事情是：
    a. 注册其本身　　　b. 执行作业　　　c. 启动 RM 进程　d. 以上均不是
8. _____ 被称为数据中心。
    a. YARN　　　　　b. Mesos　　　　　c. Hadoop　　　　d. Mapper
9. 类似于 YARN 中的 FairScheduler 的调度器是：
    a. DRF　　　　　　　　　　　　　　　b. ResourceOffer
    c. 计算能力调度器　　　　　　　　　　d. Mesos 调度器
10. 容器负责：
    a. 分配集群　　　　　　　　　　　　　b. 指派全局 Id
    c. 处理优先级　　　　　　　　　　　　d. 以上均是

标注你的答案（把正确答案涂黑）

1. Ⓐ Ⓑ Ⓒ Ⓓ　　　　　6. Ⓐ Ⓑ Ⓒ Ⓓ
2. Ⓐ Ⓑ Ⓒ Ⓓ　　　　　7. Ⓐ Ⓑ Ⓒ Ⓓ
3. Ⓐ Ⓑ Ⓒ Ⓓ　　　　　8. Ⓐ Ⓑ Ⓒ Ⓓ
4. Ⓐ Ⓑ Ⓒ Ⓓ　　　　　9. Ⓐ Ⓑ Ⓒ Ⓓ
5. Ⓐ Ⓑ Ⓒ Ⓓ　　　　　10. Ⓐ Ⓑ Ⓒ Ⓓ

测试你的能力

1. 解释 YARN 的独特特性。
2. 解释 Mesos 的架构，以及 Mesos 和 YARN 之间的不同。

○ YARN 作为 Hadoop 2.0 的一部分，将 Hadoop 转换成一个能够运行任意分布式框架（而不仅仅是 MapReduce）的通用数据处理平台。

○ YARN 代表 Yet Another Resource Negotiator，是 Hadoop 2.0 的一种通用的作业调度和资源管理器。

○ 在 Hadoop 2.0 中，资源管理从数据处理中分离开来。

○ YARN 使得其他框架的使用变得更容易，因为它允许我们在同一个集群上运行这些框架，包括 MapReduce。

○ 虽然 YARN 具有一个叫作 ResourceManager 的集中服务器，但它所做的工作比 JobTracker 少得多，所以它的可扩展性要好得多。

○ YARN 保持跟踪内存和 CPU 这种物理资源，而不是槽。

○ 利用 YARN 运行多个框架的能力，组织可以消除对于专用集群的需求，并对所有的数据处理需求使用一个集群。

○ Storm 是一个开源的分布式流处理框架。

○ Spark 是一个为迭代处理而优化的分布式处理框架。

○ Giraph 是一个开源图形处理框架，受到了谷歌 Pregel 的启发。

○ Open MPI 是 MPI（Message Passing Interface 的缩写）的开源实现。

○ Hoya 代表"YARN 上的 HBase"，它是 HBase 去往 YARN 的端口。

○ Tez 旨在取代 MapReduce 成为 PIG 和 Hive 这类工具的底层引擎。

○ Weave 是一个基于 Java 的库，它使编写新的基于 YARN 的应用程序更加容易。

○ ResourceRequest 对象有如下字段：
  - ResourceName；
  - Priority；
  - Capability；
  - NumContainers。

○ 容器对象有如下字段：
  - Id；
  - Token；
  - NodeId；
  - Priority；
  - Resource。

○ 在 Hadoop 1.0 中，JobTracker 处理：
  - 作业提交；
  - 作业调度；
  - 作业监控；
  - 错误恢复。

- 与 JobTracker 类似，ResourceManager 处理来自客户端的作业提交请求。
- 计算能力调度器是 YARN 使用的默认调度器。
- 利用 YARN，NM 代替了 TaskTracker，容器代替了任务。
- NM 在独立进程中执行每个容器。
- 当指定了一个依赖项时，应用程序包括以下字段：
  - URL；
  - 资源类型；
  - 资源可见性。
- YARN 的局限性为：
  - 向后兼容性；
  - 长期进程；
  - 有限的资源类型。
- 对于大多数应用程序而言，需要编写 3 个组件：
  - 客户端组件；
  - ApplicationMaster；
  - 由容器运行的实际任务代码。
- 大多数 YARN 应用程序必须实现以下交互：
  - 客户端到资源管理器；
  - ApplicationMaster；
  - AM 到 NodeManager。
- Mesos 自身是 Apache 顶级项目，完全独立于 Hadoop。
- 框架位于 Mesos 的上层，由两个部分组成：
  - 调度器；
  - 执行器。
- Mesos 和 YARN 不兼容，但是 Mesos 仍然可以运行 MapReduce。像 YARN 一样，Mesos 支持基于 cgroup 的资源隔离。

Storm on YARN

模块目标

学完本模块的内容，读者将能够：

▶▶	解释如何在 Hadoop 上利用 Storm on YARN 管理实时数据
▶▶	开发一个 Storm on YARN 应用

本讲目标

学完本讲的内容，读者将能够：

▶▶	解释 Storm 架构
▶▶	剖析讨论 Storm 应用
▶▶	解释 Storm API
▶▶	解释 Storm on YARN 架构
▶▶	安装 Storm on YARN
▶▶	开发一个简单的 Storm on YARN 应用

"大数据？有比你的安全数据
更大的数据吗？"

——Morey Haber

Storm on YARN 给 Hadoop 带来了 Storm 的实时处理能力。前一讲介绍了 YARN。本讲将讨论 Storm 和 Hadoop 的结合以及结合所带来的好处。本讲从快速介绍 Storm 架构和 API 开始，然后讨论 Storm 如何通过 YARN 与 Hadoop 整合，接下来讨论 Storm on YARN 的安装并给出示例应用。

5.1 · Storm 和 Hadoop

如今，许多组织发现有必要为他们的数据管道引入低延迟的处理。例如，引入了最小延迟的解决方案，能更好地处理类似欺诈检测、监控、个性化和广告投放这样的活动。

最初发布于 2011 年的 Storm 是一个开源的低延迟流处理框架。简化的编程模型和极致的可扩展性使得 Storm 成了 Hadoop 的流处理框架。如今，**阿里巴巴、雅虎**等 50 多家公司都使用 Storm 来满足他们的实时性需求。

基于可管理性的原因，大多数同时运行 Storm 和 Hadoop 的组织都将它们分离开来了。

图 1-5-1 阐述了这种分离。

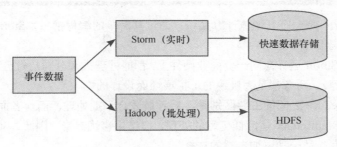

图 1-5-1　将 Storm 和 Hadoop 集群分离

从本质上讲，对输入数据进行复制，一个副本发送给 Storm 进行低延迟处理，而另一个副本被发送给 Hadoop 进行批处理。由于一些原因，这种分离并不理想，两大主要原因如下。

○ 首先，它会在很多方面导致低效率，包括资源利用不足、重复劳动以及额外的数据同步。

○ 其次，它比其他的选择少了弹性，这意味着，如果在输入数据中有个大的尖峰（如节假日跟踪零售商的销售或内容出版商在发生大新闻事件时跟踪头条新闻），它很难大规模地扩展。

现在，Hadoop 引入了 YARN，单一平台上批处理和低延迟处理结合的可能性就出现了。

Storm on YARN 使 Storm 框架能与 MapReduce 一起运行于 Hadoop 集群之上。通过在用户的 Hadoop 集群上运行 Storm，可以简化用户的数据处理流程，同时最大化地利用 Hadoop 上的投资。

图 1-5-2 阐述了一个基于 Hadoop 的实时处理和批处理相结合的平台。

图 1-5-2　结合 Storm 和 Hadoop 集群

通过协同 Hadoop 和 Storm，分离的集群资源可以被结合起来，加速批处理，并且在意外尖峰出现的时候给实时扩展处理提供了扩展的空间。同时，Storm 应用程序可以将它们的数据更有效地写入 Hadoop，因为它们现在运行在同一套物理硬件上。

让我们仔细看看 Storm 的架构。

5.2　Storm 简介

如前所述，Storm 是一个开源流计算系统。通过其简单的编程抽象，Storm 使为低延迟数据处理编写可扩展的应用程序更加容易。

MapReduce 和 Storm 运行在同一套商业硬件上，都能处理大部分与运行分布式系统有关的工作（如容错、调度等）。两者都是为极致的可扩展性而设计的。

Storm 和 MapReduce 之间的**主要区别**是，后者最适合于批处理，而前者面向连续的流处理。虽然许多人试图让 MapReduce 适应低延迟的处理，但结果喜忧参半。因此，Storm 对于要进行低延迟处理的组织而言，是一种更加自然的选择。

> **附加知识**
>
> 　　Storm 最初是由 Nathan Marz 和 BackType 公司的团队创建的，以 Clojure 和 Java 编写。然而，它支持许多其他的语言，包括 Java、Python 和 Ruby。Storm 目前在 Eclipse 公共许可证（EPL）下可用。Storm 2013 年初成了 Apache 的孵化项目，2014 年成为顶级项目。

5.2.1　Storm 架构

在本节中，我们将仔细研究 Storm 的运行时架构。图 1-5-3 展示了一个常见的 Storm 集群。

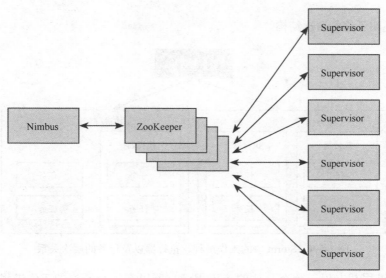

图 1-5-3　Storm 集群

像 Hadoop 一样，Storm 运行在集群上，是由若干协同工作运行应用程序的组件所组成的。像 Hadoop 那样，Storm 集群也被设计来扩展至数千个节点。在下面的小节中，会详细地讨论 Storm 集群的每个组件。

Nimbus

在 Hadoop 有 JobTracker（或是在 YARN 中有 ResourceManager）的地方，Storm 就有 Nimbus 服务器。

Nimbus 服务器负责作业提交、代码分配、任务调度、处理各种类型的故障等工作。虽然 Storm 的当前版本不会让你运行 Nimbus 服务器的多个实例，但它推荐你使用类似于 **monit** 或 **supervisord** 这样的监督者进程，以便故障后自动重启 Nimbus。由于 Nimbus 将其全部状态保存在 Zookeeper 中，因此在相同甚至不同的服务器上重新启动 Nimbus 是非常简单的；而且在快速重启后，运行中的拓扑也不应该受影响。类似于 Hadoop 中的 JobTracker，最好是在集群外的节点上运行 **Nimbus**。

Nimbus 服务器利用一个可插拔的调度算法给工作线程分配任务。隔离调度器是比较流行的实现之一。简而言之，它可以使硬件专用于运行更高优先级的应用程序。

监督者进程、工作进程、执行器和任务

Storm 集群中的每个从节点只运行一个**监督者进程**。监督者进程从 Nimbus 服务器中获取信息，在本地节点上启动和停止**工作进程**。每个工作进程运行在其自身的 OS 进程中，每个节点可以有多个工作进程。每个工作进程运行一个或多个称为**执行器**的线程，每个执行器运行一个或多个**任务**。任务是 Storm 中最基本的并行单元，应用程序中的每个组件都可以生成一个或多

个任务。

图 1-5-4 说明了这种层次结构。

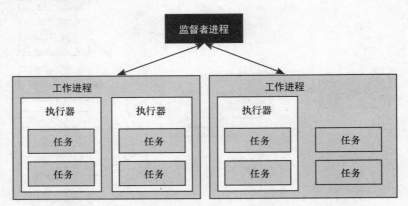

图 1-5-4　Storm 中的工作进程、执行器以及任务的层次关系

每个**工作进程**都专用于一个具体的应用程序，所以在一个给定的**工作进程**中运行的所有**任务**都将来自于同一个应用程序。**工作进程**、**执行器**以及**任务**的数量都是由应用程序本身来配置的。

Storm 可以给不同的执行器动态地重新分配任务以响应故障。为了阻止欺诈或错误的应用程序接管整个集群，可以在启动时由**监督者进程**所载入的配置文件中设定限制。

ZooKeeper

在底层，Storm 使用 **ZooKeeper** 存储状态并在 Nimbus 和**监督者**进程间进行协调。请注意，ZooKeeper 不适用于应用程序组件之间的消息传递，所以 Storm 加在 ZooKeeper 上的负载通常位于较低的一侧。在生产环境中，ZooKeeper 需要进行高可用性配置。这通常意味着运行大于一个的奇数个节点。

Thrift

Storm 在其大部分远程过程调用（RPC）操作中使用 **thrift** 协议。例如，thrift 用于把应用程序提交给 Storm 进行执行，使得我们可以使用任何支持 **thrift** 的语言来提交应用程序。

内部信息

如下一节讨论的那样，Storm 应用程序由不同的相互传递消息的组件组成。在内部，Storm 使用 **zeromq** 进行消息传递。快速且灵活的 **zeromq** 已经成为网络应用的一个非常可靠的库。Storm 使用的内部消息队列都是基于内存的。虽然它提供了强劲的性能，但也请记住，在扩展 Storm 集群时这也是一个重要的因素。如果应用程序组件运行得太慢，随着消息在队列中的堆积，内存可能会耗尽。

总体情况

Storm 0.9 版包括了一个可替代的**基于 Netty** 的内部消息实现。**Netty** 相对于 **zeromq** 的主要优点是，它完全是由 Java 编写的，这使得 Storm 更容易安装和移植到新平台。由于这个原因，Storm on YARN 仅能用于 Storm 0.9 版本。

知识检测点 1

  1. Geo-tech 使用 Hadoop 大约一年了。他们现在正计划尝试 Storm。如何比较 Storm 和 MapReduce？列出每个产品的两项长处和两项短处。
  2. Storm 使用＿＿＿＿＿＿＿＿进行消息传递。
  a. Nimbus
  b. zeromq
  c. Thrift
  d. ZooKeeper

5.2.2 Storm 应用剖析

与 **MapReduce** 类似，**Storm** 为开发者提供了一套抽象，使编写分布式应用更加容易。**Storm** 应用程序使用的主要抽象是：

○ 流（Stream）；
○ Spout；
○ Bolt；
○ 拓扑（Topology）。

图 1-5-5 展示了这些抽象是如何结合在一起的。

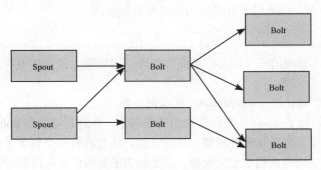

图 1-5-5　Storm 抽象

在 Storm 中，**应用程序**被称为**拓扑**。

○ **拓扑**是一张图，其每个节点为 **bolt** 或 **spout**，节点之间的边被称为**流**。

○ **流**是一个无序的**元组**序列，**拓扑**中的每个**节点**可以以一个或多个**流**作为输入，并产生一个或多个**流**作为输出。

○ **元组**只是值的名称列表。每个值可以是不同的类型，Storm 为原始数据类型提供了内置的支持，包括字符串和二进制大对象。

○ **spout** 是**流**的源。通常情况下，**spout** 读取来自外部数据源（如消息队列）的消息，并将消息转换成一个或多个**元组**以形成**流**。对于流行的消息系统，如 **ActiveMQ**（JMS）、**Kafka**、**Kestrel** 和 **RabbitMQ**（amqp），存在许多预构建的 spout。Storm 还为用各种语言编写自定义的 spout 提供了 API。

bolt 是业务逻辑所在的地方。**bolt** 负责在一个或多个流上运行计算，然后生成一个或多个额外的流进行进一步的处理。bolt 能做包括过滤、聚合、流连接以及持久性在内的任何事情。

下一节将更详细地讨论 **bolt** 和 **spout** 这两个 API。

并行性

每个 **bolt** 和 **spout** 都会产生一个或多个**任务**。任务即是 Storm 的伸缩方式。

例如，进行 CPU 密集型计算的 **bolt** 可能会产生 100 个任务。这 100 个任务将分布于你集群的不同机器上。每个**任务**都有自己的 **bolt** 实例。当提交拓扑时，一个给定的拓扑组件所产生的任务数量是由应用程序定义的。

分组

Storm 允许定义数据在由 bolt 生成的不同任务之间路由的方式。

例如，处理传感器数据的**拓扑**可能要求来自给定传感器的所有元组都被同一个**任务**所处理。如果拓扑中的 **bolt** 生成了 30 个**任务**，它可以使用**字段分组**来确保**传感器 12345** 的所有数据都去往同一个**任务**。当使用**字段分组**时，关键是要选择一个字段，为给定的 **bolt** 提供**元组**的跨所有**任务**的均匀分布。否则，有些任务闲置在那里，而其他任务却在过载。默认情况下，Storm 使用**洗牌分组**，把元组随机分配给任务。

这保证了均匀分布，但是对于许多应用而言不是最优的。

保证消息传递

Storm 保证了进入系统的每个消息将被充分处理。这比听上去更加困难，因为每个消息可以生成数十个甚至数千个元组。

图 1-5-6 展示了单词计数（wordcount）的示例拓扑。

如图 1-5-6 所示，句子 spout 从消息队列中读取句子，并将其馈送到 bolt，bolt 将句子拆分成多个元组，每个词一个。然后 bolt 处理每个单词元组，并发出另一个包含了单词在一个给定句子中所出现次数的元组。这样就构成了元组树，原始的句子元组仅在应用程序认可每个由其生成的元组之后，才被认为是完全处理了。

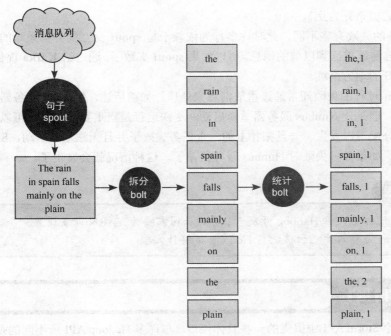

图 1-5-6 元组树

Storm 能够以一种非常有效的方式来跟踪这些元组树，但是因为它依赖于内存，所以应用程序尽可能快地接受或舍弃元组是重要的。默认情况下，30 秒之后 Storm 会自动舍弃任何带有未被接受元组的消息。

Storm 会自动重放舍弃的元组，大多数的拓扑应该能够处理重放的消息，因为失败会发生。所有这一切加起来，通常就被称为"至少一次"的消息发送。换句话说，Storm 保证了进入系统的每一条消息都至少被处理了一次。要想实现类似"仅一次"的处理，需要利用更高级别的框架，如 **Trident**，它提供了事务。当然，事务不是免费的，在大多数情况下也将给你的应用程序带来额外的延迟。

排序

Storm 本身不提供任何关于消息排序的保证。要实现排序的保证，通常需要类似 **Trident** 这样的更高层的框架。如 **Kafka** 这样的一些消息框架提供了排序的保证，当与 **Storm** 一同使用时，可能能够满足一些应用程序的需求。

容错

在各种方式中，分布式系统都可能失败，在这点上 Storm 也不例外。在这里讨论 Storm 是如何来处理各种故障情形的。

Storm 自动重新分配由于外部问题（即硬件和网络故障）而失败的任务。在过程中由失败**任务**处理的任何元组将超时并由系统重放。根据设计，Storm 会尽力使给定的拓扑永远地运行（或者至少运行到它被杀死为止）。

    spout 任务的失败有些不同，此时许多行为依赖于与 **spout** 交互的外部系统的行为。例如，**Kafka** 可以很容易地重回到以前的消息，所以如果 **spout** 失败了，通过给 **Kafka** 提供一个偏移量，它可以从它断开的地方继续。

    内部 Storm 过程的失败通常通过重放消息来处理。如前所述，Nimbus 服务器的故障不影响运行中的拓扑，但是让 Nimbus 服务器重新启动并尽快运行是很重要的，这样可以确保执行器之间的任务重新分配可以发生。一旦拓扑上的一个任务失败了并且无法重新启动，Storm 就会自动停止整个拓扑。如果任务失败时 Nimbus 服务器停了，这种情况就会发生了。

知识检测点 2

    假设你是一位 Hadoop 开发者，你的公司需要为 YARN 开发设置一个 Storm 集群。将 Storm 集群的性能和功能与 Hadoop 集群作比较。

5.3　Storm API

    本节将讨论 Storm API 中提供的一些具体接口。与许多 Hadoop API 所不同的是，利用 Storm API 来工作是简单、优雅且容易的。Storm 应用程序需要实现的主要接口在下面几节中讨论。

5.3.1　spout

    所有的 spout 都实现了 ISpout 接口，如代码清单 1-5-1 所示。

代码清单 1-5-1　实现 ISpout 接口

```
1   public interface ISpout extends Serializable {
        void open(Map conf, TopologyContext context, SpoutOutputCollector collector);
2       void close();
3       void activate();
4       void deactivate();
5       void nextTuple();
6       void ack(Object msgId);
7       void fail(Object msgId);
    }
```

代码清单 1-5-1 的解释

1　调用 open()，当调用该方法时，该组件的任务在集群的工作进程内被初始化了。

○　**SpoutOutputCollector**：该输出的收集器暴露了用于从 IRichSpout 中放出元组的 API。这个输出收集器和 IRichBolt 的 OutputCollector 之间的主要不同在于 spout 可以用 id 标记信息，使它们稍后可以被确认或舍弃。

○ **ISpout**：ISpout 是实现 spout 的核心接口。spout 负责将消息用于拓扑进行处理。对于 spout 发出的每一个元组，Storm 都将跟踪基于 spout 发出的元组而生成（可能非常大的）元组 DAG。当 Storm 侦测到的 DAG 中的每个元组已经被成功处理了，它将一个确认消息发送给 spout。

○ **TopologyContext**：TopologyContext 分别在 prepare() 和 open() 方法中给到 bolt 和 spout。此对象提供关于组件在拓扑中的位置信息，如任务 id、输入和输出。TopologyContext 也用于声明 ISubscribedState 对象，以同步对象所订阅的 StateSpouts 的状态。

2	调用 close()，当调用该方法的时候，ISpout 将被关闭
3	调用 activate()，当调用该方法的时候，spout 就从未激活模式中被激活了
4	调用 deactivate()，当调用该方法的时候，spout 就被停用了
5	调用 nextTuple()，当调用该方法的时候，Storm 就要求 spout 发出元组到输出收集器
6	对于 ack(Object msgId) 方法，Storm 已经确定了由 spout 发出的带有 msgId 标识符的元组已经被完全处理了
7	调用 fail(Object msgId)，当调用该方法的时候，由 spout 发出的带有 msgId 标识符的元组未能被完全地处理

Storm 调用了 open() 方法，为 spout 初始化了一个 task。回想为了其可扩展的目的，在拓扑中的每个组件要生成一个或多个任务。此方法将在初始化的时候为每个任务被调用一次。conf 和 context 参数为 spout 提供了关于运行时环境的信息。collector 参数被用来发出数据。毫不奇怪的是，当拓扑被关闭的时候，Storm 调用 close() 方法。

无论何时你的 **spout** 准备好发出额外元组时，Storm 调用 nextTuple() 方法。Storm 通常在紧密循环中调用该方法，所以它不应该阻塞很长的时间段。

当消息已被处理时（成功或未成功），Storm 调用 ack() 和 fail() 方法。通常 spout 通过消息重放来处理失败的消息。这些方法，连同 nextTuple 都通过单个共享线程进行调用，所以无须在它们之间同步。

spout 还必须实现 IComponent 接口，如代码清单 1-5-2 所示。

代码清单 1-5-2　实现 IComponent 接口

```
public interface IComponent extends Serializable {
    void declareOutputFields(OutputFieldsDeclarer declarer);
    Map<String, Object> getComponentConfiguration();
}
```

代码清单 1-5-2 的解释

当初始化拓扑时，Storm 调用 declareOutputFields() 方法。它用来描述由组件发出的元组。当构建拓扑以把组件连接到一起时，引用这些名称

大多数 spout 通过子类化 BaseRichSpout 类而启动，它为前面未曾讨论过的 ISpout 和 IComponent 接口中的方法提供了合理的默认实现。

5.3.2　bolt

所有 bolt 都实现了 IBolt 接口，如代码清单 1-5-3 所示。

代码清单 1-5-3　实现 IBolt 接口

```
1  public interface IBolt extends Serializable {
       void prepare(Map conf, TopologyContext context, OutputCollector collector);
2      void execute(Tuple input);
3      void cleanup();
   }
```

代码清单 1-5-3 的解释

1	Storm 调用 prepare() 方法初始化 bolt 的任务。正如前面所讨论的那样，给定的 bolt 可以产生多个任务，prepare() 方法只在初始化的时候为每个任务调用一次。conf 和 context 参数为 bolt 提供了关于环境的信息。collector 参数可用来发出数据。大多数 bolt 将它存储在一个实例变量中以供将来使用
2	Storm 调用 execute() 方法以处理元组。元组类 Tuple 包含了真实的元组数据，以及关于它们来源地的元数据。应用程序在处理元组方面有很大的灵活性。大多数基本实现会： ○　做一些处理； ○　通过 collector 对象，确认或舍弃元组； ○　发出一个或多个元组，用于进一步的处理。 由于 bolt 可以发出它们自己的流，它们还必须实现 IComponent 接口的 declareOutputFields() 方法，以注册它们的 Storm 输出模式。 大多数 bolt 通过子类化 BaseRichBolt 类而启动，它为前面未曾讨论过的 IBolt 和 IComponent 接口中的方法提供了合理的默认实现
3	调用 cleanup()，当调用该方法时，IBolt 即将关闭

知识检测点 3

所有的 spout 都实现了＿＿＿＿接口。
a.　ISpout
b.　IBolt
c.　IComponents
d.　以上均是

5.4　Storm on YARN

Storm on YARN 起源于雅虎。虽然它仍然被认为是一项处于进展中的工作，雅虎已经将它用于 300 多个节点的生产系统之上了，并且已在 Apache 2.0 许可证下共享源代码于 GitHub。

Storm on YARN 仅能用于 Storm 0.9，它仍然处于 beta 版。

Storm on YARN 动机源于两件事情：

○ 需要在个性化及广告投放系统上降低转换时间，从几小时降低到数秒钟；

○ 希望利用其在 Hadoop 上已投入的巨额投资。

总体情况

> 尽管雅虎具有大量关于 Hadoop 的知识，但是他们认为 Storm 更适合于他们低延迟的处理需求。他们决定将 Storm 移植到 YARN 上运行，以利用他们现有的 Hadoop 知识和架构，而不是启动一个专用的集群来运行 Storm。

5.4.1　Storm on YARN 架构

图 1-5-7 阐述了 Storm on YARN 架构。

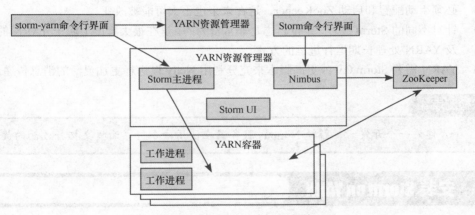

图 1-5-7　Storm on YARN 架构

接下来描述构成 Storm on YARN 的各种组件。

Storm-yarn 命令行工具用于管理 Storm on YARN。它支持许多操作以启动和管理 Storm on YARN。

Storm 主进程是大多数行为发生的地方。根据 YARN 术语，**Storm 主进程**就是应用程序。Storm 主进程启动和管理 Storm Nimbus 和 **UI** 服务器。这 3 个进程运行在同一主机上的同一个 YARN 容器中。当 Storm on YARN 启动时，主机由 YARN 决定。由 Storm on YARN 启动的 Nimbus 和 **UI** 服务器与标准 Storm 安装时使用的服务器相同。

Storm 主进程还负责 Storm **监督者进程**的停止/启动。当要停止/启动**监督者进程**时，可以用 **storm-yarn** 命令行工具来通知 **Storm 主进程**。

每个**监督者进程**运行于它自身的 YARN 容器中。正如你所期望的那样，集群上可以运行任意数量的监督者进程。所有**工作进程**都是由**监督者进程**生成的，并且与**监督者进程**本身一同运行在同一个 YARN 容器中。

Storm 命令行界面，Storm UI

一旦启动了 Storm on YARN，就可以使用标准的 **storm** 命令行界面来提交拓扑。就标准 Storm 而言，它直接与 Nimbus 服务器沟通，而并不知道 Storm on YARN 的存在。同样，可以通过 Storm UI 查看拓扑的状态。

5.4.2   Storm on YARN 的局限性

如前所述，在编写本书时，Storm on YARN 仍然是一项进行中的工作。此外，如前面小节中提到的那样，YARN 仍然没有能够像它所应当的那样熟练于长期运行的应用程序，例如 Storm（Storm 通常是一直运行的）。一些已知的与 Storm on YARN 相关的问题在下面列出。

○ 如果 Nimbus 服务器宕机了，Storm 主进程不会自动重启它。恢复的唯一办法是重启 Storm 主进程。这被认为是一个 bug。

○ 必须手动配置和启动 ZooKeeper。这在未来也不太可能被改变。

○ 针对不同的 Storm 进程，定位日志是非常费力的。这在很大程度上源于 YARN 的问题以及 YARN 处理长期运行进程的方式。

○ YARN 需要 Storm 0.9 或更高版本来充分利用 Netty 以进行更加灵活的消息传递。

知识检测点 4

作为一个开发者，解释 Nimbus 服务器在使用命令行界面提交拓扑方面的优势。

5.5   安装 Storm on YARN

本节将描述在以伪分布模式（禁用安全性）运行 Hadoop 2.2.x 的 CentOS 6.2 系统上安装 Storm on YARN 的步骤。注意，Storm on YARN 仍旧处于积极的开发中，因此安装步骤注定是要改变的。如果安装过程中遇到麻烦，最好的办法是利用 storm-yarn 的邮件列表。

5.5.1   先决条件

下面是安装 Storm on YARN 的先决条件。

○ 一个 Hadoop 2.2.x 集群。本节使用 Hortonworks 的 HDP 2.0 发行版运行实例。

○ 可以访问 Hadoop 2.2.x 集群的服务器。在该服务器上你必须具有 root 权限。如果你在伪分布模式下运行 Hadoop，若假定具有足够的可用资源（至少 8 GB 内存），则该服务器可以是运行 Hadoop 的那一台服务器中。

○ 需要 Java 7 来编译生成和运行 Storm on YARN。你还可以使用它来运行 Hadoop，虽然这不是被严格要求的。

○ ZooKeeper 3.4.5 或更高版本。如果你没有运行中的 Quorum 算法，那么要做的最简单的事情是从 Cloudera 获取 Zookeeper 3.4.5 RPM。出于测试目的，一台单一的 ZooKeeper 服务器就足够了；如果在伪分布模式下进行测试，可以在运行 Hadoop 其余部分的同一台服务器上运行。

○ 需要 Apache Maven 3.0.5 或更高版本来编译生成 Storm on YARN。

Storm on YARN 只适用于 Storm 0.9，所以用户计划运行的任何拓扑都必须能够运行在 Storm 0.9 上。

以下步骤假定读者熟悉 **maven**、**Linux** 和 **YARN**。

5.5.2　安装步骤

按下面步骤下载和安装 Storm on YARN：

```
cd $INSTALL_DIR
wget https://github.com/yahoo/storm-yarn/archive/master.zip
unzip master.zip
unzip $INSTALL_DIR/storm-yarn-master/lib/storm.zip
```

用想要安装 Storm on YARN 的位置（如/opt）来替换**$INSTALL_DIR**。现在应当有两个目录了（确切的 Storm 版本号可能会有所不同）：

```
$INSTALL_DIR/storm-yarn-master
$INSTALL_DIR/storm-0.90-wip21
```

将 Storm 和 Storm on YARN 添加进你的路径：

```
PATH=$PATH:$INSTALL_DIR/storm-0.9.0-wip21/bin/
PATH=$PATH:$INSTALL_DIR/storm-yarn-master/bin/
```

包含了 Storm 发行版的 zip 文件需要被上传到 Hadoop 分布式文件系统（HDFS）中。当在集群上启动**监督者进程**时，Storm on YARN 便会使用它。

```
sudo -u hdfs hadoop fs -mkdir /lib/storm/0.9.0-wip21/
sudo -u hdfs hadoop fs -put \
$INSTALL_DIR/storm-yarn-master/lib/storm.zip \
/lib/storm/0.9.0-wip21/
```

编译生成 Storm on YARN：

```
cd $INSTALL_DIR/storm-yarn-master
mvn package
```

上面的代码也会运行一系列的测试（使用**-DskipTests** 选项来跳过它们）。现在你已经准备好启动 Storm on YARN（确保你用以启动 Storm on YARN 的账号在 HDFS 上具有主目录）：

```
storm-yarn launch
```

上面的代码将使用所有的默认设置来启动 Storm on YARN。如果一切顺利的话，应该在运行的时候能够看到一个名为"Storm on YARN"的应用程序：

```
yarn application -list
```

注意分配了应用程序 ID 的 YARN 会在后续步骤中使用。

由于 YARN 决定了 Nimbus 和 **UI** 服务器所运行的位置，需要获得 Storm 配置的一份副本，并在可以真实运行任何拓扑之前在路径中安装它：

```
storm-yarn getStormConfig -appId <appId> \
-output ~/.storm/storm.yaml
```

用由 YARN 指派的应用程序 ID 来替换<appId>。

要访问 Storm UI，用 grep 搜索先前下载的 storm.yaml 文件，并查找这些设置：

```
ui.port: 7070
master.host: storm.example.com
```

在这个例子中，Storm UI 应该在此可用：

```
http://storm.example.com:7070
```

尝试运行一个样例拓扑：

```
storm jar $INSTALL_DIR/storm-yarn-master/lib\
/storm-starter-0.0.1-SNAPSHOT.jar \
storm.starter.ExclamationTopology sample
```

然后，在 Storm UI 中监视结果。

5.5.3　排错

如果在上述步骤中遇到任何麻烦，最好的办法是查看日志。Nimbus、UI 和 **Storm 主进程**日志通常位于下列位置：

```
/var/log/hadoop-yarn/yarn/userlogs/<appId>/<containerId>
```

其中<appId>和<containerId>分别为 **Storm 主进程**的应用程序 id 和容器 id。对于**监督者进程**和**工作进程**的日志，对其中的一个**监督者进程**，用 YARN 分配的容器 id 替换<containerId>。

5.5.4　管理 YARN on Storm

使用 **storm-yarn** 命令来管理 Storm on YARN。一些更有用的操作讨论如下。

启动 Storm on YARN：

```
# storm-yarn launch <config>
```

这将使用 yarn 命令启动 Storm on YARN。路径决定了是哪个集群。要覆盖 Storm on YARN 使用的默认设置，可以指定一个配置文件（.yaml 格式）。通常需要改变的设置包括：

```
master.initial-num-supervisors
master.container.size-mb
storm.zookeeper.servers
```

关闭 Storm on YARN 以及所有监督者进程和运行中的拓扑：

```
# storm-yarn shutdown -appId <appId>
```

获取当前的 Storm on YARN 配置：

```
# storm-yarn getStormConfig -appId <appId>
```

更新 Storm on YARN 的配置文件并重启 Numbus 和 **UI** 服务器：

```
# storm-yarn setStormConfig - appId <appId> <config>
```

注意，要让**监督者进程**获取新的配置，可能需要手动停止/启动它们。启动**监督者进程**：

```
# storm-yarn addSupervisors - appId <appId> -supervisors <#>
```

停止**监督者进程**：

```
# storm-yarn stopSupervisors - appId <appId> -supervisors <#>
```

运行不带参数的 **storm-yarn**，可以查看它所支持的操作的完整列表。

5.6　Storm on YARN 的例子

本节来看一个 YARN on Storm 应用程序的例子。

事实上，Storm on YARN 应用程序看上去和一个常规 Storm 应用程序一样。使该例子变得有趣的原因在于，它在完成实时处理后将数据持久化到 HDFS，从而利用了 Hadoop 集成的优势。虽然常规的 Storm 应用程序也可以持久化到 HDFS 中，但是 Storm on YARN 应用程序能够利用更快速的写入性能，该性能来自于集群内的运行而不是集群外的运行。这个例子还展示了 Storm on YARN 如何把数据处理管道流式化到一个单一的流中去。

图 1-5-8 阐述了示例应用程序的数据流。

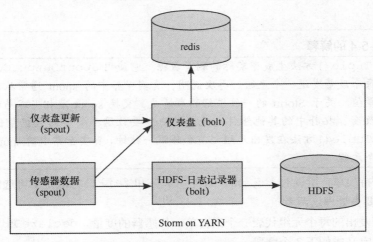

图 1-5-8　Storm on YARN 的示例程序

下面的小节会更加详细地讨论这些组件。

5.6.1　传感器数据 spout

假定传感器数据 bolt 发出了传感器数据。针对该例子的目的来说，假定它只是简单地生成了随机数据。真实世界中的 spout 通常从外部消息队列（如 Kafka 或 Rabbit）中获得它的数据。传感器数据 spout 的更加有趣的部分如代码清单 1-5-4 所示。

代码清单 1-5-4　为传感器数据实现 spout

```
public class RandomSensorDataSpout extends BaseRichSpout {
    private boolean isDistributed;
    private SpoutOutputCollector collector;
    private String[] sensors = new String[] {"1", "2", "3", "4", "5", "6" };
    private Random rand = new Random();
    public void open(Map conf, TopologyContext context,
    SpoutOutputCollector collector) {
        this.collector = collector;
    }
    public void nextTuple() {
        Utils.sleep(1000);
        final String word = sensors[rand.nextInt(sensors.length)];
        collector.emit(new Values(word, System.currentTimeMillis(),
        rand.nextInt (50000)));
    }
    public void close() { }
    public void ack(Object msgId) { }
    public void fail(Object msgId) { }
    public void declareOutputFields(OutputFieldsDeclarer declarer) {
        declarer.declare(new Fields("sensorId", "timestamp", "value"));
    }
}
```

代码清单 1-5-4 的解释

> nextTuple() 方法生成了实际的测量数据。它使用 SpoutOutputCollector 对象来为每个度量发送一个元组。再次说明，真实世界中的 spout 通常从外部数据源中读取测量值。关于 Storm 的一件很好的事情是，交换 spout 是相当容易的。只要输出模式不改变，拓扑中的其他组件也无须改变。要让这个例子的数据量保持可测量性，nextTuple() 方法在发出元组之前会睡眠一秒钟。真实世界中的 spout 每秒可以发出数千个元组

要让事情保持简单，所以对于该 spout 而言 ack() 和 fail() 方法是不可选的。而真实世界中的 spout 将需要去处理这两者。

由该 spout 发出的每个元组代表一个来自单一传感器的度量。declareOutputFields() 方法将输出模式定义成如下 3 个字段。

○　**SensorId**：传感器独一无二的标识符。

○　**Timestamp**：测量发生的时刻。

○　**Value**：实际测量值。

5.6.2　仪表盘 bolt

仪表盘 bolt 包括了我们例子中关于实时的几个方面。它读取由**传感器数据 bolt** 发出的每个元

组，并更新 redis 数据存储以跟踪来自每个传感器的测量数。仪表盘 bolt 的代码如代码清单 1-5-5 所示。

代码清单 1-5-5　仪表盘 bolt 的代码

```
public class DashboardBolt extends BaseRichBolt {
    private OutputCollector collector;
    private Map<String, Integer> counts;
    private String redisHost;
    public DashboardBolt(String redisHost) {
        this.redisHost = redisHost;
    }
    public void prepare(Map conf, TopologyContext context,
    OutputCollector collector) {
        this.collector = collector;
        counts = new HashMap<String, Integer>();
    }
    private void persistToRedis() {
        Jedis jedis = null;
        try {
            jedis = new Jedis(redisHost);
            for (String sensorId: counts.keySet()) {
                jedis.incrBy(sensorId, counts.get(sensorId));
            }
            counts.clear();
        } finally {
            jedis.disconnect();
        }
    }
    public void execute(Tuple tuple) {
        if ("TICK".equals(tuple.getString(0))) {
            persistToRedis();
            return;
        }
        String sensorId = tuple.getString(0);
        int count = 0;
        if(counts.containsKey(sensorId)) {
            count = counts.get(sensorId);
        }
        counts.put(sensorId, count+1);
        collector.ack(tuple);
    }
    public void declareOutputFields(OutputFieldsDeclarer declarer) { }
}
```

代码清单 1-5-5 的解释

1	`persistToRedis()` 方法通过使用 `jedis` 客户端将数据写入到 `redis`。它在每次写入之后都会清理 map
2	`execute()` 方法包含了 bolt 的所有逻辑。它在 map 中累计测量计数，然后周期性地将该 map 的内容写入 `redis`。虽然它可以使用每个度量来更新 `redis`，但是如果数据量增加的话，这样的一种方法会导致扩展性问题（虽然 `redis` 很快，但它不是分布式的）。要实现周期性的写入，仪表盘 bolt 依赖于能以有规律的间隔发出特殊 TICK 元组的仪表盘更新（`dashboardupdate`）spout。当仪表盘 bolt 发现这样的一个元组时，它将累计计数写至 `redis` 并再次重新开始。一种替代的实现可以让 bolt 在 `prepare()` 方法中生成一个后台线程，并让线程周期性地将数据写入 `redis`。两种方法都是合法的

注意，每个 `tuple` 都由 `execute()` 方法来确认。默认情况下，超过 30 秒未得到确认的元组会自动地被认为已丢弃。

最后，仪表盘 bolt 不会发送任何元组，所以 `declareOutputFields()` 方法是不可选的。

知识检测点 5

假定你需要为自己公司产品的 YARN 应用开发一个流处理系统。如何进行编码？

5.6.3　HDFS 日志记录器 bolt

HDFS 日志记录器（HDFS-logger）bolt 使 Storm on YARN 的一些技术能力很突出。正如所提到的那样，常规的 Storm 应用程序也可以写入 HDFS。Storm on YARN 的优势在于，通过在 YARN 上运行你的拓扑，你能够利用仅对运行于集群上的应用程序可用的优化。你的拓扑还可以利用 Hadoop 栈的其余部分，包括权限、安全等。最后，如果你的应用需要处理数据中突然出现的尖峰，Storm on YARN 很容易就能从你的批处理中临时性地借得资源以吸收该尖峰。

HDFS 日志记录器 bolt 的相关部分列于代码清单 1-5-6 中。

代码清单 1-5-6　HDFS 日志记录器 bolt 的代码

```
public void prepare(Map conf, TopologyContext context, OutputCollector collector) {
    this.collector = collector;
    this.context = context;
    fileNameDate = new SimpleDateFormat("yyyy-MM-dd/HH");
    fileNameDate.setTimeZone(TimeZone.getTimeZone("GMT"));
    try {
        Configuration hadoopConf = new Configuration();
        fs = FileSystem.get(hadoopConf);
    } catch (IOException e) {
        throw new RuntimeException("unable to initialize HDFS. " + "" +
        "Make sure there is a valid hadoop conf in your cp", e);
```

```
    }
}
```

代码清单 1-5-6 的解释

prepare() 方法在开始写入 HDFS 之前为任务设定了所有内容，包括获取 HDFS FileSystem 对象的句柄

execute() 方法的代码如代码清单 1-5-7 所示。

代码清单 1-5-7　execure() 方法的代码

```
public void execute(Tple tuple) {
    StringBuilder sb = new StringBuilder();
    for (Object o : tuple.getValues()) {
        sb.append(o.toString());
        sb.append("\t");
    }
    sb.append(System.currentTimeMillis());
    sb.append("\n");
    try {
        rollLogIfNecessary();
        out.write(sb.toString().getBytes());
        out.hflush();
        collector.ack(tuple);
    } catch (IOException e) {
        throw new RuntimeException("unable to write to HDFS", e);
    }
}
```

代码清单 1-5-7 的解释

execute() 方法实际地记录了日志

对于每个元组，它循环遍历字段，写入以 tab 分隔的记录，并在结尾追加一个时间戳。在写入每条记录之前，它调用负责将日志滚动至每小时顶部的 rollLogIfNecessary() 方法，该方法的代码如代码清单 1-5-8 所示。

代码清单 1-5-8　rollLogIfNecessary() 方法的代码

```
private void rollLogIfNecessary() throws IOException {
    Calendar currentHour = Calendar.getInstance();
    currentHour.set(Calendar.MINUTE, 0);
    currentHour.set(Calendar.SECOND, 0);
    currentHour.set(Calendar.MILLISECOND, 0);
    if (lastRoll == null || lastRoll.compareTo(currentHour) != 0) {
        lastRoll = currentHour;
        if (out != null) {
            out.close();
```

```
        }
        out = fs.create(new Path(logRoot + "/" + fileNameDate.format
        (currentHour.getTime()) + "/" + context.getStormId() + "-" + context.
        getThis ComponentId() + "-" + context.getThisTaskId() + ".log"));
    }
}
```

代码清单 1-5-8 的解释

> `rollLogIfNecessary()`方法把日志滚动到每小时的顶部。当被调用时，它返回每小时的结果

HDFS 上的结果目录结构看上去类似于：

`/tmp/hptl/YYYY-MM-DD/HH/sensor-example-11-123456-hdfs-6.log`

在路径中使用了日期，这使得在支持分区的系统（如 Hive）上对它的查询更加有效。请注意，来自 TopologyContext 对象的信息被用于确保每个 bolt 任务被写入一个唯一的文件。这样就不需要在任务之间进行额外的协调了。

5.6.4 主程序

最后一件事情是查看 main()程序，这是设定和启动拓扑代码的主程序，如代码清单 1-5-9 所示。

代码清单 1-5-9 main()程序的代码

```
1  public class SensorETLTopology {
       public static void main(String[] args) throws Exception {
           if (args.length < 2) {
               System.err.println("usage: local|<nimbusHost> <redisHost>");
               System.exit(1);
           }
           String redisHost = args[1];
           TopologyBuilder builder = new TopologyBuilder();
2          builder.setSpout("sensor-data", new RandomSensorDataSpout(), 2);
           builder.setSpout("dashboard-update", new ClockSpout("persist-to-
           redis", 3000), 1);
           builder.setBolt("dashboard", new DashboardBolt(redisHost), 1)
               .fieldsGrouping("sensor-data", new Fields("sensorId"))
3              .shuffleGrouping("dashboard-update", "persist-to-redis");
           builder.setBolt("HDFS-logger", new HDFSRollingLogBolt("/tmp/hptl"), 1)
               .shuffleGrouping("sensor-data");
           Config conf = new Config();
           conf.setDebug(true);
           if ("local".equalsIgnoreCase(args[0])) {
```

```
                    LocalCluster cluster = new LocalCluster();
                    cluster.submitTopology("sensor-example",
                    conf, builder.createTopology());
                } else {
                    conf.setNumWorkers(3);
                    StormSubmitter.submitTopology("sensor-example",
                    conf, builder.createTopology());
                }
            }
        }
```

代码清单 1-5-9 的解释

1	要为样例应用程序配置拓扑，需使用 Storm 提供的 TopologyBuilder 类
2	使用 TopologyBuilder 的 setSpout()方法，将 spout 添加到拓扑。在这种情况下，添加两个 spout 即传感器数据 spout 和仪表盘更新 spout。setSpout 的最后一个参数指定了需要为 spout 生成的任务数量。例如，为传感器数据 spout 生成两个任务，这意味着将为拓扑生成 RandomSensorDataSpout 的两个实例。每个实例都运行于独立的线程中，可以位于独立的主机内
3	使用 ToplogyBuilder 的 setBolt()方法，将 bolt 添加至拓扑。在这种情况下，添加了两个 bolt，即仪表盘 bolt 和 HDFS 日志记录器 bolt。就 setSpout 而言，setBolt 的最后一个参数指定了为 bolt 生成的任务数量。在这种情况下，为每个 bolt 只生成一个任务，但是如果需要，它会完全合理地生成多个任务

当添加 bolt 时，需要指定源输入流。**仪表盘** bolt 和 HDFS 日志记录器 bolt 将来自传感器数据 spout 的流指定为输入流。仪表盘 bolt 将仪表盘更新 spout 指定为额外的数据源。Storm 对这种组件之间的多对多连接支持很好。

当指定输入源时，你还必须指定输入路由到 bolt 所产生的不同任务的方式。对于仪表盘 bolt，使用基于 sensorId 字段分组的字段。这确保了给定传感器的所有测量都将由同样的任务所处理。由于所有的传感器大体上发出相同数量的测量值，所以这应当导致均匀分布，这对于可扩展性是一个重要的因素。基于 sensorId 的分组，通过消除不同任务在更新 redis 中记录时相互抢占的潜在风险，还能使实施更加容易。换句话说，一个给定的传感器永远仅会被一个任务所跟踪，所以对于 redis 的更新无须任何任务间的协调。

HDFS 日志记录器 bolt 使用一个简单的洗牌分组，这告诉 Storm 只要随机分布元组。它比字段分组稍加有效。请注意，仪表盘 bolt 和 HDFS 日志记录器 bolt 依赖由传感器数据 spout 发出的流。

一旦定义了拓扑，剩下的唯一事情就是将其提交给 Storm 进行执行。为了开发的目的，Storm 支持整个拓扑在你开发机上的单一 Java 虚拟机（JVM）中进行本地执行。显然，当运行于本地模式时，你不能获得 Storm on YARN 的所有好处，但是它有助于加速开发周期。

知识检测点 6

> 在 Storm 中执行周期性任务时，你作何推荐？为 ClockSpout() 编写简单的代码。

5.6.5 运行示例

本节细化了运行这一示例所需的步骤。

交叉参考　要安装 Storm on YARN，参阅本讲 5.5 节。

先决条件

为了运行该示例，需要 Java 7 和一个工作的 Hadoop 集群（2.2.0 或更高版本）与已安装并运行着的 Storm on YARN 协同工作。

还需要一个 Redis 服务器。Redis 非常易于安装。仅需访问 **redis.io** 网站并遵循你所用平台对应的指南。

这些指南假定读者熟悉 **maven**。

下载和编译生成示例拓扑

遵循这些步骤以下载和编译生成示例拓扑：

```
git clone ?
cd hptl/session5
```

在编译生成之前，需要通过将如下代码替换入一个名为 src/main/resources/core-site.xml 的文件，让测试 Hadoop 集群的位置为人所知：

```
<configuration>
<property>
<name>fs.defaultFS</name>
<value>hdfs://<namenode:port></value>
</property>
</configuration>
```

将 <namenode:port> 替换成主机名以及集群 NameNode 服务器的端口。现在就可以编译生成该应用了：

```
mvn clean package
```

如果成功，上述代码将在 target 目录中创建一个名称类似于 storm-on-yarn-0.1-SNAPSHOT.jar 的 jar。该 jar 将包含示例拓扑以及所有的依赖关系，包括你先前创建的 core-site.xml 文件。这是必要的，因为如果 Hadoop 库未处于执行拓扑的工作进程的路径位置，就会出现 bug。

作为开始，通过在 Storm 的**本地**模式中运行拓扑来对它进行测试：

```
mvn exec:java \
-Dexec.mainClass=c.w.ptl.hadoop.samples.session5.SensorETLTopology \
```

```
-Dexec.args="local <redisHost>"
```

将**<redisHost>**替换为先前设置的 **redis** 服务器的主机名。

在让它运行了几分钟之后，你应该能够使用 redis 命令行接口看到不同传感器连续更新的测量计数。

```
# cd redis-2.6.16
# src/redis-cli
redis 127.0.0.1:6379> keys *
1) "6"
2) "2"
3) "1"
4) "3"
5) "5"
6) "4"
redis 127.0.0.1:6379> get 2
"184"
redis 127.0.0.1:6379>
```

正如我们所见，**redis** 具有针对 6 种不同传感器的数据进行度量的发送，到目前为止 **sensorId=2** 已经发送了 184 个测量值。

读者应当能够看到数据正被记录至 HDFS 中。假设日志根目录被设定成了**/tmp/hptl**，应该看到类似于下面的 HDFS 目录结构：

```
/tmp/hptl/YYYY-MM-DD/HH/sensor-example-1-1234-HDFS-logger-1.log
/tmp/hptl/YYYY-MM-DD/HH/sensor-example-1-1234-HDFS-logger-2.log
```

将 **YYYY-MM-DD** 替换成目前的日期，将 **HH** 替换成目前的小时（GMT）。你可以对这些文件执行 **cat** 或 **tail** 操作以查看内容。每条记录应当包括一个采集测量值的时间戳、一个传感器 Id、一条度量值和一个度量值被存储于 HDFS 的时间戳。如果让该拓扑运行几个小时，日志将被流转到每个小时的顶部。

知识检测点 7

系统管理员 Simon 遇到了一条错误消息，说 nodemanager 不可用，但是他已经启动了所有的节点，nodemanager 被打开但又自动停止了。现在他如何能确认 nodemanager 的存在？

练习

基于图的问题

1. 在下面给出的图中，缺少哪个工具？

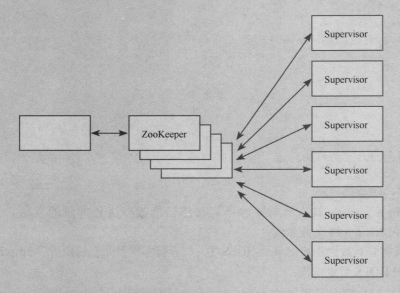

2. 指出下面 Storm-YARN 架构中缺失的节点。

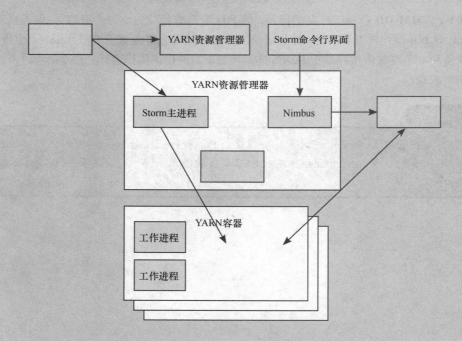

选择正确的答案。在下面给出的"标注你的答案"里将正确答案涂黑。

1. Storm 和 MapReduce 的主要不同在于：

   a. Storm 最适用于流处理，而 MapReduce 适合于批处理

   b. Storm 最适用于批处理，而 MapReduce 适合于连续的流处理

   c. Storm 不支持批处理，而 MapReduce 支持批处理

   d. b 和 c

2. 在_____的帮助下 Storm 处理作业提交、代码分发、任务调度并处理各种失败类型：

   a. JobTracker   b. 数据节点

   c. TaskTracker   d. 以上均不是

3. 为了存储状态并在 Nimbus 和监督者进程之间协调，Storm 使用：

   a. TaskTracker   b. ZooKeeper

   c. Thrift   d. Supervisor

4. 为了设置 Storm 集群，需要额外安装一个名为____的集群：

   a. ZooKeeper   b. Hadoop

   c. Casssandra   d. 以上均不是

5. 在命令行中，我们用来指导 Storm 主进程控制监督者进程的命令是：

   a. storm-cli   b. storm-yarn

   c. storm-user   d. storm-contrib

6. 当 Nimbus 服务器宕机时，恢复它的唯一途径为：

   a. 重启 Storm master

   b. 再次配置 master

   c. 使用 storm 控制命令来确认该问题

   d. 以上均不对

7. 要在系统上配置 Storm 集群，如果使用的是 JDK 1.5，可能会面对如下场景：

   a. 在终端屏幕上会显示 jdk 版本的错误

   b. 你无法启动集群

   c. 你发现 Storm 主节点丢失了

   d. a 和 b

8. 要运行 Storm on YARN，需要运行下面的命令：

   a. INSTALL_DIR/storm-yarn-master

   b. Yarn application -list

   c. storm-yarn getStormConfig

d. 以上均不是

9. 要启动监督者进程，需要运行下面的命令：

    a. Storm-yarn addSuppervisors

    b. Storm-yarn setStormConfig

    c. Storm-yarn getStormConfig

    d. 以上均不对

10. Storm on YARN 的一些局限性为：

    a. 如果 Nimbus 服务器宕机了，Storm Master 将无法自动重启它

    b. 为不同的 Storm 进程定位日志以及处理长期运行的进程是需要手工完成的

    c. a 和 b

    d. 以上均不是

标注你的答案（把正确答案涂黑）

1. (a) (b) (c) (d)　　　　6. (a) (b) (c) (d)

2. (a) (b) (c) (d)　　　　7. (a) (b) (c) (d)

3. (a) (b) (c) (d)　　　　8. (a) (b) (c) (d)

4. (a) (b) (c) (d)　　　　9. (a) (b) (c) (d)

5. (a) (b) (c) (d)　　　　10. (a) (b) (c) (d)

测试你的能力

1. 我们需要以设定的间隔运行一些任务。每 15 分钟该任务就会打印一些消息。你如何解决该问题？写出代码。

2. 假定我们想要为 Twitter 流数据编写一个简单的可视化。因为我们在同一时刻有太多的 tweet，我们可能需要通过它们的地理位置对 tweet 分组。如何创建拓扑（两个 spout 和一个 bolt）和 tweet spout？请实现该功能。

○ Storm 是一个用于低延迟流处理的开源框架。它简化的编程模型和极致的可扩展性使得 Storm 成了 Hadoop 的流处理框架。

○ Hadoop 引入了 YARN，单一平台上批处理和低延迟处理结合的新可能性就出现了。

○ Storm on YARN 使 Storm 框架能与 MapReduce 一起运行于 Hadoop 集群之上。

○ 通过在用户的 Hadoop 集群上运行 Storm，可以简化用户的数据处理流程，同时最大化地利用 Hadoop 上的投资。

○ Storm 应用程序可以将它们的数据更有效地写入 Hadoop，因为它们现在运行在同一套物理硬件上。

○ MapReduce 和 Storm 运行在同一套商业硬件上，都能处理大部分与运行分布式系统有关的工作。

○ Storm 运行在集群上，是由若干协同工作运行应用程序的组件所组成的。

○ Storm 有 Nimbus 服务器，它负责作业提交、代码分配、任务调度并处理各种类型的故障。

○ Nimbus 服务器利用一个可插拔的调度算法给工作线程分配任务。

○ Storm 集群中的每个从节点只运行一个监督者进程。

○ Storm 可以给不同的执行器动态地重新分配任务以响应故障。

○ Storm 在其大部分远程过程调用（RPC）操作中使用 thrift 协议。

○ 在 Storm 中，应用程序被称为拓扑。

   • 拓扑是一张图，其每个节点为 bolt 或 spout，节点之间的边被称为流。

   • 流是一个无序的元组序列，拓扑中的每个节点可以以一个或多个流作为输入，并产生一个或多个流作为输出。

   • 元组只是值的名称列表。每个值可以是不同的类型，Storm 为原始数据类型提供了内置的支持，包括字符串和二进制大对象。

   • spout 是流的源。通常情况下，spout 读取来自外部数据源（如消息队列）的消息，并将消息转换成一个或多个元组以形成流。

○ Storm 自动重新分配由于外部问题（即硬件和网络故障）而失败的任务。

○ spout 任务的失败有些不同，此时许多行为依赖于与 spout 交互的外部系统的行为。

○ 内部 Storm 过程的失败通常通过重放消息来处理。

○ 与许多 Hadoop API 所不同的是，利用 Storm API 来工作是简单、优雅且容易的。Storm on YARN 起源于雅虎。虽然它仍然被认为是一项处于进展中的工作，雅虎已经将它用于 300 多个节点的生产系统之上了，并且已在 Apache 2.0 许可证下共享源代码在 GitHub 上。

○ Storm-YARN 命令行工具用于管理 Storm on YARN。它支持许多操作以启动和管理 Storm on YARN。

○ 一些已知的与 Storm on YARN 相关的问题在下面列出。

- 如果 Nimbus 服务器宕机了，Storm 主进程不会自动重启它。恢复的唯一办法是重启 Storm 主进程。这被认为是一个 bug。
- 必须手动配置和启动 ZooKeeper。这在未来也不太可能被改变。
- 针对不同的 Storm 进程，定位日志是非常费力的。这在很大程度上源于 YARN 的问题以及 YARN 处理长期运行进程的方式。
- YARN 需要 Storm 0.9 或更高版本来充分利用 Netty 以进行更加灵活的消息传递。

模块 2

利用 NoSQL 和 Hadoop：
实时、安全和云

模　块　2

　　大数据主要是非结构化的数据，NoSQL 数据库正逐步地普及以处理这样的数据类型。因此，模块 2 专门用两讲介绍与 NoSQL 数据库相关的内容。此外，本模块还将讨论 Hadoop 的安全特性、如何在云上运行 Hadoop 以及如何用 Hadoop 处理实时数据。

　　第 1 讲讨论使用 NoSQL 的基础、语言绑定及其使用方式。这一讲使用例子来解释如何使用 MongoDB、HBase 和 Cassandra 来存储和访问数据。

　　第 2 讲讨论 NoSQL 中的 CRUD 操作，包括记录的创建、记录的访问、更新数据库，最后介绍 MongoDB 和 Cassandra 的记录删除。这一讲将 SQL 与 MongoDB 作比较，并讨论面向列的数据库（HBase）的数据访问过程。

　　第 3 讲考虑 Hadoop 以及存储的海量数据的安全挑战，并讨论 Kerberos 的认证和授权是如何通过使用各种数据库安全凭证来提供安全性的。

　　第 4 讲介绍 AWS 并讨论在 AWS 上运行 Hadoop 的选项。这一讲讨论了 Hadoop 和 EMR 之间的关系以及 Hadoop 作业中 AWS S3 的使用。它解释了如何自动化作业流的创建和 EMR 中的作业执行，以及如何在 EMR 中编排作业的执行。

　　第 5 讲讨论如何使用 HBase 实现实时应用程序以及在 Hadoop 中如何使用专门的实时查询系统。这一讲还介绍了基于 Hadoop 的事件处理系统的使用。

Hello NoSQL

模块目标

学完本模块的内容，读者将能够：

▸▸ 与 NoSQL 连接和交互

本讲目标

学完本讲的内容，读者将能够：

▸▸	启动 MongoDB 并在其中存储数据
▸▸	启动 Apache Cassandra 并在其中存储数据
▸▸	使用 Java 和 PHP 绑定 MongoDB
▸▸	在 MongoDB 中访问和查询数据
▸▸	在 HBase 中访问和查询数据
▸▸	在 Apache Cassandra 中访问和查询数据
▸▸	使用 Java 和 PHP 绑定 NoSQL 数据存储

"技术技能是对复杂性的掌握，而创造性是对简单性的掌握。"

——Erik Christopher Zeeman

NoSQL 是对于一类数据存储的抽象。有了大数据之后，可以通过 Facebook 等社交网站和其他第三方来源获取海量的数据。这种数据的一些例子包括个人用户信息、地理位置数据、社交图、用户生成的内容、机器记录的数据、传感器生成的数据等。因此，开发人员期待改善现有的应用程序，并开发新的应用程序，以满足大数据的需要。NoSQL 数据库通常用于存储大数据，因为它们相对于传统数据库而言，在处理大数据方面可以提供更简单的可扩展性和更好的性能。NoSQL 数据库在存储非结构化数据时特别有效，大数据有很大比例是非结构化的。**Cassandra**、**MongoDB** 和 Redis 是 NoSQL 数据库的一些例子。

NoSQL 是一种不断发展的技术，其目前变化的步伐是巨大的。因此，随着 NoSQL 存储在新环境中的使用以及与更加新的编程语言和技术平台的接触，与它交互的方式也正在演变。

NoSQL 是一个概念，是一种分类，也是一种新一代的数据存储的观点。它包括一类产品和一套可供选择的非关系型数据存储选项。

本讲将介绍与 NoSQL 数据存储交互的关键途径。NoSQL 的存储类型是多样化的，访问和与它们交互的方式也是多样化的。本讲总结了访问和查询 NoSQL 数据库中数据的一些最突出的方式。

技术材料

本讲中呈现的例子使用的是 MongoDB 和 Cassandra。

1.1 看两个简单的例子

我们从两个例子开始。这里的第一个例子是创建一个普通的位置首选项存储，第二个例子是管理一个汽车品牌和型号数据库。这两个例子都集中在数据管理方面，并在 NoSQL 上下文中相关。

1.1.1 持久化偏好数据的一个简单集合——MongoDB

预备知识 需要了解 NoSQL 数据库。

基于位置的服务越来越重要，因为本地的企业正试图连接附近的用户，大型公司正试图基于人们所驻扎的位置来定制他们的在线体验和产品。一些常见的基于位置偏好的事件可以在流行的应用程序（如**谷歌地图**，它允许本地搜索）以及在线零售商店（如**沃尔玛**，它基于离你最近的沃尔玛商店的位置信息，提供产品的可用信息以及促销信息）中看到。

有时候用户被要求输入位置数据，有时候用户的位置是可以被推断得出的。推断可以基于用户的 IP 地址、网络接入点（尤其是当用户从移动设备来访问数据时）或是这些技术的任意组合。无论数据是如何收集的，你都需要有效地存储它，我们的例子就是这么来的。

简单起见，位置的偏好只为位于美国的用户而维护，所以只要一个用户标识符和一个邮政编码就能为用户找到位置。

我们以用户名作为用户的标识符。

像 "John Doe, 10001" "Lee Chang, 94129" "Jenny Gonzalez, 33101" "Srinivas Shastri, 02101" 这样的数据点需要被维护。

为了以一种灵活和可扩展的方式来存储这样的数据，这里使用一个名为 **MongoDB** 的非关系型数据库产品。你将创建一个 MongoDB 数据库并存储一些样例位置数据点。

启动 MongoDB 并存储数据

用户可以安装 MongoDB、启动服务器并连接它。

用户可以通过运行发行版 bin 文件夹中的 mongod 程序来启动 MongoDB 服务器。发行版会根据底层环境的不同而有所变化，底层环境可以是 Windows、Mac OS X 或是一个 Linux 变种，但是在每一种情况下，服务器程序都具有相同的名称，并驻留于发行版的名为 bin 的文件夹下。

连接 MongoDB 服务器最简单的方式是使用发行版下可用的 JavaScript shell。

只需从命令行界面中运行 mongo 即可。mongo **JavaScript shell** 命令也可以在 bin 文件夹中找到。

通过运行 mongod.exe 启动 MongoDB 时，应该在控制台上看到类似下面的输出：

```
PS C:\applications\mongodb-win32-x86_64-1.8.1> .\bin\mongod.exe C:\
applications\mongodb-win32-x86_64-1.8.1\bin\mongod.exe
--help for help and startup options
Sun May 01 21:22:56 [initandlisten] MongoDB starting: pid=3300
port=27017 dbpath=/data/db/ 64-bit
Sun May 01 21:22:56 [initandlisten] db version v1.8.1, pdfile
version 4.5 Sun May 01 21:22:56 [initandlisten] git version:
a429cd4f535b2499cc4130b06ff7c26f41c00f04
Sun May 01 21:22:56 [initandlisten] build sys info: windows (6, 1, 7600, 2, '')
BOOST_LIB_VERSION=1_42
Sun May 01 21:22:56 [initandlisten] waiting for connections on port
27017 Sun May 01 21:22:56 [websvr] web admin interface listening on
port 28017
```

技术材料

当 mongod 通过 Windows PowerShell 运行时，在安装了 Windows 7 的 64 位机器上可以捕获到这一特殊的输出。根据环境的不同，你的输出可能会变化。

现在，数据库服务器已经启动并运行了，使用 mongo shell 来连接它。shell 的初始输出应该如下：

```
PS C:\applications\mongodb-win32-x86_64-1.8.1> bin/mongo
MongoDB shell version: 1.8.1 connecting to: test
>
```

在默认情况下，mongo shell 连接到本地主机上可用的 "test" 数据库。从 mongod（服务器守护程序）控制台输出中还可以猜测到 MongoDB 服务器正在 27017 端口上等待连接。

为了探究初始命令的可能集合，只要在 Mongo 交互控制台上键入 help。

输入 help 并按 **Enter**（或 Return）键后，你会看到如下的命令选项列表：

```
> help
db.help()                        help on db methods
db.mycoll.help()                 help on collection methods
rs.help()                        help on replica set methods
help connect                     connecting to a db help
help admin                       administrative help
help misc                        misc things to know
help mr                          mapreduce help
show dbs                         show database names
show collections                 show collections in current database
show users                       show users in current database
show profile                     show most recent system.profile entries with
                                 time >= 1ms
use <db_name>                    set current database
db.foo.find()                    list objects in collection foo
db.foo.find( { a : 1 } )         list objects in foo where a == 1 it
                                 result of the last line evaluated;
                                 use to further iterate
DBQuery.shellBatchSize = x       set default number of items to display on shell
exit                             quit the mongo shell
>
```

附加知识　　自定义 MongoDB 数据目录和端口

默认情况下，MongoDB 将文件存储在/data/db(/var/lib Windows)目录中，并在端口 27017 监听请求。可以通过用 dbpath 选项指定文件夹路径的方式来指定一个替换的数据目录，如下所示：

```
mongod --dbpath /path/to/alternative/directory
```

如果数据目录不是现存的，就要确保数据目录被创建了。同时，确保 mongod 具有该目录的写权限。

此外，你也可以通过显式地如下传递一个端口，让 MongoDB 在一个替换的端口监听连接：

```
mongod --port 94301
```

为了避免冲突，确保该端口不在使用中。要同时改变数据目录和端口，只需指定--dbpath 和--port 选项，把相应的替换值传递给 mongod 可执行文件。

接下来，我们学习如何用 MongoDB 实例创建偏好数据库。

创建偏好数据库

首先，创建一个偏好数据库，叫作 prefs。当你创建完之后，将用户名以及邮政编码的元组（或对）存储于数据库的一个名为 location 的集合中。

然后，将可用的数据集存储于这个定义的结构中。用 MongoDB 的术语来说，它将转化以执行下列步骤。

（1）切换至 prefs 数据库。

（2）定义需要被存储的数据集。

（3）在名为 location 的集合中保存定义的数据集。

要执行这些步骤，在你的 Mongo JavaScript 控制台上键入下面的命令：

```
use prefs
w = {name: "John Doe", zip: 10001}; x = {name: "Lee Chang", zip: 94129};
y = {name: "Jenny Gonzalez", zip: 33101};
z = {name: "Srinivas Shastri", zip: 02101}; db.location.save(w);
db.location.save(x); db.location.save(y); db.location.save(z);
```

一旦完成了这些步骤，数据存储就准备就绪了。在进行到下一步之前，快速记下一些内容。use prefs 命令把目前的数据库更改为名为 prefs 的数据库。

然而，数据库本身不会被显式创建。同样，通过将数据点传递给 db.location.save() 方法，数据点被存储在 location 集合中。该集合也没有被显式地创建。在 MongoDB 中，数据库和集合仅当数据被插入时才得以创建。因此，在这个例子中，当第一个数据点{name:"John Doe", zip: 10001}被插入时，数据库就被创建了。

现在可以查询新创建的数据库来验证存储的内容。要让所有的记录存储在名为 location 的集合中，运行 db.location.find()。在我的机器上运行 db.location.find()，显示如下输出：

```
> db.location.find()
{ "_id" : ObjectId("4c97053abe67000000003857"), "name" : "John Doe", "zip" :
10001 }
{ "_id" : ObjectId("4c970541be67000000003858"), "name" : "Lee Chang", "zip" :
94129 }
{ "_id" : ObjectId("4c970548be67000000003859"), "name" : "Jenny Gonzalez",
"zip" : 33101 }
{ "_id" : ObjectId("4c970555be6700000000385a"), "name" : "Srinivas Shastri",
"zip" : 1089 }
```

在你的机器上的输出应该是类似的。唯一不同的一点是 ObjectId。ObjectId 是 MongoDB 的术语，用于在 MongoDB 中唯一标识每个记录或文件。

附加知识

　　MongoDB 使用 ObjectId 来唯一标识集合中的每个文档。文档的 ObjectId 作为该文档的 _id 属性进行存储。

　　当插入一条记录时，任何唯一的值都可以作为 ObjectId 进行设置。开发人员需要保证该值的唯一性。当插入一条记录时，也可以避免指定 _id 属性的值。在这种情况下，MongoDB 创建并插入一个恰当的唯一的 id。这样在 MongoDB 中产生的 id 是 BSON 格式（即二进制 JSON 格式）的，该格式可以总结如下。

- BSON 对象 id 是一个 12 字节的值。
- 前 4 字节代表创建的时间戳。它代表了从开始到现在的秒数。该值必须以大数端的方式来存储，这意味着序列中最重要的值必须存储在最低的存储位置。
- 接下来的 3 字节代表机器的 id。
- 下面的 2 字节代表进程 id。
- 最后 3 字节代表计数器。该值必须以大数端的方式来存储。
- BSON 格式除了保证唯一性之外，还包括了创建时间戳。所有的标准 MongoDB 驱动程序都支持 BSON 格式的 id。

　　不带有参数的 find() 方法，返回了集合中的所有元素。在某些情况下，这可能是不可取的，可能只需要集合的一个子集。要了解查询的可能性，添加如下的额外记录至 location 集合：

```
Don Joe, 10001
John Doe, 94129
```

可以通过 mongo shell 来完成该任务，如下所示：

```
> a = {name:"Don Joe", zip:10001};
{ "name" : "Don Joe", "zip" : 10001 }
> b = {name:"John Doe", zip:94129};
{ "name" : "John Doe", "zip" : 94129 }
> db.location.save(a);
> db.location.save(b);
>
```

只获取邮编为 10001 的人群列表，可以编写如下查询：

```
> db.location.find({zip: 10001});
{ "_id" : ObjectId("4c97053abe67000000003857"), "name" : "John Doe",
"zip" : 10001 }
{ "_id" : ObjectId("4c97a6555c760000000054d8"), "name" : "Don Joe",
"zip" : 10001 }
```

要获得名字为 John Doe 的所有人员的列表，可以编写如下查询：

```
> db.location.find({name: "John Doe"});
{ "_id" : ObjectId("4c97053abe67000000003857"), "name" : "John Doe",
"zip" : 10001 }
```

```
{ "_id" : ObjectId("4c97a7ef5c760000000054da"), "name" : "John Doe",
"zip" : 94129 }
```

在上述两个对集合进行筛选的查询中，都有一个查询文档作为参数被传递给 find()方法。查询文档指定了需要匹配的键和值的模式。在正则表达式的帮助下，MongoDB 不仅支持简单的过滤，还支持许多高级的查询机制，包括模式表示。

总体情况

由于数据库包括了较新的数据集，集合的结构有可能成为一个约束，因此需要修改。在传统的关系型数据库观念中，你可能需要更改表模式。在关系型数据库中，改变表模式也意味着承担一个复杂的数据迁移任务，以确保数据在旧的和新的模式中能共存。在 MongoDB 中，修改集合结构是常见的任务。更准确地说，集合类似于表，都具有较少的模式，所以允许在同一集合中存储不同的文档类型。

考虑一个例子，我们需要存储另一个用户的位置偏好，其姓名和邮政编码与数据库中现存的文档是一致的，比方说，另一个{name: "Lee Chang", zip: 94129}。当然，特意地而不是实际地，假设名称和邮编对是唯一的。

要清楚地从数据库中区分两个 Lee Chang，需要添加一个额外的属性，即街道地址，如下所示：

```
> anotherLee = {name:"Lee Chang", zip: 94129, streetAddress:"37000
Graham Street"};
{
  "name" : "Lee Chang", "zip" : 94129,
  "streetAddress" : "37000 Graham Street"
}
> db.location.save(anotherLee);
```

现在使用 find()获取所有的文档，返回如下数据集：

```
> db.location.find();
{ "_id" : ObjectId("4c97053abe67000000003857"), "name" : "John Doe",
"zip" : 10001 }
{ "_id" : ObjectId("4c970541be67000000003858"), "name" : "Lee Chang",
"zip" : 94129 }
{ "_id" : ObjectId("4c970548be67000000003859"), "name" : "Jenny
Gonzalez", "zip" : 33101 }
{ "_id" : ObjectId("4c970555be6700000000385a"), "name" : "Srinivas
Shastri", "zip" : 1089 }
{ "_id" : ObjectId("4c97a6555c760000000054d8"), "name" : "Don Joe",
"zip" : 10001 }
{ "_id" : ObjectId("4c97a7ef5c760000000054da"), "name" : "John Doe",
"zip" : 94129 }
```

{ "_id" : ObjectId("4c97add25c760000000054db"), "name" : "Lee Chang",
"zip" : 94129, "streetAddress" : "37000 Graham Street" }

大多数主流编程语言都可以访问该数据集,因为存在相应的驱动程序。本讲后面的 1.2 节涵盖了该主题。在该节的一个小节中,有从 Java 和 PHP 中访问位置偏好的例子。

在下一个例子中,读者会看到一个涉及存储于一个非关系型列族数据库中的汽车品牌和型号的简单数据集。

1.1.2　存储汽车品牌和型号数据——Apache Cassandra

本例子中使用 **Apache Cassandra** 这个分布式列族数据库。

Apache Cassandra 是一个分布式数据库,所以使用该产品时,用户可以正常地建立一个数据库集群。例如,通过将 Cassandra 当作单一节点来运行,可以避免建立集群的复杂性。在生产环境中,用户是不会想要这种配置的,但是因为眼下只是试水和为了熟悉其基础知识,单个节点就足够了。

Cassandra 数据库可以通过一个简单的**命令行客户端**或通过 **Thrift 接口**来交互。Thrift 接口帮助各种编程语言连接到 Cassandra。在功能上讲,可以认为 Thrift 接口是一种通用的多语言数据库驱动程序。

我们继续往下讨论汽车品牌和型号数据库,首先启动 Cassandra 并连接到它。

交叉参考　稍后会在本讲的 1.2 节中讨论 Thrift。

启动 Cassandra 并连接到它

可以通过从 Cassandra 压缩包(tar 格式和 gzip 格式)的解压文件夹中调用 bin/Cassandra 来启动 Cassandra 服务器。

在这个例子中,运行 bin/Cassandra -f。-f 选项使 Cassandra 在前台运行。这在你的机器上本地启动了一个 Cassandra 节点。当作为集群运行时,启动多个节点,它们被配置成可以相互通信。对于这个例子,一个节点就足以说明在 Cassandra 中存储和访问数据的基本原理了。

一旦启动了 Cassandra 节点,将在控制台上看到如下输出:

```
//PS Home/user/apche-cassandra 2.0.3/bin/cassandra -f
Starting Cassandra Server
INFO 18:20:02,091 Logging initialized
INFO 18:20:02,107 Heap size: 1070399488/1070399488
INFO 18:20:02,107 JNA not found. Native methods will be disabled.
INFO 18:20:02,107 Loading settings from file:/C:/applications/apache-
cassandra-0.7.4/conf/cassandra.yaml
INFO 18:20:02,200 DiskAccessMode 'auto' determined to be standard,
```

```
indexAccessMode is standard
INFO 18:20:02,294 Deleted \var\lib\cassandra\data\system\LocationInfo-f-3
INFO 18:20:02,294 Deleted \var\lib\cassandra\data\system\LocationInfo-f-2
INFO 18:20:02,294 Deleted \var\lib\cassandra\data\system\LocationInfo-f-1
INFO 18:20:02,310 Deleted \var\lib\cassandra\data\system\LocationInfo-f-4
INFO 18:20:02,341 Opening \var\lib\cassandra\data\system\LocationInfo-f-5
INFO 18:20:02,388 Couldn't detect any schema definitions in local storage.
INFO 18:20:02,388 Found table data in data directories. Consider using JMX to
call org.apache.cassandra.service.StorageService.loadSchemaFromYam
l().
INFO 18:20:02,403 Creating new commitlog segment /var/lib/cassandra/
commitlog\ CommitLog-1301793602403.log
INFO 18:20:02,403 Replaying \var\lib\cassandra\commitlog\
CommitLog-1301793576882.log
INFO 18:20:02,403 Finished reading \var\lib\cassandra\commitlog\
CommitLog-1301793576882.log
INFO 18:20:02,419 Log replay complete
INFO 18:20:02,434 Cassandra version: 0.7.4
INFO 18:20:02,434 Thrift API version: 19.4.0 INFO 18:20:02,434 Loading
persisted ring state INFO 18:20:02,434 Starting up server gossip
INFO 18:20:02,450 Enqueuing flush of Memtable-LocationInfo@33000296(29
bytes, operations)
INFO 18:20:02,450 Writing Memtable-LocationInfo@33000296(29 bytes, 1
operations) INFO 18:20:02,622 Completed flushing \var\lib\cassandra\data\
system\
LocationInfo-f-6-Data.db (80 bytes)
INFO 18:20:02,653 Using saved token 635954329915525201828008827431598537
17
INFO 18:20:02,653 Enqueuing flush of Memtable-LocationInfo@22518320(53
bytes,operations)
INFO 18:20:02,653 Writing Memtable-LocationInfo@22518320(53 bytes, 2
operations) INFO 18:20:02,824 Completed flushing \var\lib\cassandra\data\
system\LocationInfo-f-7-Data.db (163 bytes)
INFO 18:20:02,824 Will not load MX4J, mx4j-tools.jar is not in the classpath
INFO 18:20:02,871 Binding thrift service to localhost/127.0.0.1:9160
INFO 18:20:02,871 Using TFastFramedTransport with a max frame size of
15728640 bytes.
INFO 18:20:02,871 Listening for thrift clients...
```

上述输出来自安装了 Windows 7 的 64 位机器，是 Cassandra 可执行文件运行于 Windows PowerShell 的结果。如果你使用不同的操作系统和不同的 shell，输出可能会有些不同。

> **附加知识**　运行 Apache Cassandra 节点的必要配置
>
> 　　Apache Cassandra 的存储配置定义于 conf/cassandra.yaml。当你下载并解压 tar.gz 压缩格式的 Cassandra 稳定版或开发版本时，你获得了 cassandra.yaml 文件以及一些默认的配置。例如，希望提交的日志位于/var/lib/cassandra/commitlog 目录，数据文件位于/var/lib/cassandra/data 目录。此外，Apache Cassandra 使用 log4j 记录日志。Cassandra log4j 可以通过 conf/log4j-server.properties 来配置。默认情况下，Cassandra 预计会将日志写入/var/log/cassandra/system.log。如果你想保留这些默认值，请确保这些目录都存在并且你有适当的访问和写入的权限。如果你要修改此配置，请务必在相应的日志文件中指定你选择的新文件夹。
>
> 　　在位于实例中的 conf/cassandra.yaml 的提交日志和数据目录属性为：
>
> ```
> # directories where Cassandra should store data on disk. data_file_
> directories:
>  - /var/lib/cassandra/data
> # commit log
> commitlog_directory: /var/lib/cassandra/commitlog
> ```
>
> 　　位于 cassandra.yaml 的路径值不需要用 Windows 友好的格式来指定。例如，你不需要指定提交日志路径为 commitlog_directory: C:\var\lib\cassandra\commitlog。在该实例中来自 conf/log4j-server.properties 的 log4j 附加文件配置为：
>
> ```
> log4j.appender.R.File=/var/log/cassandra/system.log
> ```

　　连接机器上运行中的 Cassandra 节点的最简单的方式是使用 **Cassandra 命令行界面**（CLI）。简单地运行 bin/Cassandra/cli 就能启动命令行了。可以将主机和端口属性传入 CLI，如下所示：

```
bin/cassandra-cli -host localhost -port 9160
```

运行 cassandra-cli 的输出如下：

```
PS C:\applications\apache-cassandra-0.7.4> .\bin\cassandra-cli -host
localhost
-port 9160
Starting Cassandra Client
Connected to: "Test Cluster" on localhost/9160 Welcome to cassandra CLI.
Type 'help;' or '?' for help. Type 'quit;' or 'exit;' to quit.
[default@unknown]
```

要获得可用命令的列表，键入 help 或?，将会看到如下的输出：

```
[default@unknown] ?
List of all CLI commands:
? Display this message.
help;                                   Display this help.
help <command>;                         Display detailed, commandspecific
                                        help.
connect <hostname>/<port> (<username>   Connect to thrift service.
```

```
'<password>')?;
use <keyspace> [<username> 'password'];      Switch to a keyspace.
describe keyspace (<keyspacename>)?;          Describe keyspace.
exit;                                         Exit CLI.
quit;                                         Exit CLI.
describe cluster;                             Display information about
                                              cluster.
show cluster name;                            Display cluster name.
show keyspaces;                               Show list of keyspaces.
show api version;                             Show server API version.
create keyspace <keyspace> [with <att1>=<value1> [and <att2>=<value2>...]];
Add a new keyspace with the specified attribute(s) and value(s).
update keyspace <keyspace> [with <att1>=<value1> [and <att2>=<value2>...]];
Update a keyspace with the specified attribute(s) and value(s).
create column family <cf> [with <att1>=<value1> [and <att2>=<value2>...]];
Create a new column family with the specified attribute(s) and value(s).
update column family <cf> [with <att1>=<value1> [and <att2>=<value2>...]];
Update a column family with the specified attribute(s) and value(s).
drop keyspace <keyspace>;               Delete a keyspace.
drop column family <cf>;                Delete a column family.
get <cf>['<key>'];                      Get a slice of columns.
get <cf>['<key>']['<super>'];           Get a slice of sub columns.
get <cf> where <column> = <value> [and <column> > <value> and ...]
[limit int];
get <cf>['<key>']['<col>'] (as <type>)*;   Get a column value.
get <cf>['<key>']['<super>']['<col>']   Get a sub column value.
(as <type>)*;
set <cf>['<key>']['<col>'] = <value>    Set a column.
(with ttl = <secs>)*;
set <cf>['<key>']['<super>']['<col>'] = <value> (with ttl = <secs>)*;
Set a sub column.
del <cf>['<key>'];                      Delete record.
del <cf>['<key>']['<col>'];             Delete column.
del <cf>['<key>']['<super>']['<col>'];  Delete sub column.
count <cf>['<key>'];                    Count columns in record.
count <cf>['<key>']['<super>'];         Count columns in a super column.
truncate <column_family>;               Truncate specified column family.
assume <column_family> <attribute> as <type>;
Assume a given column family attributes to match a specified type.
list <cf>;                              List all rows in the column family.
list <cf>[<startKey>:];
List rows in the column family beginning with <startKey>.
```

```
list <cf>[<startKey>:<endKey>];
List rows in the column family in the range from <startKey> to <endKey>.
list ... limit N;                          Limit the list results to N.
```

现在，我们已经熟悉了 Cassandra 的基础知识，可以创建汽车品牌和型号数据的存储定义，插入一些样例数据至新的 Cassandra 存储模式并访问它了。

利用 Cassandra 存储和访问数据

首先是要理解密钥空间和列族的概念。最接近密钥空间和列族的关系型数据库类比是数据库和表。虽然这些定义不是完全准确，有时候甚至会误导，但是它们对于理解密钥空间和列族的使用是一个很好的起点。如果熟悉了基本的使用模式，就可以更好地理解这些概念，这超越了它们在关系型数据库中的类似的概念。

对初学者来说，在 Cassandra 服务器中列出现有的密钥空间。去往 cassandra-cli，键入 show keyspaces 命令并按 **Enter** 键。因为是启动一个全新的 Cassandra 安装，很有可能看到类似如下的输出：

```
[default@unknown] show keyspaces; Keyspace: system:
Replication Strategy: org.apache.cassandra.locator.LocalStrategy
Replication Factor: 1
Column Families:
ColumnFamily: HintsColumnFamily (Super) "hinted handoff data"
Columns sorted by: org.apache.cassandra.db.marshal.BytesType/ org.
apache.cassandra.db.marshal.BytesType
Row cache size / save period: 0.0/0
Key cache size / save period: 0.01/14400 Memtable thresholds:
0.15/32/1440
GC grace seconds: 0
Compaction min/max thresholds: 4/32 Read repair chance: 0.0
Built indexes: []
ColumnFamily: IndexInfo
"indexes that have been completed"
Columns sorted by: org.apache.cassandra.db.marshal.UTF8Type Row cache
size / save period: 0.0/0
Key cache size / save period: 0.01/14400 Memtable thresholds:
0.0375/8/1440
GC grace seconds: 0
Compaction min/max thresholds: 4/32 Read repair chance: 0.0
Built indexes: []
ColumnFamily: LocationInfo
"persistent metadata for the local node"
Columns sorted by: org.apache.cassandra.db.marshal.BytesType Row cache
size / save period: 0.0/0
Key cache size / save period: 0.01/14400 Memtable thresholds:
```

```
0.0375/8/1440
GC grace seconds: 0
Compaction min/max thresholds: 4/32 Read repair chance: 0.0
Built indexes: [] ColumnFamily: Migrations "individual schema
mutations"
Columns sorted by: org.apache.cassandra.db.marshal.TimeUUIDType Row
cache size / save period: 0.0/0
Key cache size / save period: 0.01/14400 Memtable thresholds:
0.0375/8/1440
GC grace seconds: 0
Compaction min/max thresholds: 4/32 Read repair chance: 0.0
Built indexes: []
ColumnFamily: Schema
"current state of the schema"
Columns sorted by: org.apache.cassandra.db.marshal.UTF8Type Row cache
size / save period: 0.0/0
Key cache size / save period: 0.01/14400 Memtable thresholds:
0.0375/8/1440
GC grace seconds: 0
Compaction min/max thresholds: 4/32 Read repair chance: 0.0
Built indexes: []
```

系统密钥空间，顾名思义，类似于**关系型数据库管理系统（RDBMS）**中的管理数据库。系统密钥空间包括了一些预定义的列族。

交叉参考　本节后面将通过示例讲解列族。

密钥空间将列族组合在一起。通常，每个应用程序定义一个密钥空间。数据复制定义在密钥空间的层级上。这意味着数据冗余副本的数量以及副本存储的方式指定在密钥空间的层级上。Cassandra 发行版会带有一个位于 `schema-sample.txt` 文件中的样例密钥空间的创建脚本，这在 conf 目录中可用。可以按如下方式运行样例密钥空间的创建脚本：

```
PS C:\applications\apache-cassandra-0.7.4> .\bin\cassandra-cli -host
localhost
--file .\conf\schema-sample.txt
```

再次通过命令行客户端连接并重新在接口中发出 `show keyspaces` 命令。这次的输出类似于：

```
[default@unknown] show keyspaces; Keyspace: Keyspace1:
Replication Strategy: org.apache.cassandra.locator.SimpleStrategy
Replication Factor: 1
Column Families: ColumnFamily: Indexed1
Columns sorted by: org.apache.cassandra.db.marshal.BytesType Row cache
size / save period: 0.0/0
Key cache size / save period: 200000.0/14400 Memtable thresholds:
```

```
0.2953125/63/1440
GC grace seconds: 864000
Compaction min/max thresholds: 4/32 Read repair chance: 1.0
Built indexes: [Indexed1.birthdate_idx] Column Metadata:
Column Name: birthdate (626972746864617465)
Validation Class: org.apache.cassandra.db.marshal.LongType Index Name:
birthdate_idx
Index Type: KEYS ColumnFamily: Standard1
Columns sorted by: org.apache.cassandra.db.marshal.BytesType
Row cache size / save period: 1000.0/0
Key cache size / save period: 10000.0/3600 Memtable thresholds:
0.29/255/59
GC grace seconds: 864000
Compaction min/max thresholds: 4/32 Read repair chance: 1.0
Built indexes: [] ColumnFamily: Standard2
Columns sorted by: org.apache.cassandra.db.marshal.UTF8Type Row cache
size / save period: 0.0/0
Key cache size / save period: 100.0/14400 Memtable thresholds:
0.2953125/63/1440
GC grace seconds: 0
Compaction min/max thresholds: 5/31 Read repair chance: 0.0010
Built indexes: [] ColumnFamily: StandardByUUID1
Columns sorted by: org.apache.cassandra.db.marshal.TimeUUIDType Row
cache size / save period: 0.0/0
Key cache size / save period: 200000.0/14400 Memtable thresholds:
0.2953125/63/1440
GC grace seconds: 864000
Compaction min/max thresholds: 4/32 Read repair chance: 1.0
Built indexes: [] ColumnFamily: Super1 (Super)
Columns sorted by: org.apache.cassandra.db.marshal.BytesType/ org.
apache.cassandra.db.marshal.BytesType
Row cache size / save period: 0.0/0
Key cache size / save period: 200000.0/14400 Memtable thresholds:
0.2953125/63/1440
GC grace seconds: 864000
Compaction min/max thresholds: 4/32 Read repair chance: 1.0
Built indexes: [] ColumnFamily: Super2 (Super)
"A column family with supercolumns, whose column and subcolumn names
are UTF8 strings"
Columns sorted by: org.apache.cassandra.db.marshal.BytesType/ org.
apache.cassandra.db.marshal.UTF8Type
Row cache size / save period: 10000.0/0 Key cache size / save period:
```

50.0/14400 Memtable thresholds: 0.2953125/63/1440 GC grace seconds:
864000
Compaction min/max thresholds: 4/32 Read repair chance: 1.0
Built indexes: [] ColumnFamily: Super3 (Super)
"A column family with supercolumns, whose column names are Longs (8
bytes)"
Columns sorted by: org.apache.cassandra.db.marshal.LongType/ org.
apache.cassandra.db.marshal.BytesType
Row cache size / save period: 0.0/0
Key cache size / save period: 200000.0/14400 Memtable thresholds:
0.2953125/63/1440
GC grace seconds: 864000
Compaction min/max thresholds: 4/32
Read repair chance: 1.0
Built indexes: []
Keyspace: system:
...(Information on the system keyspace is not included here as it's the
same as what you have seen earlier in this section)

接下来，使用代码清单 2-1-1 中的脚本创建一个 CarDataStore 密钥空间，并在该密钥空间中创建汽车列族。

代码清单 2-1-1　CarDataStore 密钥空间的模式脚本

1	`/*schema-cardatastore.txt*/`
	`create keyspace CarDataStore`
	`with replication_factor = 1 and placement_strategy = 'org.apache. cassandra.`

2	`locator.SimpleStrategy';` `use CarDataStore;`

3	`create column family Cars`
	`with comparator = UTF8Type and read_repair_chance = 0.1`
	`and keys_cached = 100`
	`and gc_grace = 0`
	`and min_compaction_threshold = 5 and max_compaction_threshold = 31;`

代码清单 2-1-1 的解释

1	密钥空间是你应用程序数据的容器，类似于关系型数据库中的模式。密钥空间用于将列族组合到一起
2	**复制**是将数据复本存储到多个节点，以确保可靠性和容错性的过程。Cassandra 基于行键存储每一行的副本 复制因子的可用策略为： ○　简单策略； ○　网络拓扑策略。
3	列族是行的有序集合的容器，每个列族本身是一个列的有序集合。

如代码清单 2-1-1 所示，用户可以运行如下脚本：

```
PS C:\applications\apache-cassandra-0.7.4> bin/cassandra-cli -host
localhost
--file C:\workspace\nosql\examples\schema-cardatastore.txt
```

现在已经成功添加了一个新的密钥空间！返回到脚本并简要回顾一下是如何添加密钥空间的。我们添加了一个称为 CarDataStore 的密钥空间，还在该空间中添加了一个称为 ColumnFamily 的组件。ColumnFamily 的名字为汽车。过一会将看到运行中的 ColumnFamily，但是暂且把它们想象成表。在 ColumnFamily 标签中，还包含一个名为 CompareWith 的属性。CompareWith 的值被指定成 UTF8 类型。CompareWith 属性值影响了行键的索引及排序方式。密钥空间定义中的其他标签指定了复制选项。CarDataStore 的复制因子为 1，这意味着只有一份数据副本存储在 Cassandra 中。

接下来，添加一些数据至 CarDataStore 密钥空间，例如：

```
[default@unknown] use CarDataStore;
Authenticated to keyspace: CarDataStore [default@CarDataStore] set
Cars['Prius']['make'] = 'toyota';
Value inserted.
[default@CarDataStore] set Cars['Prius']['model'] = 'prius 3'; Value
inserted.
[default@CarDataStore] set Cars['Corolla']['make'] = 'toyota'; Value
inserted.
[default@CarDataStore] set Cars['Corolla']['model'] = 'le'; Value inserted.
[default@CarDataStore] set Cars['fit']['make'] = 'honda'; Value inserted.
[default@CarDataStore] set Cars['fit']['model'] = 'fit sport'; Value inserted.
[default@CarDataStore] set Cars['focus']['make'] = 'ford'; Value inserted.
[default@CarDataStore] set Cars['focus']['model'] = 'sel'; Value inserted.
```

列出的命令集是添加数据至 Cassandra 的一种方式。使用此命令，将在一行中添加一个名称-值对或一个列值，这定义在密钥空间的 ColumnFamily 中。

例如，对于 set Cars['Prius']['make'] = 'toyota'，名称-值对'make' = 'toyota' 就被添加到一个由键'Prius'标识的行中。由'Prius'标识的行是 Cars ColumnFamily 的一部分。Cars ColumnFamily 在 CarDataStore 中定义，这就是你所知道的密钥空间。

一旦添加数据，就可以查询并检索它。为了获得由 Prius 标识的行中的名称-值对或列名和值，使用下面的命令：get Cars['Prius']。输出应该类似于：

```
[default@CarDataStore] get Cars['Prius'];
=> (column=make, value=746f796f7461, timestamp=1301824068109000)
=> (column=model, value=70726975732033, timestamp=1301824129807000)
Returned 2 results.
```

总体情况

在构建你的查询时要小心，因为行键、列族标识符以及列键是区分大小写的。因此，传入'prius'而不是'Prius'的话，不会返回任何名称—值的元组。如果尝试通过 CLI 运行 get Cars['prius']，你将会收到 Returned 0 results 的响应。此外，在你查询之前，记得使用 CarDataStore 发出命令，使 CarDataStore 成为当前的密钥空间。

要仅访问'Prius'行的'make'名称—值数据，可以编写查询如下：

```
[default@CarDataStore] get Cars['Prius']['make'];
=> (column=make, value=746f796f7461, timestamp=1301824068109000)
```

Cassandra 数据集可以支持比迄今为止所演示的更加丰富的数据模型，并且查询能力也比所演示的这些更为复杂，但我们会把这些话题留到后面讨论。

在介绍了两个简单例子（其中一个涉及文档存储 MongoDB，另一个涉及列式数据库 Apache Cassandra）之后，你可能已经准备好了开始使用所选择的编程语言来接触它们。

知识检测点 1

一家大数据公司在一个非常小的时间跨度内，在他们的 NoSQL 数据库中存储了 10 TB 的雇员数据。现在，他们想要根据雇员的名字来访问数据，但是在显示结果的时候出现了一个错误。经过诊断，他们发现对于不同的名字，ObjectId 是相同的。这是什么原因？

1.2　利用语言绑定进行工作

为了把 NoSQL 解决方案包含进应用程序的栈，拥有健壮且灵活的语言绑定，使得可以从一些最流行的语言中访问和操作这些存储是很重要的。

本节包括 NoSQL 存储和编程语言之间的两种接口类型。1.2.1 节介绍 **Java** 和 **PHP** 的 **MongoDB 驱动程序**的要点。1.2.2 节介绍语言无关的以及多语言支持的 **Apache Cassandra** 的 **Thrift 接口**。这些主题所涵盖的内容都是很基础的。

1.2.1　MongoDB 的驱动程序

本节介绍 Java 和 PHP 的 MongoDB 驱动程序。

MongoDB Java 驱动程序

首先，从 MongoDB GitHub 代码库中下载最新的 MongoDB Java 驱动程序发行版。所有官方支持的驱动程序都托管在该代码库中。驱动程序目前的最新版本为 2.11.4，所以下载的 jar 文件叫作 mongo-2.11.4.jar。

通过在 MongoDB 发行版中运行 bin/mongod，启动本地的 MongoDB 服务器。

现在，使用 Java 程序来连接该服务器。

阅读代码清单 2-1-2 中连接到 MongoDB 的 Java 程序示例。列出 prefs 数据库中的所有集合，然后列出位于 location 集合中的所有文档。

代码清单 2-1-2　连接到 MongoDB 的 Java 程序示例

```
1  import java.net.UnknownHostException;
   java.util.Set;
   import com.mongodb.DB;
   import com.mongodb.DBCollection;
   import com.mongodb.DBCursor;
   import com.mongodb.Mongo;
   import com.mongodb.MongoException;
   public class ConnectToMongoDB {
       Mongo m = null;
       DB db;
       public void connect() {
           try {
               m = new Mongo("localhost", 27017 );
2              //invoking Mongo with parameter localhost and port number
           } catch (UnknownHostException e) {
               e.printStackTrace();
           }
3          catch (MongoException e) {
           e.printStackTrace();
           }
       }
   public void listAllCollections(String dbName) {
       if(m!=null){
4          db = m.getDB(dbName);
5          Set<String> collections = db.getCollectionNames();
           for (String s : collections) {
               System.out.println(s);
           }
       }
   }
   public void listLocationCollectionDocuments() {
       if(m!=null){
           db = m.getDB("prefs");
           DBCollection collection = db.getCollection("location");
           DBCursor cur = collection.find();
6          while(cur.hasNext()){
               System.out.println(cur.next());
           }
       } else {
           System.out.println("Please connect to MongoDB and then fetch the
           collection");
```

```
        }
      }
      public static void main(String[] args) {
7         ConnectToMongoDB connectToMongoDB = new ConnectToMongoDB();
          connectToMongoDB.connect();
          connectToMongoDB.listAllCollections("prefs");
          connectToMongoDB.listLocationCollectionDocuments();
      }
    }
```

代码清单 2-1-2 的解释

1	DB 是包含在 com.mongodb.DB 中的类，用它来创建数据库对象
2	new mongo() 是 MongoDB 的连接方法，它接受 'localhost' 和端口号作为参数
3	printStackTrace() 是从栈中打印出所有元素的方法
4	getDB() 提供了从 Mongo shell 或从 JavaScript 文件访问数据库对象的方法
5	集合接口包含了执行基本操作的方法，如 int size()、boolean is Empty()、boolean contains(Object element)、boolean add(E element)、boolean remove (Object element) 和 Iterator<E> iterator()
6	hasNext() 是启动了从文件第一条至最后一条记录的遍历的方法
7	ConnectToMongoDB 是一个通过调用构建器来创建对象的类

要确认编译和运行该程序时，MongoDB 的 Java 驱动程序已处于类路径中。在运行程序时，输出如下所示：

```
location system.indexes
{ "_id" : { "$oid" : "4c97053abe67000000003857"} , "name" : "John Doe"
, "zip" : 10001.0}
{ "_id" : { "$oid" : "4c970541be67000000003858"} , "name" : "Lee Chang"
, "zip" : 94129.0}
{ "_id" : { "$oid" : "4c970548be67000000003859"} , "name" : "Jenny
Gonzalez" , "zip" : 33101.0}
{ "_id" : { "$oid" : "4c970555be6700000000385a"} , "name" : "Srinivas
Shastri" , "zip" : 1089.0}
{ "_id" : { "$oid" : "4c97a6555c760000000054d8"} , "name" : "Don Joe" ,
"zip" : 10001.0}
{ "_id" : { "$oid" : "4c97a7ef5c760000000054da"} , "name" : "John Doe"
, "zip" : 94129.0}
{ "_id" : { "$oid" : "4c97add25c760000000054db"} , "name" : "Lee Chang"
, "zip" : 94129.0 , "streetAddress" : "37000 Graham Street"}
```

Java 程序的输出与先前在本讲的命令行交互式 JavaScript shell 中所看到的相吻合。

现在，让我们看一下同样的例子如何与 PHP 协同工作。

MongoDB PHP 驱动程序

首先从 MongoDB GitHub 代码库下载 PHP 的驱动，并配置驱动程序以和本地 PHP 环境协同工作。

连接到本地 MongoDB 服务器并列出 prefs 数据库中 location 集合的文档的样例 PHP 程序，如代码清单 2-1-3 所示。

代码清单 2-1-3　访问本地 MongoDB 服务器的 PHP 代码

1	`$connection = new Mongo( "localhost:27017" );`
	`$collection = $connection->prefs->location;`
	`$cursor = $collection->find();`
	`foreach ($cursor as $id => $value) {`
2	`    echo "$id: "; var_dump( $value );`
	`}`

代码清单 2-1-3 的解释

1	`$connection`：如果该方法可以连接到最少一台列出的主机，返回成功。如果它无法连接到任何主机，连接就被终止
2	`var_dump()`：该函数显示一个或多个包含了其类型和值的表达式的结构化信息。利用带有表明结构的缩进排版的值，可以递归探究数组和对象

该程序是简洁的但是可以完成此工作！

总体情况

上面的例子非常简单实用，并且说明了在该集合中建立连接和获取数据库、集合以及集合中文档直接相关的概念。

1.2.2　初识 Thrift

Thrift 是一个**跨语言服务开发**的框架。它由软件栈和代码生成引擎组成，可以平滑地连接多种语言。Apache Cassandra 使用 Thrift 接口提供抽象层与列式数据存储交互。

Cassandra Thrift 接口定义在 Apache Cassandra 发行版的 cassandra.thrift 文件中可用，该文件位于 interface 目录下。Thrift 接口定义在不同的 Cassandra 版本之间会有所变化，所以要确保你获得了接口文件的正确版本。此外，确保你有一个 Thrift 自身的兼容版本。

Thrift 可以为许多语言创建语言绑定。在 Cassandra 的情形下，可以为 Java、C++、C#、Python、PHP 和 Perl 生成接口。生成 Thrift 所有接口的最简单的命令为：

```
thrift --gen interface/cassandra.thrift
```

此外，可以将语言指定为 Thrift 生成器程序的参数。例如，如果只要创建 Java Thrift 接口，则运行：

```
thrift --gen java interface/cassandra.thrift
```

一旦 Thrift 模块生成了，就可以在程序中使用它。假设已经成功地生成了 Java Thrift 接口和模块，就可以连接到 CarDataStore 密钥空间并查询数据，如代码清单 2-1-4 所示。

代码清单 2-1-4　使用 Thrift 接口查询 CarDataStore 密钥空间

```
1   import java.io.UnsupportedEncodingException;
    import java.util.Date;
    import java.util.List;
    import org.apache.cassandra.thrift.Cassandra;
    import org.apache.cassandra.thrift.Column;
    import org.apache.cassandra.thrift.ColumnOrSuperColumn;
    import org.apache.cassandra.thrift.ColumnParent;
    import org.apache.cassandra.thrift.ColumnPath;
    import org.apache.cassandra.thrift.ConsistencyLevel;
    import org.apache.cassandra.thrift.InvalidRequestException;
    import org.apache.cassandra.thrift.NotFoundException;
    import org.apache.cassandra.thrift.SlicePredicate;
    import org.apache.cassandra.thrift.SliceRange;
    import org.apache.cassandra.thrift.TimedOutException;
    import org.apache.cassandra.thrift.UnavailableException;
    import org.apache.thrift.TException;
    import org.apache.thrift.protocol.TBinaryProtocol;
    import org.apache.thrift.protocol.TProtocol;
    import org.apache.thrift.transport.TSocket;
    import org.apache.thrift.transport.TTransport;
    public class Main {
        public static final String UTF8 = "UTF8";
        public static void main(String[] args) throws UnsupportedEncodingException,
        InvalidRequestException, UnavailableException, TimedOutException,
        TException, NotFoundException {
            TTransport tr = new TSocket("localhost", 9160);
2           TProtocol proto = new TBinaryProtocol(tr);
            Cassandra.Client client = new Cassandra.Client(proto);
            tr.open();
            String keyspace = "CarDataStore";
            String columnFamily = "Cars";
            String keyUserID = "1";
            // insert data
            long timestamp = System.currentTimeMillis();
3           ColumnPath colPathName = new ColumnPath(columnFamily);
            colPathName.setColumn("fullName".getBytes(UTF8));
            client.insert(keyspace, keyUserID, colPathName, "Chris Goffinet"
            .getBytes(UTF8), timestamp, ConsistencyLevel.ONE);
            ColumnPath colPathAge = new ColumnPath(columnFamily);
            colPathAge.setColumn("age".getBytes(UTF8));
            client.insert(keyspace, keyUserID, colPathAge, "24". getBytes(UTF8),
```

| 4 | ```
            timestamp, ConsistencyLevel.ONE);
    // read single column
    System.out.println("single column:");
    Column col = client.get(keyspace, keyUserID, colPathName,
``` |
| 5 | ```
    ConsistencyLevel.ONE).getColumn();
    System.out.println("column name: " + new String(col.name, UTF8));
    System.out.println("column value: " + new String(col.value, UTF8));
    System.out.println("column timestamp: " + new Date(col.timestamp));
    // read entire row
    SlicePredicate predicate = new SlicePredicate();
    SliceRange sliceRange = new SliceRange();
    sliceRange.setStart(new byte[0]);
    sliceRange.setFinish(new byte[0]);
    predicate.setSlice_range(sliceRange);
    System.out.println("\nrow:");
    ColumnParent parent = new ColumnParent(columnFamily);
    List<ColumnOrSuperColumn> results = client.get_slice(keyspace,
        keyUserID, parent, predicate, ConsistencyLevel.ONE);
    for (ColumnOrSuperColumn result : results) {
        Column column = result.column;
        System.out.println(new String(column.name, UTF8) + " -> "
        + new String(column.value, UTF8));
    }
    tr.close();
    }
}
``` |

代码清单 2-1-4 的解释

1	TSocket() 实现了客户端套接字。套接字是两台机器之间的通信端点
2	TBinaryProtocol 是一个简单的二进制协议格式。它比文本协议处理得更快但是更加难以调试排错
3	ColumnPath() 是去往 Cassandra 单一列的路径，用于查询单一列
4	insert() 用于将数据插入数据库
5	getColumn() 方法用于从数据库中读取单一列的数据

总体情况

虽然 Thrift 是一个非常有用的多语言接口，有时你可能只是选择了一个预先存在的语言 API。其中一些 API 通过了测试并得到了积极的支持，因此提供了广泛需要的可靠性和稳定性；而它们所连接到的产品却发展得很快。它们中的许多都在底层使用 Thrift。针对 Cassandra 的这种库很多，尤其是用于 Java 的 Hector、用于 Python 的 Pycassa 以及用于 PHP 的 Phpcassa。

附加知识	如果选 NoSQL，然后怎么办

关系型数据库流行的一个重要原因是它们使用 SQL 的标准化访问和查询机制。SQL 是结构化查询语言的缩写，是你与关系型数据库交谈时所用的语言。它涉及一个简单直观的语法和结构，用户在较短的时间内就能流畅地使用。基于关系代数，SQL 允许用户从单一集合获取记录或跨表连接记录。为了强调它的简单性，在这里介绍几个简单的例子。

- 要从维护了组织中所有人员名字和电子邮件地址的表中提取所有的数据，可使用 `SELECT * FROM people`。在这个例子中，表的名字是 `people`。
- 要从 `people` 表中获取所有人员的名字列表，可使用 `SELECT name FROM people`。名字存储在名为 `name` 的列中。
- 要从列表中获取子集，比方说只要那些拥有 Gmail 账户的人员，可使用 `SELECT * FROM people where email LIKE '%gmail.com'`。
- 要获取带有他们所喜欢的书籍列表的人员列表，假定人员的名字和他们所喜欢的书名位于另一个关联的 `books_people_like` 表中，使用 `SELECT people.name, books_people_like. book_title FROM people, books_people_like WHERE people.name = books_people_like.person_name`。`books_people_like` 表有两列：`person_name` 和 `title`，其中 `person_name` 引用了 `people` 表的 `name` 列，`title` 列存储了书名。

SQL 的优点很多，但它也有一些缺点。这些缺点通常在你处理大的以及稀疏的数据集时出现。然而，在 NoSQL 存储中没有 SQL 的东西，或者更加准确地说没有关系型的数据集。因此，访问和查询数据的方式是不同的。在接下来的几节中，我们会学习在 NoSQL 数据库中访问和查询数据与在 SQL 中进行相同的处理有何不同，还会学习这些处理之间存在的相似性。

在开始例子之前，让我们首先探究一下存储和访问数据的要点。

1.3　存储和访问数据

在前一节中，我们通过了几个基础例子体验了 NoSQL。我们在前面使用文档存储 MongoDB 和最终一致的存储 Apache Cassandra 了解了一些基本的数据存储和访问。在这一节中，我们给出了 NoSQL 数据存储和访问的更加详细的视图。

为了解释在 NoSQL 中数据存储和访问的不同方式，我们首先将它们分为如下类型。

- **文档存储**：MongoDB 和 CouchDB。
- **键/值存储（内存存储、持久存储和公平排序）**：Redis 和 BerkeleyDB。
- **基于列族的存储**：HBase 和 Hypertable。
- **最终一致的键/值存储**：Apache Cassandra 和 Voldermot。

总体情况

这种分类是不详尽的。例如，它漏掉了对象数据库、图数据库或 XML 数据存储的整个集合。该分类也没有将非关系型数据库拆分成分离的且互斥的集合。一些 NoSQL 存储拥有跨越在此所列出的种类的特性。通过将它们放入能够最好描述它们的集合中，该分类只是把非关系型存储按逻辑进行划分。

因为前一节已经介绍了文档存储 MongoDB，所以现在我们基于文档数据库介绍存储和访问的细节。

为了利用依靠例子来学习的技术，我们在此以一个简单而有趣的用例作为开始，它给出了 Web 服务器日志数据的分析。在该例子中的 Web 服务器日志遵循了组合日志格式，以记录 Web 服务器的访问和请求活动。

1.4   在 MongoDB 中存储和访问数据

Apache Web 服务器的组合日志格式捕获了 Web 服务器如下的请求和响应属性。
- **客户端的 IP 地址**：如果客户端通过代理请求资源，那么该值是代理的 IP 地址。
- **客户端的标识符**：通常这不是一个可信赖的信息片段，通常不被记录。
- **认证过程中标识的用户名**：如果无须认证即可访问 Web 资源，该值为空。
- **请求到达的时刻**：包括日期和时间，连同时区。
- **请求本身**：这可以进一步被分解成 4 个不同的片段：使用的方法、资源、请求参数及协议。
- **状态代码**：HTTP 状态代码。
- **返回的对象大小**：以字节为单位的大小。
- **引用**：通常就是连接到网页或资源的 URI 或 URL。
- **用户代理**：客户端应用程序，通常是访问网页或资源的程序或设备。

日志文件本身是一个文本文件，它将每个请求存储在单独的行中。为了从文本文件中获取数据，需要解析它并提取值。一个解析该日志文件的简单基本的 Java 程序可以如代码清单 2-1-5 所示的那样放置在一起。

代码清单 2-1-5   日志解析程序

```
1   import java.util.regex.*;
    public class LogRegExp implements LogExample {
        public static void main(String argv[]) {
2           String logEntryPattern = "^([\\d.]+) (\\S+) \\S+) \\[([\\w:/]+\\
            s[+\\-]\\d{4})\\] \"(.+?)\" (\\d{3})(\\d+) \"([^\"]+)\"
            \"([^\"]+)\"";
```

| | ```
System.out.println("Using regex Pattern:");
System.out.println(logEntryPattern);
System.out.println("Input line is:");
System.out.println(logEntryLine);
``` |
| 3 | ```
Pattern p = Pattern.compile(logEntryPattern);
Matcher matcher = p.matcher(logEntryLine);
if (!matcher.matches( ) || NUM_FIELDS != matcher.groupCount( )) {
    System.err.println("Bad log entry (or problem with regex?):");
    System.err.println(logEntryLine);
``` |
| 4 | ```
    return;
}
System.out.println("IP Address: " + matcher.group(1));
System.out.println("Date&Time: " + matcher.group(4));
System.out.println("Request: " + matcher.group(5));
System.out.println("Response: " + matcher.group(6));
System.out.println("Bytes Sent: " + matcher.group(7));
if (!matcher.group(8).equals("-"))
System.out.println("Referer: " + matcher.group(8));
System.out.println("Browser: " + matcher.group(9));
    }
}
``` |

代码清单 2-1-5 的解释

1	从命令行中匹配参数
2	指定模式以格式化行
3	检查日志条目模式并编译它进行匹配
4	`logEntryLine` 信息

当来自解析器的数据可用之后，可以将数据持久化至 MongoDB。

附加知识

　　MongoDB 是一个文件存储，它可以持久化任意可以用类 JSON 的对象层次来表示的数据集合。（如果你不熟悉 JSON，在其官方网站上阅读其规范。它是快速的、轻量级且受欢迎的用于 Web 应用程序的数据交换格式。）为了呈现 JSON 格式的风格，从访问日志中提取的日志文件元素可以表示如下：

```
{
    "ApacheLogRecord": {
    "ip": "127.0.0.1",
    "ident" : "-", "http_user" : "frank",
    "time" : "10/Oct/2000:13:55:36 -0700",
    "request_line" : {
    "http_method" : "GET",
```
```

```
            "url" : "/apache_pb.gif",
            "http_vers" : "HTTP/1.0",},
          "http_response_code" : "200",
          "http_response_size" : "2326",
          "referrer" : "http://www.example.com/start.html", "user_agent" :
          "Mozilla/4.08 [en] (Win98; I ;Nav)",
      },
  }
```

日志文件中对应的行如下：

```
127.0.0.1 - frank [10/Oct/2000:13:55:36 -0700]
"GET /apache_pb.gif HTTP/1.0" 200
2326 "http://www.example.com/start.html" "Mozilla/4.08 [en] (Win98; I;Nav)"
```

MongoDB 支持所有的 JSON 数据类型，即 `string`、`integer`、`boolean`、`double`、`null`、`array` 和 `object`。它还支持一些额外的数据类型，这些额外的数据类型为日期类型、对象 ID、二进制数据、正则表达式以及代码。Mongo 支持这些额外的数据类型是因为其支持 BSON，BSON 是一种类 JSON 结构的二进制编码序列化，而不仅是普通的 JSON。

要为日志文件中的行插入类 JSON 的文档到一个名为 `logdata` 的集合中，可以在 Mongo shell 中完成下列内容：

```
doc = {
    "ApacheLogRecord": {
      "ip": "127.0.0.1",
      "ident" : "-", "http_user" : "frank",
      "time" : "10/Oct/2000:13:55:36 -0700",
      "request_line" : {
        "http_method" : "GET",
        "url" : "/apache_pb.gif",
        "http_vers" : "HTTP/1.0",
      },
      "http_response_code" : "200",
      "http_response_size" : "2326",
      "referrer" : "http://www.example.com/start.html", "user_agent" :
      "Mozilla/4.08 [en] (Win98; I ;Nav)",
      },
  };
db.logdata.insert(doc);
```

MongoDB 还提供了一种称作 save 的便利方法，如果一条记录存在于集合中它会更新它，若不存在它会插入该记录。

在 Java 例子中，可以将字典（在其他语言中也被称为映射、散列映射或关联数组）中的数据直接保存到 MongoDB。这是因为 PyMongo（驱动程序）完成了将字典转换成 BSON 数据格式的工作。要完成该例子，创建一个工具函数以字典格式来发布对象的所有属性以及它们相应的值，如：

```
Object[] objects= new Object[json.length()];
for (int i = 0; i < json.length(); ++i) {
    Key key= null;
    Value value = null;
    try {
        JSONObject keyValuePair = json.getJSONObject(i);
        key= Key.getKey(keyValuePair.getJSONObject("Key"));
        value= keyValuePair.getBoolean("Value");
    } catch (JSONException ex) {
        ex.printStackTrace();
    }
    Object object= new object();
    object.setKey(key);
    object.setValue(value);
    Objects[i] = object;
}
return objects;
```

该函数将 request_line 保存为单一的元素。你可能喜欢将它保存为 3 个独立字段，即 HTTP 方法、URL 和协议版本，如代码清单 2-1-5 所示。你可能还喜欢创建一个嵌套的对象层次结构，这一概念将在本讲稍后讨论查询时讨论。利用这一功能，将数据存储到 MongoDB 中只需要少量代码：

```
import com.mongodb.DB;
import com.mongodb.Mongo;
import com.mongodb.gridfs.GridFS;
import com.mongodb.gridfs.GridFSInputFile;
/**
* @author ourownjava.com
*/
public class MongoDBSaveFile {
    private static final String HOST = "localhost";
    private static final int PORT = 27017;
    private static final String DB_NAME = "mydb";
    /**
    * Create a mongodb connection
    *
    * @return Mongo Connection
    * @throws UnknownHostException
    */
    public Mongo getConnection() throws UnknownHostException {
        return new Mongo(HOST, PORT);
    }
    /**
    * save a file into mongodb
    * @throws IOException
```

```
    */
    private void saveFile(final DB db, final File file) throws IOException{
        final GridFS gridFs = new GridFS(db);
        final GridFSInputFile gridFSInputFile = gridFs.createFile(file);
        gridFSInputFile.setFilename(file.getName());
        gridFSInputFile.save();
    }
    /**
    * save a file into a specific bucket in mongdb
    * @throws FileNotFoundException
    */
    private void saveFile(final DB db, final String bucketName, final File
    file) throws FileNotFoundException{
        new GridFS(db, bucketName).createFile(new FileInputStream(file), file.
        getName()).save();
    }
    public static void main(String[] args) throws IOException {
        final MongoDBSaveFile dbSaveBinaryFile = new MongoDBSaveFile();
        //get a mongodb connection
        final Mongo mongoConnection = dbSaveFile.getConnection();
        //get the database from the connection
        final DB database = mongoConnection.getDB(DB_NAME);
        //save the file into default bucket
        final File file = new File("/Apache/log/file/path");
        dbSaveFile.saveFile(database, file);
    }
}
```

够简单吧？现在，我们已经存储了日志数据，可以对其进行筛选和分析了。

技术材料

　　如果无法访问 Web 服务器日志，从本书配套资源可用代码下载包中下载名为 `sample_access_log` 的文件。

查询 MongoDB

　　我们使用 Web 服务器访问日志的当前快照来填充示例数据集。

　　在有了保存在 Mongo 实例中的一些数据之后，已经可以查询和过滤该数据集了。在最初的小节中，我们使用 MongoDB 学习了一些基本的查询机制。让我们修改其中的一些机制并探索与查询有关的一些额外概念。

　　所有的日志数据都存储在名为 `logdata` 的集合中。为了列出 `logdata` 集合中的所有记录，调用 Mongo shell（作为一种 JavaScript shell，可以在 `bin/mongo` 命令的帮助下调用它）并按下面这种方式进行查询：

```
> var cursor = db.logdata.find()
> while (cursor.hasNext()) printjson(cursor.next());
```

这会以友好的呈现格式打印出类似下面的数据集：

```
{
    "_id" : ObjectId("4cb164b75a91870732000000"), "http_vers" : "HTTP/1.1",
    "ident" : "-", "http_response_code" : "200", "referrer" : "-",
    "url" : "/hi/tag/2009/", "ip" : "123.125.66.32",
    "time" : "09/Oct/2010:07:30:01 -0600",
    "http_response_size" : "13308", "http_method" : "GET",
    "user_agent" : "Baiduspider+(+http://www.baidu.com/search/spider.htm)",
    "http_user" : "-",
    "request_line" : "GET /hi/tag/2009/ HTTP/1.1"
}
{
    "_id" : ObjectId("4cb164b75a91870732000001"), "http_vers" : "HTTP/1.0",
    "ident" : "-", "http_response_code" : "200", "referrer" : "-",
    "url" : "/favicon.ico",
    "ip" : "89.132.89.62",
    "time" : "09/Oct/2010:07:30:07 -0600",
    "http_response_size" : "1136", "http_method" : "GET",
    "user_agent" : "Safari/6531.9 CFNetwork/454.4 Darwin/10.0.0 (i386)
      (MacBook5%2C1)", "http_user" : "-",
    "request_line" : "GET /favicon.ico HTTP/1.0"
}
...
```

我们将查询和结果集分成小块，来探究查询和响应元素的一些更加细节的东西。

首先，声明一个游标，然后在 **logdata** 集合中获取所有的可用数据并分配给它。**游标**和**迭代器**在关系型数据库中很常见，这和它们在 MongoDB 中是一样的。

查看图 2-1-1，看看游标是如何工作的。db.logdata.find()方法返回 logdata 集合中的所有记录，所以可以使用游标在整个集合上进行迭代。先前的代码样例在游标的元素上遍历迭代并将它们打印出来。printjson 函数以友好易读的 JSON 风格的格式打印出元素。

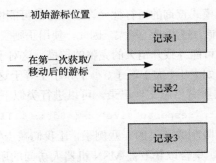

图 2-1-1　游标的工作

能得到整个集合固然很好，但是通常情况下需要的只是可用数据的一个子集。接下来，你将看到如何过滤集合并得到一个较小的工作集。在 SQL 的世界中，通常使用如下的两种操作类型来获取记录的子集：

○ 将输出限制为只选择几列，而不是表中的所有列；
○ 在一个或多个列值的基础上，通过过滤来限制表中的行数。

总体情况

在 MongoDB 中，将输出限制为几列或几个属性不是一个明智的决策。因为在取出时，每个文档总是会整个地返回其所有的属性。即便如此，你也可以只选择获取文档的某些属性，尽管它要求你限制该集合。将文档集限制为整个集合的一个子集类似于限制 SQL 结果集为有限的行集。记住 SQL 的 WHERE 语句！

现在返回到我们的日志文件数据例子中，展示从集合中返回子集的方式。要获取所有的 http_response_code 为 200 的日志文件记录，可以进行类似于这样的查询：

```
db.logdata.find({ "http_response_code": "200" });
```

该查询以查询文档{ "http_response_code": "200" }为参数，定义了模式，作为参数传递给 find() 方法。

要获取所有的 http_response_code 为 200 以及 http_vers（协议版本）为 HTTP/1.1 的日志文件记录，可以进行以下查询：

```
db.logdata.find({ "http_response_code":"200", "http_vers":"HTTP/1.1" })
```

查询文档作为参数再次传入 find() 方法。然而，现在的模式包含了两个而不是一个属性。

要获取 user_agent 为百度搜索引擎爬虫的所有日志文件的记录，可以进行以下查询：

```
db.logdata.find({ "user_agent": /baidu/i })
```

如果仔细查看语法，你会发现查询文档实际上包含了正则表达式而不是一个确切的值。/baidu/i 的表达式匹配了在 user_agent 值中包含了 baidu 的任何文档。i 标志位表明了忽略大小写，所以无论是 baidu、Baidu、baiDU 还是 BAIDU 都会被匹配。要获取 user_agent 以 Mozilla 开头的所有日志文件记录，可以按下面所示进行查询：

```
db.logdata.find({ "user_agent": /^Mozilla/ })
```

使用正则表达式进行文档模式查询的可行性允许了无穷的可能性,并把很多权利放到了用户的手中。然而，如 cliché 所说：能力越大责任越大。因此，使用正则表达式可以得到所需的子集，但是也要知道复杂的正则表达式可能导致开销大的完整的扫描，这对于大型数据集可能是大麻烦。

对于存放数字值的字段，如大于、大于等于、小于和小于等于这些比较运算符仍能正常工作。要获取响应大小大于 1111k 的所有日志文件记录，可以进行类似下面的查询：

```
db.logdata.find({ "http_response_size" : { $gt : 1111 }})
```

现在，已经看到了将结果限制成子集的一些例子，让我们减少字段的数量至仅一个属性或字段：url。可以查询 logdata 集合以获取被 MSN 机器人访问的所有 URL 的列表，如下所示：

```
db.logdata.find({ "user_agent":/msn/i }, { "url":true })
```

此外，可以简单地选择将上次查询的返回行数限制为 10，如下所示：

```
db.logdata.find({ "user_agent":/msn/i }, { "url":true }).limit(10)
```

有时候只需要知道匹配的数量而不需要知道整个文档。要找出 MSN 机器人的请求数量，查询 logdata 集合如下：

```
db.logdata.find({ "user_agent":/msn/i }).count()
```

虽然可以解释更多关于 MongoDB 中高级查询复杂性的内容，我将把这些讨论留给下一讲，下一讲会涵盖高级查询的内容。接下来，让我们转向存放数据的 HBase。

知识检测点 2

> 　　有家使用 Cassandra 数据库的公司，为了存储数据文件，他们使用在安装过程中设立的默认存储。现在，公司想要改变存储目的地。他们应该遵循怎样的预防措施和步骤？

1.5　在 HBase 中存储和访问数据

HBase 可以被认为是 NoSQL 的领军人物。尽管键/值存储和非关系型的替代品（如对象数据库）已经存在有一段时间了，HBase 及其相关工具是软件的最初制品，它们把大规模的谷歌式 NoSQL 的成功催化剂带到了大众的手中。

附加知识

　　HBase 不只是谷歌 Bigtable 的克隆。Hypertable 是另外一个产品。HBase 也不是针对所有情况的理想的表格式的数据存储。Apache Cassandra 以及其他更多的产品具有最终一致性的数据存储，它们拥有比 HBase 更多的额外特性。在探索 HBase 相关之处以及无关之处之前，让我们首先熟悉下 HBase 中数据存储和查询的要点。

就前面的两种 NoSQL 数据存储而言，我们在例子的帮助下解释了 HBase 原理并将更加细节的架构留到了下一节。这里的重点是数据存储和访问。对于这一节，我们以假想的一种博客帖子为例，探讨以下几条信息的提取和保存：

○ 博客帖子标题；
○ 博客帖子作者；
○ 博客帖子内容或主体；
○ 博客帖子头的多媒体（如图片）；
○ 博客帖子主体的多媒体（如图片、视频或音频文件）。

要存储这些数据，我们创建一个名为 `blogposts` 的集合，并将信息片段保存为两种类别：帖子和多媒体。所以，一种可能的类 JSON 格式条目可以是下面这样的：

```
{
    "post" : {
```

```
        "title": "an interesting blog post", "author": "a blogger",
        "body": "interesting content",
    },
    "multimedia": {
        "header": header.png, "body": body.mpeg,
    },
}
```

或者也可以像下面这样：

```
{
    "post" : {
        "title": "yet an interesting blog post", "author": "another blogger",
        "body": "interesting content",
    },
    "multimedia": {
        "body-image": body_image.png, "body-video": body_video.mpeg,
    },
}
```

如果仔细查看博客帖子和多媒体数据集，你将会注意到它们两者分享了帖子和多媒体种类，但是无须拥有相同的字段集；它们的列是不同的。用 HBase 术语来说，这意味着它们有同样的列族（帖子和多媒体）但是它们没有相同的列集合。实际上，在多媒体列族中有 4 列，即 header、body、body-image 和 body-video，在一些数据点上，这些列没有值（null）。在传统关系型数据库中，你必须创建所有的 4 个列，按需设置一些 null 值。

在 HBase 和列式数据库中，数据按列存储，当它们为 null 时无须存储值。这样对于稀疏数据集来说是非常好的。

要创建该数据集并保存两个数据点，首先启动一个 HBase 实例并使用 HBase shell 连接到它。HBase 运行在一个分布式环境中，在那里它使用一个特殊的文件系统抽象来跨多台机器保存数据。

虽然在这个简单样例情形中，我们将 HBase 运行于一个独立和单实例的环境中。如果你已经下载并解压了最新的 HBase 发行版，通过运行 bin/start-hbase.sh，启动默认的单实例服务器。

在服务器启动并运行之后，通过如下方式启动 shell，并连接到 HBase 本地服务器：

```
bin/hbase shell
```

连接之后，按如下方式创建带有两个列族（帖子和多媒体）的 HBase 集合 blogposts：

```
$ bin/hbase shell
HBase Shell; enter 'help<RETURN>' for list of supported commands. Type
"exit<RETURN>" to leave the HBase Shell
Version 0.90.1, r1070708, Mon Feb 14 16:56:17 PST 2011
hbase(main):001:0> create 'blogposts', 'post', 'multimedia'
0 row(s) in 1.7880 seconds
```

填充这两个数据点，如下：

```
hbase(main):001:0> put 'blogposts', 'post1', 'post:title',
hbase(main):002:0* 'an interesting blog post'
0 row(s) in 0.5570 seconds
hbase(main):003:0> put 'blogposts', 'post1', 'post:author', 'a blogger'
0 row(s) in 0.0400 seconds
hbase(main):004:0> put 'blogposts', 'post1', 'post:body', 'interesting
content'
0 row(s) in 0.0240 seconds
hbase(main):005:0> put 'blogposts', 'post1', 'multimedia:header',
'header.png'
0 row(s) in 0.0250 seconds
hbase(main):006:0> put 'blogposts', 'post1', 'multimedia:body', 'body.png'
0 row(s) in 0.0310 seconds
hbase(main):012:0> put 'blogposts', 'post2', 'post:title',
hbase(main):013:0* 'yet an interesting blog post'
0 row(s) in 0.0320 seconds
hbase(main):014:0> put 'blogposts', 'post2', 'post:title',
hbase(main):015:0* 'yet another blog post'
0 row(s) in 0.0350 seconds
hbase(main):016:0> put 'blogposts', 'post2', 'post:author', 'another blogger'
0 row(s) in 0.0250 seconds
hbase(main):017:0> put 'blogposts', 'post2', 'post:author', 'another blogger'
0 row(s) in 0.0290 seconds
hbase(main):018:0> put 'blogposts', 'post2', 'post:author', 'another blogger'
0 row(s) in 0.0400 seconds
hbase(main):019:0> put 'blogposts', 'post2', 'multimedia:body-image',
hbase(main):020:0* 'body_image.png'
0 row(s) in 0.0440 seconds
hbase(main):021:0> put 'blogposts', 'post2', 'post:body', 'interesting
content'
0 row(s) in 0.0300 seconds
hbase(main):022:0> put 'blogposts', 'post2', 'multimedia:body-video',
hbase(main):023:0* 'body_video.mpeg'
0 row(s) in 0.0380 seconds
```

这两个样例数据点的 ID 分别给定为 post1 和 post2。也许你注意到了，我们在进入 post2 的标题后犯了一个错误，因此我们又重复进入了一次。我们还重复进入了 post2 作者信息的 3 个项目。在现实世界中，这意味着一次数据更新。虽然在 HBase 中，记录是不变的；但重新进入数据会导致生成更新版本的数据集。这有两个好处：一是避免了数据更新的原子性，二是使隐含的内置版本系统在数据存储中可用。

现在，数据已被存储，可以编写一些基本查询去检索它了。

查询 HBase

查询 HBase 存储的最简单的方式是通过其 shell。如果你已经登录到 shell，这就意味着你已经使用 `bin/hbase shell` 启动它，并连接到了刚才键入数据的本地存储，并可能已准备好查询那些数据了。

要获取与 post1 有关的所有数据，编写查询如下：

```
hbase(main):024:0> get 'blogposts', 'post1'
COLUMN                      CELL
multimedia:body             timestamp=1302059666802, value=body.png
multimedia:header           timestamp=1302059638880, value=header.png
post:author                 timestamp=1302059570361,
value=a blogger
post:body                   timestamp=1302059604738,
value=interesting content
post:title                  timestamp=1302059434638,
value=an interesting blog post
5  row(s) in 0.1080 seconds
```

这会显示 post1 的所有属性和属性的值。要获取与 post2 有关的所有数据，进行如下的简单查询：

```
hbase(main):025:0> get 'blogposts', 'post2'
COLUMN                      CELL
multimedia:body-image       timestamp=1302059995926, value=body_image.png
multimedia:body-video       timestamp=1302060050405, value=body_video.mpeg
post:author                 timestamp=1302059954733,
value=another blogger
post:body                   timestamp=1302060008837,
value=interesting content
post:title                  timestamp=1302059851203,
value=yet another blog post
5  row(s) in 0.0760 seconds
```

要获取仅包含 post1 标题列的过滤后的列表，查询如下：

```
hbase(main):026:0> get 'blogposts',
'post1', { COLUMN=>'post:title' }
COLUMN                      CELL
post:title                  timestamp=1302059434638,
value=an interesting blog post
row(s) in 0.0480 seconds
```

读者可能还记得，我们重新进入了 post2 标题的数据，所以可以针对这两个版本进行如下查询：

```
hbase(main):027:0> get 'blogposts', 'post2', { COLUMN=>'post:title', VERSIONS=>2 }
COLUMN                                CELL
post:title                            timestamp=1302059851203,
value=yet another blog post
post:title                            timestamp=1302059819904,
value=yet an interesting blog post
row(s) in 0.0440 seconds
```

默认情况下，HBase 仅返回最新的版本，但是我们总是可以请求多个版本，或者如果你喜欢的话还能得到一个确切的更旧的版本。

掌握了这些简单的查询工作后，我们来看看最后一种样例数据存储——Apache Cassandra。

1.6　在 Apache Cassandra 中存储和访问数据

在本节中，我们重用先前小节中的 blogposts 例子，以展示一些 Apache Cassandra 的基本特性。在最初的小节中，我们对 Apache Cassandra 已经有了感受；现在将在此基础上熟悉它更多的特性。

作为开始，在 Apache Cassandra 的安装文件夹中运行以下命令在前台启动服务器：

```
bin/cassandra -f
```

当服务器启动时，运行 cassandra-cli 或如下的命令行客户端：

```
bin/cassandra-cli -host localhost -port 9160
```

现在按如下方式查询可用密钥空间：

```
show keyspaces;
```

读者将看到自己已创建的系统及任何额外的密钥空间。在最初的小节中，创建了一个名为 CarDataStore 的样例密钥空间。对于这个示例，利用如下脚本，创建新的名为 BlogPosts 的密钥空间：

```
/*schema-blogposts.txt*/
create keyspace BlogPosts
with replication_factor = 1
and placement_strategy = 'org.apache.cassandra.locator.SimpleStrategy';
use BlogPosts;
create column family post
with comparator = UTF8Type
and read_repair_chance = 0.1 and keys_cached = 100
and gc_grace = 0
and min_compaction_threshold = 5 and max_compaction_threshold = 31;
create column family multimedia with comparator = UTF8Type and read_repair_chance =
0.1 and keys_cached = 100
and gc_grace = 0
and min_compaction_threshold = 5 and max_compaction_threshold = 31;
```

接下来，添加博客帖子的样例数据点如下：

```
Cassandra> use BlogPosts;
Authenticated to keyspace: BlogPosts
cassandra> set post['post1']['title'] = 'an interesting blog post';
Value inserted.
cassandra> set post['post1']['author'] = 'a blogger'; Value inserted.
cassandra> set post['post1']['body'] = 'interesting content'; Value
inserted.
cassandra> set multimedia['post1']['header'] = 'header.png'; Value
inserted.
cassandra> set multimedia['post1']['body'] = 'body.mpeg'; Value
inserted.
cassandra> set post['post2']['title'] = 'yet an interesting blog post';
Value inserted.
cassandra> set post['post2']['author'] = 'another blogger'; Value
inserted.
cassandra> set post['post2']['body'] = 'interesting content'; Value
inserted.
cassandra> set multimedia['post2']['body-image'] = 'body_image.png';
Value inserted.
cassandra> set multimedia['post2']['body-video'] = 'body_video.mpeg';
Value inserted.
```

这一示例已经就绪。接下来，我们查询 BlogPosts 密钥空间的数据。

查询 Apache Cassandra

假定仍然登录在 Cassandra-cli 会话中，BlogPosts 密钥空间仍在使用，可以查询 post1 的数据如下：

```
get post['post1'];
=> (column=author, value=6120626c6f67676572, timestamp=1302061955309000)
=> (column=body, value=696e746572657374696e6720636f6e74656e74,
timestamp=1302062452072000)
=> (column=title, value=616e20696e746572657374696e6720626c6f672070
6f7374, timestamp=1302061834881000)
Returned 3 results.
```

也可以在多媒体列族中查询帖子（如 post2）的具体列，如 body-video。查询及输出如下：

```
get multimedia['post2']['body-video'];
=> (column=body-video, value=626f64795f766964656f2e6d706567,
timestamp=1302062623668000)
```

知识检测点 3

一家电子商务网站想要存储与交易相关的所有数据并保留顾客购买产品的所有记录。最初，他们只在 MongoDB 中存储带有下面两个属性的记录：

a. 顾客名字

b. 顾客所在城市

公司会因为使用这两个列面临哪些问题？用一些样例命令来解释一下他们如何才能克服这个问题。

1.7　NoSQL 数据存储的语言绑定

虽然命令行客户端是快速访问和查询 NoSQL 数据存储的便利方式，但是在实际应用程序中，你可能需要一种编程语言接口来与 NoSQL 协同工作。

因为 NoSQL 数据存储的类型和特点会有所不同，所以编程接口和驱动程序的类型也会有所不同。总的来说，从流行的高级编程语言（如 Python、Ruby、Java 和 PHP）中访问 NoSQL 存储有着足够的支持力度。在这一节中，你看到了令人赞叹的代码生成器 Thrift 以及一些精选的特定语言的驱动程序和库。再次强调，该意图不是为了提供详尽的概述，更多的是要建立通过你最喜爱的编程语言来接触 NoSQL 的基本方法。

1.7.1　用 Thrift 进行诊断

Apache Thrift 是开源的跨语言的服务开发框架。它是一种代码生成器引擎，能够创建服务与各种不同的编程语言进行对接。Thrift 起源于 **Facebook**，从那以后就是开源的了。

Thrift 本身以 C 语言写就。为了编译生成、安装、使用并运行 Thrift，需要遵循以下步骤。

（1）从 Thrift 官方网站下载 Thrift。

（2）解压源发行包。

（3）按照熟悉的 `configure`、`make` 以及 `make install` 例程，编译生成并安装 Thrift。

（4）编写 Thrift 服务定义。这是 Thrift 最重要的部分，是生成代码的底层定义。

（5）使用 Thrift 编译器生成特定语言的源。

万事俱备，接下来，运行 Thrift 服务器然后使用 Thrift 客户端连接到该服务器。

你可能无须为 NoSQL 存储（如支持 Thrift 绑定的 Apache Cassandra）生成 Thrift 客户端，反而可能使用特定语言的客户端，特定语言的客户端又反过来利用 Thrift。接下来几个小节将探讨针对一些特定的数据存储的语言绑定。

1.7.2　Java 的语言绑定

Java 是一种常见的编程语言。在本节中，我们会稍微解释一下针对 MongoDB 和 HBase 的 Java 驱动程序和库。

  MongoDB 的开发商官方支持 **Java 驱动程序**。该驱动程序以单一的 jar 文件发布，所用版本为 2.5.2。在你下载 jar 之后，只需将它添加到应用程序的类路径中，就算准备好了。

  在本节的前面，已经在 MongoDB 实例中创建了一个 `logdata` 集合。使用该 Java 驱动程序连接到数据库并列出集合中的所有元素。看一下代码清单 2-1-6 中的代码，看它是如何做的。

代码清单 2-1-6　列出 Logdata MongoDB 集合中所有元素的 Java 程序

```
import com.mongodb.DB;
import com.mongodb.DBCollection; import com.mongodb.DBCursor;
import com.mongodb.Mongo;
public class JavaMongoDBClient {
    Mongo m;
    DB db;
    DBCollection coll;
    public void init() throws Exception {
        m = new Mongo( "localhost" , 27017 );        1
        db = m.getDB( "mydb" );                       2
        coll = db.getCollection("logdata");
    }
    public void getLogData() {
        DBCursor cur = coll.find();                   3
        while(cur.hasNext()) {
            System.out.println(cur.next());
        }
    }
    public static void main(String[] args) {
        try{
            JavaMongoDBClient javaMongoDBClient = new JavaMongoDBClient();   4
            javaMongoDBClient.init();
            javaMongoDBClient.getLogData();           5
        } catch(Exception e) {
            e.printStackTrace();
        }
    }
}
```

代码清单 2-1-6 的解释

1	`Mongo()` 是通过获取本地主机和端口号来创建与 MongoDB 的连接的方法
2	`getDB()` 提供了从 MongoDB shell 或从 JavaScript 文件对数据库对象的访问
3	这里集合上的 `find()` 查询返回了一个 DBCursor
4	`cur.next()` 获得下一个值并打印
5	`init()` 是在 Java 中创建进程的方法。JavaMongoDBClient 是包含了 MongoDB 客户端信息的类。`getLogData()` 用于获得日志数据

通过该示例可以清楚地看出，从 Java 来访问是简单且方便的。

让我们看一下 **HBase**。要查询你在 HBase 中创建的 `blogposts` 集合，首先要获得如下 jar 文件并将它们添加进你的 classpath：

○ `commons-logging-1.1.1.jar`
○ `hadoop-core-0.20-append-r1056497.jar`
○ `hbase-0.90.1.jar`
○ `log4j-1.2.16.jar`

要在 blogposts 数据存储中列出 `post1` 的标题和作者，使用代码清单 2-1-7 中的程序。

代码清单 2-1-7　连接和查询 HBase 的 Java 程序

| 1 | ```
import org.apache.hadoop.hbase.client.HTable;
import org.apache.hadoop.hbase.HBaseConfiguration;
import org.apache.hadoop.hbase.io.RowResult;
import java.util.HashMap;
import java.util.Map;
import java.io.IOException;
public class HBaseConnector {
    public static Map retrievePost(String postId) throws IOException {
        HTable table = new HTable(new HBaseConfiguration(), "blogposts");
        HashMap post = new HashMap(); //Exp1
``` |
| 2 | ```
        RowResult result = table.getRow(postId);
``` |
| 3 | ```
        for (byte[] column : result.keySet()) {
``` |
| 4 | ```
            post.put(new String(column), new String(result.get(column).
            GetValue()));
``` |
| | ```
        }
        return post;
    }
    public static void main(String[] args) throws IOException {
        Map blogpost = HBaseConnector.retrievePost("post1");
        System.out.println(blogpost.get("post:title"));
        System.out.println(blogpost.get("post:author"));
    }
}
``` |

代码清单 2-1-7 的解释

1	HashMap 类使用散列表实现 Map 接口。这允许基本操作（如 `get()` 和 `put()`）的执行时间对于大的集合保持恒定
2	`getRow()` 是接收关于表中某行信息的方法
3	`keySet()` 方法用于获取包含在 map 中的键的集合视图
4	`getValue()` 是从表中收集值的方法
```

现在你已经看到了一些 Java 代码的样本，让我们继续下一种编程语言——PHP。

1.7.3　PHP 的语言绑定

phpcassa 在 Thrift 绑定的顶部提供了一个 PHP 包装器。

利用 phpcassa，在 BlogPosts 集合中查询来自帖子列族的所有列仅需要如下几行代码：

```php
<?php // Copy all the files in this repository to your include
directory.
$GLOBALS['THRIFT_ROOT'] = dirname( FILE ) . '/include/thrift/';
require_once $GLOBALS['THRIFT_ROOT'].'/packages/cassandra/Cassandra.
php'; require_once $GLOBALS['THRIFT_ROOT'].'/transport/TSocket.php';
require_once $GLOBALS['THRIFT_ROOT'].'/protocol/TBinaryProtocol.php';
require_once $GLOBALS['THRIFT_ROOT'].'/transport/TFramedTransport.php';
require_once $GLOBALS['THRIFT_ROOT'].'/transport/TBufferedTransport.
php'; include_once(dirname( FILE ) . '/include/phpcassa.php'); include_
once(dirname( FILE ) . '/include/uuid.php');
$posts = new CassandraCF('BlogPosts', 'post');
$posts ->get();
?>
```

知识检测点 4

　　一家社交网站最初使用 MySQL 作为数据库，并使用 MySQL 驱动程序与它们的应用程序相交互。现在，他们想要迁移到 NoSQL 数据库，他们想要一个可以无缝连接到不同编程语言的数据库，并且不需要单独安装驱动程序。建议他们应当选择哪个 NoSQL 数据库。

基于图的问题

1. 考虑下面的图：

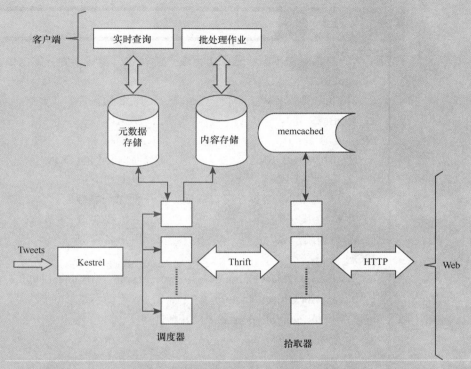

a. 解释 Thrift 接口的工作原理和使用它的原因。

b. 解释完整的流程并在上面的流程中确定完整的工作流和数据流。

c. 元数据是什么？描述一下它在流程中的角色。

2. 考虑下面的图：

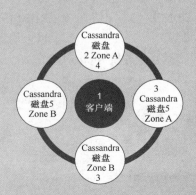

a. 在这个过程中如何进行复制？

b. 解释将数据存储到磁盘中的整个机制。

c. 客户如何知道数据已经被正确地写入了磁盘，如果有一个 Cassandra 节点离线时会发生什么？

多项选择题

选择正确的答案。在下面给出的"标注你的答案"里将正确答案涂黑。

1. MongoDB 是：

   a. NoSQL 数据库   b. SQL 数据库

   c. RDBMS   d. OLAP

2. MongoDB 是：

   a. 面向对象的 DBMS   b. 面向文档的 DBMS

   c. 关系型的 DBMS   d. 以上均不是

3. 要启动 Cassandra 命令行接口需要提供下面哪个参数？

   a. 主机和用户名   b. 主机和端口

   c. 端口和用户名   d. 用户名和密码

4. JSON 代表：

   a. JavaScript Object Naming b. JavaScript Object Notice

   c. JavaScript Object Notation d. 以上均不是

5. 下面哪个是 mongoimport 命令的正确用法？

   a. 批量插入数据   b. 多个命令导入

   c. 多个命令插入   d. 以上均不是

6. 下面哪个是 $set 命令的正确用法？

   a. 设置键值   b. 设置代码块的值

   c. 设置名称/值对的值   d. 设置命令的值

7. 下面关于 MongoDB 的哪个语句是正确的？

   a. 面向文档的 DBMS   b. RDBMS 表

   c. 支持连接和事务   d. 以上均不是

8. 下面哪种编程语言已用于开发 MongoDB？

   a. C++   b. C

   c. Java   d. Python

9. MongoDB 数据库有表吗？

   a. MongoDB 数据库将数据存储在集合中而不是表中

   b. 所有的数据都存储于表中

   c. 直接存储于本地内存中

d. 以上均不是

10. 下面的代码用于将数据插入到 Cassandra 数据库：

```
[default@unknown]Use BikeStore
authenticated to keyspace
[default@BikeStore] set Bikes['splendor'] ['make'] = 'Hero' ;
value inserted
[default@BikeStore] set Bikes['Splendor'] ['model'] = 'Hero' ;
value inserted
```

下面命令的输出是什么？

```
[default@unknown] get Bikes[ 'Splendor' ]
```

a. 仅显示与 splendor 相关的列 "make" 和 "model"

b. 会显示列 "make" 和 "model"、值以及时间戳

c. 在处理输出时会生成错误

d. 会完成进程且不会生成错误

标注你的答案（把正确答案涂黑）

1. (a) (b) (c) (d)   6. (a) (b) (c) (d)

2. (a) (b) (c) (d)   7. (a) (b) (c) (d)

3. (a) (b) (c) (d)   8. (a) (b) (c) (d)

4. (a) (b) (c) (d)   9. (a) (b) (c) (d)

5. (a) (b) (c) (d)   10. (a) (b) (c) (d)

测试你的能力

1. 一家旅游电子商务网站的数据每年增长 50 TB，所以它想要安装 NoSQL 数据库来处理大量的数据。他们的数据库存在着频繁的写和读，因为乘客必须看到状态并做预定。建议他们应当优先选择哪种 NoSQL 数据库，并解释其安装过程。

2. 有家公司在 MongoDB 中存储数据，他们使用 PHP 应用程序作为所面对的前端。从数据库驱动程序的视角解释应用程序是如何访问数据的。

3. 编写从 csv 文件和 txt 文件将数据导入至 MongoDB 的命令。

4. 编写命令，打印 MongoDB 中两个默认表的快照。

5. 编写 MongoDB 脚本，显示上述表中字段的摘要。

備忘単

- NoSQL 是数据存储类的抽象。
- NoSQL 数据库通常用于存储大数据，因为它们相对于传统数据库而言提供了更简单的可扩展性和更好的性能。
- 可以通过运行发行版 bin 文件夹中的 mongod 程序来启动 MongoDB 服务器。
- 默认情况下，mongo shell 连接到本地主机上可用的"test"数据库。
- 查询文档指定了需要匹配的键和值的模式。
- Apache Cassandra 是一个分布式的列族数据库。
- Cassandra 数据库可以通过一个简单的命令行客户端或通过 Thrift 接口来交互。
- 连接你机器上运行中的 Cassandra 节点的最简单的方式是使用 Cassandra 命令行接口（CLI）。
- 关系型数据库中相当于密钥空间和列族的是数据库和表。
- 系统密钥空间，就像是关系型数据库管理系统（RDBMS）中的管理数据库。
- 可用于复制因子的策略是：
  - 简单策略；
  - 网络拓扑策略。
- Cassandra 数据集可以支持更丰富的数据模型。
- Thrift 是一个用于跨语言服务开发的框架。
- Cassandra Thrift 接口定义在 Apache Cassandra 发行版的名为 cassandra.thrift 的文件中。
- Thrift 可以为许多语言创建语言绑定，如 Java、C++等。
- 在 NoSQL 中的数据存储和访问的方式可以归类为：
  - 文档存储；
  - 键/值存储；
  - 基于列族的存储；
  - 最终一致的键/值存储。
- Apache Web 服务器的组合日志格式捕获了 Web 服务器如下的请求和相应属性：
  - 客户端的 IP 地址；
  - 客户端的标识符；
  - 认证过程中标识的用户名；
  - 请求到达的时刻；
  - 请求本身；
  - 状态代码；
  - 返回的对象大小；
  - 引用；
  - 用户代理。
- 查询 HBase 存储的最简单的方式是通过其 shell。
- phpcassa 在 Thrift 绑定的顶部提供了一个 PHP 包装器。

第 2 讲

使用 NoSQL

模块目标

学完本模块的内容，读者将能够：

▸▸ 在各种 NoSQL 数据库中执行 CRUD 操作和查询

本讲目标

学完本讲的内容，读者将能够：

▸▸	在各种 NoSQL 数据库中执行 create 操作
▸▸	从各种 NoSQL 数据库中访问数据
▸▸	从各种 NoSQL 数据库中更新和删除数据
▸▸	在 MongoDB 中执行查询
▸▸	在 MongoDB 中识别 MapReduce 的特性
▸▸	从 HBase 访问数据

"数据成熟如酒，应用如鱼。"

——Andy Todd

SQL 可能是迄今为止所创造的最简单但又最有力的特定领域的语言。它很容易学习，因为它有着有限的词汇表和简单的语法。

它使得用户能够操纵结构化的数据集，并且轻松地过滤、排序、分割和划分数据集。在关系的基础上，可以连接数据集并创建交际和连接；用户可以汇总数据集并基于它们的分组标准操纵数据集按特定属性分组或过滤。不过 SQL 也有一个限制。SQL 是基于关系代数的，后者只在关系型数据库中才能很好地工作。顾名思义，NoSQL 就是无 SQL。

SQL 的缺失并不意味着需要停止对数据集的查询。毕竟，存储的任何数据稍后都可能被检索和操作。NoSQL 已经被创造成一种语法和风格上都类似于 SQL 的查询语言。NoSQL 存储有它们自己的数据访问和操作方法。本讲着重于 NoSQL 的 Create、Read、Update 和 Delete（CRUD）操作。

正如你所知道的那样，NoSQL 不是一个单一的产品或技术，而是指一类数据库的总括性术语；因此，CRUD 操作的含义在 NoSQL 产品之间会有所变化。然而，它们有一个共同的主要特点：在 NoSQL 存储中，创建和读取操作比更新和删除操作更加重要，有时候它们是仅有的操作。自本讲开始，从 CRUD 操作的角度探讨 NoSQL，将其分为面向列的、以文档为中心的和键值映射的子集，以保持逻辑图和相关单元。

CRUD 的首要支柱是 create 操作。

2.1 创建记录

当需要第一次保存一条新的记录时，需要创建一个新的条目。这意味着应该有一种方法来容易地确定一条记录，并且如果它已经存在就能够找到它。如果它确实存在，用户可能希望更新记录而不是重建它。

在关系型数据库中，记录被存储在**表**中，其中**主键**唯一标识了每条记录。当需要检查是否已经存在某条记录时，你将检索有疑问的记录的主键，看看该键是否存在于表中。当记录**没有**针对主键的值，但它在表中所含有的每列或每个字段的值却正好匹配了现有记录的对应值时，将面临挑战。

　　关系型数据秉承了范式原则。范式化的模式通过仅保存一次数据并在需要时创建与相关数据的引用，来试图减少记录集中的修改异常。

　　在范式模式中，两条带有相同值的记录被认为是相同的记录。所以，有一个隐含的按值的比较，被编码进了关系型模式中的单一列（主键）中。在编程语言的世界中，特别是面向对象的语言中，身份的概念往往被按引用比较的语义所替换，其中二个独特的作为对象而存在的记录集，是通过它所位于的内存空间而唯一确定的。因为 NoSQL 包含了类似于传统表格结构和对象存储的数据库，身份的语义从基于值变成了基于引用。然而在所有情况下，唯一主键的概念是重要的，它有助于确定一条记录。

　　虽然大多数的数据库允许为一条唯一记录的键选择一个任意字符串或一个字节数组，但它们经常指定了一些规则以确保这样的键是唯一的和有意义的。在一些数据库中，实用函数可以协助你生成主键。

　　　　唯一的主键

　　读者已经看到了默认的 MongoDB BSON 对象 ID，其中每个键具有 12 字节的结构，下面是它的组成部分：

○　起始 4 个字节代表时间戳；

○　接下来 3 个字节代表机器 ID；

○　下面 2 字节编码进程 ID；

○　最后 3 个字节是增量或序列计数器。

　　读者还看到了 HBase 的行键，它通常是一个字节数组，只需要字符有一个字符串表现形式。HBase 行键通常是 64 字节长，虽然较大的键占用更多的内存，但是这不是限制。HBase 中的行是按它们行键的字节排序的，所以将行键定义成与你的应用程序相关的逻辑单元是有用的。

　　下面的小节涵盖了在一些 NoSQL 数据库中创建记录。在前一讲中，使用 MongoDB 和 HBase 分别作为以文档为中心、面向列和键/值映射的例子。在本讲中，会再次使用这些数据库。

在以文档为中心的数据库中创建记录

　　一个简化的能创建和管理订单记录的**零售系统**经常被用作关系型数据库的例子。

○　每个人在这个虚拟商店中的购买都是一个**订单**。订单由一组行项目所组成。

○　每个订单行项目包括了一个**产品**（项目）和所购买产品的单元数量。行项目还有一个**价格属性**，该属性通过将产品的单价与所购买的单元数量相乘而计算得到的。

○　每个**订单表**都有个相关联的**产品表**，该表存储产品描述和关于该产品的一些其他属性。

　　图 2-2-1 描述了传统实体关系图中的订单（Order）、产品（Product）以及它们的关系表。

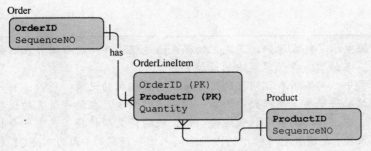

图 2-2-1　订单-产品的关系表

要在 MongoDB（文档存储）中存储同样的数据，可能会取消该结构的范式并利用订单记录本身来存储订单的每一行。作为一个具体的案例，考虑如下一个订单：4 杯咖啡，其中一杯拿铁、一杯卡布奇诺、两杯中杯。

该咖啡订单将被作为嵌套的类 JSON 文档的图存储在 MongoDB 中，如下所示：

```
{
    order_date: new Date(), "line_items": [
    {
        item : {
                name: "latte", unit_price: 4.00
        },
        quantity: 1
    },
    {
        item: {
                name: "cappuccino", unit_price: 4.25
        },
        quantity: 1
    },
    {
        item: {
                name: "regular", unit_price: 2.00
        },
        quantity: 2
    }
    ]
}
```

打开一个命令行窗口，改变 MongoDB 文件夹的根，并按如下方式启动 MongoDB 服务器：

```
bin/mongod --dbpath ~/data/db
```

现在，在一个独立的命令行窗口中，启动命令行客户端来与服务器进行交互：

```
bin/mongo
```

使用命令行客户端将咖啡订单存入 mydb 数据库的订单集合中。代码清单 2-2-1 显示了在控制台上的命令输入和响应的部分说明。

代码清单 2-2-1 控制台上的命令输入和响应

```
1  > t = {
   ... order_date: new Date(),
   //returns the current date
2  ... "line_items": [ ...
   //database name
   ... ]
   ... };
   {
   "order_date" : "Sat Oct 30 2010 22:30:12 GMT-0700 (PDT)",
   "line_items" : [
   {
   "item" : {
3  //first record
   "name" : "latte", "unit_price" : 4
   },
   "quantity" : 1
   },
   {
   "item" : {
4  //second record
   "name" : "cappuccino", "unit_price" : 4.25
   },
   "quantity" : 1
   },
   {
   "item" : {
5  //third record
   "name" : "regular", "unit_price" : 2
   },
   "quantity" : 2
   }
   ]
   }
   > db.orders.save(t);
6  //saved the records as transaction1
   > db.orders.find();
   { "_id" : ObjectId("4cccff35d3c7ab3d1941b103"), "order_date" : "Sat
   Oct 30 2010 22:30:12 GMT-0700 (PDT)", "line_items" : [
   ...
   ]
   }
```

代码清单 2-2-1 的解释

1	line_items 是数据库的名字，item 是表名
2	订单日期包含了 new date() 函数，其返回 current_date()
3	item 包含了 3 条记录，其包含字段名、单价和数量
4	db.orders.save() 函数保存记录
5	find() 函数选择集合中的文档并将游标返回到所选中的文档
6	save() 函数保存一条记录

技术材料

> MongoDB DBRef 是在文档间创建引用的正式规范。DBRef 包含了集合名称以及对象 ID。

虽然存储整个嵌套文档集合是明智的，但是有时候需要单独存储嵌套的对象。

当单独存储时，你的责任是将记录集连接到一起。在 MongoDB 中没有数据库连接的概念，所以你必须通过使用客户端的**对象 ID** 或利用 DBRef 的概念手动实现连接操作。

可以通过不在嵌套文档中存储产品单价数据，而将它单独保存在另一存储了产品信息的集合中去的方式来重组这个例子。在新的格式中，项目名称作为连接两个集合的键；因此，重组的 orders 数据存储在叫作 orders2 的集合中，如代码清单 2-2-2 所示。

代码清单 2-2-2　Orders2 集合

```
1   > t2 = {
    ...order_date: new Date(),
    //returning the new date
    ..."line_items": [
    ...{
2   /Line items is the database name
    ...
3   "item_name":"latte",
    ..."quantity":1
    ...},
    ...{
    ..."item_name":"cappuccino",
    ..."quantity":1
    ...,
    ...{
    ..."item_name":"regular",
    ..."quantity":2
    ...}
    ...]
    ... };
    {
```

```
      //records created here
      "order_date" : "Sat Oct 30 2010 23:03:31 GMT-0700 (PDT)",
  4   "line_items" : [
      {
      "item_name" : "latte", "quantity" : 1
      },
      {
      "item_name" : "cappuccino", "quantity" : 1
      },
      {
      "item_name" : "regular", "quantity" : 2
      }
      ]
      }
      > db.orders2.save(t2);
      //saved the records
```

代码清单 2-2-2 的解释

1	订单日期包含了 new date() 函数，它返回 current date()
2	line_items 是数据库的名称，item 是表名
3	item 包含了 3 条记录，包括字段名称、单价和数量
4	db.orders.save(t2) 函数用于保存 record2

上述代码用于 record2，与 transaction 1 执行了相同的操作。

要验证数据被正确地存储了，可以返回 orders2 集合的内容，如下所示：

```
> db.orders2.find();
{ "_id" : ObjectId("4ccd06e8d3c7ab3d1941b104"), "order_date" : "Sat Oct
30 2010 23:03:31 GMT-0700 (PDT)", "line_items" : [
{
},
...
] }
"item_name" : "latte", "quantity" :
```

接下来，保存存储了项目名称和单价的产品数据，如下所示：

```
> p1 = {
..."_id": "latte",
..."unit_price":4
... };
{ "_id" : "latte", "unit_price" : 4 }
> db.products.save(p1);
```

这里同样可以借助 find() 方法，在产品集合中验证记录：

```
> db.products.find();
{ "_id" : "latte", "unit_price" : 4 }
```

现在，可以手动连接两个集合并检索相关的数据集，如下所示：

```
> order1 = db.orders2.findOne();
{
"_id" : ObjectId("4ccd06e8d3c7ab3d1941b104"), "order_date" : "Sat Oct
30 2010 23:03:31 GMT-0700 (PDT)",
"line_items" : [
{"item_name" : "latte", "quantity" : 1
},
{
"item_name" : "cappuccino", "quantity" : 1
},
{
"item_name" : "regular", "quantity" : 2
}
]
}
> db.products.findOne( { _id: order1.line_items[0].item_name } );
{ "_id" : "latte", "unit_price" : 4 }
```

另外，部分手动过程可以在 DBRef 的帮助下自动化。DBRef 是一个在 MongoDB 中关联两个文档集合的更加正式的规范。要解释 DBRef，可以重新修改订单的例子，并通过首先定义产品然后从订单集合中为产品设置 DBRef 的方法确定其关系。

将带有各自单价的 latte、cappuccino 以及 regular 咖啡添加到 product2 集合中去，如下所示：

```
> p4 = {"name":"latte", "unit_price":4};
{ "name" : "latte", "unit_price" : 4 }
> p5 = {
..."name": "cappuccino",
..."unit_price":4.25
... };
{ "_id" : "cappuccino", "unit_price" : 4.25 }
> p6 = {
..."name": "regular",
..."unit_price":2
... };
{ "_id" : "regular", "unit_price" : 2 }
> db.products2.save(p4);
> db.products2.save(p5);
> db.products2.save(p6);
```

验证所有这 3 个产品都处于该集合中：

```
> db.products.find();
{ "_id" : ObjectId("4ccd1209d3c7ab3d1941b105"), "name" : "latte",
"unit_price" : 4 }
{ "_id" : ObjectId("4ccd1373d3c7ab3d1941b106"), "name" : "cappuccino",
```

```
"unit_price" : 4.25 }
{ "_id" : ObjectId("4ccd1377d3c7ab3d1941b107"), "name" : "regular",
"unit_price" : 2 }
```

接下来，定义一个新的 orders 集合，名为 orders3，并使用 DBRef 来确定 orders3 和 products 之间的关系。orders3 集合可以定义如下：

```
t3 = {
...order_date: new Date(),
..."line_items": [
...{
..."item_name": new DBRef('products2', p4._id),
..."quantity:1
...},
...{
..."item_name": new DBRef('products2', p5._id),
..."quantity":1
...},
...{
..."item_name": new DBRef('products2', p6._id),
..."quantity":2
...}
...]
... };
db.orders3.save(t3);
```

MongoDB 的创建过程是相当简单的，并且关系的某些方面通过使用 DBRef 也可以被正式地确立。接下来，我们在面向列的数据库的上下文中查看 create 操作。

知识检测点 1

假定有一个雇员信息的数据模型，它有两条记录如 emp-info 和 emp-add。数据模型如下：

```
{
    _id: "joe",
    name: "Joe Bookreader",
    address: {
        street: "123 ",
        city: "Faketon",
        state: "MA",
        zip: 12345
    }
}
```

a. 在 MongoDB 中创建上述记录。编写查询代码来检索数据。

b. 如何改变数据并更新它？

c. 编写命令来手动连接两个集合，并检索相关数据集。

在面向列的数据库中的创建操作

与 MongoDB 数据库不同，面向列的数据库没有定义任何关系引用的概念。像所有的 NoSQL 产品一样，它们都避免集合中的连接。因此，没有跨多个集合的外键或约束的概念。

列式数据库以**非规范化的方式**存储它们的集合，大多数类似于数据仓库的事实表，它保持了大量的事务性非规范化的记录。以这种方式存储数据时，行键唯一标识了每条记录，且列族中的所有列都存储在一起。

面向列的数据库，特别是 HBase，也有一个**时间维度**来保存数据；因此，创建或数据插入操作是重要的，但是更新的概念实际上是不存在的。让我们通过一个例子来看一下 HBase 的这些方面。

考虑你必须创建和维护一个**不同类型产品的大目录**，其中关于产品类型、类别、特性、价格和来源的信息量可能会有很大的不同。此外，你可能想要创建一个具有 3 个列族，即类型、特性和来源的表。然后单个属性或字段（也被称作列）就会属于 3 个列族的其中之一。

要在 HBase 中创建产品集合或表，首先要启动 HBase 服务器，然后使用 HBase shell 连接到它。

要启动 HBase 服务器，需要打开一个命令行窗口或终端并改变其至 HBase 的安装目录。

接下来，以如下的本地单机模式启动 HBase 服务器：

```
bin/start-hbase.sh
```

打开另一个命令行窗口并使用 HBase shell 连接到 HBase 服务器：

```
bin/hbase shell
```

接下来，创建 products 表：

```
hbase(main):001:0> create 'products', 'type', 'characteristics',
'source'
0 row(s) in 1.1570 seconds
```

一旦创建了表，就可以在表中保存数据了。HBase 使用 put 关键字来表示数据生成操作。单词 put 意味着类似于 hash map 的数据插入操作，并且因为底层的 HBase 类似于一个嵌套的 hash map，所以它可能比 create 关键字更加适用。

要创建带有如下字段的记录：

```
type:category = "coffee beans"
type:name = "arabica"
type:genus = "Coffea"
characteristics: cultivation_method = "organic"
characteristics: acidity = "low"
source: country = "yemen"
source: terrain = "mountainous"
```

可以按如下方式将其放入 products 表：

```
hbase(main):001:0> put 'products', 'product1', 'type:category', 'coffee beans'
0 row(s) in 0.0710 seconds
```

```
hbase(main):002:0> put 'products', 'product1', 'type:name', 'arabica'
0 row(s) in 0.0020 seconds
hbase(main):003:0> put 'products', 'product1', 'type:genus', 'Coffea'
0 row(s) in 0.0050 seconds
hbase(main):004:0> put 'products', 'product1', 'characteristics:
cultivation_method', 'organic'
0 row(s) in 0.0060 seconds
hbase(main):005:0> put 'products', 'product1', 'characteristics:
acidity', 'low'
0 row(s) in 0.0030 seconds
hbase(main):006:0> put 'products', 'product1', 'source: country',
'yemen'
0 row(s) in 0.0050 seconds
hbase(main):007:0> put 'products', 'product1', 'source: terrain',
'mountainous'
0 row(s) in 0.0050 seconds hbase(main):008:0>
```

现在，可以查询相同的记录，以确保它位于该数据存储中。要获取记录，完成如下内容：

```
hbase(main):008:0> get 'products', 'product1'
COLUMN                        CELL
characteristics: acidity      timestamp=1288555025970, value=lo
                              characteristics: cultivatio
                              timestamp=1288554998029, value=organic n_
                              method
source: country               timestamp=1288555050543, value=yemen source:
                              terrain
                              timestamp=1288555088136, value=mountainous
type:category                 timestamp=1288554892522, value=coffee beans
type:genus                    timestamp=1288554961942, value=Coffea
type:name                     timestamp=1288554934169, value=Arabica
7 row(s) in 0.0190 seconds
```

如果像下面这样，为 type:category 再次放入一个值，存储为 beans 而不是原始值 coffee beans，这将会如何？

```
hbase(main):009:0> put 'products', 'product1', 'type:category', 'beans'
0 row(s) in 0.0050 seconds
```

现在，如果再次获取记录，输出如下：

```
hbase(main):010:0> get 'products', 'product1'
COLUMN                        CELL
characteristics: acidity      timestamp=1288555025970, value=low
characteristics: cultivatio   timestamp=1288554998029, value=organic n_
                              method
source: country               timestamp=1288555050543, value=yemen
source: terrain               timestamp=1288555088136, value=mountainous
```

```
type:category                    timestamp=1288555272656, value=beans
type:genus                       timestamp=1288554961942, value=Coffea
type:name                        timestamp=1288554934169, value=Arabica
7 row(s) in 0.0370 seconds
```

可以看出，现在 `type:category` 的值是 beans 而不是 coffee beans。

在现实中，这两个值仍然被存为同一字段值的不同版本，默认情况下只返回最新的版本。要查看 `type:category` 字段的最后 4 个版本，运行如下命令：

```
hbase(main):011:0> get 'products', 'product1', { COLUMN =>
'type:category', VERSIONS => 4 }
COLUMN                           CELL
type:category                    timestamp=1288555272656, value=beans
type:category                    timestamp=1288554892522, value=coffee beans
```

因为仅有两个版本，所以它们都被返回了。

现在，要是数据是非常标准的结构化的、有限的且在本质上是关系型的那会怎么样？那 HBase 在这里就可能不是合适的解决方案了。

HBase 使数据结构扁平化了，只需要在列族及其组成列之间创建层次结构。此外，它还将沿着时间维度存储每个单元的数据，所以当在 HBase 中存储这种数据的时候，需要使嵌套的数据集扁平化。

总体情况

考虑零售订单系统。在 HBase 中，可以用几种方式存储零售订单数据。

（1）扁平化所有的数据集并在单一行中存储订单的所有字段，包括所有的产品数据。

（2）对于每一个订单，在一个单一行中维护所有的订单行项目。在一个单独表中保存产品信息，并保存带有订单行项目信息的对于产品行键的引用。

利用扁平化订单数据的第一个选项，可以最终做出以下的抉择。

○ 为规则的行项目创建一个列族，并为额外类型的行项目，如折扣或回扣，创建另一个列族。

○ 在一个常规的行项目列族中，可以有项目或产品名称、项目或产品描述、数量和价格的列。如果你扁平化了所有内容，记得为每一行的项目提供一个不同的键，要不然由于相同的键/值对的版本，它们不能被存储在一起；例如，把产品列叫作 `product_name_1` 而不是把它们都称为 `product_name`。

下面的例子使用 Redis 来演示在键/值映射中创建数据。

在键/值映射中使用创建操作

Redis 是一个简单但功能强大的数据结构服务器，它允许将值存储为简单键/值对或存储为集合的成员。每个键/值对可以是一个独立的字符串映射或驻留于一个集合中。集合可以是以下的任何类型：list、set、sorted set 或 hash。一个独立的键/值字符串对就像是一个可以接受字符串值的变量。

可以创建一个 Redis 字符串键/值映射，如下：

```
./redis-cli set akey avalue
```

可以用 get 命令来确认是否成功地创建了值，如下所示：

```
./redis-cli get akey
```

正如预期的那样，该响应是一个值。set 方法如同 create 或 put 方法。如果再次调用了 set 方法，但是这次是为键 akey 设置了 anothervalue，则原始的值被新值代替。尝试如下命令：

```
./redis-cli set akey anothervalue
./redis-cli get akey
```

正如预期的那样，该响应是一个新值 anothervalue。

不过我们熟悉的字符串命令 set 和 get 不能用于 Redis 集合。例如，使用 lpush 和 rpush 创建和填充一个列表。一个不存在的列表可以连同其第一个成员一同被创建如下：

```
./redis-cli lpush list_of_books 'MongoDB: The Definitive Guide'
```

可以使用 range 操作来验证和查看列表 list_of_books 开头的几个成员，如：

```
./redis-cli lrange list_of_books 0 -1
1.  "MongoDB: The Definitive Guide"
```

range 操作使用第一个元素的索引 0 和最后一个元素的索引-1，以获得列表中的所有元素。

在 Redis 中，当你查询一个不存在的列表时，它返回一个空列表而并不会抛出异常。如果为一个不存在的列表 mylist 运行 range 查询，如：

```
./redis-cli lrange mylist 0 -1
```

Redis 返回一条消息：empty list or set。可以使用 lpush 或 rpush 来添加一个成员到 mylist，如：

```
./redis-cli rpush mylist 'a member'
```

现在，mylist 是非空的，再次进行 range 查询可以显示 a member 的存在。

可以从左边或右边添加成员到列表中，并且也可以从任何一个方向删除。这就允许使用队列或栈来实现列表。

对于集合数据结构，可以使用 SADD 操作添加成员；因此，可以按如下方式添加'a set member'至 aset：

```
./redis-cli sadd aset 'a set member'
```

命令行程序将回复一个整型值 1，确认它已被添加到了集合中。当你重新运行相同的 SADD 命令时，成员不会被再次添加。

读者可能还记得，根据定义，一个集合只持有一个值一次；所以一旦出现了，再添加它就没有意义了。你还将注意到该程序将回复一个 0，这表明没有添加任何东西。像集合那样，有序集合对于一个成员只存储一次，但是它们和列表一样也有顺序的概念。可以简单地添加'a sset member'至一个称作 azset 的有序集合中，如：

```
./redis-cli zadd azset 1 'a sset member'
```

值 1 是有序集合成员的位置或得分。可以按如下所示添加另一个成员'sset member 2'

至有序集合：

```
./redis-cli zadd azset 4 'sset member 2'
```

可以通过运行 range 操作来验证值已被存储，类似于你用于列表的那种方式。有序集合的
range 命令被称为 zrange。可以要求范围包含最初的 5 个值，如下所示：

```
./redis-cli zrange azset 0 4
1. "a sset member"
2. "sset member 2"
```

现在当你在位置 3 或得分 3 添加了一个值时会发生什么？当你尝试添加另一个值到已经有值
了的位置 4 或得分 4 时会发生什么？

在得分 3 处添加一个值到 azset，如下：

```
./redis-cli zadd azset 3 'member 3'
```

并运行 zrange 查询：

```
./redis-cli zrange azset 0 4
```

可以得到：

```
1. "a sset member"
2. "member 3"
3. "sset member 2"
```

再次在位置 3 或得分 3 处添加值：

```
./redis-cli zadd azset 3 'member 3 again'
```

并运行 zrange 查询：

```
./redis-cli zrange azset 0 4
```

会发现成员已经被重新定义以适应新的成员：

```
1. "a sset member"
2. "member 3"
3. "member 3 again"
4. "sset member 2"
```

因此，添加一个新成员到有序集合不会取代现有的值，而是会根据要求重新排序这些成员。

Redis 还定义了一个散列的概念，可以按如下方式添加成员到其中：

```
./redis-cli hset bank account1 2350
./redis-cli hset bank account2 4300
```

可以使用 hget 或其变种 hgetall 命令来验证成员的存在：

```
./redis-cli hgetall bank
```

要存储一个复杂的嵌套散列，可以创建一个层次化的散列键，如：

```
./redis-cli hset product:fruits apple 1.35
./redis-cli hset product:fruits banana 2.20
```

一旦数据被存储在任何的 NoSQL 数据存储中，就需要访问和检索它。毕竟，保存数据的整
个想法是检索它，稍后使用它。

> **Code International Systems** 是一家基于网络的公司。该公司需要一个基于他们即将推出产品的记录集。他们想要使用现有的名为 `Cisco_products` 的数据库。该公司想要在 `Cisco_products` 的 `Upcoming_products` 表中，创建 N 条记录（根据他们的要求）。该表由这些字段所组成：`Prod_id`、`Prod_name`、`Prod_key`、`Launch_date`、`Updating_period` 和 `Sal_price`。基于到目前为止所学到的内容，验证他们的要求。

2.2　访问数据

前面我们已经看到了一些访问数据的方法。在试图验证是否创建了记录时，已经探讨了一些最简单的 get 命令。在前一讲中还展示了几个标准的查询机制。

接下来，会探讨一些先进的数据访问方法、语法和语义。

2.2.1　访问来自 MongoDB 的文档

MongoDB 允许使用非常类似于 SQL 的语法和语义进行文档查询。具有讽刺意味的是，在 NoSQL 环境中与 SQL 的相似度使 MongoDB 中的文档查询简单而强大。

在前面的小节中，我们已经熟悉了文档查询，所以可以直接进入访问一些嵌套的 MongoDB 文档。这里再一次使用了本讲前面创建的数据库 mydb 中的 orders 集合。

启动 MongoDB 服务器并使用 Mongo JavaScript shell 连接到它。使用 use mydb 命令改用 mydb 数据库。首先，在 orders 集合中获得所有的文档，如：

```
db.orders.find()
```

首先，开始过滤该集合。得到 2010 年 10 月 25 日之后的所有订单，即 order_date 大于 2010 年 10 月 25 日。从创建日期对象开始。在 JavaScript shell 中，它将是：

```
var refdate = new Date(2010, 9, 25);
```

JavaScript 日期的月以 0 开始而不是 1 开始，所以数字 9 代表了 10 月。在 Python 中，同样的变量创建类似于：

```
from datetime import datetime refdate = datetime(2010, 10, 25)
```

在 Ruby 中，它将是

```
require 'date'
refdate = Date.new(2010, 10, 25)
```

然后，将 refdate 传入比较器，它将 order_date 字段值和 refdate 作比较。查询如下：

```
db.orders.find({"order_date": {$gt: refdate}});
refdate = Date.new(2010, 10, 25)
```

MongoDB 支持多种比较器，包括 less than、greater than、less than or equal to、greater than or equal to、equal to 和 not equal to。此外，它支持集合包含

和排除逻辑运算符，如给定集合之间的 contained in 和 not contained in。

数据集是一个嵌套的文档，所以它有利于基于嵌套属性值的查询。在 MongoDB 中，这样做是很容易的。使用 dot 记号来遍历树可以访问任意的嵌套字段。要从行项目名称为 latte 的 orders 集合中获取全部的文档，可以编写如下查询：

```
db.orders.find({ "line_items.item.name" : "latte" })
```

不管是存在单一嵌套值还是嵌套值的列表，dot 记号都有用，就像在 orders 集合的情形下那样。

MongoDB 表达式的匹配支持正则表达式。可以用与顶层字段相同的方法，在嵌套文档中使用正则表达式。

MongoDB 支持索引的概念以加速查询。默认情况下，所有的集合都以 _id 的值为基础进行索引。除了这个默认的索引，MongoDB 允许创建二级索引。可以在顶层字段或在嵌套字段的层级创建二级索引；例如，可以在行项目的数量值上创建索引如下：

```
db.orders.ensureIndex({ "line_items.quantity" : 1 });
```

现在，针对行项目数量大于 2 的所有文档的查询会是相当快的。尝试运行如下查询：

```
db.orders.find({ "line_items.quantity" : 2 });
```

索引与表是分开存储的，读者可能还记得，前面的小节中讲过它们耗尽了命名空间。

MongoDB 数据访问看上去是相当简单、丰富以及健壮的；然而，这并不是针对所有 NoSQL 存储的情形，尤其是对于面向列的数据库。

技术材料

在关系型数据库中，索引是使查询变快的明智的方式；一般而言，其工作的方式是简单的。索引提供了一个有效的基于类 B 树结构的查询机制，这避免了全表扫描。由于较少的数据搜索就能找到相关的记录，所以查询就更快更有效。

2.2.2 访问来自 HBase 的数据

最简单且最有效的运行于 HBase 的查询是基于**行键**的查询。

HBase 中的行键是有序的，并且这些连续的行键区域被存储在一起；因此，查询一个行键通常意味着找到一个最高排序范围，它的起始行键小于或等于给定的行键。

这意味着，为应用程序正确地设计行键是极其重要的。将这些行键语义关联到包含在表中的数据是一个好主意。在谷歌 BigTable 的研究论文中，行键是由反向域名所组成的，所以每个与特定域相关联的内容都被组合在一起。按这些准则，用行键来建模这些订单是个好主意，这些行键是项目或产品名称、订单日期以及可能类别的组合。根据数据最经常访问的方式，这 3 个字段的组合顺序可能会有所不同。所以，如果最经常访问的订单是按时间顺序的，你可能会想要创建行键如下：

```
<date> + <timestamp> + <category> + <product>
```

然而，如果最经常访问的订单是按种类和产品名称排序的，那么就要创建如下行键：

```
<category> + <product> + <date> + <timestamp>
```

虽然行键是重要的并提供了针对大数据量的有效的查找机制，但是没有内置机制来支持二级索引。任何没有利用行键的查询都会导致表扫描，这是昂贵且缓慢的。

　　第三方工具（如 **Lucene** 这样的搜索引擎框架）有助于在 HBase 表上创建二级索引。接下来回顾查询数据结构服务器 Redis。

2.2.3　查询 Redis

　　查询 Redis 是简洁且易于使用的。通过使用如下的 get 命令，可以获得指定字符串的值：

```
./redis-cli get akey
```

或者获得列表值的范围，如：

```
./redis-cli lrange list_of_books 0 4
```

类似地，可以得到集合的成员如下：

```
./redis-cli smembers asset
```

或者有序集合的成员如下：

```
./redis-cli zrevrange azset 0 4
```

你也可以看到通过分别使用 SINTER、SUNION 和 SDIFF 命令，可以非常容易地执行交叉、联合和差异等集合操作。

　　当从关系型的世界去往 NoSQL 的世界时，它就不再是数据创建和查询了，而是人们谈论最多的围绕着它的数据更新和事务完整性了。

　　接下来，我们将探索如何在 NoSQL 数据库中管理更新和修改数据。

知识检测点 3

　　假定你有个罪犯信息的数据模型。模式结构如下：

```
{
    _id: "kumar",
    name: "kumar krishnan"
}
{
    patron_id: "krish",
    street: "123 Fake Street",
    city: "bangalore",
    state: "ka",
    zip: 12345
}
{
    patron_id: "kumar",
    street: "1 Some Other Street",
    city: "Bangalore",
    state: "ka",
    zip: 12345
}
```

　　如何创建这些记录的索引，并基于城市及其邮编检索所有信息？

2.3　更新和删除数据

关系型的世界深深地根植于数据库完整性的 ACID 语义，并为数据更新和修改支撑了不同的隔离级别。相反，NoSQL 不给予 ACID 事务极端的重视，在某些情况下完全忽略它。

> **附加知识**
>
> ACID 是原子性、一致性、隔离性和持久性的缩写。**原子性**意味着一个事务不是全部发生就是全部回滚。**一致性**意味着对数据库的每个修改都会将它从一个一致性状态迁移到另一个一致性状态。不存在不一致和未解决的状态。**隔离性**提供了一种保证，当一个进行中的操作正在使用它时，一些其他进程不能修改数据块。**持久性**表明所有的已提交数据可以从任何一种系统故障中恢复。

更新和修改 MongoDB、HBase 和 Redis 中的数据

不同于关系型数据库，在 NoSQL 存储中不存在锁的概念。这是设计的选择，并不是巧合。像 MongoDB 这样的数据库注定是共享的和可扩展的。在这种情况下，跨分布式碎片的锁可能是复杂的，会使数据更新的过程非常慢。

尽管缺乏锁，但是一些诀窍和技巧可以帮助你以**原子性的方式**来更新数据。首先，更新一个完整的文档，而不是仅仅是文档的几个字段。最好使用原子方式来更新文档。下面是一些可用的原子方法。

- ○ **$set**：设置一个值。
- ○ **$inc**：按给定的量增加某个特定的值。
- ○ **$push**：给数组追加一个值。
- ○ **$pushAll**：给数组追加多个值。
- ○ **$pull**：从现有数组中删除一个值。
- ○ **$pullAll**：从现有数组中删除多个值。

例如，{ $set : { "order_date" : new Date(2010, 10, 01) } }以原子的方式更新了 orders 集合中的 order_date。

如果当前原则允许，使用原子操作的另一个策略是使用更新。这包含了以下 3 个步骤。

（1）获得对象。

（2）本地修改对象。

（3）发送一个更新请求，指出"如果它匹配的仍是其旧值，则将该对象更新到新的值"。

文档或行级锁和原子性也适用于 HBase。

HBase 支持**行级读写锁**。这意味着当行中的任何列正在被修改、更新或创建时，行是被锁定的。用 HBase 的术语来说，create 和 update 之间的区别不是明确的。这两个操作执行类似的任务；如果该值不存在，它将被插入或更新。

因此，除了空行上需要锁之外，行级锁是一个伟大的主意。超时后行级锁是不可用的。

Redis 有一个有限的事务概念，操作可以在这样一个事务的范围内执行。Redis MULTI 命令启动一个事务单元。在 MULTI 之后调用 EXEC 执行了所有的命令，调用 DISCARD 会回滚这些操作。一个简单的两键（key1 和 key2）原子性增量的例子如下：

```
> MULTI OK
> INCR key1 QUEUED
> INCR key2 QUEUED
> EXEC
1)      (integer) 1
2)      (integer) 1
```

附加知识　　**有限的原子性和事务完整性**

虽然最小的原子性支持的细节会根据数据库的不同而不同，但它们中有许多都有着类似的特点。

CAP Theorem 指出，下面三者中的两个可以在同一时间最大化。

○　**一致性**：每个客户端都有相同的数据视图。

○　**可用性**：每个客户端总是可以读写。

○　**分隔容忍**：系统能在跨分布式物理网络中很好地工作。

最终一致性是用于并行程序设计和分布式编程领域中的一致性模型。它可以用以下两种方式来解释。

（1）如果在足够长的时间内没有更新被发送，则可以认为所有的更新最终会通过系统传播并且所有的副本将是一致的。

（2）在存在持续更新的情况下，一个被接受的更新最终不是到达了一个副本就是该副本从服务中退出。

最终一致性意味着基本可用、软状态、最终一致性（BASE），与我们先前讨论的 ACID 相反。

知识检测点 4

Mycafe 已经将他们的历史数据上传到 MongoDB 中了。他们想把 2013 年的数据与历史数据库合并。为了完成这项工作，他们需要更新整个数据库。针对他们如何执行该工作，提供一些建议。

2.4　MongoDB 查询语言的能力

虽然 MongoDB 是一个文档数据库，与关系型数据库具有很少的相似度，但是从最初的例子可以看出，MongoDB 查询语言类似于 SQL。

要理解 MongoDB 查询语言的能力，并了解它是如何执行的，我们从将数据集载入 MongoDB

数据库开始。到目前为止，因为重点更在于介绍 MongoDB 的核心功能，较少侧重于其针对实际情形的适用性，所以使用的数据集是小的和有限的。

对于本讲，我们介绍了一个数据集，它比我们在本书到目前为止使用的要稍微更大一些。我们载入有着数百万条电影评级记录的 **MovieLens** 数据集。

附加知识

在明尼苏达大学计算机科学和工程系的 GroupLens 研究实验室在许多学科中进行了研究：

- 推荐系统；
- 在线社区；
- 移动和普适技术；
- 数字图书馆；
- 本地地理信息系统。

MovieLens 数据集是可用的 GroupLens 数据集的一部分。MovieLens 数据集包含了电影的用户评级。它是一个结构化的数据集，并在 3 个不同的下载包中可用，分别包含了 10 万、100 万和 1000 万条记录。可以从 `grouplens.org/node/73` 下载 MovieLens 数据集。

首先，去 `grouplens.org/node/73` 下载具有 100 万条电影评级记录的数据集。下载的包以 `tar.gz`（tarred 和 zipped）和 `.zip` 归档格式存在。请下载最适合你的平台的格式。在获取包以后，将档案文件的内容提取到文件系统中的文件夹里。一旦解压了这 100 万条评分的数据集，应能获得如下 3 个文件：

- `movies.dat`
- `ratings.dat`
- `users.dat`

`movies.dat` 数据文件包含了关于电影本身的数据。该文件包括 3952 条记录，在该文件中的每一行都包括了一条记录。记录按如下格式来保存：

`<MovieID>::<Title>::<Genres>`

MovieID 是一个简单的整数数字序列。电影标题是一个字符串，其中包括了电影发行的年份，在括号中指定并附在名称后面。电影标题与 IMDB 中的一致。每部电影都可以分为多个流派，以竖线分隔符格式来指定。来自该文件的一个样例行如下：

`1::Toy Story (1995)::Animation|Children's|Comedy`

`ratings.dat` 文件包含了来自超过 6000 个用户的 3952 个影评。评分文件有着超过一百万条的记录。每行都是一条不同的记录，包含了以下格式的数据：

`UserID::MovieID::Rating::Timestamp`

UserID 和 MovieID 分别标识并确立了用户和电影之间的关系。评级以 5 分（5 星）来度量。Timestamp 捕获了记录评级时的时间。

`users.dat` 文件包含了给电影打分的用户数据。关于超过 6000 个用户的信息按以下格式记录：

```
UserID::Gender::Age::Occupation::Zip-code
```

2.4.1　加载 MovieLens 数据

简单起见，将数据上传到 movies、ratings 和 users 这 3 个 MongoDB 集合中，每个都映射至一个 .dat 数据文件。

mongoimport 实用工具适用于从 .dat 文件中提取数据，并载入 MongoDB 文档存储中，但是在这里它不是一种选择。

MovieLens 数据由双冒号（::）字符分割，mongoimport 仅能识别 JSON、逗号分隔和制表符分隔的格式。

因此，我们依靠一种编程语言和一种相关的 MongoDB 驱动程序来帮助解析文本文件，并将数据集加载到 MongoDB 集合中。

技术材料

　　在此我们使用了 PHP，另外也可以使用 Python（它也是简单和简洁的）、Java、Ruby、C 或任何其他受支持的语言。

如代码清单 2-2-3 所示的代码片段，很容易提取和加载来自用户、电影的数据以及评级数据文件到相应的 MongoDB 集合中。此代码使用简单的文件读取及字符串分割特性，并连同 MongoDB 驱动程序来执行该任务。

代码清单 2-2-3　movielens_dataloader.php

```
1   <?php
    functioncastintegers($a){
        if(strval(intval($a))==$a){
            returnintval($a);
        }else{
            return$a;
        }
    }
2   $field_map=array(
    "users"=>array("_id","gender","age","occupation","zip_code"),
    "movies"=>array("_id","title","genres"),
    "ratings"=>array("user_id","movie_id","rating","timestamp")
    );
    $mongo=newMongo();
    $db=$mongo->selectDB("mydb");
    $collection_map=array(
    "users"=>newMongoCollection($db,"users"),
    "movies"=>newMongoCollection($db,"movies"),
    "ratings"=>newMongoCollection($db,"ratings")
```

```
                 );
   3    if($argc==1){
              echo"Usage:movielens_dataloaderdata_filename\n";
              echo"Orsomethinglikethat";
              exit(0);
        }
        if(file_exists($argv[1])){
              $data_set=strtok($argv[1],".");
              foreach(file($file)as$line){
                   $field_names=$field_map[$data_set];
                   $field_values=array_map("castintegers",explode("::",$line));
                   echo"field_values:",implode(",",$field_values),"\n";
                   $field_values=array_map("castintegers",explode("::",$line));
                   echo"field_values:",implode(",",$field_values),"\n";
                   echo"last_field_value:{$last_field_value}\n";
                   if(count(explode("|",$last_field_value))>1){
                        array_pop($field_values);
                        echo"last_field_value:{$last_field_value}\n";
                        if(count(explode("|",$last_field_value))>1){
                        array_pop($field_values);
   4                    array_push($field_values,explode("|",implode("\n",
                        explode("",$last_field_value))));
                        }
                        $field_values_doc=array_combine($field_names,$field_values);
                        $collection_map[$data_set->insert($field_values_doc);
                        echo"inserted{$collection_map[$data_set]->count()}
                        recordsintothe{$collection_map[$data_set]}collection\n";
        }
```

代码清单 2-2-3 的解释

1	创建一个名为 field_map 的数组,它包含了 3 个变量,即 users、movies 和 rating
2	为访问数据集，确立与 MongoDB 的连接
3	检查命令行中列出的参数
4	如果 Array_push(Array) 没有合并它们，那么它就会执行

当数据被加载时，你准备在它上面运行一些查询。查询可以从 JavaScript shell 或从任何受支持的语言中运行。对于这个例子，我们使用 JavaScript shell 运行大多数查询，并选择一些查询使用几个不同的编程语言并使用它们各自的驱动程序。

包含编程语言例子的唯一目的是要表明，大多数通过 JavaScript shell 可行的例子，通过不同语言的驱动是可用的。

要开始查询 MongoDB 集合，启动 MongoDB 服务器并使用 MongoDB shell 连接到它。从所用的 MongoDB 发行版的 bin 文件夹中可以访问到必要的程序。

在 Mongo JavaScript shell 中，首先在评级集合中得到所有值的计数，如下所示：

```
db.ratings.count();
```

在响应中，应该看到 1000209。大于 100 万个评级已被上传，看上去也是正确的。接下来，在下面的命令的帮助下，获取评级数据的样本集合：

```
db.ratings.find();
```

在 shell 中，不需要一个显式的光标来打印来自集合的值。该 shell 将行数限制为一次最多 20 行。为了遍历更多的数据，只需在 shell 上键入 **it**（iterate 的缩写）。作为 it 命令的响应，你应当看到 20 多条记录；如果有着比你在 shell 中已经浏览的记录数更多的记录，则还会有一个显示"has more"的标签。

例如，评级数据{ "_id" : ObjectId("4cdcf1ea5a918708b0000001"), "user_id" : 1, "movie_id" : 1193, "rating" : 5, "timestamp" :"978300760" }对这部电影没有直观的意义，因为它只连接到了电影的 id 而不是它的名字。可以通过回答以下问题来解决。

- ○ 我们如何才能得到一个给定电影的所有的评级数据？
- ○ 我们如何才能得到一个给定评级的电影信息？
- ○ 我们如何能把带有电影评级数据的所有电影归集到一个列表中，而这些评级数据是按它们所涉及的电影来分组的？

在关系型数据库中，使用连接来遍历这些关系类型。在 MongoDB 中，关系型数据是在服务器范围外才明确相关的。MongoDB 定义了 DBRef 概念来确立两个单独集合的两个字段之间的关系，但是这个功能有一些局限性，并不提供相同于显式地基于 ID 连接那样的能力。

技术材料

在 RDBMS 中，要在这样的情况下发现 movie-id，你很有可能需要依赖 SQL 中 where 子句的 like 表达式来获取所有候选的列表。在 MongoDB 中没有 like 表达式，但是有一个更强的功能——使用正则表达式来定义模式的能力。

2.4.2 获取评级数据

为了获得给定电影的所有评级数据，可使用电影的 ID 作为标准来筛选数据集。

例如，要查看著名的奥斯卡奖获奖电影泰坦尼克号的所有评级，首先需要找到它的 id，然后使用它来过滤评级集合。如果你不确定"泰坦尼克号"确切的标题字符串是什么，但是你确信 Titanic 这个词会在其中出现，可以在 movies 集合中对标题字符串尝试一个近似而不确切的匹配。

要获取 movies 集合中标题包含 Titanic 或 titanic 的所有记录的列表，可以编写一个查询：

```
db.movies.find({ title: /titanic/i});
```

该查询返回如下文档集：

```
{ "_id" : 1721, "title" : "Titanic (1997)", "genres" : [ "Drama",
"Romance" ] }
```

```
{ "_id" : 2157, "title" : "Chambermaid on the Titanic, The (1998)",
"genres" : "Romance" }
{ "_id" : 3403, "title" : "Raise the Titanic (1980)", "genres" : [
"Drama", "Thriller" ] }
{ "_id" : 3404, "title" : "Titanic (1953)", "genres" : [ "Action",
"Drama" ] }
```

MovieLens 数据集中的标题字段包括了电影的上映年份。在标题字段中，上映年份包含在括号内。所以，如果你记得或碰巧知道泰坦尼克号是 1997 年上映的，那么可以编写一个更精细的查询表达式，如下所示：

```
db.movies.find({ title: /titanic.*\(1997\).*/i});
```

它仅返回一个文档：

```
{ "_id" : 1721, "title" : "Titanic (1997)", "genres" : [ "Drama", "Romance" ] }
```

表达式基本上查询了所有包含 Titanic、titanic、TitaniC 或 TiTAnic 的标题字符串。总之，它忽略了大小写。此外，它寻找字符串 (1997)。它还指出，在 titanic 和 (1997) 之间以及在 (1997) 之后可能有 0 个或更多的字符。对于正则表达式的支持是一个强大的功能，总是值得你去掌握它们。

评价集合的 movie_id 字段的值范围是由电影集合的 _id 定义的。要获得对于 ID 为 1721 的电影泰坦尼克号的所有评级，可以编写类似这样的查询：

```
db.ratings.find({ movie_id: 1721 });
```

要找出泰坦尼克号的可用评级的数量，可以按如下方式进行计数：

```
db.ratings.find({ movie_id: 1721 }).count();
```

其对计数的响应为 1546。评级基于 5 分制。要获得一个针对电影泰坦尼克号的仅为 5 星评级的列表和评分的数量，可以进一步过滤记录集，如：

```
db.ratings.find({ movie_id: 1721, rating: 5 });
db.ratings.find({ movie_id: 1721, rating: 5 }).count();
```

获得所有评级的统计信息

下一步，用户可能想要得到针对泰坦尼克号的所有评级的一些统计。要找出用户不同的评级集合（1 至 5 之间包括两端的可能的整数集合），可以进行如下查询：

```
db.runCommand({ distinct: 'ratings', key: 'rating', query: { movie_id: 1721} });
```

泰坦尼克号的评级包括了 1 至 5 之间（包括两端）的所有可能情形，所以该响应类似于：

```
{ "values" : [ 1, 2, 3, 4, 5 ], "ok" : 1 }
```

runCommand 接受如下参数：

○ 字段标记为 distinct 的集合名称；
○ key 的字段名称，会列出它们的不相同的值；
○ 可选的筛选集合的查询。

runCommand 在模式上稍有点不同于你迄今为止所见到的查询风格，因为在搜索不同的值之前，集合已经被过滤了。集合中所有评级的不同值可以用你迄今所见到的方式加以列出，如下所示：

```
db.ratings.distinct("rating");
```

我们从不同的值中可以得知，泰坦尼克号所有的可能评级是从 1 分到 5 分。要查看这些评分是如何通过每个基于 5 分范围的评价值进行分解的，可以将计数分组为：

```
db.ratings.group(
... { key: { rating:true },
...initial: { count:0 },
...cond: { movie_id:1721 },
...reduce: function(obj, prev) { prev.count++; }
... }
... );
```

分组查询的输出是如下数组：

```
[
{
    "rating" : 4,
    "count" : 500
},
{
    "rating" : 1,
    "count" : 100
},
{
    "rating" : 5,
    "count" : 389
},
{
    "rating" : 3,
    "count" : 381
},
{
    "rating" : 2,
    "count" : 176
}
]
```

分组功能对于单个 MongoDB 实例非常有用，但是在共享部署中却不起作用。使用 MongoDB 的 MapReduce 工具在共享的 MongoDB 设置中运行分组功能。分组功能的 MapReduce 版本被包含在分组操作说明之后。

分组操作把一个对象作为输入。该分组操作对象包含以下字段。

○ **key：**文档进行分组的字段。先前的例子只有一个字段：rat-ing。额外的分组字段可以包含在一个以逗号分隔的列表中，并作为键字段的值来分配。一个可能的配置是 -key：{ fieldA: true, fieldB: true}。

- ○ **initial：** 聚合统计的初始值。在先前的例子中，初始计数被设置成 0。
- ○ **cond：** 过滤集合的查询文档。
- ○ **reduce：** 聚合函数。
- ○ **keyf（可选）：** 如果所需的键不是一个现有的文档字段，则使用这个可选的派生键。
- ○ **finalize（可选）：** 该函数可以运行在 reduce 函数所遍历的每个项目之上。这可以用来修改现有的项目。

总体情况

从理论上讲，先前的例子可以很容易地变成了这样一种情况：只需使用以下的分组操作，每部电影的评级都由评级点来分组：

```
db.ratings.group(
... { key: { movie_id:true, rating:true },
...initial: { count:0 },
...reduce: function(obj, prev) { prev.count++; }
... }
... );
```

在现实生活的情形中，对于 100 万个项目的评级集合它不会工作。你会得到一个招呼信息而不是如下的错误消息：

```
Fri Nov 12 14:27:03 uncaught exception: group command failed: {
"errmsg" : "exception: group() can't handle more than 10000
unique keys", "code" : 10043,
"ok" : 0
}
```

其结果作为一个单一的 BSON 对象而返回，因此分组操作所应用到的集合不应该有超过一万个键。该限制通过 MapReduce 工具也能被克服。

在下面的小节中，我们将探索 MongoDB 的 MapReduce 工具并在整个评级数据集上运行一些聚合函数。

2.4.3　MongoDB 中的 MapReduce

MapReduce 框架在开源社区激发了许多复制品和分布式计算框架，MongoDB 是它们其中之一。在函数型程序设计的世界中，谷歌和 MongoDB 的 MapReduce 特性也受到了类似构造的启发。

在函数型程序设计中，**map 函数**应用到集合的每个成员中，**reduce 函数**或 fold 函数跨集合运行聚合函数。

MapReduce 中最简单的一个聚合例子是集合中项目的每种类型的计数。要使用 MapReduce，需要定义一个 map 函数和一个 reduce 函数，然后在集合上运行 map 函数和 reduce 函数。map 函数将函数应用到集合的每个成员上，并为每个成员发出键/值对，作为该过程的输出。reduce 函数消耗了 map 函数的键/值输出。reduce 函数在所有的键/值对上运行一个聚合函数并相应地生成一个输出。

在 users 集合中，计算女性（F）和男性（M）调查对象数量的 map 函数如代码清单 2-2-4 所示。

代码清单 2-2-4　map 函数

```
> var map = function() {
... emit({ gender:this.gender }, { count:1 });
... };
```

代码清单 2-2-4 的解释

map 函数为集合中的每个具有性别属性的项发出一个键/值对。每发生一次它便计数 1。

技术材料

MongoDB 的 MapReduce 功能不是谷歌 MapReduce 基础架构的翻版。Hadoop 的 MapReduce 是谷歌分布式计算思想的开源实现，包括了列式数据库（HBase）和基于 MapReduce 计算的基础架构。

在所有用户中计算男性女性类别的出现总次数的 reduce 函数如代码清单 2-2-5 所示。

代码清单 2-2-5　reduce 函数

```
> var reduce = function(key, values) {
... var count = 0;
... values.forEach(function(v) {
... count += v['count'];
... });
...
... return { count:count };
... };
```

代码清单 2-2-5 的解释

reduce 函数接收一个由 map 函数所发出的键/值对。在这个特殊的 reduce 函数中，键/值对中的每个值都通过一个函数进行传递，该函数计算特定类型的出现次数。由于 JavaScript 有能力以 hash 数据结构来访问对象成员和它们的值，所以 count += v['count']这一行也可以写成 count += v.count

最后，在 users 集合上，运行 map 和 reduce 函数对导致了 users 集合中女性和男性成员的总计数的输出。MapReduce run 和 result 提取命令如代码清单 2-2-6 所示。

代码清单 2-2-6　MapReduce run 和 result 提取

```
> var ratings_respondents_by_gender = db.users.mapReduce(map,reduce);
> ratings_respondents_by_gender
{
"result" : "tmp.mr.mapreduce_1290399924_2", "timeMillis" : 538,
"counts" : {
```

```
"input" : 6040,
"emit" : 6040,
"output" : 2
},
"ok" : 1,
}
> db[ratings_respondents_by_gender.result].find();
{ "_id" : { "gender" : "F" }, "value" : { "count" : 1709 } }
{ "_id" : { "gender" : "M" }, "value" : { "count" : 4331 } }
```

代码清单 2-2-6 的解释

在这里,在 users 集合上的 map 和 reduce 函数对导致了 users 集合中女性和男性成员的总计数的输出。在这里我们使用 find() 命令从集合 users 中检索数据

要验证输出,按性别值"F"和"M"过滤 users 集合,并在每个已过滤的子集合中计算文档的数量。为性别值"F"和"M"过滤并计数 users 集合的命令为:

```
> db.users.find({ "gender":"F" }).count(); 1709
> db.users.find({ "gender":"M" }).count(); 4331
```

在先前的代码片段中,count() 是从列中计算男性和女性数量的命令。

下一步,可以稍加修改 map 函数,并在评级集合中运行 map 和 reduce 函数来计算每部电影评级(1、2、3、4 或 5)的每种类型的数量。换句话说,你正在计算按每部电影评级值分组的集合。下面是完整的运行在 ratings 集合上的 map 和 reduce 函数的定义:

```
> var map = function() {
... emit({ movie_id:this.movie_id, rating:this.rating }, { count:1 });
... };
> var reduce = function(key, values) {
... var count = 0;
... values.forEach(function(v) {
... count += v['count'];
... });
...
... return { count: count };
... };
> var group_by_movies_by_rating = db.ratings.mapReduce(map, reduce);
> db[group_by_movies_by_rating.result].find();
```

在先前代码片段中,修改了 map 函数并在评级集合上运行 reduce 函数以计算每部电影的每种评级类型的数量。

要获取由 movie_id 1721 标识的电影泰坦尼克号的每种评级类型的数量,只要使用嵌套的属性访问方法来过滤 MapReduce 的输出,如:

```
> db[group_by_movies_by_rating.result].find({ "_id.movie_id":1721 });
{ "_id" : { "movie_id" : 1721, "rating" : 1 }, "value" : { "count" :
100 } }
```

```
{ "_id" : { "movie_id" : 1721, "rating" : 2 }, "value" : { "count" :
176 } }
{ "_id" : { "movie_id" : 1721, "rating" : 3 }, "value" : { "count" :
381 } }
{ "_id" : { "movie_id" : 1721, "rating" : 4 }, "value" : { "count" :
500 } }
{ "_id" : { "movie_id" : 1721, "rating" : 5 }, "value" : { "count" :
389 } }
```

总体情况

在目前为止的两个 MapReduce 例子中，reduce 函数都是相同的，但是 map 函数是不同的。在每一种情况下，为不同的所发出的键/值对，确定计数值为 1。首先，为每个具有性别属性的文档发出一个键值对；其次，为每个由电影 ID 和评级 ID 联合确定的文档发出键/值对。

接下来，可以为在 ratings 集合中的每部电影计算平均评分，如下所示：

```
> var map = function() {
... emit({ movie_id:this.movie_id }, { rating:this.rating, count:1 });
... };
> var reduce = function(key, values) {
... var sum = 0;
... var count = 0;
... values.forEach(function(v) {
...     sum += v['rating'];
...     count += v['count'];
... });
...
... return { average:(sum/count) };
... };
> var average_rating_per_movie = db.ratings.mapReduce(map, reduce);
> db[average_rating_per_movie.result].find();
```

在先前的代码片段中，我们已经为每部电影找出了平均评级。

emit(key,value) 函数将键和值联系起来。在这里，movie_id 是键而评级是值。

MapReduce 允许编写多种复杂的聚合算法，其中有一些会在本节中呈现。

已经有机会了解查询 MongoDB 集合的多种方式，接下来，就有机会熟悉查询表格数据库。使用 HBase 来说明查询机制。

知识检测点 5

一个程序员被要求加载一个简单的 csv 文件到 MongoDB 数据库中。文件大小为 6 GB。他或她应当遵循的工作步骤是什么？

2.5　访问来自 **HBase** 这样的面向列的数据库的数据

在查询 HBase 数据存储之前，需要在其中存储一些数据。如同 MongoDB 那样，你已经看到了在 HBase 中的数据存储和访问，以及它的底层文件系统，它通常默认是 Hadoop 分布式文件系统（HDFS）。

你也知道了 HBase 和 Hadoop 的基本原理。这节建立在对基本原理熟悉的基础之上。作为一个运行中的例子，从 20 世纪 70 年代直到 2010 年 2 月的来自纽约证券交易所的历史每日股票市场数据被载入到一个 HBase 实例中。加载的数据集使用 HBase 风格的查询机制来访问。

历史每日市场数据

数据字段被逻辑分区成 3 种不同的类型：
○　交易组合、股票符号和日期作为唯一的 ID；
○　开盘价、最高价、最低价、收盘价和调整收盘价是价格的度量；
○　每天的量。

可以使用交易组合、股票符合和日期来创建行键。所以 NYSE、AA、2008-02-27 可以被结构化成 NYSEAA20080227 作为数据的行键。所有价格相关的信息可以被存储在名为 price 的列族中，交易量数据可以被存储在名为 volume 的列族中。

表自身被命名成 historical_daily_stock_price。要获取 NYSE、AA、2008-02-27 的行数据，可以进行如下查询：

```
get 'historical_daily_stock_price', 'NYSEAA20080227'
```

可以获取开盘价格如下：

```
get 'historical_daily_stock_price', 'NYSEAA20080227', 'price:open'
```

也可以使用一种编程语言来查询数据。

获取开盘和最高价的样例 Java 程序如代码清单 2-2-7 所示。

代码清单 2-2-7　获取开盘和最高价数据的代码

```
1  import org.apache.hadoop.hbase.client.HTable;
   import org.apache.hadoop.hbase.HBaseConfiguration;
   import org.apache.hadoop.hbase.io.RowResult;
```

```
import java.util.Map;
import java.util.Map;
import java.io.IOException;
public class HBaseConnector {
    public static Map retrievePriceData(String rowKey) throws IOException {
        HTable table = new HTable(new HBaseConfiguration(),"historical_daily_
        stock_price");
        Map stockData = new HashMap();
        RowResult result = table.getRow(rowKey); for (byte[]
        column : result.keySet()) {
            stockData.put(new String(column), new String(result.get(column).
            getValue()));
        }
        return stockData;
    }
    public static void main(String[] args) throws IOException
    {
        Map stock_data = HBaseConnector.retrievePriceData("NYSEAA20080227");
        System.out.println(stock_data.get("price:open"));
        System.out.println(stock_data.get("price:high"));
    }
}
```

左侧行号标注：2、3、4

代码清单 2-2-7 的解释

1	retrievePriceData() 是映射方法，它映射了股票市场的数据集并检索了价格数据
2	table 是 HTable 的对象类型，它调用了以 HBaseConfiguration() 方法为参数的 HTable 构造器
3	stockData 是 Map 类的对象，它调用了 HashMap() 方法
4	getValue() 方法收集了来自表列的值

　　HBase 包含了很少的未说明的高级查询技术，但是其索引和查询的能力可以在 Lucene 和 Hive 的帮助下得以扩展。

知识检测点 6

　　1.　一家流行的电子商务公司的工程师将产品发布信息文件加载到 Cassandra，它有 65 个属性。他想要基于一些条件（如 product_name='router'、price>7000、place='Bangalore' or 'Delhi'）从这个文件中检索一些信息，并计算列出的项目数量。这项任务所需的查询是什么？

　　2.　对于组织的数据存储和处理系统来说，如何能使 Redis 更加有用？提出一些可能适用于新创公司的想法。

基于图的问题

1. 考虑下面的表结构：

EMPLOYEE

Fname	Lname	Ssn	sex	Salary	Address

DEPARTMENT

Dname	Dnumber	Mgr_Ssn	Mgr_start_date

DEPT_LOCATIONS

Dnumber	Dlocations

PROJECT

Pname	Pnumber	Plocation	Dnum

WORKS_ON

Essn	Pno	Hours

大数据公司维护了不同的表，将他们的雇员数据存储在 NoSQL MongoDB 数据库中。

a. 解释他们如何将所有的表数据合并到单张表中。

b. 他们可以执行连接的各种方法是什么？

2. 考虑下面的图：

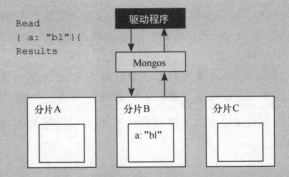

a. 解释 MongoDB 中的 read 和 write 操作。

b. 在 CRUD 操作中使用什么类型的驱动？解释关于 MongoDB 的不同驱动程序的功能。

选择正确的答案。在下面给出的"标注你的答案"里将正确答案涂黑。

1. 一家公司将他们雇员的当前数据以下列属性存储在一个单一位置：

   a. 雇员名字   b. 雇员部门

   c. 薪水

   由于公司的工作取向计划，他们想要寻找更有经验的曾经在所有的先前部门中工作过的雇员。他们可以通过发布一个单一命令来轻松地搜索这样的员工。他们正在使用的数据库是哪个？

   a. Hbase   b. Cassandra

   c. MongoDB   d. Oracle

2. 一家公司根据下面所显示的属性，输入了 1~99 号雇员的明细：

   a. 雇员名字   b. 雇员部门

   c. 薪水   d. SSN

   他们在自己的工作人员列表中输入了这些数据。当他们发出以下命令时，他们会得到什么样的输出？

   ```
   ./redis-cli lrange staff list 99-100?
   ```

   a. 该命令将抛出一个异常

   b. 它将返回空列表

   c. 它将返回第 99 个雇员的明细

   d 该命令不会执行，因为默认情况下 Redis 不具有读取的权限

3. YouTube 使用分布式高性能的对象缓存系统，它被称为：

   a. Cache memory   b. HDFS

   c. OLTP   d. 以上均不是

4. 在应用栈中使用 Memcached 的主要目的是：

   a. 更快的缓存   b. 更快的操作

   c. 减少数据库的负载   d. 有效的性能

5. 一家公司维护两个不同的表，在 MongoDB NoSQL 数据库中存储雇员数据。

   表名 1：个人明细

   属性：雇员名称、年龄、ID

   表名 2：职业明细

   属性：雇员名称、薪水、部门、SSN

   他们想要合并这些表，以形成一个单一的表。下列哪一种选项适合于这个目标？

   a. 这个表可以通过 DBRef 方法来连接。

b. 这些连接不能在 NoSQL 数据库中执行。

c. 在执行连接操作之前，表必须根据列的键值来分区。

d. 雇员名称是两个表中的主键，所以不能执行连接操作。

6. MongoDB 中的索引基于什么机制：

a. Di-graph
b. 决策树

c. 红黑树
d. 二叉树

7. 在 MongoDB 中，点符号被用来通过遍历_____找到嵌套属性。

a. 图
b. 树

c. 数组
d. 链表

8. 我们可以通过使用____命令来验证成员在 Redis 中是存在的。

a. hget
b. hget 或它的变种 hgetall

c. hgetall bank
d. use

9. 一家具有 100 名雇员的公司由如下职位组成：

- 50 个技术人员
- 45 个管理人员

- 4 个主管/经理
- 1 个 CEO

公司要根据在 Redis 数据结构中的位置来对所有成员的薪水排序，其中第一个位置将显示最低工资，最后一个位置显示最高工资。

基于上述信息，回答以下问题：该公司首先给技术人员涨了工资，在最后给 CEO 增加了工资，如果他们发出命令./redis-cli zrange asset -0-100，输出是什么？

a. 50 个技术人员的薪水，且 CEO 的薪水会出现在第 100 个位置

b. 50 个技术人员和 CEO 的工资是相邻的。

c. 不会显示 CEO 薪水

d. 不会显示技术人员的工资

10. 该公司给前 10 名的技术人员和在最后位置的 CEO 涨了工资，然后他们存储下一名技术员的工资。如果他们发出命令./redis-cli zrange asset -0-100，那么输出会是什么？

a. 11 个技术人员的薪水将以连续的顺序出现，且 CEO 的工资将出现在第 100 个位置

b. 技术人员和 CEO 的薪水是相邻的

c. 不会显示接下来的技术人员的工资

d. 不会显示 CEO 的薪水

1. ⓐ ⓑ ⓒ ⓓ   6. ⓐ ⓑ ⓒ ⓓ

2. ⓐ ⓑ ⓒ ⓓ   7. ⓐ ⓑ ⓒ ⓓ

3. ⓐ ⓑ ⓒ ⓓ   8. ⓐ ⓑ ⓒ ⓓ

4. ⓐ ⓑ ⓒ ⓓ   9. ⓐ ⓑ ⓒ ⓓ

5. ⓐ ⓑ ⓒ ⓓ   10. ⓐ ⓑ ⓒ ⓓ

测试你的能力

1. 基于 CRUD 操作，解释列式和文档数据库的不同之处。

2. 去往 grouplens.org/node/73，并下载具有一百万条电影评级记录的数据集。编写脚本找出

 a. 具有最高评分的电影

 b. 具有最大数值或用户评级的电影

 c. 具有最低评级的电影

3. 结合实例解释 SQL 和 MongoDB 查询特性之间的相似性和差异性。

 a. 编写两个类似的操作和它们的命令。

 b. 编写两个不同的操作和它们的命令。

4. 在 MongoDB 中编写 MapReduce 代码，计算行数。

- ○ NoSQL 已经被创造成一种语法和风格上都类似于 SQL 的查询语言。NoSQL 存储有自己的数据访问和操作方法。
- ○ 在 NoSQL 存储中，创建和读取操作比更新和删除操作更加重要，有时候它们是仅有的操作。
- ○ 在关系型数据库中，记录被存储在表中，其中主键唯一标识了每条记录。
- ○ 在 MongoDB 中没有数据库连接的概念，所以你必须通过使用客户端的对象 ID 手动实现连接操作或利用 DBRef 的概念。
- ○ MongoDB 的创建过程是相当简单的，关系的某些方面通过使用 DBRef 也可以被正式地确立。
- ○ 面向列的数据库，特别是 HBase，也有一个时间维度来保存数据；因此，创建或数据插入操作是重要的，但是更新的概念实际上是不存在的。
- ○ 在 HBase 中，要创建集合或产品表，首先启动一个 HBase 服务器并使用 HBase shell 连接到它。
- ○ HBase 使数据结构扁平化了，只需要在列族及其组成列之间创建层次结构。
- ○ Redis 是一个简单但功能强大的数据结构服务器，它允许将值存储为简单键/值对或存储为集合的成员。
- ○ 每个键/值对可以是一个独立的字符串 map 或驻留在集合中。集合可以是以下的任意类型：列表、集合、有序集或散列。一个独立的键/值字符串对类似于可以容纳字符串值的变量。
- ○ 可以创建一个 Redis 字符串键/值映射，如：

```
./redis-cli set akey avalue
```

- ○ 字符串的 set 和 get 命令不能用于 Redis 集合。例如，使用 lpush 和 rpush 创建和填充一个列表。一个不存在的列表可以连同其第一个成员一同被创建：

```
./redis-cli lpush list_of_books 'MongoDB: The Definitive Guide'
```

- ○ MongoDB 允许使用非常类似于 SQL 的语法和语义进行文档查询。
- ○ MongoDB 支持丰富的比较器，包括小于、大于、小于等于、大于等于、等于和不等于。
- ○ MongoDB 表达式的匹配支持正则表达式。可以用与顶层字段相同的方法，在嵌套文档中使用正则表达式。
- ○ MongoDB 支持索引的概念以加速查询。默认情况下，所有的集合都以_id 的值为基础进行索引。
- ○ 相反，NoSQL 不给予 ACID 事务以极端的重视，在某些情况下完全忽略它。
- ○ 像 MongoDB 这样的数据库注定是共享的和可扩展的。在这种情况下，跨分布式碎片的锁可能是复杂的，会使数据更新的过程非常慢。
- ○ 最好使用原子方式来更新文档。一些可用的原子方法如下。
  - $set：设置一个值。

- $inc：按给定的量增加某个特定的值。
- $push：给数组追加一个值。
- $pushAll：给数组追加多个值。
- $pull：从现有数组中删除一个值。
- $pullAll：从现有数组中删除多个值。

第 3 讲

Hadoop 安全

模块目标

学完本模块的内容，读者将能够：

▶▶ 分析如何在 Hadoop 中实现安全

本讲目标

学完本讲的内容，读者将能够：

▶▶	解释 Hadoop 安全的挑战
▶▶	讨论 Hadoop 中的 Kerberos 认证过程
▶▶	解释委托表安全凭证
▶▶	讨论 Hadoop 中的授权过程

"Hadoop 是让 LinkedIn 构建
我们大多数计算困难特性的关
键因素，允许我们利用用户专
业世界的不可思议的数据。"

——Krep

在当今大数据环境中，日益关注的最大的问题之一是信息安全。组织获得授权来满足访问控制的限制、保密规则和隐私限制，并可能需要与他们数据的使用和保护相关的法律授权的支持以及大型数据集分析。因为 Hadoop 被设计用于在事实信任环境下的商品服务器上格式化大量的非结构化数据，信息安全在其设计和开发中都是挑战。

在过去的几年里，许多使用 Hadoop 的组织已经受到了挑战，以满足更加严格的安全要求。随着 Hadoop 越来越普及，其安全体系已经得到了安全专业人士的强烈关注。与此同时，研究人员一直在记录与隐私相关的挑战以及与处理大型数据集有关的访问控制。这些关切要求 Hadoop 社区引入安全机制以满足认证、访问控制和隐私的需求。Hadoop 安全机制已到位，正在进行的工作提高了 Hadoop 及其生态系统的安全性。

出现的一些与 Hadoop 安全相关的关注点有：

- ○ Hadoop 安全是如何工作的？
- ○ 用户如何执行对自己的数据的访问控制？
- ○ 用户如何能控制谁被授权去访问、修改和停止 Hadoop MapReduce 的作业？
- ○ 用户如何能让自己的应用程序与 Hadoop 安全控制相集成？
- ○ 用户如何在所有的 Hadoop 客户端类型（如 Web 控制台和进程）中为用户执行认证？
- ○ 用户如何来确保流氓服务不会冒充真正的服务（如流氓 TaskTracker 和任务、未经授权的过程将块 ID 呈现给 DataNode 以获得对数据块的访问等）？
- ○ 用户能把自己的组织的轻量级目录访问协议（LDAP）目录和用户组统一到 Hadoop 的权限结构中去吗？
- ○ 用户能在 Hadoop 中加密动态数据吗？
- ○ 在 Hadoop 分布式文件系统（HDFS）中，用户的数据能被静态加密吗？
- ○ 用户如何对自己的 Hadoop 集群应用一致的安全控制？
- ○ 当今 Hadoop 安全的最佳实践是什么？
- ○ 对于 Hadoop 的安全模型有建议的改进吗？有哪些建议？

本讲以一个简短的 Hadoop 安全的历史背景作为开始，并着重于使用 Hadoop 的项目可能需要处理的需求。你会学到 Hadoop 是如何提供认证并专注于 Hadoop 使用 Kerberos 的细节的。你也会学到 Hadoop 是如何在进程之间使用认证的。

模块1第5讲的出口
- 在Hadoop生态系统中，与各种组件协同工作

模块2第3讲的入口
- 探讨Hadoop的安全挑战
- 讨论Hadoop的认证和授权

3.1　Hadoop 安全挑战

预备知识　了解大数据和安全。

Hadoop 的最初使用围绕着管理大量的公共网络数据，因此数据安全和隐私不是最初设计时的考虑因素。我们总是假定 Hadoop 集群是由合作的、可信任的机器所组成的，由可信任的用户在可信任的环境中使用。

以下是在 Hadoop 中所面临的一些主要安全问题。

（1）最初，没有安全模型——Hadoop 不验证用户或服务，也没有数据隐私。并且因为 Hadoop 被设计来在分布式机器集群上执行代码，任何人都可以提交代码且它将被执行。虽然审计和授权控制（HDFS 文件权限）在早期发行版中得到了实现，但是这样的访问控制很容易被规避，因为使用命令行开关的任何用户都可以冒充另一个用户！因为冒充盛行，所以存在的安全控制并不是真的有效。

（2）组织关注到安全性将 Hadoop 集群隔离到私有网络，并限制访问授权用户。然而，这也带来了挑战。因为在 Hadoop 中很少有安全控制，许多事故和安全事件都发生在这样的环境中。善意的用户都可能犯错，如删除数据——并不仅仅是他们自己的数据！（一次分布式删除可以在几秒钟内摧毁大量的数据。）

（3）所有的用户和程序员在集群中对所有数据都有相同的访问级别，任何作业都可以访问集群中的任意数据，任何用户都可能读取任意数据集，这引起了人们对保密性的关注。因为 MapReduce 没有认证或授权的概念，一个淘气的用户可能会降低其他 Hadoop 作业的优先级使他或她的作业更快地完成——或者更糟的是，杀死其他的作业。

（4）随着 Hadoop 变成了一个更受欢迎的数据分析平台，信息安全专家开始表达对 Hadoop 集群中内部恶意用户威胁的担忧。恶意开发者可以很容易地编写代码来模拟其他用户的 Hadoop 服务（例如，编写一个新的 TaskTracker 并将其自身注册为一个 Hadoop 服务，或冒充 HDFS 或 mapred 用户，删除在 HDFS 中的一切等）。

因为 DataNode 没有执行访问控制，所以恶意用户可以从 DataNode 中读取任意的数据块，绕过访问控制的限制，或将垃圾数据写入到 DataNode，破坏要被分析的数据完整性。任何人都可以提交作业到 JobTracker，并可以任意执行该作业。

随着 Hadoop 逐渐成熟，社区意识到更加强大的安全控制需要被添加进 Hadoop。安全专家识别出**认证**的需求，允许 Hadoop 集群中的用户、客户端程序和服务器能相互证明其身份。

授权，连同**保密性**、**完整性**、**私密性**和**审计**等其他安全关切，也被确定为一种需求。然而，没有认证的话，其他安全关切就得不到解决，所以认证是最初的重点关注对象，它能够导致 Hadoop 安全性的重新设计。

Kerberos

认证是最薄弱的环节，在 2009 年**雅虎**的一个团队选择了 **Kerberos** 作为 Hadoop 的认证机制，并开发了如下的高层需求，记录在他们同年发表的最初版的白皮书中。

○ 用户应该只被允许访问他们具有访问权限的 HDFS 文件。

○ 用户应该只被允许访问或修改他们自己的 MapReduce 作业。

○ 用户和服务应该能相互认证以阻止未经授权的 NameNode、DataNode、JobTracker 和 TaskTracker。

○ 服务应该能相互验证，以阻止未经授权的服务加入集群。

○ Kerberos 凭证和凭据的使用应当对于用户和应用程序是透明的。

然后 Kerberos 被集成进 Hadoop 以实现安全网络认证，并且在各种 Hadoop 进程间加入了其他的控制。此后，Hadoop 和 Hadoop 生态系统中的其他工具取得了良好的进展，提供了安全机制以满足当今用户的需求，并且还有更多的工作正在进行当中。

在下面几节中，让我们看看 Hadoop 中提供了哪些安全机制。

知识检测点 1

一家医疗机构计划利用 Hadoop 进入到大数据解决方案领域。讨论其应当在 Hadoop 中实施的安全机制的需求。

3.2　认证

本节重点介绍 Hadoop 中的认证。第一小节介绍了 Kerberos 协议，讨论了 Hadoop 如何使用 Kerberos 认证进行远程过程调用（RPC），以及如何通过 HTTP 简单和受保护的协商机制（SPNEGO），利用 Kerberos 认证保护 Hadoop Web 控制台。在第二小节中，你将知道协作进程是如何彼此认证的，最初使用 Kerberos 作为基础，但是使用其他机制来委托凭证的。

这两小节强调了如何实现这些机制。

3.2.1　Kerberos 认证

Kerberos 成为 Hadoop 安全模型的基础，发布在 Hadoop 的.20.20x 的发行版中。Kerberos 于 20 世纪 80 年代由麻省理工学院开发，是基于密钥的认证系统，用于在开放网络中为用户和服务器提供身份认证和单点登录（SSO）。Hadoop 使用 Kerberos 协议认证去往 Hadoop 的用户，并相互认证 Hadoop 服务。这减轻了在 Hadoop 早期版本中可能的假冒风险，并提供了允许 Hadoop 确保 MapReduce 和 HDFS 请求以恰当授权级别执行的基础。

附加知识　什么版本的 Hadoop 有可用的 Kerberos 安全性

重要的是要明白哪些 Hadoop 版本确实有了已实施的 Kerberos RPC 认证。Hadoop 的.20.20X 版本是第一个具有 Kerberos 认证支持的 Hadoop 版本。这后来被称为 Hadoop 版本 1.0，它建立在版本.20.205 的基础上。Hadoop 2.0 也包括了 Kerberos 安全。请注意，某些特定的旧版本（如.21 和.22 分支）不完全开启对 Kerberos 安全的支持。来自其他来源的发行版，如 Cloudera 的 CDH3、CDH4 和 Hortonworks 的 HDP，都有可用于配置的 Kerberos 安全。

Kerberos 依赖于**凭据**的概念才能工作。在 Kerberos 中，有三方参与其中：

○ 一个请求访问资源的客户端（可以是用户或服务）；

○ 一个被请求的资源（通常是一种服务）；

○ **Kerberos 密钥分发中心**（KDC），其中包括了一个**认证服务**（AS）和一个**凭据授予服务**（TGS）。KDC 是所有通信的主枢纽。

在 Kerberos 中，每个客户端或服务都被称为**主体**（principal），并有一个密钥用于协商认证。Kerberos KDC 也有每个人密钥的副本并促使了所有的通信。

图 2-3-1 展示了它工作方式的非常高层的功能总览。

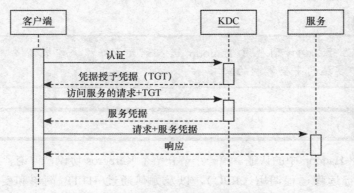

图 2-3-1　Kerberos 协议的功能总览

（1）要开始一个会话，客户端首先验证 KDC 的 AS。（对于 Hadoop 的用户而言，通过 kinit 命令来完成。）

（2）KDC 响应一种名为**凭据授予凭据**（TGT）的东西，这是一种简单的凭据，用于请求凭据与其他服务器和服务进行通信。

（3）客户端使用 TGT 来请求服务凭据，与服务进行通信，并于稍后将服务凭据呈现给所请求的服务，后者返回一个响应。

（4）由于牵涉到密码，最终的结果是各方以及基于 TGT 内容、服务凭据和 Kerberos 协议相互认证，拥有相互身份的高度确信。

简单地说，当为客户启用 Kerberos 和 Hadoop 服务时，你有了一定程度的信心，客户端和服务就是它们所宣称的自己。

当实现 Hadoop 安全以利用 Kerberos 时，用户通过 **Kerberos RPC** 验证集群的边缘，并且 Web 控制台利用了 HTTP SPNEGO Kerberos 认证。所有的 Hadoop 服务利用 Kerberos RPC 相互认证。

附加知识　　Kerberos 协议是如何工作的

　　虽然你已经看到了简单化了的 Kerberos 的功能概述，但是许多人发现准确理解 Kerberos 的工作方式是有用的。Kerberos 是一种简单、有效和无状态的协议，它使用对称或密钥加密。因为 Kerberos KDC 知道所有主体的密钥（有时候被称为"基于 Kerberos 的部分"），通过它们以一种 KDC 和所有牵涉到的主体都能确信每个人就是他们所宣称的自己的方式，它就能够参与加密的交换。

　　在 Hadoop 中，许多 Kerberos 的细节都抽象自用户（尤其是如果你正在使用 kinit 命令行）。下面的 Kerberos 的细节图显示了抽象的量，然后我们会过一遍它的细节。

　　（1）客户识别其自身并从 KDC 请求一个请求凭据授权凭据（TGT）。

　　（2）KDC 作用于响应，创建了包含客户端名称、KDC 名称、客户端 IP 地址以及会话密钥的 TGT。然后利用 KDC 的密钥加密该 TGT（所以只有这个 KDC 才能阅读它）。接着这个 KDC 利用 TGT 对客户端做出响应，连同用该客户端密钥加密的新生成的会话密钥。

　　（3）客户端利用其自身的密钥解密 KDC 的响应，找到在其下一次请求 KDC 时要使用的会话密钥。然后创建一个包含其名字、其 IP 地址和时间的认证者，并利用新的会话密钥加密这个认证者。将加密过的认证者连同它从 KDC 收到的 TGT 以及它想要请求的服务名称一起发送出去。

　　（4）利用会话密钥，KDC 解密客户端的认证者，验证客户身份。然后 KDC 解密自身加密的 TGT，将其信息与位于客户端认证者中的信息作比较，验证其有效性。

　　（5）KDC 创建客户端以及所请求的服务使用的新的会话密钥。然后 KDC 为所请求的服务创建一个服务凭据，其中包括了客户端的名称、服务名称、来自客户端的 IP 地址和新的会话密钥。这是用所请求的服务的密钥加密的。然后 KDC 用客户端的密钥加密服务凭据和新的会话密钥。

　　（6）客户端用其密钥解密来自 KDC 的响应，寻找服务和服务凭据使用的新的会话密钥。客户端创建一个新的认证者（它的名称、它的 IP 地址、时间）并用新的会话密钥加密它，然后把该认证者和服务凭据发送给所请求的服务。

　　（7）服务用它的密钥解密服务凭据，查看客户端的名称、客户端的 IP 地址、它自身的名称和客户端使用的会话密钥。Kerberos 协议是如何工作的呢？

　　然后使用会话密钥来解密客户端的认证者，它包括了客户名称、IP 地址和时间，并将来自于服务凭据的信息与认证者作比较。

　　（8）该服务现在已经确保了客户端的身份，并用一个确认来响应，用会话密钥来加密。

　　（9）客户端使用会话密钥，解密来自服务的响应。

　　第 1~3 步为 KDC 提供客户端的认证，因为客户必须使用其自身的密钥来解密用于请求服务凭据的会话密钥。

　　当 KDC 在第 4 步用相同的会话密钥解密客户端认证者时，并且当它将认证者中的信息与 KDC 在第 2 步创建的 TGT 作比较时，它就保证了客户端的身份。

　　第 2 步为客户端提供了 KDC 的认证，因为在 Kerberos 中，只有客户端和 KDC 知道客户端的密钥。因为 KDC 使用客户端的密钥来加密会话密钥，所以客户端就确保了 KDC 的身份。

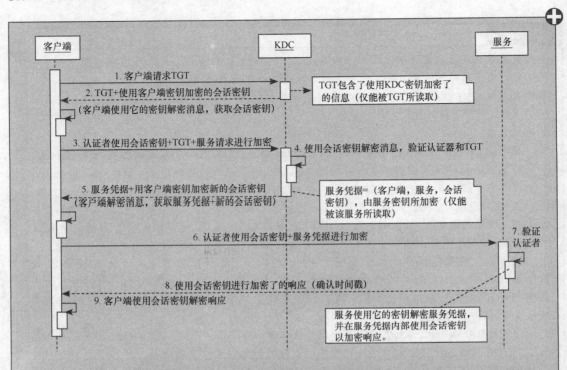

　　在第 5 步中，KDC 在客户端和服务之间建立了认证的构建块，因为 KDC 用所请求服务的密钥加密了信息，并为客户端和服务的使用建立了一个新的会话密钥。

　　第 6 步和第 7 步为服务认证了客户端。因为 KDC 为包含了客户端信息的服务加密了服务凭据，并因为客户端用以会话密钥（也包含在服务凭据中）加密的同样信息创建了认证者，这包含了足够的信息来提供客户端身份的服务保证。

　　最后，在第 8 步和第 9 步中，服务的响应为客户端提供了服务身份的保证。现在客户端和服务之间的协商已经完成，这个会话密钥可以用来加密其他的信息（如令牌）。

　　在 Hadoop 中，这个过程大部分抽象自用户，因为 kinit 替用户做了完成了与 KDC 交互和协商的过程，扮演了"客户端"的角色。所有的用户通常必须认证一次，kinit 从那里开始就接管了。对于必须被认证的服务，必须为协议生成包含了服务的加密密码的 keytab 文件，底层系统使用该密码信息进行交流。

快速提示

　　Hadoop 的发行版，如 Hadoop 的 Cloudera 发行版（CDH 3 和 4）和 Hortonworks 发行版（HDP），有着丰富的文档，能够在使用和配置 Kerberos 方面给予按部就班的引领和指导。

总体情况

对于 Hadoop 的用户和开发者而言，一旦设置集群使用 Kerberos 认证，那么 Kerberos 的使用几乎是透明的。首先，需要一个 Kerberos KDC——这可以是组织的活动目录（AD），其本身就使用 Kerberos，也可以使用 Kerberos 5 的 MIT 发行版来设置一个。然而，重要的是你要知道 Kerberos 5 的哪个版本已经经过了 Hadoop 发行版的测试。

你的 Hadoop 管理员必须要为你的集群中的用户以及所有 Hadoop 服务添加 Kerberos 主体。要确保服务不会被仿冒，管理员一开始就必须设定所有的服务利用 Kerberos 来工作，在加密的 keytab 文件中存储服务密码。不同的发行版在 keytab 文件的准确存储方式以及它们所存放的位置方面可能需要不同的配置。

了解 kadmin 工具是用来添加 Kerberos 主体以及它们的 keytab 文件是有益的。如果你有一个大型的机器集群的话，需要有相当多的工作来安装和配置 Kerberos 的安全，因为配置文件和 keytabs 必须位于每台机器上。其他的高级工具有助于 Kerberos 安全在你集群上的安装。例如，Cloudera 管理器是 Cloudera 发行版上的一个工具，有助于集群的安装和配置，使工作更加容易。Hadoop 的其他发行版可能有着类似的工具。

对于大多数的 Hadoop 开发者和用户而言，Kerberos 的使用几乎都是透明的。一旦管理员设置了 Kerberos KDC，可以用 kadmin 命令来添加 Kerberos 主体（用户和 Hadoop 服务）。作为一个开发者，你应当知道自己使用 kinit 登录了一次。你用这个命令开始这个过程，该过程有助于与 Kerberos KDC 的协商。一旦获得了一个 TGT，它将持续 10 小时，默认在 7 天内可以续订。一旦认证了，Hadoop 命令的工作原理和以前一模一样，对用户来说这应该是无缝的。

在底层，kinit 为进程把凭据放入到凭据缓存中以供使用。表 2-3-1 提供了所用的一些命令的列表。

表 2-3-1　Kerberos 管理的 shell 实用工具

命　令	用　途
kadmin	添加、修改和删除 Kerberos 主体（Hadoop 服务和用户）
kinit	从 Kerberos（初始认证）中获得凭证。用户可通过命令行来使用
klist	列出凭据缓存中所持有的凭据
kdestroy	销毁活动凭据并删除凭据缓存

Hadoop 使用两种类型的 Kerberos 认证机制：

○ 一个用于 RPC（Kerberos RPC）中的认证；
○ 另一个用于基于 Web 控制台（HTTP SPNEGO）的认证。

知识检测点 2

Roy 是一家组织中的 Hadoop 管理员。在 Kerberos 机制的帮助下，他如何来确保在 Hadoop 集群中的用户认证？

3.2.2　Kerberos RPC

Hadoop 使用 **Kerberos 版本 5**，利用了使用通用安全服务应用编程接口（GSSAPI）的简单认证和安全层（SASL），GSSAPI 又被称为 "Kerberos RPC" 或 "SASL/GSSAPI"。

SASL 是允许进行协商的认证协议的抽象，GSSAPI 是实现了 Kerberos 的高层 API。SASL 被用来在 Kerberos 上抽象认证层，它的实现超出了最初 Kerberos 的认证范畴，可以被用于协商其他协议。

用户把它们自身认证到了集群的边界，Hadoop 服务（NameNode、DataNode、辅助 NameNode、JobTracker、TaskTracker 等）以这种方式相互认证它们自身。必须利用 Hadoop 的配置文件 `core-site.xml`、`hdfs-site.xml` 和 `mapred-site.xml` 来为集群中的机器配置 Kerberos RPC。

表 2-3-2 列出了文件、配置属性以及为何还有如何使用它们的详细解释。基于 Hadoop 发行版，你的配置可能有所不同，所以查看你的管理员指南获取进一步的说明。

表 2-3-2　Kerberos 配置参数

文　　件	配置属性	解　　释
`core-site.xml`	`hadoop.security.authentication`	在集群中的每台机器上设置成 kerberos，以启用 Kerberos（如果设置成 simple，就不具有安全性）
`hdfs-site.xml`	`dfs.namenode.keytab.file`	NameNode 的 keytab 文件
`hdfs-site.xml`	`dfs.namenode.kerberos.principal`	NameNode 的主体的名字（如 nn/_host@domain）
`hdfs-site.xml`	`dfs.secondary.namenode.keytab.file`	辅助 NameNode 的 keytab 文件
`hdfs-site.xml`	`dfs.secondary.namenode.kerberos.principal`	辅助 NameNode 的主体的名字（如 nn/_host@domain）
`hdfs-site.xml`	`dfs.datanode.keytab.file`	DataNode 的 keytab 文件
`hdfs-site.xml`	`dfs.datanode.kerberos.principal`	NameNode 的主体的名字（如 dn/_host@domain）
`mapred-site.xml`	`mapreduce.jobtracker.kerberos.principal`	JobTracker 的主体的名字（如 jt/_host@domain）
`mapred-site.xml`	`mapreduce.tasktracker.kerberos.principal`	TaskTracker 的主体的名字（如 /tt/_host@domain）
`mapred-site.xml`	`mapreduce.jobtracker.keytab.file`	JobTracker 的 keytab 文件
`mapred-site.xml`	`mapreduce.tasktracker.keytab.file`	TaskTracker 的 keytab 文件

正如所看到的那样，主机的大多数配置都是简单的，并涉及为每个服务列出 keytab 文件以及 Kerberos 主体的名字。将 `hadoop.security.authentication` 设置成 kerberos，就告诉了 Hadoop 要使用 Kerberos，它在配置文件中寻找适当的主体和 keytab。如果你使用其他的 Hadoop 生态系统组件，如 Oozie、HBase 和 Hive，你还必须使用 `oozie-site.xml`、`hbase-site.xml` 和

`hive-site.xml` 中的配置文件，以相同的方式来配置 keytab 文件和主体。

3.2.3　基于 Web 的控制台的 Kerberos

存在很多的 Hadoop HTTP Web 控制台（JobTracker、NameNode、TaskTracker、DataNode、Oozie 和 Sqoop）。最初，它们都不具有安全性。

最初开发 Hadoop 安全性时，这种 Web 控制台的安全性就被决定为"可插拔的 HTTP 认证"，把 Web 认证机制和方法留给实现者去开发。但是这导致了在 Hadoop 部署中的一些不一致的地方。

实施者很快意识到在 Hadoop 生态系统中的所有工具，一致性地使用 Kerberos 是重要的，所以现在 **HTTP SPNEGO**（一种基于浏览器的机制，允许进行 Kerberos 5 的认证）的实现都被一致性地创建和使用了。Cloudera 开发了一种叫作 **Alfredo** 的开源包以实现 HTTP SPNEGO，这后来作为"Hadoop Auth"被放置进 Hadoop。

现在，可以配置 Hadoop Web 用户接口（WebHDFS 和 HttpFS）以获得 Hadoop Auth 的保护。

附加知识　　什么是 kerberized SSL

有那么一段时间，Kerberos 的实现可以选择使用 kerberized SSL（KSSL）进行 HTTP 认证——在许多发行版中它仍旧是一种可选项。在早期版本的 JDK 中，KSSL 的实现不允许强加密，甚至有允许设置 `hadoop.security.use-weak-http-crypto` 标志位的选项，这会使安全专业人士担忧。随着 SPNEGO 开始被一致性地在整个 Hadoop 生态系统中使用，由于开发人员配置 KSSL 有难度，所以 Hadoop 核心项目的开发人员决定为 Web 控制台使用 SPNEGO 以保证一致性。

Hadoop Auth 为受保护的 Web 应用资源提供了 HTTP SPNEGO 认证，并设置了一个签名的 HTTP cookie，其包含了一个 Kerberos 认证令牌（可以在 cookie 过期之前一直使用它）。一旦配置了 Web 应用程序来使用 HTTP Kerberos SPNEGO，任何支持它的浏览器都会提示认证。你还可以使用命令行工具 curl，它直接去往受保护的 URL 资源，并利用你的 Kerberos 凭证强制认证。

如果要编写一个消费受 Hadoop Auth 保护的消费 Web 应用的 Java 客户端，只需要做下面的事情——使用 `AuthenticatedURL` 类从用户 shell 来获取 Kerberos，如下面的代码片段所示：

```
URL url = new URL("http://professionalHadoop.com/example");
AuthenticatedURL.Token = new AuthenticatedURL.Token();
HttpURLConnection httpConnection = new AuthenticatedURL().
openConnection(url, token);
```

在受 SPNEGO 保护的 Web 应用程序中编写的 servlet 或 JavaServer Page（JSP）中，如果用户使用用户名/密码认证或甚至是数字证书认证的话，为了得到在 HTTP Kerberos SPNEGO 传入的用户信息，只需在 `HttpRequest` 对象上，用与获取主体信息相同的方式来调用 `getUserPrincipal()` 和 `getRemoteUser()` 即可。

如果想要编写使用 Hadoop Auth 的 servlet 或 Web 应用程序，这也是相当简单的。必须在配置文件中为 Hadoop 配置 Hadoop Auth 并为 Web 应用使用 AuthenticationFilter。要设置 Hadoop Auth，必须建立并使用 keytab 和主体来保护资源，可以在你 Web 应用的 WEB-INF/ web.xml 文件中来配置它，如代码清单 2-3-1 所示。

代码清单 2-3-1 样例 Web 应用的 Kerberos SPNEGO 配置

1	`<web-app version="2.5" xmlns="http://java.sun.com/xml/ns/javaee">`
	`<servlet>`
	`<servlet-name>exampleServlet</servlet-name>`
	`<servlet-class>com.professionalHadoop.ExampleServlet</servlet-class>`
	`</servlet>`
	`<servlet-mapping>`
	`<servlet-name>exampleServlet</servlet-name>`
	`<url-pattern>/kerberos/example</url-pattern>`
	`</servlet-mapping>`
	`<filter>`
	`<filter-name>kerberosFilter</filter-name>`
	`<filter-class>`
	`org.apache.hadoop.security.authentication.server.`
	`AuthenticationFilter`
	`</filter-class>`

2	`<init-param>`
	`<param-name>type</param-name>`
	`<param-value>kerberos</param-value>`
	`</init-param>`

3	`<init-param>`
	`<param-name>token.validity</param-name>`
	`<param-value>30</param-value>`
	`</init-param>`

4	`<init-param>`
	`<param-name>cookie.domain</param-name>`
	`<param-value>.professionalHadoop.com</param-value>`
	`</init-param>`

5	`<init-param>`
	`<param-name>cookie.path</param-name>`
	`<param-value>/</param-value>`
	`</init-param>`

6	`<init-param>`
	`<param-name>kerberos.principal</param-name>`
	`<param-value>HTTP/localhost@LOCALHOST</param-value>`
	`</init-param>`

7	`<init-param>`
	`<param-name>kerberos.keytab</param-name>`
	`<param-value>/home/keytabs/HTTPauth.keytab</param-value>`

```
    </init-param>
    </filter>
    <filter-mapping>
    <filter-name>kerberosFilter</filter-name>
    <url-pattern>/kerberos/*</url-pattern>
    </filter-mapping>
    </web-app>
```

代码清单 2-3-1 的解释

1	这是使 HTTP SPNEGO 工作的过滤器
2	需要键入 "Kerberos"，设置类型为 Kerberos
3	令牌有效的秒数（默认 3600）
4	用于存储 auth 令牌的域
5	存储令牌的 cookie 使用的路径
6	Web 应用主体的名字
7	Kerberos 主体的名字

从代码清单 2-3-1 中可以看出，必须配置使用了 AuthenticationFilter 类的过滤器，并关联到一个 servlet。代码清单 2-3-1 还显示，必须配置参数 "type" 的值为 kerberos，还必须配置令牌有效期、cookie 参数、keytab 文件以及主体名字等其他选项。

要使用 HTTP SPNEGO 来使 Hadoop Web 控制台安全，必须建立被所有控制台使用的 HTTP 主体和 keytab 文件，每个 Web 控制台都需要用主体和 keytab 文件来单独配置。这显示在表 2-3-2 的样例 Web 应用的 Web 应用配置中，但是它也显示在表 2-3-3 中，保护去往 hdfs-site.xml 文件中的 HDFS Web 接口的 Web 认证。你必须为所有的 Web 控制台单独配置。

表 2-3-3　Hadoop Auth 的 hdfs-site.xml 配置参数

文　件	属　性	解　释
hdfs-site.xml	dfs.web.authentication.kerberos.principal	Hadoop Auth 使用的 HTTP Kerberos 主体，必须以 "HTTP/" 开头（如 HTTP/_host@domain）
hdfs-site.xml	dfs.web.authentication.kerberos.keytab	用于 HTTP Kerberos 主体的 Kerberos keytab 文件（如 /keytabs/spnego.keytab）

现在了解了 Hadoop Kerberos 认证的工作原理以及配置方法，让我们稍微深入些来演示用户是如何将认证委托给他们的客户端的，以及如何从他们的客户端又委托给 HDFS 和 MapReduce 进程的。

知识检测点 3

　　Peter 想要在 Web 控制台应用中实现 Kerberos 5 认证。需要包含的软件包有哪些，为什么需要它们？解释为了实现 Kerberos 5 要做的配置变更。

3.3 委托安全凭证

一旦客户和服务已经通过 Kerberos 相互认证了，那么重要的是要了解必须实现超出最初认证的更多的安全控制。

在幕后进行的内容有点复杂，因为所有的进程和主机都参与了。因为开发人员编写了应用程序，而应用程序访问 HDFS 并在存储于 HDFS 的数据之上执行 MapReduce 作业，所以需要有更多的安全措施来确保应用程序和涉及的各种服务实际上确实代表了用户来执行它们。这意味着用户、用户进程和 Hadoop 内部服务各方面之间的"连线画图"，正如下面列表所描述的那样：

○ 认证用户的客户端必须在集群和所有的 Hadoop 服务中认证。

○ 即使 Hadoop 服务通过 Kerberos 相互认证了，它们还必须证明它们被授权代表正在执行任务（例如，客户端提交作业到 JobTracker，它分配 TaskTracker 以代表客户端执行该作业）的那些客户端起作用。

○ 必须授权客户端来访问 HDFS 上的数据，但是任何代表客户端工作的服务也必须能够访问客户端有权看到的数据。

要做到这一点，必须有**委托的认证和授权**。这意味着，通过授权的用户将它们的安全凭证授予它们的客户端、进程和使用它们的 Hadoop 服务。由于认证和授权的委托代理因素，Hadoop 中大量的数据流都超越了本讲迄今为止所讨论的初始的 Kerberos 认证机制。

图 2-3-2 显示了某些这样的数据流，它们是原始 2009 Hadoop 安全白皮书中的类似图的一个子集。它提供了 Hadoop 中某些（但不是全部）数据流的感性认识，其中涉及认证所需通信中的认证和加密。

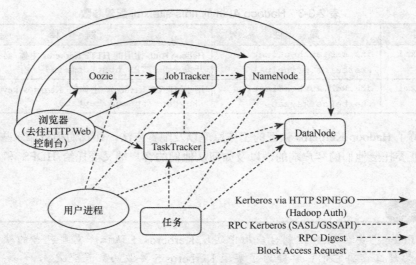

图 2-3-2　Hadoop 认证数据流的子集

正如在图 2-3-2 中可以看到的那样，可以配置 HTTP Web 控制台，使用 HTTP SPNEGO 协议来执行 Kerberos 认证，HTTP SPNEGO 协议在浏览器级别实施了用户认证。我们已经看到了用户、Hadoop 服务和 Hadoop 生态系统中的许多项目（如 Oozie 和 HBase）是如何通过 Kerberos SASL/GSSAPI 进行认证的，这通常被称为"Kerberos RPC"。其他存在的超越初始认证的通信没有被讨论过，包括 RPC 摘要机制。由于代表客户端工作的服务的委托方面的原因，这已经被添加过了。

在客户端已经通过 Kerberos（Kerberos RPC 或 HTTP SPNEGO）认证之后，你就知道了对 HDFS 的访问将会涉及客户端、NameNode 和 DataNode 之间的通信，也知道为了运行 MapReduce 作业需要将作业提交给 JobTracker。JobTracker 将工作推送给集群中可用的 TaskTracker 节点，后者实例化任务来完成工作单元。

由于所有的这些服务必须代表客户端来执行任务，所以需要更多的安全控制来确保所有这些代表客户端进行工作的服务都被授权代表客户端工作了。如果不是这样的话，可以想象，可以创建恶意的作业来读取或删除本不应该能访问的数据。Hadoop 的安全模型使用带有 Kerberos 的初始认证，随后的服务交互认证用到了"令牌"，这被描述在表 2-3-4 中。

表 2-3-4　用于 Hadoop 认证的令牌

令　　牌	用　　途
Kerberos TGT	Kerberos 对于 KDC 的初始认证
Kerberos 服务凭据	用户、客户端进程和服务之间的 Kerberos 初始认证
委托令牌	由 NameNode 给客户端颁发令牌，客户端或任何代表客户端工作的服务用它来认证它们到 NameNode
块访问令牌	在验证给特定数据块的授权之后，NameNode 基于与 DataNode 的共享密钥来颁发此令牌。客户端（以及代表客户端工作的服务）使用块访问令牌来向 DataNode 请求块
作业令牌	该令牌由 JobTracker 颁发给 TaskTracker。针对特定作业和 TaskTracker 进行通信的任务使用该令牌来证明它们与该作业有关联

因为客户端必须授权访问代表客户端工作的其他 Hadoop 服务，在客户端和 NameNode 之间使用"委托令牌"。在最初的用户认证之后，为了减少 Kerberos KDC 上的性能开销和负载，在 SASL/DIGEST MD-5 交换中为后续的认证访问使用这些委托令牌，而无须使用 Kerberos 服务器。因为每个 Hadoop 作业可以被分解成多个任务，又因为简单的跨 HDFS 的读取操作可以包括许多针对 NameNode 和多个 DataNode 的调用，所以可以看到，每次调用时实施相互认证会如何带来性能上可能的降低，并可能作为一种拒绝服务（Dos）来攻击你组织的 Kerberos KDC。

客户端最初认证其自身到 NameNode 之后，NameNode 向客户端颁发了一个委托令牌，它是客户端和 NameNode 之间的共享密钥。在有效期内，该密钥可以被重复使用。委托令牌用于 HDFS 的访问，它可以被客户端以及代表客户端工作的服务定期更新。

当客户端必须在 HDFS 块上执行读或写操作时，就要用到另一种类型的令牌。因为进行文件系统的访问操作时，NameNode 只说"块"而不是"文件"或文件系统的权限，所以使用一种名为"块访问令牌"的令牌来实施对于 HDFS 上的数据块的访问控制。在有 Hadoop 安全性之前，如果任何客户想要知道数据块的块 ID，它可以从 DataNode 中读取它，或写入任意的数据至 HDFS 的数据块。正如可以想象的那样，这可以完全绕过迄今为止所描述的安全性。

为了防止这一点，NameNode 为了授权的文件系统请求而颁发了使用 HMAC-SHA1 进行认证的轻量而短暂的块访问令牌，并且这些令牌由 DataNode 来验证。客户端进程使用这些令牌，启动作业以验证对特定数据块的访问。

对于 MapReduce 操作，在新作业的提交过程中使用客户端的委托令牌，该令牌可以通过该作业的 JobTracker 获得更新。要确保仅涉及与特定作业相关的任务，JobTracker 创建了另一种类型的令牌（"作业令牌"），并通过 RPC 将这些令牌分发给 TaskTracker。当任务与 TaskTracker 通信时，任务就利用了这种作业令牌（它利用了 SASL/DIGEST MD-5）。当认证到 NameNode 时，作业的任务还使用了委托令牌，并且它们利用了块访问令牌使得它们能够在数据块上执行必要的操作。

附加知识

为了使这个例子更简单易懂，一些细节已经被抽象出来了。因为在描述本讲前面的 Kerberos 协议时已经提供了非常多的细节，所以这个例子中只是将该多步骤的协议描述为 "Kerberos 认证"。重要的是要知道，一旦用户通过 kinit 进行了认证，软件栈处理所有的 Kerberos 通信并在文件系统的用户凭据缓存中存储相关的凭据。

为了清晰起见，内部服务通信相关的一些细节也已被抽象了。服务本身之间的 Kerberos 认证只是被简单地提及。对于本例，认证已经是发生过的了。因为这个例子的重点是 MapReduce，它显示了 JobTracker 是如何将任务分配给产生任务和访问数据的 TaskTracker 的，为了简单起见，每个服务对 NameNode 和 DataNode 的请求也没有被提及。

让我们浏览一个 MapReduce 任务的执行例子。图 2-3-3 显示了通过 Kerberos RPC 进行用户认证的高层的例子，其中使用了 kinit 并执行了一个 MapReduce 程序。

在图 2-3-3 中，用户通过 kinit 命令认证，它执行认证用户到 KDC 的工作。然后用户运行 MapReduce 作业，在该例子中这被称为"客户端"。当客户端通过 Kerberos RPC 认证其自身到 NameNode 时，NameNode 为后续对 NameNode 的调用返回一个委托令牌。客户端通过 Kerberos RPC 认证到 JobTracker，并当它提交作业时，将委托令牌传递给 JobTracker，授权 JobTracker 使其能够代表客户端更新委托令牌。然后 JobTracker 创建一个与作业相关的作业令牌，并在 HDFS 的用户私有目录中存储这两个令牌。

接下来，JobTracker 在集群中寻找可用的 TaskTracker 节点。（在这个例子中，所有的 Hadoop 服务已经通过 Kerberos RPC 彼此认证了。）当 JobTracker 接收到来自可用 TaskTracker 的心跳消息，并且也选择将作业分配前往该 TaskTracker 时，它给出响应，分配作业并为该作业传递作业令牌。TaskTracker 将令牌加载进内存并实例化任务，这应该作为初始化 MapReduce 进程（需要配置它）的用户来运行。随着任务的继续，它们与 TaskTracker 沟通状态信息，利用作业令牌进行互相认证。

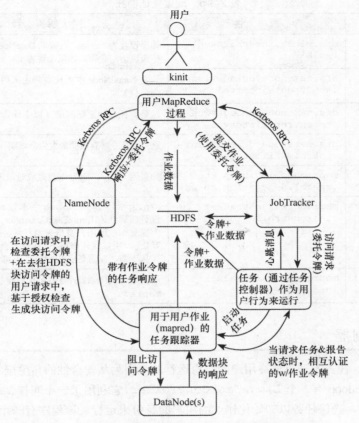

图 2-3-3　MapReduce 认证程序示例

　　当任务需要访问 HDFS 时，它们使用 NameNode 颁发给客户端的委托令牌来认证到 NameNode。该 NameNode 提供授权并颁发块访问令牌，任务用该令牌来请求 DataNode。

　　这应该给了你一个关于认证是如何在 Hadoop 集群"内"工作，以及这些机制是如何提供有关于最终用户认证、服务认证和各种 Hadoop 进程授权检查安全性的很好的概念。然而，你必须确保配置了一些东西，因为你有可能只配置"一些"而不是所有的安全机制（这将导致潜在的安全漏洞）。

　　例如，有可能你为自己的控制台实现了 Kerberos RPC 和 HTTP SPNEGO 认证，正如你在本讲前面所处理的那样，但是你可能没有配置委托令牌和块访问令牌的使用。表 2-3-5 专注于配置细节，并将它们设置到位。

　　表 2-3-5 中的大部分值都比较好理解。其有一个用于启用块访问令牌的属性，以及用于配置委托令牌键的使用时间间隔的值。最后两个属性处理任务及其执行方式。

表 2-3-5　配置凭证委托

文　件	属　性	解　释
hdfs-site.xml	dfs.block.access.token.enable	如果设置为 true，当请求 DataNode 数据块的 I/O 时，检查块访问令牌。如果设置为 false，就不会检查
hdfs-site.xml	dfs.namenode.delegation.key.updateinterval	这是 NameNode 中委托令牌主密钥的更新间隔（以毫秒为单位）
hdfs-site.xml	dfs.namenode.delegation.token.renewinterval	这是委托令牌更新间隔（以毫秒为单位）
hdfs-site.xml	dfs.namenode.delegation.token.maxlifetime	这是委托令牌有效的最大生命周期（以毫秒为单位）
mapredsite.xml	mapreduce.job.complete.cancel.delegation.tokens	如果为 true，则当作业完成时取消委托令牌
mapredsite.xml	mapreduce.tasktracker.taskcontroller	org.apache.hadoop.mapred.LinuxTaskController 设置该属性为 LinuxTaskController，允许用户的任务作为提交作业的用户身份来执行，这点是重要的。这不是默认值，所以默认情况下，任务不会以用户身份来运行。（从下节"配置任务控制器"中可以了解更多）
mapred-site.xml	mapreduce.tasktracker.group	该值是 TaskTracker 将要运行的身份所在的组（通常为 mapred）

配置任务控制器

默认情况下，任务不是以最终用户的身份运行的，因为从安全性的角度来看这会是个问题。由于这个原因，Hadoop 有一个 LinuxTaskController，它利用了一个叫作 taskcontroller 的 setuid 程序，确保任务以初始化作业的用户的身份来运行。该程序有一个由 root 拥有的 setuid 比特，以组 mapred 的身份来运行（配置如表 2-3-5 所示）。

为了使其工作，必须配置如下几样东西。

（1）如果任务将要以初始化作业用户的身份来运行，那么你需要用户在你的集群的所有机器上拥有账户。

（2）下一步，必须设置表 2-3-5 中的最后两个属性，并且必须在配置目录中创建 taskcontroller.cfg 文件。配置目录位于任务控制器二进制文件的上两层（通常为 /etc/hadoop/conf/taskcontroller.cfg，但这也依赖所使用的发行版）。

任务控制器的配置文件应当类似于代码清单 2-3-2，其中指定了 Hadoop 日志目录并且列出了"被禁止"的不应该提交作业的用户。例如，mapred 和 hdfs 账户就绝不应该提交作业。

代码清单 2-3-2　taskcontroller.cfg

```
hadoop.log.dir=<Path to Hadoop log directory>
mapreduce.tasktracker.group=mapred
banned.users=mapred,hdfs,bin
min.user.id=1000
```

一旦配置了 Kerberos，剩下的就容易多了，正如你将在下一节中所看到的那样。

> Systech 试图保护其 Hadoop 网络。委托安全凭据是如何帮助他们提高性能的？

3.4　授权

Hadoop 提供授权控制，通过使用 HDFS 文件权限和服务级别的授权来认证用户。

○ HDFS 为文件和目录使用**权限模型**，它类似于 UNIX 模型。每个文件和目录都与所有者和组关联，并关联读写权限。基于这些文件权限和用户的身份和组成员，HDFS 控制着对分布式文件系统的读写访问。不同于 UNIX 模型，这里没有"可执行"权限的概念。

○ **服务级别授权**是一种能力，它提供了关于哪些用户具有访问特定服务的权限的访问控制列表。集群可以使用这个机制来控制哪些用户和组拥有提交作业的权限。

○ 实施**作业授权**来允许用户仅能够查看和修改他们自己的作业，这是通过设定 MapReduce 参数来实现的。

本节讨论了你如何在 Hadoop 中配置它们。

3.4.1　HDFS 文件权限

在前面关于委托安全凭证的讨论中，你已经知道了 NameNode 查看客户端是否有权限来访问某个特定文件，并实施访问控制。

要配置它，必须在 `hdfs-site.xml` 中设置 `dfs.permissions` 属性为 `true`，否则不会检查权限。

除了设置该标志位外，用户可能希望设置一些其他的属性。

首先，正如所提到的那样，需要在集群的所有机器上拥有用户账户，并确定如何将 Kerberos 凭证映射到操作系统用户。

接下来，你可能想要在自己的集群中把 LDAP 组权限映射到组账户。下面会讨论一下这些内容。

将 Kerberos 主体映射到操作系统用户

在本讲的前面部分，我们学习了 `core-site.xml` 文件有一个名为 `hadoop.security.auth_to-local` 的配置参数，它将 Kerberos 身份标识映射成操作系统的标识以决定组权限。

在默认情况下，它采用 Kerberos 主体的第一部分。例如，如果主体的名字为 `carson/admin@domain.com`，那么它被转换成 `carson`，所以它将寻找操作系统账号 `carson`，并基于 `carson` 的操作系统身份确定文件权限。

许多组织坚持使用默认规则，但是你想要改变它们总是有一些原因的——尤其是当你在多个领域都有合伙组织时。例如，另一个领域中具有管理特权的某人可能希望在你的领域中被当作特权用户对待。你可能希望将从另一个特定领域中的所有用户分配到一个带有特权的用户。

要做到这一点，你将必须构建自定义的规则，其中涉及正则表达式和字符串替换。在 hadoop.security.auth_to_local 属性中指定构建这些规则的 3 个组件。

○ **主体：** 主体是被翻译或过滤的字符串，为该域使用变量$0，为主体名字的第一部分使用$1，为主体名字的第二部分使用$2。每个主体都以规则编号开头。所以，[1:$1@$0]将把主体 jeff@teamManera.com 转换成 jeff@teamManera.com，（因为 jeff 是主体名字的第一部分，teamManera.com 是域）。[2:$1%$2]将把 jeff/admin@teamManera.com 转换成 jeff%admin（因为 jeff 是主体名的第一部分，admin 是主体名的第二部分）。

○ **接受过滤器：** 接受过滤器是位于括号内的正则表达式，必须在规则的主体段中匹配所应用的规则。例如，看一下前面例子中所建立的主体，(.*@teamManera.com) 将匹配在域 teamManera.com 中的任意主体（在前面例子中是第一个），(.*%admin) 将接受以%admin 结尾的任意字段，例如在前面例子中第二个主体设置，其中 jeff/admin@teamManera.com 被映射成 jeff%admin。

○ **替代：** 一旦设置了主体和接受过滤器，替代是一种 sed 规则，它使用字符串替换将正则表达式转换成一个固定的字符串。例如，sed 表达式 s/@teamManera\.com// 会从主体中删除被接受过滤器匹配的@teamManera.com。

代码清单 2-3-3 提供了使用中的一些例子。在这里，你想要保持默认的规则，如果它在你自己的域内，它采用了 Kerberos 主体的第一部分并将其映射成同一用户的操作系统名称。但是，你确实想要添加其他规则。例如，如果你有一个 TRUMANTRUCK.COM 域的合作伙伴，你可能想要将所有位于该域中的用户映射为 truckuser 账户。如果你有来自 teamManera.com 域的管理员，你想要将他们映射成 admin 账户。

代码清单 2-3-3　hadoop.security.auth_to_local 的属性值

```
1   <!--from file core-site.xml-->
    <property>
    <name>hadoop.security.auth_to_local</name>
    <value>
    <!-- RULE:[#:<principal>](<acceptance filter>)<substitution sed
    rule>-->
    <!-- Rule 1 take all users from TRUMANTRUCK.COM and maps to
    truckuser account (1)Principal takes "username@domain"
     (2)the filter matches any string that ends in "@TRUMANTRUCK.COM"
     (3)the substitution rule maps it to the "truckuser" account"
    -->
    RULE:[1:$1@$0](.@TRUMANTRUCK.COM)s/./truckuser/
    <!-- RULE 2: all principals with admin from teamManera.org treated
    as admin user (1)The principal maps names like user/admin@domain
    to "user%admin@domain" (2)The filter matches anything with admin
    in the domain teamManera.com (3)Finally, the sed rule replaces
    everything to the "admin" user.
    -->
```

2	`RULE:[2:$1%$2@$0](.%admin@teamManera.COM)s/./admin/`
3	`DEFAULT`
	`</value>`
	`</property>`

代码清单 2-3-3 的解释

1	为来自 TRUMANTRUCK.COM 的所有用户设置规则，并映射至 `truckuser` 账户
2	为来自 teamManera.org 的带有 admin 权限的主体设置按 admin 用户对待的规则
3	设置默认规则

如代码清单 2-3-3 所示，第一个规则有一个主体，它接受 Kerberos 主体的第一和第二个部分，并在它们之间放置 @ 标志，如 `jeff@teamManera.com`。然后过滤器仅匹配来自 TRUMANTRUCK.COM 域的实体。最后，替换规则选择匹配的内容，并将它映射至 `truckuser` 账户。

第二个规则是不同的。该主体选择 `kevin/admin@mydomain.com` 这样的 Kerberos 主体，并将其映射到 `kevin%admin@mydomain.com`。接受过滤器只匹配来自以 %admin@team Manera.com 结尾的结果主体的任何内容。

最后，`sed` 规则改变了由接受过滤器所匹配的任何内容，并将其更改为 admin 用户。

将 Kerberos 主体映射成 Hadoop 组

一旦 Kerberos 主体被映射成了用户名，主体的组列表也就由组映射服务所确定了，这是通过 `hadoop.security.group.mapping` 属性来配置的。

默认情况下，它是一个 shell 的实现，只需要查找操作系统上的用户组。如果你的账户设置在你的操作系统之上，并处于适当的组中，这可能就是你所需要的一切。

还有另一种可以从 LDAP 目录中获取你的组的方式，有时候这比为集群中的每台机器上的每个用户建立大量的组实体成员具有更少的管理需求度。

要做到这一点，将用到代码清单 2-3-4 所示的方法。正如所见，将 `hadoop.security.group.mapping` 属性设置成 `LdapGroupsMapping` 类，并利用其他属性，配置该类从你的 Hadoop 用户中拉取组的方式。

代码清单 2-3-4　在 core-site.xml 中自定义组映射

1	`<property>`
	`<name>hadoop.security.group.mapping</name>`
	`<value>org.apache.hadoop.security.LdapGroupsMapping</value>`
	`</property>`
2	`<property>`
	`<name>hadoop.security.group.mapping.ldap.url</name>`
	`<value>ldap://ldap.teamManera.com/</value>`
	`</property>`
	`<property>`
	`<name>hadoop.security.group.mapping.ldap.bind.user</name>`
	`<value>admin</value>`

```
    </property>
    <property>
    <name>hadoop.security.group.mapping.ldap.bind.password</name>
    <value>*********</value>
    </property>
3   <property>
    <name>hadoop.security.group.mapping.ldap.ssl</name>
    <value>true</value>
    </property>
4   <property>
    <name>hadoop.security.group.mapping.ldap.ssl.keystore</name>
    <value>/mykeystoredirectory/keystore.jks</value>
    </property>
5   <property>
    <name>hadoop.security.group.mapping.ldap.ssl.keystore.password.
    file</name>
    <value>/mykeystoredirectory/passwordToKeystoreFile</value>
    </property>
6   <property>
    <name>hadoop.security.group.mapping.ldap.base</name>
    <value>DC=ldaptest,DC=local</value>
    </property>
    <property> <!-- additional search filter for finding users below is
    typical value for Active Directory
    -->
    <name>hadoop.security.group.mapping.ldap.search.filter.user</name>
    <value>(&amp;(objectClass=user)(sAMAccountName={0}))</value>
    </property>
    <property> <!-- additional filter for finding groups.
    Below is typical value for Active Directory..
    -->
    <name>hadoop.security.group.mapping.ldap.search.filter.group</name>
    <value>(objectClass=group)</value>
    </property>
    <property><!-- attribute that identifies members of a group..
    Below is typical value for most LDAP implementations
    -->
    <name>hadoop.security.group.mapping.ldap.search.attr.member</name>
    <value>member</value>
    </property>
    <property>
    <!-- Attribute that is used for finding group name. Below is
    Typical value for most LDAP implementations
```

```
-->
<name>
hadoop.security.group.mapping.ldap.search.attr.group.name
</name>
<value>cn</value>
</property>
```

代码清单 2-3-4 的解释

1	它去往 LDAP 目录寻找组
2	所用的 LDAP 目录
3	如果你使用由 SSL 保护的 LDAP，就必须设置该属性
4	使用 SSL，需要指明你的 keystore
5	使用 SSL 连接到 LDAP，为 keystore 指明密码文件
6	用户的基本搜索

总体情况

应当注意的是，代码清单 2-3-4 中所示的属性并不都是必需的。例如，与 SSL 和 keystore 相关的属性仅当你在 SSL 上用 LDAP 时才被使用。虽然大部分用于搜索用户和组的属性值对于许多安装而言都是常见的，但是各种 LDAP 的安装却是不同的，所以你可能必须要基于你自己的安装来配置这些属性。使用 LDAPGroupsMapping 可以简化你 Hadoop 集群中的组管理——允许在一个集中位置处理管理任务。

3.4.2　服务级别授权

Hadoop 提供了启用服务级别授权的能力，它控制了哪些用户具有访问特定服务的权限。这确保了连接到 HDFS 的客户端具有访问 HDFS 的必要权限，可以控制哪些用户具有提交 MapReduce 作业的权限。

要在 core-site.xml 中启用服务级别的授权，你必须将 hadoop.security.authorization 设置成 true，因为默认没有启用它。

hadoop-policy.xml 文件为集群中的服务控制了 ACL，在代码清单 2-3-5 中呈现了这样的一个例子。ACL 位于协议层，默认情况下每个用户都被授予了访问任何内容的权限。

代码清单 2-3-5　配置 hadoop-policy.xml

```
1  <!-- property values are either * (for everything), or Comma-delimited
   users and groups.
   Examples "alice,bob,hadoopusers", "*", or "hdfs" are possible
   values.
   -->
   <configuration>
```

```
<property>
<name>security.client.protocol.acl</name>
<value>*</value>
<description>ACL for ClientProtocol, which is used by user code
via the DistributedFileSystem to talk to the HDFS cluster.
</property>
<property>
<name>security.client.datanode.protocol.acl</name>
<value>*</value>
<description>ACL for client-to-datanode protocol for block
recovery.
</description>
</property>
<property>
<name>security.datanode.protocol.acl</name>
<value>datanodes</value>
<description>This should be restricted to the datanode's user
name</description>
</property>
<property>
<name>security.inter.datanode.protocol.acl</
name><value>datanodes</value>
<description>ACL for InterDatanodeProtocol, the inter-datanode
protocol description>
</property>
<property>
<name>security.namenode.protocol.acl</name>
<value>namenodes</value>
<description>ACL for NamenodeProtocol, the protocol used by the
secondary namenode to communicate with the namenode.
</description>
</property>
<property>
<name>security.inter.tracker.protocol.acl</name>
<value>tasktrackers</value>
<description>ACL for InterTrackerProtocol, used by the
tasktrackers to communicate with the jobtracker.
</description>
</property>
<property>
<name>security.job.submission.protocol.acl</name>
<value>*</value>
<description>ACL for JobSubmissionProtocol, used by job clients to
```

```
communciate with the jobtracker for job submission, querying job
status etc.
</description>
</property>
<property>
<name>security.task.umbilical.protocol.acl</name>
<value>*</value>
<description>ACL for TaskUmbilicalProtocol, used by the map and
reduce tasks to communicate with the parent tasktracker.
</description>
</property>
<property>
<name>security.refresh.policy.protocol.acl</name>
<value>*</value>
<description>ACL for RefreshAuthorizationPolicyProtocol, used by
the dfsadmin and mradmin commands to refresh the security policy
</description>
</property>
<property>
<name>security.admin.operations.protocol.acl</name>
<value>*</value>
<description>ACL for AdminOperationsProtocol, used by the mradmins
commands to refresh queues and nodes at JobTracker. </description>
</property>
</configuration>
```

代码清单 2-3-5 的解释

1	允许 DistributedFileSystem 与 HDFS 集群的通信
2	块恢复的 ACL
3	辅助 NameNode 用来和 NameNode 通信所使用的安全性
4	TaskTracker 用来和 JobTracker 通信所使用的安全性
5	mradmins 命令用于刷新 JobTracker 上的队列和节点所使用的安全性

总体情况

在实践中，你会想要限制这些 ACL 仅作用于需要访问协议的用户。例如，DataNode 用于和 NameNode（security.datanode.protocol.acl）通信的 ACL 应当被限制于运行 DataNode 进程（通常是 hdfs）的用户。你的 Hadoop 管理员需要仔细配置它。可以使用 dsfadmin 可执行文件（针对 NameNode）和 mradmin 可执行文件（针对 JobTracker）上的 refreshService Acl 命令开关，为 NameNode 和 JobTracker 刷新服务级别的授权，而无须重启 Hadoop 守护进程。

3.4.3 作业授权

要控制对作业操作的访问，应该在 mapredsite.xml 文件中设置表 2-3-6 所示的配置属性（它们默认是禁用的）。

表 2-3-6　配置属性

属性名称	属性描述
mapred.acls.enabled	指定是否要为做各种作业操作的用户授权进行 ACL 的检查。如果它被设置成 true，当用户提交作业、杀死作业和查看作业细节时，JobTracker 和 TaskTracker 就应该进行访问控制的检查
mapreduce.job.aclview-job	指定可以查看关于作业私有细节的用户和/或组的列表。默认情况下，除了作业所有者、启动集群的人员、集群管理员和队列管理员之外，没有人可以执行作业的查看操作
mapreduce.job.aclmodify-job	指定可以在作业上执行修改操作的用户和/或组的列表。默认情况下，只有作业所有者、启动集群的人员、集群管理员和队列管理员可以执行作业的修改操作

知识检测点 5

1. 在将 Kereros 主体映射到 Hadoop 组的过程中，配置更改做了些什么？为什么要这样做？

2. 通过 HDFS 文件权限和服务级别授权的使用，Sam 如何确保对认证用户的授权控制？

基于图的问题

1. 解释 Kerberos 协议所涉及的过程。详细解释每个步骤。

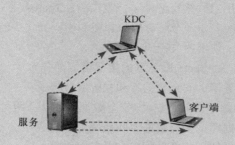

2. 填写 Hadoop 安全授权所涉及的属性。详细解释每个属性。

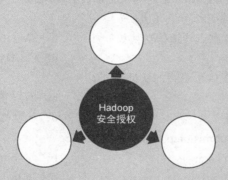

多项选择题

选择正确的答案。在下面给出的"标注你的答案"里将正确答案涂黑。

1. 何时 Kerberos 被选为 Hadoop 的认证机制？
   a. 2007　　　　b. 2009　　　　c. 2008　　　　d. 2010

2. Hadoop 通过____为通过认证的用户提供了授权控制：
   a. HDFS 用户权限　b. 服务级别授权　c. 作业授权　d. 以上均是

3. 当部署 LDAP 结构时，你应当考虑什么？
   a. 在整个结构上，使用唯一的用户 ID　　b. 使用 LDAP 链接
   c. 使人们的数据库空间尽可能地扁平化　　d. 以上均是

4. Hadoop 文件控制 ACL 配置于：
   a. core-site.xml　　　　　　　b. hadoop-policy.xml
   c. hadoop-acl.xml　　　　　　d. mapred-site.xml

5. 为什么在 Kerberos 认证系统中使用时钟？

a. 确保恰当的连接   b. 确保凭据正确地过期

c. 为加密键生成种子值   d. 测量和设置优化的加密算法

6. 当实施 Kerberos 认证时，必须考虑下列哪一个因素？

     a. Kerberos 可以很容易地受到中间人攻击，被获取未经授权的访问

     b. 通过使用对网络资源的重放攻击，Kerberos 凭据可以被伪造

     c. Kerberos 需要一个所有用户和资源密码的集中管理的数据库

     d. Kerberos 使用明文密码。

7. 下列哪些是 Kerberos 服务器的主要组成部分？

     a. 认证服务器、安全数据库和权限服务器

     b. SAM（顺序访问方法）、安全数据库和认证服务器

     c. 应用数据库、安全数据库和系统管理器

     d. 认证服务器、安全数据库和系统管理器

8. 假设你是 Company.com 的安全管理员。想确保在认证过程中只使用加了密的密码，你应该使用哪个认证协议？

     a. PPTP（点到点隧道传送协议）   b. SMTP（简单邮件传输协议）

     c. Kerberos   d. CHAP（质询握手认证协议）

9. 下列哪一项提供了最强的认证形式？

     a. 令牌   b. 用户名和密码

     c. 生物识别技术   d. 一次性密码

10. Security.job.submision.protocol.acl 被用来：

     a. 运行 jobtracker   b. 与 jobtracker 通信

     c. 运行 tasktracker   d. 与 tasktracker 通信

标注你的答案（把正确答案涂黑）

1. (a) (b) (c) (d)   6. (a) (b) (c) (d)

2. (a) (b) (c) (d)   7. (a) (b) (c) (d)

3. (a) (b) (c) (d)   8. (a) (b) (c) (d)

4. (a) (b) (c) (d)   9. (a) (b) (c) (d)

5. (a) (b) (c) (d)   10. (a) (b) (c) (d)

测试你的能力

Sean 想把某些凭证委托给他公司的新用户。要这么做的话，所需的必要配置变更是什么？

○ Hadoop 的初期使用围绕着管理大量的公共网络数据，因此数据安全和隐私不是最初设计时的考虑因素。

○ 下面是在 Hadoop 中所面临的一些主要安全问题。
  ● 最初，没有安全模型——Hadoop 不验证用户或服务。
  ● 关注到安全性的组织将 Hadoop 集群隔离到私有网络，并限制访问授权用户。
  ● MapReduce 没有认证或授权的概念，一个淘气的用户可能会降低其他 Hadoop 作业的优先级使他或她的作业更快地完成，或者更糟的是，杀死其他的作业。
  ● 随着 Hadoop 变成了一个更受欢迎的数据分析平台，安全专业人士开始表达对 Hadoop 集群内部恶意用户威胁的担忧。

○ 在 2009 年，Kerberos 成了 Hadoop 的认证机制，并开发了下面的高层需求：
  ● 用户应该只被允许访问他们具有访问权限的 HDFS 文件；
  ● 用户应该只被允许访问或修改他们自己的 MapReduce 作业；
  ● 用户和服务应该能相互认证以阻止未经授权的 NameNode、DataNode、JobTracker 和 TaskTracker。
  ● 服务应该能相互验证，以阻止未经授权的服务加入集群。

○ Kerberos 凭证和凭据的使用对于用户和应用程序应当是透明的。

○ Kerberos 是基于密钥的认证系统，用于提供用户与服务器在开放网络中的身份认证和单点登录（SSO）。

○ Hadoop 使用 Kerberos 协议认证去往 Hadoop 的用户，并相互认证 Hadoop 服务。

○ Kerberos 依赖于凭据的概念才能工作。在 Kerberos 中，有三方参与其中：
  ● 一个请求访问资源的客户端（可以是用户或服务）；
  ● 一个被请求的资源（通常是一种服务）；
  ● Kerberos 密钥分发中心（KDC），其中包括了一个认证服务（AS）和一个凭据授予服务（TGS）。KDC 是所有通信的主枢纽。

○ Hadoop 使用 Kerberos 版本 5，利用了使用通用安全服务应用编程接口（GSSAPI）的简单认证和安全层（SASL），GSSAPI 又被称为"Kerberos RPC"或"SASL/GSSAPI"。

○ SASL 是允许进行协商的认证协议的抽象，GSSAPI 是实现了 Kerberos 的高层 API。

○ 存在很多的 Hadoop HTTP Web 控制台（JobTracker、NameNode、TaskTracker、DataNode、Oozie、Sqoop）。最初，它们都不具有安全性。

○ 最初开发 Hadoop 安全性时，这种 Web 控制台的安全性就被决定为"可插拔的 HTTP 认证"，把 Web 认证机制和方法留给实现者去开发。

○ Hadoop 提供授权控制，通过使用 HDFS 文件权限和服务级别的授权来认证用户。
  ● HDFS 为文件和目录使用权限模型，这类似于 UNIX 模型。
  ● 每个文件和目录与所有者和组相关联，并关联读写权限。基于这些文件权限和用户的身份和组成员，HDFS 控制着对分布式文件系统的读写访问。

- 服务级别的授权是一种能力，它提供了访问控制列表（ACL），表明哪些用户具有访问特定服务的权限。集群可以使用这个机制来控制哪些用户和组具有提交作业的权限。

○ 实施作业授权来允许用户仅能够查看和修改他们自己的作业，这是通过设定参数来实现的。

○ 可以通过使用 hadoop.security.auth_to_local 属性，定制构建对 HDFS 文件系统的访问。该属性有以下 3 个选项：

- 主体；
- 接受过滤器；
- 替代。

○ Hadoop 提供了启用服务级别授权的能力，以控制哪些用户有访问特定服务的权限。

○ 要在 core-site.xml 中启用服务级别的授权，必须将 hadoop.security.authorization 设置成 true，因为默认没有启用它。

在 AWS 上运行 Hadoop 应用程序

模块目标

学完本模块的内容，读者将能够：

➡ 配置 Hadoop 应用程序，使之运行于 Amazon Web Services（AWS）上

本讲目标

学完本讲的内容，读者将能够：

➡	懂得在亚马逊服务上运行 Hadoop 的选项
➡	懂得亚马逊弹性 MapReduce 及其能力
➡	编写简单存储服务的程序
➡	用编程来配置亚马逊弹性 MapReduce
➡	在亚马逊弹性 MapReduce 中运行作业

"技术不只是机械。技术是生活的一种性格。"

——Leon Kass

　　亚马逊 Web **服务**（Amazon Web Services，AWS）正在成为本地硬件部署架构的一种流行的替代品。对此可用多种原因来解释。AWS 提供快速和灵活的按需部署选项，它使用户能够在需要它的时候仅提供所需的内容。它也使你能够随着你需求的增长来提升你的硬件和软件。根据你的要求，AWS 提供了多种灵活的定价选项，如计量计费，这意味着在任何时候你都准确知道自己用了多少资源、你必须为它们支付多少钱。

　　随着 Hadoop 和 AWS 的日益普及，用于运行 Hadoop 应用的 AWS 正在迅速增长。

　　在本讲中，你将了解在 AWS 上运行 Hadoop 的不同方法，以及用于这种实现的主要的 AWS 服务。你还将了解如何在 AWS 上（均使用 AWS 控制台和编程的方法）配置和运行 Hadoop 集群，如何设置和使用亚马逊**简单存储服务**（S3）用于 Hadoop 的存储，以及如何以编程方式从本地磁盘或 **Hadoop 分布式文件系统**（HDFS）上传和下载数据至 S3。最后，你将学习在 AWS 中协调 Hadoop 作业的各种方式。

模块2第3讲的出口　　　　　　　　　模块2第4讲的入口
- 讨论Hadoop中的安全过程　　　　　- 在云上配置和运行Hadoop

4.1　开始了解 AWS

预备知识　了解更多关于亚马逊 S3 的行业应用。

　　AWS 是作为**基础设施即服务（IAAS）**而开始的，提供了如网络和存储这样的基础服务。它演变成了**平台即服务（PAAS）**，可以用来开发和运行从企业和大数据应用到社交游戏和移动应用的几乎任何内容。

快速提示

　　在 AWS 的情形下，"服务"明显不只是意味着 Web 服务。"服务"代表了已部署的可以通过定义明确的接口（一套应用程序编程接口）来访问的应用程序/基础设施的功能单元。

　　目前，AWS 提供了一个丰富的服务生态系统，它由以下主要组件所组成。
- ○ **EC2：**亚马逊弹性计算云（EC2）是一种 Web 服务，它在云上按需提供计算能力。它是大多数不同类型的亚马逊服务（如自动扩展、AWS 数据管道、亚马逊工作区和弹性负载均衡）的基础。
- ○ **EMR：**亚马逊弹性 MapReduce（EMR）是一种 Web 服务，它利用 EC2 和 S3 提供了对一个托管 Hadoop 框架的访问。
- ○ **S3：**亚马逊简单存储服务（S3）是一个 Web 服务，它可以被用来存储和检索数据。它提供了高度可扩展的、可靠的、安全的、快速的和廉价的基础设施，用于存储必要的数据。

○ **DynamoDB**：亚马逊 DynamoDB 是一个完全托管的 NoSQL 数据库，允许在没有停机或性能退化的前提下缩放单个表的请求能力。有了它，可以获得资源利用率和性能指标的可见性。

○ **IAM**：AWS 身份和访问管理（IAM）是一种 Web 服务，它使你能够控制给定账户用户对 AWS 服务和资源的访问。IAM 支持 AWS 用户和组的创建和管理，并使用策略来允许/拒绝 AWS 资源或资源操作的权限。

○ **RDS**：亚马逊关系型数据库服务（RDS）是一种 Web 服务，它使你能够在云上设置、操作和缩放关系型数据库。它支持 MySQL、Oracle 和微软 SQL Server 数据库引擎。

○ **ElasticCache**：亚马逊 ElasticCache 是一种 Web 服务，它使你易于部署、操作和缩放云上的内存缓存。ElastiCache 与 memcached 这种广泛采用的内存对象缓存系统是协议兼容的，它允许多种启用 memcached 的工具和应用程序协同工作。

其他 AWS 服务还包括以下内容。

○ **CloudWatch**：这提供了资源和应用程序的监测。

○ **Redshift**：这是一个 PB 级规模的数据仓库服务。

○ **CloudSearch**：这是一个托管的搜索服务。

○ **SQS**：这是一个托管的简单队列服务。

○ **SNS**：这是一个托管的简单通知服务。

○ **SWF**：这是一个托管的工作流服务，协调应用程序组件。

○ **数据管道**：这是一个托管的数据驱动工作流的集成。

在下一节中，我们将学到在 AWS 中安装和运行 Hadoop 的不同选项。

技术材料

亚马逊发布了新的亚马逊 Web 服务（AWS），提供定期的服务（同时降低了价格）。

4.2　在 AWS 上运行 Hadoop 的选项

当说到 AWS 上的 Hadoop 部署时，有两个不同的选项：

○ 使用 EC2 实例的自定义安装；

○ 使用一个托管的 Hadoop 版本（如 EMR）。

4.2.1　使用 EC2 实例的自定义安装

要将亚马逊当作 IAAS-EC2 实例来使用，需要以和在本机机器上安装集群完全一致的方式来部署一个 Hadoop 集群。要使安装更简单，可以使用大量预配置的公共亚马逊机器镜像（AMI），这些镜像含有预安装的 Hadoop 实例。或者，也可以构建自定义的镜像进行 Hadoop 安装。**Apache Whirr** 允许进一步简化安装。

　　亚马逊机器镜像（Amazon Machine Image，AMI）是一种虚拟工具，用来在亚马逊弹性计算云（EC2）中创建虚拟机。它作为部署的基本单位，为使用 EC2 交付的服务提供服务。

　　虽然使用 EC2 替代物理硬件有优势（如较低的初始资本支出、更快的上市时间等），但是这种方法仍然需要维护和管理 Hadoop 集群、安装补丁等。虽然这种方法使你能够显著地减少硬件维护，但它仍然需要和本地集群相同的软件维护工作量。

4.2.2　弹性 MapReduce

　　亚马逊提供的一个托管的 Hadoop 版本（EMR）使用户能够完全抛开维护的负担。在这种情况下，亚马逊提供了所需的 Hadoop 集群的硬件和软件的维护，你只需要直接使用就可以了。

　　遗憾的是，没有什么是免费的。如果你决定从本地 Hadoop 安装转向 EMR，那么就会有严重的架构影响。

附加知识　　在做出选择前的一些额外的考虑

　　当你在使用 EC2 实例进行自定义安装和使用 EMR 之间选择时，有一些额外的事情需要考虑。

- ○ **具体的 Hadoop 版本**：当使用 EMR 时，你依赖于亚马逊的服务。你可以仅使用亚马逊提供的版本，而一个自定义安装使你能使用现有 Hadoop 的任意版本。
- ○ **使用额外的 AWS 资源，进行数据存储和处理**：如果你已经使用了 S3 或 DynamoDB 在 AWS 中存储了你的一些数据，EMR 的使用能更好地整合这些资源，并提供一个更好的选择。
- ○ **工具**：你的决定可能受到 EMR 提供的工具或你最喜欢的发行版的影响。记住，在 EMR 上安装额外的工具是相当简单的（可以从本讲后面的内容中了解更多信息）。
- ○ **EMR 实施提供的额外功能**：这包括了简单和强大的集群启动，以及易于使用的 Web 用户接口（UI）。集群缩放的能力以及其与 CloudWatch 的整合等，可以进一步影响你关于是否使用 EMR 的决策。

　　本讲其余部分假定读者已经决定使用 EMR 了，因此会进一步探讨有关 EMR 使用的某些细节。在下一节中，读者会更详细地了解 EMR。

知识检测点 1

　　Roy 是一家 A2Z 公司的管理员。他计划使用 AWS 服务。假设你是他的 AWS 的联系人。讨论由 AWS 提供的服务和组件。

4.3　了解 EMR-Hadoop 的关系

如图 2-4-1 所示，本地 Hadoop 集群本质上是一个 PAAS 云，它为许多用户提供了运行多种应用程序的平台。它在本地提供了所有的相关数据，允许高性能的数据访问。本地 Hadoop 集群是一项资产费用。一旦它被创建，为使用它而进行的支出与初始投资相比是相对较小的，这就是为什么本地 Hadoop 一直增加、运行和可用的原因。

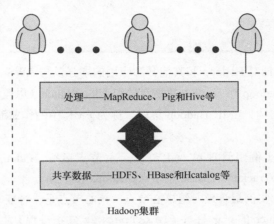

图 2-4-1　本地 Hadoop 集群

如图 2-4-2 所示，在 AWS 的情形中，架构是不同的。在这里，AWS 代表了一种共享资源，用户在其中有一个单独的账户。（在一般情况下，使用 IAM，多个用户可以共享一个账户。）

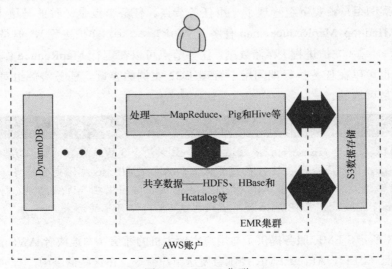

图 2-4-2　EMR 集群

EMR 集群只是众多对用户（或用户组）可用的资源之一。这是一种**费用发生拨款制的资源**，所以让它一直运行通常是不符合成本效益的。因此，类似于其他 AWS 资源，它通常是启用以解决一个特定的问题，然后关闭。这种用法的言外之意是，实际的数据必须存储在集群之外。

在亚马逊的案例中，这样的存储机制通常是 S3，它能够与 EMR 很好地集成。（除了 S3，其他的 AWS 存储系统（如 DynamoDB），也可以用来存储由 Hadoop 处理的数据。）所以，对于所有的实际目的，EMR 是一个基于 Hadoop 的数据处理（而不是数据存储）平台，支持 MapReduce、Pig、Hive 等。

4.3.1　EMR 架构

亚马逊 EMR 软件包括对 Hadoop 和其他开源应用的增强以与 AWS 无缝协同工作，具体包括与 EC2 的集成以运行 Hadoop 节点、S3 数据存储和 CloudWatch（以监测集群和发出警报）。图 2-4-3 展示了整体 EMR 架构。EMR Hadoop 集群（称为 EMR 中的**作业流程**）由以下 3 个实例组所支持。

- **主实例组：** 此实例组管理单一主节点，主节点运行 Hadoop 主进程，包括 HDFS NameNode、JobTracker、HBase 主节点、ZooKeeper 等。
- **核心实例组：** 此实例组管理一组核心节点。核心节点是一种亚马逊 EC2 实例，它运行 Hadoop MapReduce 的 map 任务（`TaskTracker` 守护进程）并使用 HDFS（`DataNode` 守护进程）存储数据。如果你必须使用 HDFS，你必须至少有一个或更多的核心节点。在现有作业流程上的核心节点的数量可以增长（但不可以减少，因为那样可能会导致数据丢失）。
- **任务实例组：** 该实例组管理了一组任务节点。任务节点是一种亚马逊 EC2 实例，它运行 Hadoop MapReduce map 任务（`TaskTracker` 守护进程），但是不使用 HDFS（`DataNode` 守护进程）存储数据。任务节点可以在运行 MapReduce 作业时添加和删除，也可以在任务执行期间用于管理 EC2 实例的容量。任务实例组对于 EMR 作业流程是可选的。

技术材料

在 EMR 上运行 HBase 时，应该运行一个至少包含 3 台服务器的核心实例组。这保证了没有 HBase 区域服务器会运行在主节点上，从而使 HBase 总体更加稳定。此外，目前的 HBase 限制是，使用 Java API 对 HBase 的编程访问仅在 AWS 内部支持，这是因为 ZooKeeper 将区域服务器 IP 地址解析成仅在 AWS 内部可见的形式。

如图 2-4-3 所示，EMR 服务提供了与用户本地主机的通信（本地或者 AWS 内部），并负责通过命令行界面（CLI）、API 或 EMR 控制台发送用户命令。在这些命令中，有创建和销毁作业流程的命令。

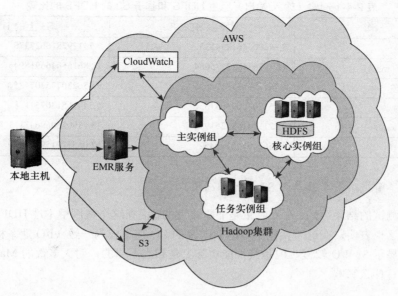

图 2-4-3　EMR 整体架构

　　EMR 提供了默认的作业流程启动和配置，它可以被用户通过使用默认的或自定义的**引导动作**来覆写——在 Hadoop 启动前脚本在集群的所有节点上执行。引导动作可以用于加载额外的软件、改变 Hadoop 的配置、改变 Java 和 Hadoop 守护进程的设置等。预定义的引导动作包括 Hadoop（和 Hadoop 守护进程的配置）。自定义的引导动作可以用 Hadoop 集群上的任何可用的语言来编写，包括 Ruby、Python、Perl 或 bash。

　　除了 HDFS 和 MapReduce 之外，EMR 还使用户能够运行 HBase、Hive 和 Pig。要使用 HBase，应该在核心实例组内使用足够大型的 EC2 实例（m1.large 或更大）。

4.3.2　使用 S3 存储

　　乍一看，基于 S3 的 HDFS 的使用看起来应该会导致数据访问的性能退化。在这点上出现的两个问题是：它有多重要以及它对于特定的 MapReduce 作业有什么影响。虽然针对第二个问题的回答取决于作业本身，但是第一个问题可以使用来自 Apache 的 TestDFSIO 基准工具来回答。基准读写 HDFS 的数据。

　　作为一个例子，基准测试运行在 10 节点的 AWS EMR 集群上，类型 m1.large 的实例用作主节点和从节点。集群配置成 54 个 map 槽和 1 个 reducer 槽。

　　表 2-4-1 显示了测试执行的结果（包括 100 个 1 GB 文件的读写）。

表 2-4-1　I/O（输入/输出）原生 HDFS 和基于 S3 的 HDFS 的比较

操　作	原生 HDFS	S3 上的 HDFS
写吞吐量（mb/s）	9.343005461734133	7.731297816627378
写平均 I/O 速率（mb/s）	12.117674827575684	12.861650466918945
写 I/O 速率标准差	5.7651896313176625	9.956230775307425
读吞吐量（mb/s）	24.512070623051336	6.544165130751111
读平均 I/O 速率（mb/s）	27.211841583251953	15.739026069641113
读 I/O 速率标准差	9.856340728198452	12.065322159347629

预备知识　了解更多关于亚马逊 S3 的行业应用。

根据基准测试的结果可知，写吞吐量是非常接近的，而在这个案例中本地 HDFS 的读吞吐量大约高 4 倍。这也表明，在这个案例中本地 HDFS 的 I/O 速率较为一致（I/O 速率标准差较低）。

虽然基准显示 S3 I/O 较慢，但是其性能实际上是相当不错的，对大多数的 MapReduce 实施来说它几乎没有什么影响。

4.3.3　最大化地利用 EMR

除了正常的 HBase 特性，EMR 还提供了 HBase 到 S3 的直接备份和恢复。备份可以根据需求或基于计时器周期性地进行。

EMR Hadoop 将 Hadoop UI 发布为托管在主节点上的网站。要访问这些接口，要么为公共访问打开去往主节点的端口，要么使用去往 AWS 的 SSH（Secure Shell）隧道。

表 2-4-2 列出所有的可用接口。

表 2-4-2　主节点上的 Hadoop Web 接口

接　口	URL
Hadoop MapReduce JobTracker	`http://master-public-dns-name:9100/`
Hadoop HDFS NameNode	`http://master-public-dns-name:9101/`
Hadoop MapReduce TaskTracker	`http://master-public-dns-name:9103/`
Ganglia 度量报表（如果已安装）	`http://master-public-dns-name/ganglia/`
HBase 接口（如果已安装）	`http://master-public-dns-name:60010/master-status`

快速提示

在表 2-4-2 中，`master-public-dns-name` 代表主节点实际的公共 DNS（域名系统）的名字。

亚马逊 EMR 上可以使用几种流行的大数据应用程序，使用公用定价。表 2-4-3 列出了这些应用程序。

表 2-4-3　EMR 上可用的大数据应用

产　　品	产品描述
HParser	一个可以用来解析异构数据格式并将它们转换成易于处理和分析的形式的工具。除了文本和 XML，HParser 可以解析 PDF、Word 文档等专有格式
Karmasphere	图形数据挖掘桌面工具，与亚马逊 EMR 上的大型结构化和非结构化数据集协同工作。Karmasphere 分析可以构建新的 Hive 查询，启动新的亚马逊 EMR 作业流程，或与启动时启用了 Karmasphere 分析的作业流程交互
MapR Hadoop Distribution	一个使 Hadoop 更简单更可靠的、开放的企业级发行版。为方便使用，MapR 提供了网络文件系统（NFS）和开放数据库连接（ODBC）接口。它还提供了全面的管理套件和自动压缩。针对可靠性，MapR 提供了高可用性和自愈性结构，它消除了 NameNode 的单点失效，并提供了带有快照和灾难恢复的数据保护以及跨集群的镜像

　　EMR 作业流程可以执行一个或多个步骤（MapReduce 作业、Pig 或 Hive 脚本等）。作业流程的步骤可以在作业流程创建的过程中定义，并在任何时候添加到作业流程中。当一个步骤定义 MapReduce 作业时，其定义包括了一个包含可执行代码（main 类）的 jar 文件、执行驱动程序和一组传递给驱动程序的参数。如果序列中的任意一个步骤失败了，该步骤后续的所有步骤都会被作业流取消。

　　如同所有的 AWS 组件一样，EMR 是与 IAM 集成的。IAM 策略使你能够控制给定的用户可以利用 EMR 所做的事情。给定用户的访问策略可以从不允许访问到完全访问，其中有很多部分授权的组合。当一个新的作业流程启动时，默认情况下，它继承了启动作业流程的用户身份。此外，通过在作业流启动过程中指定 jobflow-role 角色的参数，它就有可能在特定 IAM 角色中启动作业流。如果作业流在角色中启动了，可以使用下面的命令从任何参与 EC2 实例的元数据中获得临时账户凭证：

```
GET http://169.254.169.254/latest/meta-data/iam/security-credentials/roleName
```

附加知识

　　前面的命令仅当在 EC2 节点中执行时才有效。除了用户和组，IAM 还支持角色。类似于用户，角色也支持权限，这（除了控制对账户资源的访问）使你能够执行给定账户以外的访问（即跨账户权限）。IAM 用户或 AWS 服务可以取得角色以获得临时的安全凭证用于 AWS API 调用。角色的好处是，它们使你避免共享长期凭证或为每个需要访问资源的实体定义权限。

　　此外，MapReduce 执行上下文包含了当前的 AccessKeyId 和密钥。可以通过代码清单 2-4-1 所示的代码，使用 fs.s3.awsAccessKeyId 和 fs.s3.awsSecretAccessKey（Hadoop 配置中的 Hadoop 属性）来访问它们。

代码清单 2-4-1　访问 AWS 凭据

```
1  String accessID = conf.get("fs.s3.awsAccessKeyId");
2  String key = conf.get("fs.s3.awsSecretAccessKey");
```

代码清单 2-4-1 的解释

1	获取 AWS 访问 ID 的凭证，赋值给字符串 `accessID`
2	获取 AWS 密钥，赋值给字符串 `key`

> HIT Tech 正在使用 Hadoop，并计划提升其性能。EMR 架构如何有助于最大化其性能？

4.3.4　使用 CloudWatch 和其他 AWS 组件

EMR 将执行度量值报告给 CloudWatch，这使用户可以简化对 EMR 作业流程以及 MapReduce 作业执行的监控。如果度量值跑到指定范围外了，还可以设置面向全体员工的警报。度量值每 5 分钟更新一次并存档两周。大于两周的数据将被丢弃。CloudWatch 度量值使你能够完成下面几件事情。

○ 通过检查 `RunningMapTasks`、`RemainingMapTasks`、`RunningReduceTasks` 和 `RemainingReduceTasks` 度量值来跟踪 MapReduce 作业的过程。

○ 通过检查 `IsIdle` 度量值来侦测空闲的作业流，该度量值可以跟踪不活跃的作业流。

○ 通过检查 `HDFSUtilization` 度量值来侦测节点何时耗尽了存储，该度量值代表了当前已用 HDFS 空间的百分比。

在使用 HBase 的情形下，有一个额外的 CloudWatch 度量值，该度量值支持 HBase 备份统计，包括失败的 HBase 备份尝试的计数、备份持续时间以及自从上次备份迄今为止的时长。

在 EMR 和 DynamoDB 之间也提供了集成。EMR 对 Hive 的扩展使你能够将 DynamoDB 作为 Hive 表来对待。虽然与 DynamoDB 的集成似乎是一个简单的实现（类似于第 1 卷模块 3 第 3 讲中所描述的那样），但是 EMR 的 Hive 实现通过利用 Dynamo 内部的知识优化了分割计算。因此，EMR 为基于 Dynamo 的数据推荐使用 Hive 在 Dynamo 和 HDFS 之间移动数据，然后使用驻留在 HDFS 上的数据复制进行额外的计算。

最终，AWS 数据管道提供了与 EMR 的集成，从而简化了在 ETL 过程中的 EMR 利用。除了由 AWS 提供的集成，还可以利用所有 AWS 组件提供的 API 来构建集成，包括 EMR 本身。

EMR 提供了创建作业流和运行 MapReduce 步骤的多种方法。让我们来看看如何使用 EMR 控制台来与 EMR 作业流协同工作。

4.3.5　访问和使用 EMR

访问 EMR 的最简单的方式是使用 EMR 控制台，它提供了一组屏幕来配置 Hadoop 集群，并运行和调试 Hadoop 应用程序。这里的讨论带你遍历支持这些操作的屏幕序列。

创建一个新的作业流

新作业流的创建可以通过定义关于它的基本信息来启动，如图 2-4-4 中的**定义作业流**屏幕所示。

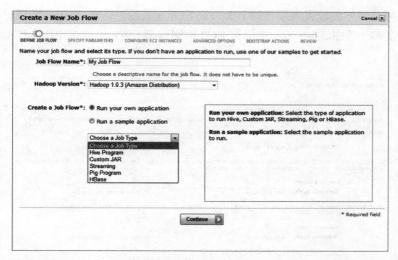

图 2-4-4　使用 AWS 控制台启动 Hadoop 作业流

　　第一个屏幕使你能够定义作业流的名称和 Hadoop 版本。（当前支持的版本是亚马逊 Hadoop 发行版 1.03、MapR M3 和 MapR M5。）

　　此外，EMR 使你能够配置特定的应用程序（包括 Hive 应用、Pig 应用、流式应用、HBase 应用和自定义的 jar 文件）。应用程序的选择指定了额外的引导动作，它是在执行第一步之前由 EMR 执行的。

　　因为在这个例子中已经选择了 HBase 作为应用类型，所以在下一个屏幕（即图 2-4-5 所示的**指定参数**屏幕）中，可以指定是否要在作业流的启动过程中恢复 HBase 以及现有的 HBase 备份位置。（如果没有指定恢复，便会创建一个空的 HBase 实例。）

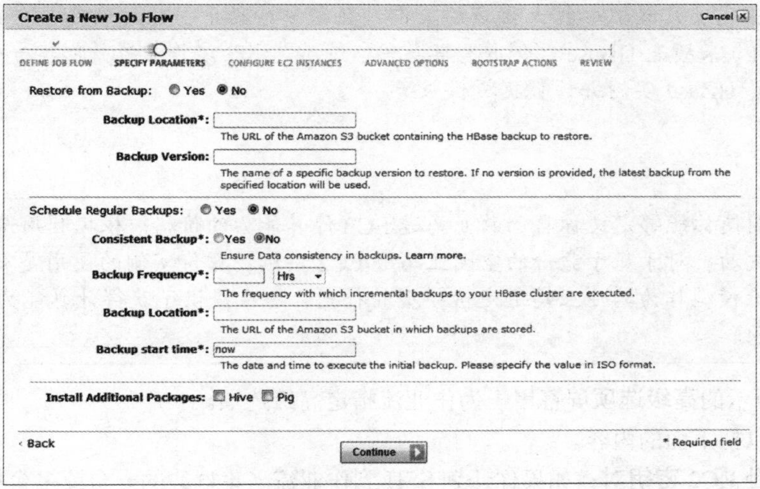

图 2-4-5　使用 AWS 控制台为 Hadoop 作业流指定备份和恢复

此外，该屏幕使你能设置周期性的 HBase 备份并安装额外的包（Hive 或 Pig）。

在下一个屏幕（即图 2-4-6 所示的**配置 EC2 实例**屏幕）中，可以指定用于作业流执行的 EC2 机器。

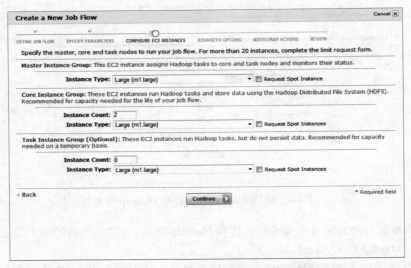

图 2-4-6　使用 AWS 控制台为 Hadoop 作业流选择节点

对于 EMR 实例组中的每个实例，这个屏幕使用户能指定组中实例的类型和实例的数量。它还可以使用户能够为组实例请求竞价实例。

技术材料

EMR 保存和恢复 HBase 内容的能力为通用 HBase 使用模型提供了一个基础。写入 HBase 往往需要比读取数据大得多的集群。在这种情况下，往往创建一个更大的作业流（EMR 集群）来填充 HBase 实例并将其备份。然后，删除该作业流并创建一个较小的作业流，它恢复 HBase 实例并为数据提供服务。

附加知识

竞价实例使你能够定义你自己的亚马逊 EC2 计算能力的价格。根据利用情况，空闲实例的竞价会波动。对于基于竞价的空闲亚马逊 EC2 实例，竞价实例的使用是有效的出价。竞价实例定价模型作为其他亚马逊定价模型的补充，潜在提供了获得计算能力的最具有成本效益的选项。

图 2-4-7 所示的**高级选项**屏幕用于为作业流指定高级选项。

这些动作包括下面的内容。

○ **亚马逊 EC2 密钥对**：如果你计划 SSH 到作业流（集群）的一台或多台机器上，你必须指定密钥对。密钥对用于验证 ssh 的登录。

图 2-4-7　使用 AWS 控制台为 Hadoop 作业流指定高级选项

- ❍ **亚马逊 VPC 子网 ID**：通过指定一个虚拟私有云（VPC）子网，可以把一个新创建的工作流放置到指定的 VPC 中。
- ❍ **亚马逊 S3 日志路径**：通过指定 S3 的日志路径，你指导 EMR 在 S3 中存储所有的日志文件。
- ❍ **保持活跃**：通过指定 **Keep Alive** 选项，你指示在所有执行步骤都完成之后作业流不要终止。如果你计划动态增加额外的步骤，那么该选项是有用的。
- ❍ **终止保护**：通过指定 **Termination Protection** 选项，你指示作业流不要由于意外操作错误而终止。
- ❍ **对所有 IAM 用户可见**：通过指定 **Visible to All IAM Users** 选项，你指示 EMR 使作业流的执行对于你账户下的所有成员可见。

技术材料

　　亚马逊虚拟私有云（亚马逊 VPC）支持亚马逊 Web 服务（AWS）云逻辑上隔离部分的分区。VPC 的创建使你能够创建你拥有完全控制的虚拟网络。当在虚拟网络中工作时，读者可以选择你自己的 IP 地址范围、创建子网并配置路由表和网关。

　　最终的配置屏幕（即图 2-4-8 所示的**引导动作**屏幕）使用户可以指定作业流启动期间执行的附加引导动作。

　　在这里，可以选择预定义的带有参数集的引导动作，或通过指定其位置和可选参数来添加自定义动作。

　　一旦为作业流指定了所有参数，一个额外的屏幕（**Review** 屏幕，这里没有显示）使用户可以查看参数汇总并确认作业流启动。

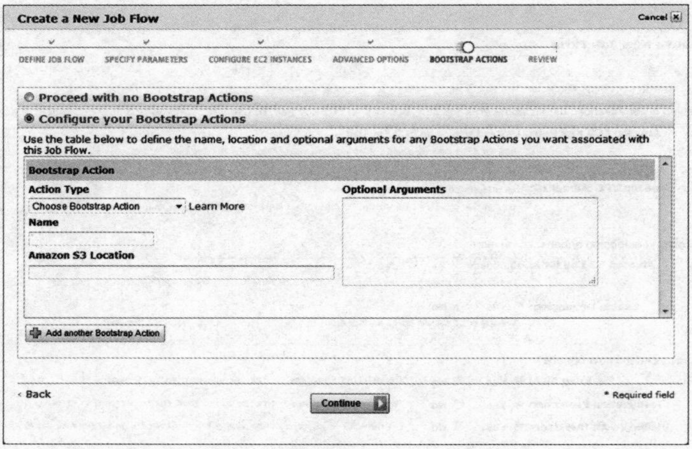

图 2-4-8　使用 AWS 控制台为 Hadoop 作业流指定引导动作

AWS 控制台提供了对于监控作业流执行的支持，如图 2-4-9 所示。监控屏幕上有两个窗格。上面的窗格显示了所有对你可见的作业流的列表，以及每个作业流的名称、状态、创建时间、所用时间和归一化的实例时间。

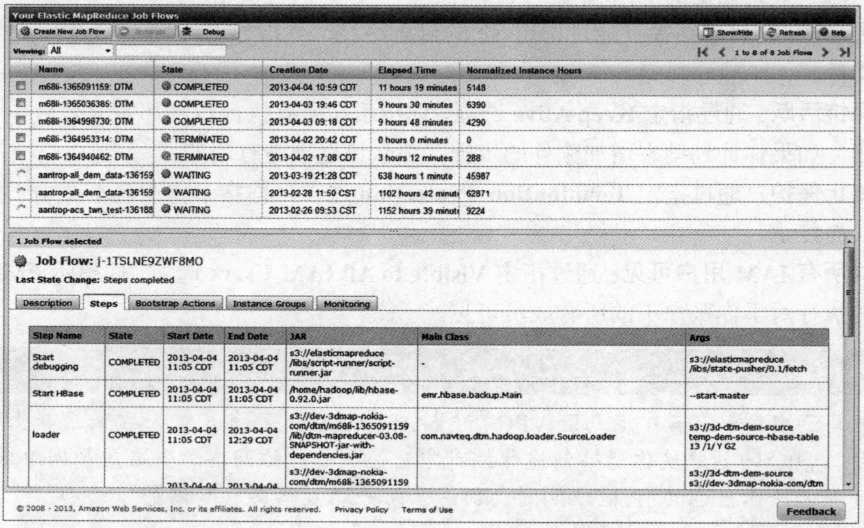

图 2-4-9　使用 AWS 控制台监控 EMR 作业流的执行

通过检查图 2-4-9 中最左边的具体作业流，可以引出下面的窗格，它提供了关于作业流执行的更多的细节。它包含下面几个选项卡。

○ **描述**：第一个标签显示了流程的描述，包括主节点的公共 DNS 名称，可用于访问主实例（通过 SSH 或通过 HTTP（超文本传输协议））。

○ **步骤**：这个标签让用户可以看到关于每个步骤的信息，包括步骤名称、状态、启动和结束日期、包含了步骤代码的 jar、步骤的 main 类，以及额外步骤的参数。

❍ **引导动作：** 这个标签可以让你看到关于所有引导动作的信息，包括动作名称、动作的脚本位置以及设置的参数。

❍ **实例组：** 这个标签使你能看到作业流使用的所有实例 ID。对于每一个实例，可以看到实例在作业流中所扮演的角色（主节点、核心或任务）、实例类型、状态、市场（按需或竞价）、运行（对于终止的作业流而言，运行计数器永远为 0）、请求计数和创建日期。

❍ **监测：** 此标签显示了作业流的 CloudWatch 信息。

快速提示

　　显示在图 2-4-9 上面窗格中的归一化实例小时列反映了基于"m1.small = 1 小时"为 1 小时的标准计算时间的小时数。归一化实例小时数的使用提供了使用的数量，而不考虑实例的类型。

调试

　　点击 AWS 控制台顶部左手边的**调试**按钮，会启动一个调试视图，如图 2-4-10 所示的 **Debug a Job Flow** 屏幕中所看到的那样。

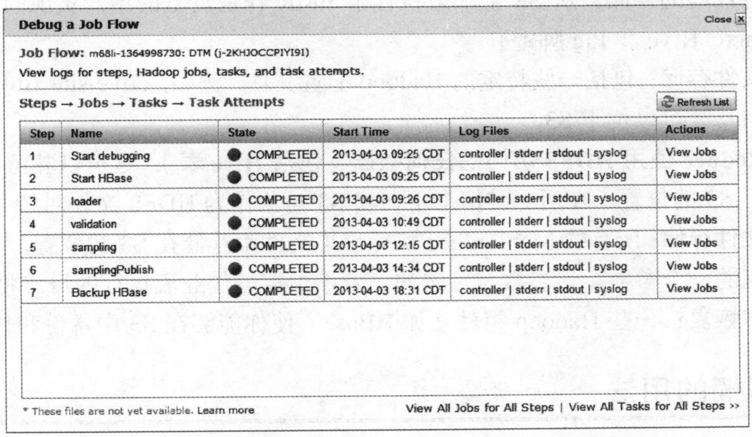

图 2-4-10　使用 AWS 控制台来调试 EMR 的执行

交叉参考　EMR 也提供了非常强大的一组 Java API，本讲稍后加以讨论。

　　对于作业流中的每一个步骤，该屏幕显示了步骤的编号、名称、状态、链接到日志文件的启动时间以及与步骤作业的链接。（使用 MapReduce 的每一个步骤都有一个与之相关联的作业，Pig 和 Hive 步骤可以有多个与它们相关联的作业。）对于每一项工作，屏幕使你能够查看 Hadoop 的作业 ID、父级步骤号、作业状态、启动时间和到作业任务的链接。

　　这里的任务视图有点类似于 TaskTracker 中的任务视图。对于每一个任务，屏幕使你能够看到任务的名称和类型（map 或 reduce）、父作业的名字、任务的状态、开始时间和消耗的时间以及到任务尝试的一个链接。

对于每一个任务，该屏幕显示了所有的任务执行尝试。对于每一次尝试，你都可以看到尝试号、父任务 ID、任务名称和类型（map 或 reduce）、尝试的状态、启动时间和到尝试日志的链接。

除了 EMR 控制台，EMR 还提供了 CLI。你应当通过阅读 EMR 文档获取关于安装和使用 CLI 的更多细节。

现在知道了 EMR 的架构和与 EMR 交互的方式，让我们仔细看一下 S3，这是 EMR 的使用基础。

知识检测点 3

> i-system 公司尝试实施 EMR 作业流。他们将如何执行这个流程？

4.4 使用 AWS S3

EMR 最显著的特征之一是它能与 S3 紧密集成，S3 是一种提供了对于高度可扩展和可靠的键/对象存储的网络服务。（EMR 实现是原始 Hadoop 在 S3 上的 HDFS 实现的改写。）因为 EMR 执行是短暂的，所以它支持存储任何在 S3 中重启时必须保留的作业流信息。这包括以下内容。

○ **可执行代码的存储**：从 S3 上加载执行于 EMR 作业流上的用户实现的所有代码（包括 Java jars、Hive 和 Pig 脚本）。

○ **配置文件存储**：包括一些特定的 Hadoop 配置文件。例如，Hive-site.xml（用于配置 Hive 执行信息）可以位于 S3。

○ **MapReduce 使用 HDFS 访问的任何数据（包括 Hive 表）**：这可以驻留在本地 HDFS 或驻留于 S3 的位置。在后一种情形下，将 S3 对象作为 HDFS 文件对待。

○ **日志文件存储**：所有的 MapReduce 执行日志文件都存储在 S3 的位置，将它指定为 EMR 作业流的一个参数。该参数是可选的，若不指定，作业流执行的日志将不可用。

○ **备份和恢复**：一些 Hadoop 组件（如 HBase）使你能够在 S3 中备份和恢复数据。

4.4.1 了解桶的用法

S3 数据被组织成**桶**，这是 S3 对象的容器。桶有多个用途，包括以下内容。

○ 它们在最高层组织亚马逊 S3 的命名空间。

○ 它们确定了负责存储和数据传输收费的账户。

○ 它们指定了数据的物理位置，可以被配置为驻留在一个特定的区域。

○ 它们指定了对象的版本控制。版本控制策略可以配置于桶的层级。

○ 它们指定了对象的过期。生命周期策略可以配置于桶的层级。

○ 它们在访问控制中扮演了一个角色。可以在桶的层级上指定多种数据访问权限。

○ 它们作为聚集单元为使用统计和报告提供服务。

　　记住，桶的名字必须在 S3 上全局唯一。这意味着，当选择一个桶名称时，尽量保证在名称中具有一定的唯一性，如公司名称、应用程序等。不要尝试创建具有通用名称的桶，如桶 1。

　　同时，要注意使用 Java API 来访问对象时会使用现有的桶，如果桶不存在，就会默默地创建一个桶。这种行为会导致出乎意料的错误。当你试图为自己认为不存在但实际上存在于某个其他账户中的桶编写 S3 对象时，将得到"访问被拒绝"的错误。这确实是讲得通的，因为这个桶归另一个账户所有。

　　为了避免这些混淆的错误，你应该考虑先于它们的使用来创建桶，例如，通过利用 AWS 控制台，如果桶已经存在，那么控制台将会告诉你。

　　如上所述，桶是**对象**的容器。对象是 S3 中数据的存储和访问单元。它包括数据和**元数据**。（从技术上讲，类似于 HDFS，S3 对象可以被划分成几个类似于 HDFS 文件的部件，但从逻辑上讲，它们被视作一个单一实体。）对象的数据部分对于 S3 是不透明的（只是字节数组），而元数据是一组 S3 使用的键值对。默认的元数据包括一些有用的系统参数（如内容类型、最后修改日期等）。此外，开发人员可以指定自定义的可被特定应用程序使用的元数据字段。当使用自定义元数据时，尽量让它小。元数据并不意味着被用作自定义存储。

　　S3 支持对象**有效期**。这意味着有可能指定 S3 保持给定对象的时间。默认情况下，对象将在 S3 中永久保存（除非显式删除），但是（在桶的层级）对象**生命周期的配置**可以指定。生命周期配置包含了确定对象键前缀的规则和以该前缀开头的对象的生命期（创建后经过一定的天数，该对象将被删除）。桶可以有一个生命周期的配置，它包含了多达 100 条规则。

　　在一个给定的桶内，一个对象由一个键（名称）唯一标识。虽然人们经常像文件系统那样试图查看桶的内容，但在现实中，S3 没有自身文件系统的概念。它解释了文件夹名称的一系列相关联的事物，并将对象名称作为唯一键。

　　除了键之外，对象还可以包含一个**版本**。版本控制在桶层级启用。如果不使用版本，则一个键唯一标识一个对象；否则，它是键和版本的组合。唯一的版本 ID 是通过 S3 在 put 操作过程中随机生成的，并不能被覆写。不指定版本的 get 操作总会得到最新的版本。

　　或者，还可以为指定的版本进行 get 操作。

　　S3 支持对象上的 get、put、copy、list 和 delete 操作。这些操作的详细信息如下。

○　get 操作允许直接从 S3 中检索对象。有两种风格的 get 操作——检索一个整体对象和基于字节范围检索对象的一部分。

○　put 操作使你能够上传对象到 S3。有两种风格的 put 操作，单一上传和多部件上传。单一上传使你能够上传高达 5 GB 大小的对象。使用多部件上传 API 使你能够上传高达 5 TB 大小的大对象。多部件上传使你能够分开上传更大的对象。每一部件都可以被独立地、以任何顺序且并行地上传。部件的尺寸必须至少为 5 MB（除非这是对象的最后一个部件，在这种情况下，它可以是任意所需的大小）。

○　copy 操作使你能创建已经存储在亚马逊 S3 中的对象的副本。原子复制操作使你能复制高达 5 GB 大小的对象。对于更大的对象，必须使用多部件上传来复制对象。复制操作对于创建对象副本是有用的，通过复制并删除原始对象可以重命名一个对象，还可以跨 S3 的位置去移动（复制）对象。

○ list 操作使你能够列出位于给定桶中的键。可以通过前缀列出键。通过选择合适的前缀，该操作允许按层次浏览键，类似于在文件系统中浏览目录。

○ delete 操作允许删除一个或多个位于 S3 中的对象。

S3 支持如下 3 种访问控制方法。

○ **IAM 策略**：就 AWS 的所有其他组件而言，IAM 策略使你能控制给定用户利用特定对象和桶所能做的事情。IAM 策略使你能指定给定用户在指定资源（其中资源可以是桶、桶和键的前缀或是桶和一个完整的键）上被授权执行的一组操作（get，put，list，delete）。

○ **桶策略**：桶策略为位于给定桶中的亚马逊 S3 对象定义了访问权限，只能由桶的所有者来定义。桶策略可以做以下事情：
   ● 允许/拒绝桶层级的权限；
   ● 拒绝桶中任意对象上的权限；
   ● 只有当桶所有者是对象所有者时，才允许在桶中的对象上授予权限，对其他账户拥有的对象，该对象所有者必须使用访问控制列表（ACL）来管理权限。

○ **S3 的访问控制列表（ACL）**：这些 ACL 能把访问权限直接分配给桶和对象。（将它与文件系统的 ACL 作比较。）每个桶和对象都有作为子资源而附加到其之上的 ACL。它定义了授予哪个 AWS 账户或组访问的权限，以及访问的类型。当收到资源请求时，亚马逊 S3 检查了相应的 ACL 以验证请求者具有必要的访问权限。

4.4.2　利用控制台的内容浏览

可以使用 AWS 控制台在账户级别浏览 S3，如图 2-4-11 所示。控制台使你能够浏览与账户相关联的桶和/或基于键层次结构的单个桶的内容。（使用标准分隔符"/"来分割键的名字。）

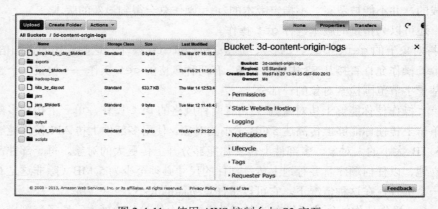

图 2-4-11　使用 AWS 控制台与 S3 交互

图 2-4-11 所示屏幕的左侧显示了桶的目录的内容。桶和目录的名称显示在左上角的列表上方。内容是由单独的文件和目录组成的。目录是可以点击的，所以可以向下获取桶里的内容。

右边的窗格有 3 个选项卡。点击 **None** 选项卡会删除右侧的窗格并将屏幕扩展至全屏视图。通过**属性**选项卡可以查看和修改本讲前面所描述的 S3 的属性。最后，通过**传输**选项卡可以查看当前正在进行的传输。

相当多的第三方工具也支持与 S3 的交互。正如在图 2-4-12 中所看到的那样，S3Fox 是一种能用于 Firefox 和 Chrome 的浏览器插件，使用户能够查看、上传下载（使用拖拽）和删除 S3 中的文件。此外，S3Fox 支持对象层级和桶层级 ACL 的查看和修改。

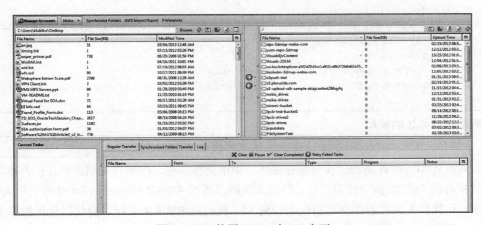

图 2-4-12　使用 S3Fox 与 S3 交互

S3Fox 不支持查看桶/对象的所有属性，但是在本地文件系统和 S3 之间提供了方便的拖拽支持。

利用所有可用的第三方 S3 工具，通常还有利于编写代码，支持编程上传/下载/列出 S3 的对象。

知识检测点 4

> Rachel 是一个存储管理员。AWS 服务是如何有助于数据的存储和安全的？请解释。

4.4.3　编程访问 S3 中的文件

AWS 提供了几种 SDK（软件开发包）与 S3 协同工作，包括 Java、.NET（C#）、PHP 和 Ruby。这里介绍的例子使用 Java SDK 来说明如何实现 S3 的数据操作。

使用 AWS 的任何应用程序都需要 AWS 凭证。IAM 提供了两种基本的方式来做到这一点。凭证可以被指定为特定用户的访问键/密钥；或者如果在 AWS 内执行，就指定为角色。单个用户的凭证在属性文件中指定，属性文件类似于代码清单 2-4-2 所示的那样。

代码清单 2-4-2　凭证属性文件

```
accessKey=yourkey
secretKey=yourSecretkey
```

在基于角色安全性的情形下，运行于特定角色的 EC2 实例动态地生成了键。在这种情形下，AWS 提供了一个特定的 API，使你能够直接从实例中获得凭证。当获得凭证时（如代码清单 2-4-3 所示），支持这种凭证获得方式的编程决策往往是有利的。（代码清单 2-4-3 只显示了单个方法，参考本书配套资源获取完整的代码。）

代码清单 2-4-3　获取 AWS 凭据

```
public static AWSCredentials getAWSCredentials() throws
IOException{
    InputStream is = AWSResource.class.getClassLoader().getResourceAsStream
    ("AwsCredentials.properties");
    if(is != null)
        return new PropertiesCredentials(is);
    return new InstanceProfileCredentialsProvider().getCredentials();
}
```

代码清单 2-4-3 的解释

```
使用 AWSCredentials()方法来检索凭证
```

在这段代码中，你首先尝试获取凭证属性。如果文件存在，你用它来创建凭证；否则，你尝试从存放执行的 EC2 实例中获得凭证。使用此代码获得的 AWSCredentials 可用于和 AWS 服务的通信。让我们先来看看如何将数据上传到 S3。代码清单 2-4-4 中所示的代码使你能够上传一个或多个文件到 S3。

代码清单 2-4-4　uploadData()方法

```
1   public FileLoadResult uploadData(String s3Path, List<File>
    sourceFiles) throws IOException{
        FileLoadResult uploadResult = uploaderInit(s3Path, 0);
            for (File file : sourceFiles){
2               if (file.isDirectory()){
                    uploadFolderData(s3Path, file, true, uploadResult);
                }
                else{
                    uploadResult.setNumberFilesRequested(1);
                    uploadDataStream(S3FileUtils.appendFileNameToS3Path(
                    s3Path, file.getParent()), file.getName(),
                    file.getAbsolutePath(),
                    new FileInputStream(file), file.length(), uploadResult);
                }
            }
        uploadResult.setEndTime(System.currentTimeMillis());
        return uploadResult;
    }
```

代码清单 2-4-4 的解释

1	uploadResult()方法是 FileLoadResult()方法的实例，用于上传数据
2	S3Path 参数检查传入的文件路径是否已经存在于当前的目录。如果是，它接着在相同路径中上传；如果不是，它创建新的位置来上传

此代码做的不多。对于 sourceFiles 列表中的每一个文件，它会检查它是否是单一文件或目录，并调用适当的方法来上传目录或单个文件。

取决于 executor（来自于 java.util.concurrent 包）是否在类初始化过程中被定义。代码清单 2-4-5 中所示的上传文件文件夹中的方法将顺序（executor 为 null）或并行地上传单个文件。

代码清单 2-4-5　uploadFolderData()方法

```
1   private int uploadFolderData(String s3Path, File sourceFile,
    boolean keepSourceFileDirectory, FileLoadResult uploadResult)
    throws IOException {
        Collection<File> sourceFileList = FileUtils.listFiles(sourceFile,
        null, true);
        uploadResult.addNumberFilesRequested(sourceFileList.size());
        List<Future> completed = null;
        if (executor != null) {
            completed = new ArrayList<Future>(sourceFileList.size());
        }
2       for (File file : sourceFileList) {
            if (executor == null){
3               if (!keepSourceFileDirectory){
                    uploadDataStream(s3Path, convertFileName(file),
                    file.getAbsolutePath(), new FileInputStream(file), file.length(),
                    uploadResult);
                } else {
                }
            }
            uploadDataStream(S3FileUtils.appendFileNameToS3Path (s3Path, file.
            getParent()), file.getName(),file.getAbsolutePath(),
            new FileInputStream(file), file.length(), uploadResult);
4           else {
                FileUploadRunnable l = new FileUploadRunnable(s3Path, file, this,
                keepSourceFileDirectory, uploadResult);
                completed.add(submit(executor, l));
            }
        }
        if (executor != null) {
            waitForCompletion(completed);
        }
        return sourceFileList.size();
    }
```

代码清单 2-4-5 的解释

1	在文件夹中上传数据
2	检查源路径中的每个文件
3	转换文件路径
4	追加文件名路径

在上传并行文件的情形下，对于目录中的每一个文件，创建一个新的可执行类，并提交给 executor。此外，在并行执行的情况下，实现会等待所有的并行上传都完成。

在顺序处理的情形下，如代码清单 2-4-6 所示的 uploadDataStream() 方法被用来上传单个文件。（在并行上传的情形下，Runnable 使用相同的方法。）

代码清单 2-4-6 uploadDataStream() 方法

1	```java
	void uploadDataStream(String s3Path, String sourceFileName, String
	sourceFileFullPath, InputStream data, long size, FileLoadResult uploadResult){
	String s3FullPath = S3FileUtils.appendFileNameToS3Path(s3Path,
	sourceFileName);
	S3Location s3Location = S3FileUtils.getS3Location(s3FullPath);
2	if (size > PARTSIZE){
	multiPartUploader(sourceFileFullPath, s3Location, data,
	uploadResult);
	}
	else{
	singlePartUploader(sourceFileFullPath, s3Location, data, size,
	uploadResult);
	}
	System.out.println("Upload file: "
	+ S3FileUtils.getS3FullPath(s3Location)
	+ ", number files loaded: "
	+ uploadResult.getNumberFilesLoaded());
	}

代码清单 2-4-6 的解释

1	该方法用于上传数据流
2	如果从调用函数传入的"尺寸"（流式数据尺寸）变量大于"部件尺寸"变量，它按多部件上传；如果不大于，它按单一部件来上传

附加知识

根据 S3 文档，多部件上传的最小部件尺寸为 5 MB，最大为 5 GB。对于具体实现的最佳部件尺寸的选择是要平衡成本（越小的部件尺寸需要越多的输入，因此便更加昂贵）和可靠性（越大的部件尺寸具有越大的网络失效的可能性）。具体部件尺寸的选择取决于多种因素，而且还取决于应用程序、网络质量等。

如前所述，S3 提供了两种上传类型——单一上传和多部件上传。上传数据流方法依据上传文件的大小来作出决定。对于较小的文件它使用单一上传，对于较大文件它使用多部件上传。在这个特定的实现中，选择了 50MB 作为部件尺寸。

代码清单 2-4-7 所示的 sinlePartUploader() 方法首先创建了对象元数据并用对象长度填充它。然后它使用 PutObjectRequest 类发送文件上传数据（InputStream）至 S3。

代码清单 2-4-7　singlePartUploader()方法

1	```private void singlePartUploader(String sourceFileFullPath,
S3Location s3Location, InputStream data, long size,FileLoadResult
uploadResult){
ObjectMetadata om = new ObjectMetadata();
om.setContentLength(size);
PutObjectRequest request =
new PutObjectRequest(s3Location. getS3Bucket(), s3Location.
getS3Key(), data, om);
// re-try 3 times when uploading fails
for (int i = 1; i <= RETRY_ TIMES; i++){
try{
s3Client.putObject(request);
uploadResult.addNumberFilesLoaded(1);
break;
}```
2	``` catch (AmazonServiceException ase){
if (i >= RETRY_TIMES){
amazonServiceException("putObject", ase, s3Location.getS3Key(),
sourceFileFullPath, uploadResult);
}
}
catch (AmazonClientException ace){
if (i >= RETRY_TIMES){
amazonClientException("putObject", ace, s3Location.getS3Key(),
sourceFileFullPath, uploadResult);
}
}
}
try{
}
data.close();
catch (IOException e){
e.printStackTrace();
}
}```

代码清单 2-4-7 的解释

1	尝试上传请求
2	捕捉 AmazonServiceException 和 AmazonClientException 异常

此实现使用简单的重试机制（即尝试 3 次）来处理潜在的网络问题。

代码清单 2-4-8 中给出的 multiPartUploader() 方法首先初始化了一个多部件上传，然后遍历数据的每个部件。根据多部件 executor（来自于 java.util.concurrent 包）是否在类初始化过程中被定义，部件上传将会顺序地或并行地发生。

代码清单 2-4-8　multiPartUploader() 方法

```
1   private void multiPartUploader(String sourceFileFullPath,
    S3Location s3Location, InputStream is, FileLoadResult uploadResult){
        List<PartETag> partETags = new ArrayList<PartETag>();
        InitiateMultipartUploadRequest initRequest =
        new InitiateMultipartUploadRequest(s3Location.getS3Bucket(),
        s3Location.getS3Key());
        InitiateMultipartUploadResult initResponse =
        s3Client.initiateMult ipartUpload(initRequest);
        List<Future> completed = null;
        if (multiPartExecutor != null){
            completed = new ArrayList<Future>();
        }
        int uploadPart = 1;
        try{
            while (true){
                byte[] data = new byte[PARTSIZE];
                int read = is.read(data);
                if (read > 0){
                    if (multiPartExecutor == null){
2                       partUpload(data, read, uploadPart++, initResponse,
                        partETags);
                    }
                    else{
3                       PartUploadRunnable pl = new PartUploadRunnable(data,
                        uploadPart++, read, this, initResponse, partETags,
                        sourceFileFullPath, uploadResult);
                        completed.add(submit(multiPartExecutor, pl));
                    }
                }
                else
                    break;
            }
        }
        catch (Throwable e){
            uploadResult.addFile(sourceFileFullPath);
            System.out.println("Unexpected error in multi part upload " +
            initResponse.getKey());
            e.printStackTrace(System.out);
        }
        if (multiPartExecutor != null) waitForCompletion(completed);
        // If any part is failed, call abortMultipartUploadRequest to free resources
```

```
if (uploadResult.getFailedFileAbsolutePathList().
contains(sourceFileFullPath))
abortMultipartUploadRequest(initResponse, s3Location.getS3Key());
else
completeMultipartUpload(initResponse, partETags, s3Location. getS3Key(),
sourceFileFullPath, uploadResult);
try{
}
is.close();
catch (IOException e){
    e.printStackTrace();
}
}
```

代码清单 2-4-8 的解释

1	上传多个部件（当尺寸大于部件尺寸时）
2	上传单一部件
3	创建一个新的部件以添加新的部件

为了避免死锁，这里介绍的例子使用两种不同的 executor——一种进行并行的文件上传，而另一种进行并行的部件上传。

在部件并行上传的情形下，为每个部件创建一个新的 Runnable 类并提交给 executor。此外，在并行执行的情形下，实现等待所有的并行上传都完成。

在顺序处理的情形下，代码清单 2-4-9 中呈现的 partUpload() 方法被用来上传单独的部件。（在并行上传的情形下，runnable 使用同样的方法。）

代码清单 2-4-9　partUpload() 方法

```
void partUpload(byte[] data, int size, int part,
InitiateMultipartUploadResult initResponse, List<PartETag>
partETags){
    UploadPartRequest uploadRequest = new UploadPartRequest()
        .withBucketName(initResponse.getBucketName())
        .withKey(initResponse.getKey())
        .withUploadId(initResponse.getUploadId()).withPartNumber(part)
        .withInputStream(new ByteArrayInputStream(data))
        .withPartSize(size);
    partETags.add(s3Client.uploadPart(uploadRequest).getPartETag());
}
```

代码清单 2-4-9 的解释

1	用于上传部件
2	上传部件并添加响应至我们的列表

如果任意部件上传失败了，该方法将中止整个多部件的上传。否则，它将完成多部件的上传。

代码清单 2-4-9 中所示的 partUpload() 方法使用 S3 API 来上传单个部件。它存储了该部件的 Etag 到整体上传的 Etags 列表中，为代码清单 2-4-10 中所示的 completeMultipartUpload() 方法所用。completeMultipartUpload() 方法向 S3 报告上传已完成，以及哪些部件属于这个文件。

代码清单 2-4-10　completeMultipartUpload() 方法

```
private void completeMultipartUpload(
InitiateMultipartUploadResult initResponse, List<PartETag> partETags, String
file, String sourceFi leFullPath, FileLoadResult uploadResult){
    CompleteMultipartUploadRequest compRequest = new
    CompleteMultipart UploadRequest(initResponse.getBucketName(),
    initResponse.getKey(), initResponse.getUploadId(), partETags);
    // re-try 3 times when uploading fails
    for (int i = 1; i <= RETRY_TIMES; i++){
        try{ }
        s3Client.completeMultipartUpload(compRequest);
        uploadResult.addNumberFilesLoaded(1);
        break;
        catch (AmazonServiceException ase){
            if (i >= RETRY_TIMES){
                amazonServiceException("completeMultipartUpload", ase, file,
                sourceFileFullPath, uploadResult);
                abortMultipartUploadRequest(initResponse, file);
            }
        }
        catch (AmazonClientException ace){
            if (i >= RETRY_TIMES){
                amazonClientException("completeMultipartUpload", ace, file,
                sourceFileFullPath, uploadResult);
                abortMultipartUploadRequest(initResponse, file);
            }
        }
    }
}
```

代码清单 2-4-10 的解释

1	在上传中计算多部件
2	尝试上传部件

类似于单一部件的上传，这个实现使用了简单的重试机制（即重试 3 次）来处理潜在的网络问题。

最后，因为 S3 对未完成的多部件上传不会超时中止，所以有必要实施一个显式的 abortMultipartUploadRequest() 方法（如代码清单 2-4-11 所示）来清理失败的多部件上传的执行。

代码清单 2-4-11　abortMultipartUploadRequest()方法

```
private void abortMultipartUploadRequest(InitiateMultipartUploadRe
sult result, String fname){
    AbortMultipartUploadRequest abortRequest =
    new AbortMultipartUploadRequest(result.getBucketName(), result.
    getKey(), result.getUploadId());
    for (int i = 1; i <= RETRY_TIMES; i++) {
        try{
            s3Client.abortMultipartUpload(abortRequest); break;
        }
        catch (AmazonServiceException ase){
            if (i >= RETRY_TIMES){
                amazonServiceException("abortMultipartUpload", ase, fname,
                null, null);
            }
        }
        catch (AmazonClientException ace){
            if (i >= RETRY_TIMES){
                amazonClientException("abortMultipartUpload", ace, fname,
                null, null);
            }
        }
    }
}
```

代码清单 2-4-11 的解释

使用该方法来中止一个请求

该方法的执行清理了文件本身以及所有与该文件相关联的临时 S3 的部件。S3 提供了两种方法从 S3 获取数据（两种方式都呈现在代码清单 2-4-12 中）——获取完整的 S3 对象内容、获取字节范围内的对象内容。

代码清单 2-4-12　从 S3 中读取数据

```
1  public byte[] getData(String s3Path) throws IOException{
       S3Location s3Location = S3FileUtils.getS3Location(checkNotNull(
       s3Path, "S3 path must be provided"));
       return getS3ObjectContent(s3Location, new GetObjectRequest(s3Location.
       GetS3Bucket(), s3Location.getS3Key()));
   }
2  public byte[] getPartialData(String s3Path, long start, long len)
   throws IOException{
       S3Location s3Location = S3FileUtils.getS3Location(checkNotNull(
       s3P ath, "S3 path must be provided"));
       return getS3ObjectContent(s3Location, new GetObjectRequest(s3Location.
```

```
        getS3Bucket(), s3Location. getS3Key()).withRange(start, start + len - 1));
    }
3   private byte[] getS3ObjectContent(S3Location s3Location,
    GetObjectRequest getObjectRequest) throws IOException{
        if (s3Location.getS3Key().isEmpty()){
            throw new IllegalArgumentException("S3 file must be provided");
        }
        byte[] bytes = null; S3Object object = null;
        try{
            object = s3Client.getObject(getObjectRequest);
        }
4       catch (AmazonServiceException ase){
            if (ase.getErrorCode().equalsIgnoreCase("NoSuchBucket")){
                throw new IllegalArgumentException("Bucket " + s3Location.
                getS3Bucket() + " doesn't exist");
            }
            if (ase.getErrorCode().equalsIgnoreCase("NoSuchKey")){
                throw new IllegalArgumentException(S3FileUtils.getS3FullPath
                (s3Location) + " is not a valid S3 file path");
            }
            throw new RuntimeException(ase);
        }
        if (object != null){
            InputStream ois = object.getObjectContent();
            try{
                bytes = IOUtils.toByteArray(ois);
            }
            finally{
                if (ois != null){
                    ois.close();
                }
            }
        }
        return bytes;
    }
```

代码清单 2-4-12 的解释

1	获取数据
2	获取部分数据
3	以字节的方式获取对象内容
4	捕获 AmazonServiceException 异常

这里给出的实现从对象读取完整的 InputStream 内容到字节数组中，并将字节数组返回给用户。另一种可选的方法是返回 InputStream 给用户并允许用户从中读取数据。如果用户（代码）能够部分阅读对象数据，后者将是更佳的实现方法。

S3 提供了一种专门的复制操作，允许在 S3 中复制数据，如代码清单 2-4-13 所示。

代码清单 2-4-13　复制 S3 的数据

```
public void copyFile(String sourceBucket, String sourceKey, String
destBucket, String destKey){
    CopyObjectRequest request = new CopyObjectRequest(sourceBucket,
    sourceKey, destBucket, destKey);
    try{
        s3Client.copyObject(request);
    }
    catch (AmazonClientException ex){
        System.err.println("error while copying a file in S3");
        ex.printStackTrace();
    }
}
```

使用该操作创建现有 S3 对象的副本或是修改对象的元数据。

S3 对象的删除也相当简单，如代码清单 2-4-14 所示。

代码清单 2-4-14　删除 S3 对象

```
1  public int deleteMultiObjects(String bucket, List<KeyVersion>
   keys){
       DeleteObjectsRequest multiObjectDeleteRequest =
       new DeleteObjectsRequest(bucket);
       multiObjectDeleteRequest.setKeys(keys);
       try{
           DeleteObjectsResult delObjRes =
           s3Client.deleteObjects(multiObjectDeleteRequest);
           System.out.format("Successfully deleted all the %s items.\n",
           delObjRes.getDeletedObjects().size());
           return delObjRes.getDeletedObjects().size();
       }
2      catch (MultiObjectDeleteException e){
           System.out.format("%s \n",e.getMessage());
           System.out.format("No. of objects successfully deleted = %s\n",
           e.getDeletedObjects().size());
           System.out.format("No. of objects failed to delete = %s\n",
           e.getErrors().size());
           System.out.format("Printing error data...\n");
           for (DeleteError deleteError : e.getErrors()){
               System.out.format("Object Key: %s\t%s\t%s\n", deleteError.getKey(),
               deleteError.getCode(), deleteError.getMessage());
           }
       }
       return 0;
   }
```

代码清单 2-4-14 的解释

1	删除一个或多个对象
2	捕获 MultiObjectDeleteException 异常

该代码使用 S3 API 方法，使你同时删除多个 S3 对象。如果你正在寻求多删除方法，那么批量删除方法提供了稍好一点的性能。

> **快速提示**
>
> 用于 S3 更新的额外类可以在本书配套资源中找到。

你已经学习了如何利用针对于主要 S3 操作（包括 put、get、copy 和 delete）的高度并行的支持，来编写独立的应用程序。但是要是你在你本地 Hadoop 集群中，有想要移动到 S3 的数据又会怎样？

知识检测点 5

> Jim 尝试从 AWS 服务中读取和复制数据。帮助他以编程的方式来解决这个问题。

4.4.4　使用 MapReduce 上传多个文件至 S3

> **快速提示**
>
> 该实现在 Gene Kalmens（作者在诺基亚的一位同事）的帮助下开发。

EMR Hadoop 安装包括了 S3DistCp，这是 Apache DistCp 的扩展，优化以与 S3 协同工作。通过 S3DistCp 可以有效地从亚马逊复制大量数据到 HDFS 中，还可以用于在亚马逊 S3 桶之间复制数据或把数据从 HDFS 复制到亚马逊 S3。遗憾的是，在本地 Hadoop 集群上不支持 S3DistCP。

这里呈现的实现利用了本讲前面所展示的 S3 客户端的实现，以及第 1 卷模块 3 第 3 讲中介绍的 FileListQueueInputFormat。代码清单 2-4-15 给出了这个实现的 mapper。

代码清单 2-4-15　S3CopyMapper 类

```
public class S3CopyMapper extends Mapper<Text, Text, NullWritable,
NullWritable> {
    @Override
    protected void setup(Context context) throws IOException,
    InterruptedException{
        Configuration configuration = context.getConfiguration();
        AWSPath =configuration.get(Constants.S3_PATH_PROPERTY, "");
        fs = FileSystem.get(configuration);
        int threads = Integer.parseInt(
        configuration.get(Constants.THREADS_PROPERTY));
```

```
1   ExecutorService executor = new ThreadPoolExecutor(threads, threads, 1001,
    TimeUnit.MILLISECONDS, newLinkedBlockingQueue<Runnable>(threads));
    _S3Client = new GenericS3ClientImpl(AWSResource.getAWSCredentials(),
    null, executor);
    queue = HdQueue.getQueue(configuration.get(Constants.QUEUE_PROPERTY));
    files = new ArrayList<String>();
    sHook = new CacheShutdownHook(queue, files);
    sHook.attachShutDownHook();
    }
    @Override
2   public void map(Text key, Text value, Context context)
    throws IOException, InterruptedException {
        String fname = value.toString();
        Path p = new Path(fname);
        FSDataInputStream in = fs.open(p);
        if (in != null) {
            if (files != null) files.add(fname);
            _S3Client.uploadData(AWSPath, p.getName(), in, fs.getFileStatus(p).
            getLen());
            if (files != null) files.remove(fname);
            context.setStatus("Copy to S3 Completed for file: "+key);
        }
    }
    @Override
3   protected void cleanup(Context context)
    throws IOException, InterruptedException {
        if (sHook != null) {
            files.clear(); // normal exit, don't roll-back any input key.
        }
    }
}
```

代码清单 2-4-15 的解释

1	附加关闭钩子以从 mapper 干净地退出和重试
2	创建 map
3	使用 cleanup() 方法进行正常的退出

快速提示

　　用于 S3 上传的 MapReduce 实现的额外的类可以在本书配套资源中找到。

　　setup() 方法首先从执行上下文中获取执行参数，然后创建一个 S3Client，map() 方法使用它来上传数据到 S3。因为 HDFS 文件可能是相当大的，所以以固定大小的队列来使用

ThreadPoolExecutor。这确保了在内存中同时只有有限数量（两倍于线程数）的部件，以及 mapper 执行所需的尺寸是有限的。

setup() 还启动了一个关闭钩子（参考第 1 卷模块 3 第 3 讲了解更多细节），它在 mapper 失效的情况下恢复队列的状态。

map() 方法获取接下来要被上传的文件作为下一个值，并使用 S3Client 来上传文件。它将文件名存储到已处理文件列表中，以便万一 mapper 失效了可以重试上传。一旦文件被上传了，其名字将被从重试列表中删除，以保证它不会被上传两次。

最后，cleanup() 方法确保了在重试列表中没有文件。

现在，你知道了 S3 是如何工作的，以及如何使用它来支持 EMR，让我们看看你如何以编程方式来配置 EMR 作业流并提交 MapReduce 作业进行执行。

知识检测点 6

> John 想要了解弹性块存储。他可以期望什么样的性能类型？他如何来备份？他如何来改进性能？

4.5　自动化 EMR 作业流的创建和作业执行

正如本讲前面所描述的，许多 EMR 操作可以使用 EMR 控制台来执行。虽然当你学习如何使用 EMR 时，这种方法很好，但是为了生产目的你通常需要 ERM 集群自动化的启动、执行和关闭。

让我们看一下你用以自动化 EMR 操作的方法之一。

让我们假设你已经将一个配置文件放入 S3 中，该文件描述了 EMR 集群以及你想要执行的步骤，如代码清单 2-4-16 所示。

代码清单 2-4-16　EMR 配置文件

```
# Job Flow Description
#-----------------------------------------------------------------
Name=Geometry Alignment LogUri=s3://3d-geometry-mapreduce/log
SecurityKeyPair=geometry
# Debug Configuration
#-----------------------------------------------------------------
Debug.Start=true DebugConf.Jar=overwrite_Debug_Default.jar
# Hadoop Configuration
#-----------------------------------------------------------------
HadoopConf.Args.M1=mapred.map.child.env=LD_LIBRARY_PATH=/home/
hadoop/geometry,G EOID_PATH=/home/hadoop/geometry/geoids
HadoopConf.Args.M2=mapred.task.timeout=172800000 HadoopConf.Args.
M3=dfs.namenode.handler.count=66
# HBase Configuration
```

```
#-------------------------------------------------------------
HBase.Start=true HBaseConf.Args.M1=hbase.rpc.timeout=720001
HBaseDaemondsConf.Args.M1=--hbase-master-opts=-Xmx6140M
-XX:NewSize=64m - XX:MaxNewSize=64m -XX:+HeapDumpOnOutOfMemoryError
-XX:+UseParNewGC - XX:+UseConcMarkSweepGC -XX:ParallelGCThreads=8
HBaseDaemondsConf.Args.M2= --regionserver-opts=-Xmx6140M
-XX:NewSize=64m - XX:MaxNewSize=64m -XX:+HeapDumpOnOutOfMemoryError
-XX:+UseParNewGC - XX:+UseConcMarkSweepGC -XX:ParallelGCThreads=8
# Bootstrap Actions Descr Section
#-------------------------------------------------------------
BootstrapActions.M1.Name=Upload libraries
BootstrapActions.M1.Path=s3://3d-geometry-mapreduce/bootstrap/
UploadLibraries.sh BootstrapActions.M1.Args.M1=arg1
# Steps Descr Section
#-------------------------------------------------------------
Steps.M1.RestoreHBasePath=s3://3d-geometry-mapreduce/resotrePath
Steps.M2.Name=Local Alignment
Steps.M2.ActionOnFailure= CANCEL_AND_WAIT Steps.M2.MainClass=com.
navteq.registration.mapreduce.driver.RegistrationDriver Steps.
M2.Jar=s3://3d-geometry-mapreduce/jar/DriveRegistration-with-dependencies1.
jar
Steps.M2.Args.M1=s3://3d-geometry-mapreduce/input/part-m-00000
Steps.M2.Args.M2=s3://3d-geometry-mapreduce/output/
{jobInstanceName} Steps.M3.BackupHBasePath=s3://3d-geometry-mapreduce/
backupPath Steps.M4.Name=Outlier Detection
Steps.M4.Jar=s3://3d-geometry-mapreduce/jar/DriveRegistration-with-
dependencies3.jar
```

该配置文件有多个区段。

○ **作业流描述**：这是主要的配置，其中包括了其名称和日志位置（两者皆是必需的）以及（可选的）Hadoop 版本、主节点描述、核心和任务机器组（包括机器数量和它们的类型）、终止保护和安全组。（可选参数未在代码清单 2-4-16 中显示。）

○ **调试配置**：这包括了调试标志和调试脚本。

○ **Hadoop 配置**：这使用户可以指定每个节点的 mapper 和 reducer 的数量，以及其他的 Hadoop 配置参数。

○ **HBase 配置**：这使用户可以指定集群和其他 HBase 的特定设置是否使用了 HBase。

○ **引导动作**：这是引导动作的列表。如前所述，引导动作是 Hadoop 启动之前，执行在集群所有节点上的脚本。

○ **步骤**：这是作为作业流的一部分而按指定顺序执行的顺序步骤的列表。

利用现有的属性文件，如代码清单 2-4-17 所示的一个简单的 JobInvoker 类可以启动所需的集群并等待其完成（后者为可选项）。

代码清单 2-4-17 JobInvoker 类

```
1  public final class JobInvoker {
       public static boolean waitForCompletion(File awsCredentialsPropFile,
       String jobInstanceName, Properties jobFlowConfig)throws IOException {
       return waitForCompletion(new PropertiesCredentials(
       awsCredentialsPropFile), jobInstanceName, jobFlowConfig);
   }
2  public static boolean waitForCompletion(AWSCredentials awsCredential,
   String jobInstanceName, Properties jobFlowConfig)throws IOException {
       String jobFlowID = submitJob(awsCredential, jobInstanceName,
       jobFlowConfig);
       System.out.println("Job Flow Id: " + jobFlowID);
       int ret = new JobStatus(awsCredential).checkStatus(jobFlowID);
       return (ret == 0);
   }
3  public static String submitJob(AWSCredentials awsCredential,
   String jobInstanceName, Properties jobFlowConfig)throws IOException {
       // build job flow request
       RunJobFlowRequest request = (new JobFlowBuilder(jobInstanceName,
       jobFlowConfig)).build();
       // Start job flow
       return startJobFlow(request, new
       AmazonElasticMapReduceClient(awsCredential));
   }
4  private static String startJobFlow(RunJobFlowRequest request,
   AmazonElasticMapReduce emr)
   {
       // Start job flow
       String jobFlowID = null;
       try {
           // Run the job flow
           RunJobFlowResult result = emr.runJobFlow(request);
           jobFlowID = result.getJobFlowId();
       } catch (AmazonServiceException ase) {
       throw new RuntimeException("Caught Exception: "
           + ase.getMessage()
           + " Response Status Code: "
           + ase.getStatusCode()
           + " Error Code: "
           + ase.getErrorCode()
           + " Request ID: "
```

```
                + ase.getRequestId(), ase);
        }
        return jobFlowID;
    }
}
```

代码清单 2-4-17 的解释

1	调用作业的 invoker 类
2	一直等到完成的 wait() 方法
3	提交作业的方法
4	启动作业流的方法

在该类中最重要的方法是 submitJob()，它以 AWS 凭证、作业流的名称和配置属性为参数（如代码清单 2-4-16 中定义的那样）。它启动 EMR 集群和步骤的执行，并返回作业流 ID。该方法首先（基于配置属性）建立一个作业流请求，然后提交该请求到 EMR Web 服务以创建集群并执行。一旦创建集群的请求被 EMR 接受了，该方法就（异步地）返回。异步作业调用方法 waitForCompletion() 使你不仅能够调用集群，还能等待作业的完成。

submitJob() 方法使用代码清单 2-4-18 中所示的 JobFlowBuilder 类中的 build() 方法来构建 EMR 请求以创建集群。

代码清单 2-4-18　构建 RunJobFlowRequest() 方法

```
public build()
{
    System.out.println("---------------- Job Flow ----------------");
    String name = this.getValueOrError("Name", "Missing property
    \"Name\". This property describes jobflow name. Example: MyJobFlowName")
    + ": " + JobFlowContext.getInstanceName();
    System.out.println(String.format("JobFlow Name: %s", name));
    String logUri = this.getValueOrError("LogUri", "Missing property
    \"LogUri\". This property describes where to write jobflow logs.
    Example: s3://mapreduceBucket/log");
    System.out.println(String.format("JobFlow LogUri: %s", logUri));
    InstanceGroupConfig master = new InstanceGroupConfig();
    master.setIn stanceRole(InstanceRoleType.MASTER);
    master.setInstanceCount(1);
    String masterType = this.getValueOrLoadDefault("MasterType");
    master.setInstanceType(masterType);
    System.out.println(String.format("Master Group, type %s, count %d",
    masterType, 1));
    InstanceGroupConfig core = new InstanceGroupConfig();
    core.setInstan ceRole(InstanceRoleType.CORE);
```

```
                      String coreType = this.getValueOrLoadDefault("CoreType");
                      core.setInstanceType(coreType);
                      int coreCount = Integer.parseInt(this.getValueOrLoadDefault("Core Count"));
                      core.setInstanceCount(coreCount);
                      System.out.println(String.format("Core Group, type %s, count %d", coreType,
                      coreCount));
                      List<InstanceGroupConfig> instanceGroups = new
                      ArrayList<InstanceGr oupConfig>();
                      instanceGroups.add(master);
                      instanceGroups.add(core);
        2             keepJobFlowAliveStr =
                      this.getValueOrLoadDefault("KeepJobflowAliveWhenNoSteps");
                      boolean keepJobFlowAlive =
                      (keepJobFlowAliveStr.toLowerCase().equals("true"));
        3             String terminationProtectedStr =
                      this.getValueOrLoadDefault("Termination Protected");
                      Boolean terminationProtected =
                      (terminationProtectedStr.toLowerCase().equals("true"));
                      // Instances
                      JobFlowInstancesConfig instances = new JobFlowInstancesConfig();
                      instances.setInstanceGroups(instanceGroups);
                      instances.setEc2KeyName(this.getValueOrLoadDefault("SecurityKeyPair"));
                      instances.setKeepJobFlowAliveWhenNoSteps(keepJobFlowAlive);
                      instances.setTerminationProtected(terminationProtected);
                      instances.setHadoopVersion(this.getValueOrLoadDefault("HadoopVersion"));
                      RunJobFlowRequest result = new RunJobFlowRequest(name, instances);
                      result.setLogUri(logUri);
                      result.setAmiVersion("latest");
                      result.setVisibleToAllUsers(true);
                      result.setBootstrapActions(this.buildBootstrapActions());
                      result.setSteps(this.buildSteps());
                      return result;
                  }
```

代码清单 2-4-18 的解释

1	调用实例组
2	从 input prams 字符串获取 keepJobFlowAlive 的值
3	从 input prams 获取 TerminationProtected 的值

该方法检查配置属性并用用户提交的参数覆写默认值。该方法进一步使用 BootstrapActionBuilder 和 StepBuilder 类来完成作业流的创建请求。

有了这段现成的代码，EMR 作业的创建和执行可以完全地自动化。（用于 EMR 自动化实现的额外的类可以在本书配套资源中获取。）此外，这种方法可以有效地创建 Java API 以启动 EMR 集群，可用于整合该操作到更大的企业工作流中。用以获取作业流状态（类 JobStatus）并杀死作业流（类 JobKill）的额外 API 可以在本书配套资源中找到。我们可以使用提供的 API 作为例子，按需创建额外的 API。

现在已熟悉了 EMR 操作的编程调用，让我们看一下协调基于 EMR 作业执行的可能方法。

4.6 组织协调 EMR 中作业的执行

在本讲的前面部分，我们已经了解了协调和调度 MapReduce 作业的重要性，以及使用 Oozie 达成该目的的方式。不幸的是，标准的 EMR 发行版没有包含 Oozie。相反，它提供了将 MapReduce 执行组织成一组连续步骤的能力。在某些情况下，这种简单的顺序执行范式是足够好的。然而，有必要实现更复杂的执行策略，包括执行（分叉、连接）并行化、条件执行、事件协调等。

本节将讲解如何在 EMR 集群上安装 Oozie，以及由 AWS 提供的 Oozie 的替代品。

4.6.1 使用 EMR 集群上的 Oozie

协同 EMR 使用 Oozie 的最简单的方式是在集群创建过程中，在 EMR 集群的主节点上安装 Oozie。

代码清单 2-4-19 展示了 Oozie 配置脚本（引导动作）的略微改变过的版本（来自 GitHub 项目）。

代码清单 2-4-19 Oozie 配置脚本

```
OOZIE-DIST=http://archive.apache.org/dist/incubator/oozie/
oozie-3.1.3-incubating/oozie-3.1.3-incubating-distro.tar.gz
EXT-DIST=http://extjs.com/deploy/ext-2.2.zip HADOOP-OOZIE-VER =
0.20.200
OOZIE_DIR=/opt/oozie-3.1.3-incubating/ su do useradd oozie -m
# download files cd /tmp
wget $OOZIE-DIST wget $EXT-DIST
# unpack oozie and setup sudo sh -c "mkdir /opt"
sudo sh -c "cd /opt; tar -zxvf /tmp/oozie-3.1.3-incubating-distro.tar.gz"
sudo sh -c "cd /opt/oozie-3.1.3-incubating/; ./bin/oozie-setup.sh
-extjs /tmp/ext- 2.2.zip -hadoop $HADOOP-OOZIE-VER /home/hadoop/"
```

```
# add config
sudo sh -c "grep -v '/configuration' $OOZIE_DIR/conf/oozie-site.xml >
$OOZIE_DIR/conf/oozie-site.xml.new; echo '<property>
<name>oozie.services.ext</name>
<value>org.apache.oozie.service.HadoopAccessorService</value>
</property>' >> $OOZIE_DIR/conf/oozie-site.xml.new; echo '
<property>
<name>hadoop.proxyuser.oozie.hosts</name>
<value>*</value>
</property>
<property>
<name>hadoop.proxyuser.oozie.groups</name>
<value>*</value>
</property>
</configuration>' >> $OOZIE_DIR/conf/oozie-site.xml.new"
sudo sh -c "mv $OOZIE_DIR/conf/oozie-site.xml $OOZIE_DIR/conf/
oozie-site.xml.orig" sudo sh -c "mv $OOZIE_DIR/conf/oozie-site.
xml.new $OOZIE_DIR/conf/oozie-site.xml" sudo sh -c "chown -R oozie
$OOZIE_DIR"
# copy emr jars to oozie webapp
sudo sh -c "sudo -u oozie sh -c 'cp /home/hadoop/lib/*
$OOZIE_DIR/oozie-server/lib'"
sudo sh -c "sudo -u oozie sh -c 'cp /home/hadoop/*.jar
$OOZIE_DIR/oozie-server/lib'"
# startup oozie
sudo sh -c "sudo -u oozie sh -c $OOZIE_DIR/bin/oozie-start.sh"
```

跳过 shell 编程的技术细节，该脚本包含了以下的步骤。

（1）创建名为 oozie 的用户。

（2）下载 Oozie Apache 档案和 Sencha JavaScript 应用框架（etjs）档案。版本和 URL 均可改变。

（3）解压档案。

（4）运行 oozie-setup.sh 脚本并配置 Oozie。

（5）解压和配置 etjs 框架。

（6）修复 Oozie 文件的权限。

（7）添加 Hadoop（EMR）jar 文件到 Oozie Web 应用。

（8）启动 Oozie Web 应用（带有内部 Tomcat Web 服务器和 Derby 数据库）。

为了使用该引导动作，你必须从 GitHub 项目复制 ./config 目录到某个 S3 位置（如 s3://boris.oozie.emr/）。然后可以执行代码清单 2-4-20 中所示的引导动作，在 EMR 集群中安装 Oozie。

代码清单 2-4-20　Oozie 引导动作

```
--bootstrap-action s3://elasticmapreduce/bootstrap-actions/
configure-hadoop
\--args "-c,hadoop.proxyuser.oozie.hosts=*,-c,hadoop.proxyuser.
oozie.groups=*,- h,dfs.permissions=false" \
--bootstrap-action s3://boris.oozie.emr/config/config-oozie.sh
```

在这里，第一个引导动作用于配置带有 Oozie 特定参数的 Hadoop，第二个动作是实际的 Oozie 安装。

需要注意的是，这个安装中，Oozie 服务器和 Oozie Web 应用都运行在 EMR 集群的主节点上，这可能需要你为主节点使用一个更强大的机器。

要调用 Oozie 工作流作业，可以打开 EMR 主节点的 SSH 终端会话，将用户改到 oozie，并发出代码清单 2-4-21 所示的命令。

代码清单 2-4-21　在 EMR 集群上启动 Oozie 作业

```
% ./bin/oozie job -oozie http://localhost:11000/oozie -config
./examples/apps/map-reduce/job.properties -run job:
0000001-120927170547709-oozie-oozi-W
```

现在，可以在 EMR 集群的主节点的端口 11000 上使用 Oozie Web 控制台来监控 Oozie 应用。你必须使用 SSH 隧道在 AWS 以外连接 Oozie 控制台。如果你在 EC2 服务器上运行浏览器，你必须使用 EMR 主节点的内部 AWS IP 地址。通过 SSH 隧道设置，可以从 Oozie 控制台浏览到每个任务的 EMR MapReduce 管理控制台和日志文件。

如果在 EMR 上运行 Oozie 工作流，看不到 AWS EMR 控制台中的步骤。

由于 EMR 中对 Oozie 的支持存在这些缺陷，你可能会考虑 AWS 原生支持的另一种工具，正如下一节中所描述的那样。

4.6.2　AWS 简单工作流

亚马逊的简单工作流服务（SWF）是一个 Web 服务，可用于开发异步和分布式应用。它提供了一个编程模型和基础架构，用于协调分布式组件和维护它们的执行状态。

亚马逊 SWF 的基本概念是**工作流**，这是一组**活动**，可以基于协调活动的逻辑来开展一些目标。

SWF 的实际执行活动被称为**活动任务**。**活动任务**通过活动工作线程来执行——软件程序接收活动任务，执行它们并返回执行结果。活动工作线程可以自行执行任务或作为连接器为执行实际任务的人提供服务。参与 SWF 的活动任务可以同步或异步地执行。执行活动任务的活动工作线程可以分布在多台计算机上（可能在 AWS 内部和外部不同的地理位置），或者它们都可以运行在同一台计算机上。不同的活动工作线程可以用不同的编程语言来编写，并运行在不同的操作系统之上。

在工作流中的协调逻辑被包含在称作**决策者**的软件程序（即工作流本身的实现）中。决策者调度活动任务，提供输入数据到活动工作线程中，在工作流执行时处理到达的事件，当目标完成时结束（或关闭）工作流。

亚马逊还提供了 **AWS 流框架**，这是一种简化了活动和工作流逻辑实现的 Java 编程框架。

虽然在 SWF 或直接支持 EMR 的 AWS 流框架中什么也没有，但是利用它们来控制 EMR 作业流的创建和析构以及在集群中控制步骤的执行，是相当简单的。

这种实现的整体方法是相当简单的。

（1）使用 JobInvoker 类，在工作流开始的时候创建没有步骤的作业流。

（2）使用 JobStatus 类，等待集群启动。

（3）使用工作流逻辑来决定必须在集群上执行的下一项工作。

（4）向集群添加一个步骤。

（5）使用 JobStatus 类，等待步骤完成。

（6）当工作流完成时，使用 Jobkill 类来终结工作流。

这个简单的方法允许创建任何复杂程度的工作流，它可以利用 EMR 执行和其他任何 AWS 资源。

AWS 数据管道框架建立在相似的原理之上，使你能够隐藏同一工作流中的多个 AWS 资源之间交互的一些复杂性。

4.6.3　AWS 数据管道

AWS 数据管道是一种 Web 服务，可用于自动化 ETL 的处理——数据移动和转换。它在先前的任务成功完成时，支持数据驱动工作流的定义和执行，并由可以被依赖的任务所组成。

AWS 数据管道的 3 个主要组件协同工作来管理数据。

○ **管道定义**指定了管道的业务逻辑，可以包含以下类型的组件。

- **数据节点**：这是任务输入数据的位置，或是存储输出数据的位置。目前受支持的数据节点包括亚马逊 S3 桶、MySQL 数据库、亚马逊 DynamoDB 和本地的 DataNode。
- **活动**：这是与数据的交互。目前受支持的活动包括数据复制、启动亚马逊 EMR 作业流、从命令行运行自定义的 bash 脚本（需要 UNIX 环境来运行该脚本）、数据库查询以及 Hive 查询。
- **先决条件**：这是在动作运行之前必须为真的条件语句。目前受支持的先决条件包括 bash 脚本的成功完成、数据的存在、达到特定的时间或达到相对于其他事件的时间间隔、S3 对象或 DynamoDB 或 RDS 表的存在。
- **调度**：当前受支持的调度选项包括定义动作应当启动和结束的时间以及它的运行频率。

○ AWS 数据管道 Web 服务提供了**用户交互**（通过 AWS 控制台和 API），解释了管道的定义，并分配任务给工作线程来移动和转换数据。

○ **任务运行线程**（类似于 SWF 中的活动运行线程）是负责数据管道任务执行的过程。任务运行线程在由管道定义创建的资源之上自动安装和运行。数据管道提供了多个"标准的"任务运行线程的实现，并为用户提供了创建自定义任务运行线程的能力。

如图 2-4-13 所示，AWS 控制台提供了简化数据管道创建的图形化的数据管道设计器。

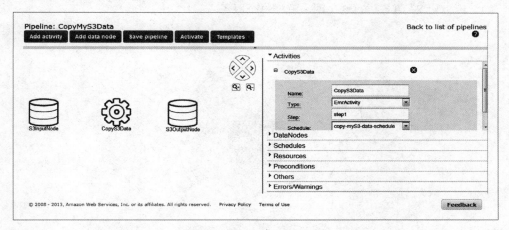

图 2-4-13　数据管道设计器

设计器左侧窗格提供了管道的图形化表示。窗格顶部的按钮使你能添加活动和数据节点。右侧窗格使你能够配置创建的活动和数据节点，包括它们之间的联系。它还使你能够配置数据管道的其他元素，包括日程表、资源、先决条件等。一旦创建了管道，就可以使用屏幕左侧的按钮来保存和激活它。

Oozie 协调器和数据管道在功能上有许多共同点，可以使用大量的用例来协调基于 EMR 的过程。

此外，数据管道使你能够协调 EMR 和其他基于 AWS 的执行之间的执行。随着数据管道和 SWF 的成熟，它们代表了有价值的特定于 AWS 使用的 Oozie 的替代品。

知识检测点 8

有一家公司计划实现简单工作流 AWS。数据管道将如何帮到他们？

1. 用 S3 服务填写这个圈，解释每个服务。

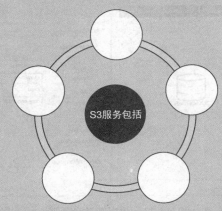

2. 用 AWS 组件填写至少 5 个框。解释每一个组件。

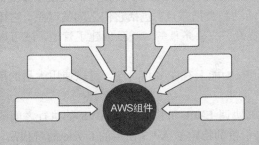

选择正确的答案。在下面给出的"标注你的答案"里将正确答案涂黑。

1. 存储在 S3 中的数据是否总是加密的？

　　a. 是的，为了安全性 S3 总是加密数据。

　　b. 不是，没有这种特性。

　　c. 是的，但是仅当调用了正确的 API 时。

　　d. 是的，但是仅当在 GovCloud 数据中心时。

2. S3 是否提供了写后读的一致性？

　　a. 不，对任何区域都不提供。

　　b. 是，但是仅对特定区域。

c. 是，但是仅对特定区域和新的对象。

d. 是，对所有区域。

3. 实例被启动到 VPC 的公众子网。为了使其能从互联网上被访问，下面哪一项是必须做的？

a. 附加弹性 IP 至该实例。

b. 什么都不需要做。可从互联网上访问该实例。

c. 启动 NAT 实例，将所有的流量路由到它。

d. 在路由表中建立一个条目，传递所有流出 VPC 去往 NAT 实例的流量。

4. 对于 S3 桶哪个说法是对的（如果多于一项为真，则选择多个）？

a. 在所有 AWS 用户中，桶的命名空间是全局共享的。

b. 桶名称可以包含字母数字字符。

c. 桶与区域相关联，桶中的所有数据均位于该区域。

d. 以上均是。

5. 哪个是由 AWS 执行的数据安全的操作过程？

a. 对存储于任何共享存储设备的数据进行 AES-256 加密。

b. 使用工业标准实践停用存储设备。

c. 在多个 AWS 区域中复制数据

d. 当卸载 EBS 卷时安全擦除 EBS 数据。

6. 亚马逊的 EBS 备份和实例的存储备份实例之间的一个关键区别是什么？

a. 可以停止实例的存储备份实例并重启它。

b. 自动缩放需要使用亚马逊的 EBS 备份实例。

c. 可以停止并重启亚马逊的 EBS 备份实例

d. 虚拟私有云需要亚马逊的 EBS 备份实例。

7. 在一个子网中的实例连接到了 ENI（弹性网络接口）。当你附加不同子网的 ENI 到这个实例时，会发生什么？

a. 该实例遵循旧子网的规则。

b. 该实例遵循两个子网的规则。

c. 该实例遵循新子网的规则。

d. 不可能；不能被连接到两个 ENI。

8. 当 EC2 实例终结时，数据会发生什么？

a. 对于 S3 备份的 AMI，所有处于本地（短暂的）硬盘中的数据都被删除了。

b. 对于 EBS 备份的 AMI，除了 OS 卷之外的任何附加的卷都被保留。

c. 连同操作系统的 EBS 卷的所有快照都会被保留。

d. 以上均是。

9. 单一 S3 对象的最大尺寸是多少？

a. 没有这种限制。

b. 5 TB。

c. 5 GB。

d. 100 GB。

10. 我可以使用什么自动化工具来启动服务器？

  a. 配置管理和准备工具。

  b. 类似 Scalr 这样的工具。

  c. 云虚拟化工具。

  d. 以上均不是。

标注你的答案（把正确答案涂黑）

1. ⓐ ⓑ ⓒ ⓓ   6. ⓐ ⓑ ⓒ ⓓ

2. ⓐ ⓑ ⓒ ⓓ   7. ⓐ ⓑ ⓒ ⓓ

3. ⓐ ⓑ ⓒ ⓓ   8. ⓐ ⓑ ⓒ ⓓ

4. ⓐ ⓑ ⓒ ⓓ   9. ⓐ ⓑ ⓒ ⓓ

5. ⓐ ⓑ ⓒ ⓓ   10. ⓐ ⓑ ⓒ ⓓ

测试你的能力

1. 解释 EMR 架构。

2. 提供信息和相关脚本以实现 AWS 服务，如：

  ● 上传数据；

  ● 创建对象；

  ● 删除对象。

- 亚马逊 Web 服务（AWS）正在成为本地硬件部署架构的一种流行的替代品。
- AWS 提供了一个丰富的服务生态系统，它由以下主要组件所组成：
  - EC2；
  - S3；
  - IAM；
  - ElasticCache。
  - EMR；
  - DynamoDB；
  - RDS；
- 额外的 AWS 服务包括以下内容：
  - CloudWatch；
  - CloudSearch；
  - SNS；
  - 数据管道。
  - Redshift；
  - SQS；
  - SWF；
- 当涉及 AWS 上的 Hadoop 部署时，存在两个不同的选择：
  - 使用 EC2 实例的自定义安装；
  - 使用托管的 Hadoop 版本（如 EMR）。
- 要将亚马逊当作 IAAS-EC2 实例来使用，需要以和在本机机器上安装集群完全一致的方式来部署一个 Hadoop 集群。
- 虽然使用 EC2 替代物理硬件有优势，但是这种方法仍然需要维护和管理 Hadoop 集群、安装补丁等。
- 亚马逊提供的一个托管的 Hadoop 版本（EMR）使用户能够完全抛开维护的负担。
- 本地 Hadoop 集群本质上是一个 PAAS 云，它为许多用户提供了运行多种应用程序的平台。
- AWS 代表了一种共享资源，用户在其中有一个单独的账户。
- EMR 集群只是众多对用户（或用户组）可用的资源之一。这是一种费用发生拨款制的资源，所以让它一直运行通常是不符合成本效益的。
- 亚马逊 EMR 软件包括对 Hadoop 和其他开源应用的增强以与 AWS 无缝协同工作，具体包括与 EC2 的集成以运行 Hadoop 节点、S3 数据存储和 CloudWatch。
- EMR Hadoop 集群由以下 3 个实例组所支持：
  - 主实例组；
  - 核心实例组；
  - 任务实例组。
- 引导动作可以用于加载额外的软件、改变 Hadoop 的配置、改变 Java 和 Hadoop 守护进程的设置等。
- 除了正常的 HBase 特性，EMR 还提供了 HBase 到 S3 的直接备份和恢复。
- EMR 作业流可以执行一个或多个步骤。
- 访问 EMR 的最简单的方式是使用 EMR 控制台，它提供了一组屏幕来配置 Hadoop

集群，并运行和调试 Hadoop 应用程序。

○ 使用 AWS 控制台为 Hadoop 作业流指定高级选项包括下面动作：
- 亚马逊 EC2 密钥对；
- 亚马逊 S3 日志路径；
- 终止保护；
- 亚马逊 VPC 子网 ID；
- 保持活跃；
- 对所有 IAM 用户可见。

○ 作业流执行的细节包括了多种选项卡，如：
- 描述；
- 引导动作；
- 监测。
- 步骤；
- 实例组；

○ 因为 EMR 执行是短暂的，所以它支持存储任何在 S3 中重启时必须保留的作业流信息。这包括以下内容：
- 可执行代码的存储；
- 配置文件存储；
- MapReduce 使用 HDFS 访问的任何数据（包括 Hive 表）；
- 日志文件存储；
- 备份和恢复。

○ S3 支持如下 3 种访问控制方法：
- IAM 策略；
- 桶策略；
- S3 的访问控制列表。

○ EMR 配置文件有多个区段：
- 作业流描述；
- Hadoop 配置；
- 引导动作；
- 调试配置；
- HBase 配置；
- 步骤。

○ 协同 EMR 使用 Oozie 的最简单的方式是在集群创建过程中，在 EMR 集群的主节点上安装 Oozie。

○ 亚马逊的简单工作流服务（SWF）是一个 Web 服务，可用于开发异步和分布式应用。

○ AWS 数据管道的 3 个主要组件协同工作来管理数据：
- 管道定义；
  ◆ 数据节点；
  ◆ 活动；
  ◆ 先决条件；
  ◆ 调度；
- 用户交互；
- 任务运行线程。

实时 Hadoop

学完本模块的内容，读者将能够：

▸▸ 设计 Hadoop 的实时应用程序

本讲目标

学完本讲的内容，读者将能够：

▸▸	讨论 Hadoop 的各种实时应用程序
▸▸	在各种场景中，使用 HBase 来设计和实现实时的应用程序
▸▸	讨论专门的实时 Hadoop 查询系统的使用
▸▸	讨论各种基于 Hadoop 的事件处理系统

> "然而，现代科学和技术尚未
> 达到它们内在的可能性，它们
> 已经给了人类至少一个经验：
> 没有什么是不可能的。"
>
> ——Lewis Mumford

Hadoop 是一个批处理平台，它是极其有用的，但是相对当今企业所试图解决的问题数量和问题类型而言其范围是有限的。考虑当今的场景，对 Hadoop 海量数据存储和处理能力的实时访问将导致生态系统更加广泛的使用。

实时的概念很大程度上取决于系统消费者所施加的时间要求。在本讲的上下文中，"实时Hadoop"描述了可以在用户可接受的时间范围内对用户请求进行响应的任何基于 Hadoop 的实现。根据用例，时间范围可以从几秒钟到几分钟，但不是几小时。

> **技术材料**
>
> 实时这个术语来自于其在早期模拟技术中的使用，该技术以匹配真实处理的速度模拟真实世界的处理。通常情况下，如果一个系统的功能正确性是由其逻辑正确性和其操作执行的时间量来定义的，那么该系统就被认为是实时的。

在本讲中，读者将学习主要的 Hadoop 实时应用程序和组成这种应用程序的基本组件，还将学到如何构建基于 HBase 的实时应用程序。

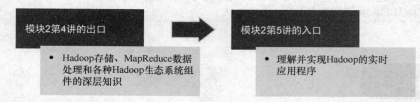

模块2第4讲的出口
- Hadoop存储、MapReduce数据处理和各种Hadoop生态系统组件的深层知识

模块2第5讲的入口
- 理解并实现Hadoop的实时应用程序

5.1 实时 Hadoop 应用

> **预备知识**
>
> 了解谷歌的云存储和 Hadoop 的计算平台。谷歌提出了云平台，用于运行实时的 Hadoop 服务。

下面是 Hadoop 实时应用程序的几个例子。

- **OpenTSDB：**该应用是最早的实时 Hadoop 应用程序之一。它使用一个共同目的的分布式、可扩展的**时间序列数据库**（TSDB）的实现，它支持存储、索引和收集为大规模计算机系统（如网络设备、操作系统和应用程序）的度量提供服务。然后该数据能很方便地被访问，并图形化地呈现给用户。

- **HStreaming：**这个实时平台允许在 Hadoop 上实时运行高级分析以创建现场仪表盘、在多数据流中或跨多数据流确定和识别模式以及使用实时 MapReduce 基于预定义的规则或启发来触发动作。

可以在流行的社交网络站点 Facebook 上看到使用实时 Hadoop 的主流例子，它运用了多种实时 Hadoop 的应用，下面是几个例子。

- **Facebook 消息：**这是一个统一的系统，它结合了所有的通信能力（包括 Facebook 消息、电子邮件、聊天和短信）。除了存储所有这些消息外，该系统还为来自给定用户、时间或会话线程的每条消息建立了索引（因此支持搜索和检索）。

❍ **Facebook 洞察力**：它为 Facebook 网站、网页和广告提供了实时的分析。它使开发人员能够捕获网站访问、影响、点击率等信息。它还允许开发人员提出关于人们如何与它们交互的见解。

❍ **Facebook 度量系统或操作数据存储（ODS）**：这支持了 Facebook 硬件和软件使用的集合、存储和分析。

目前，实时 Hadoop 应用程序的普及和数量都在稳步增长。所有这些应用程序都基于相同的架构原理——拥有一个总是在运行并时刻准备执行请求的行为的处理引擎。3 种最常见的实时 Hadoop 解决方案的实现方式为：

❍ 使用 HBase 实现实时的 Hadoop 应用；

❍ 使用专门的实时 Hadoop 查询系统；

❍ 使用基于 Hadoop 的事件处理系统。

本讲以实时应用程序实现中的 HBase 的用法讨论作为开始。

知识检测点 1

> 用一个例子简要地讨论在流行社交网站上的实时 Hadoop 的使用。

5.2　使用 HBase 实现实时应用

正如读者可能已经知道的那样，HBase 实现是基于提供了所有 HBase 功能的区域服务器的。这些服务器一直在运作，这意味着它们完成了实时 Hadoop 实现的先决条件——有一个不间断运行的处理引擎，随时准备执行请求的行为。

附加知识　使用 HBase 实现实时应用程序的考量

虽然 HBase 提供了快速的读写操作，但是 HBase 的写性能会受到压缩和区域划分的严重影响。所以当使用 HBase 实现实时应用程序时，必须考虑和处理压缩和区域划分。

下列技术可以有助于缓解区域划分带来的影响。

❍ 可以在创建过程中预划分表，这可以更好地利用区域服务器。（记住，默认情况下将为表创建单一的区域。）在均匀密钥分发的情形下，这是特别有效的。

❍ 可以增加区域的文件尺寸（`hbase.hregion.max.filesize`），使其在必须被分割前可以存储更多的数据。这种方法的限制是 HFile 的 v1 格式，它随着 HFile 尺寸的增长将导致读操作越来越慢。HFile v2 格式的引入缓解了这个问题，并允许进一步增加区域尺寸。

❍ 可以基于应用程序的活动日程和区域的负载/能力，手动分割 HBase。

可以通过配置 `HConstants.MAJOR_COMPACTION_PERIOD` 设定所需的频率周期，来控制主要的压缩。也可以通过设置 `HConstants.MAJOR_COMPACTION_PERIOD` 的值为 0，完全地关闭自动压缩。

HBase 的主要功能是可扩展地、高性能地访问大量的数据。虽然 HBase 是许多实时应用程序的基础，但是它本身基本上都不是实时应用程序。

HBase 通常需要一组服务，在最简单的情况下，这组服务提供了对数据的访问。在更复杂的情况下，这样的服务整合了数据访问、业务功能以及对这种数据处理所需的额外数据的访问（最后一项是可选的）。

如图 2-5-1 所示，这种实现类型的通用架构非常类似于传统的基于数据库的架构，其中 HBase 扮演了传统数据库的角色。它由多个均衡负载的服务实现和一个均衡负载器所组成，它把客户的流量导向这些实现。服务实现为 HBase 将客户端请求（以及可能的额外数据源）转换为读/写操作的序列，组合和处理这些数据，并返回结果到客户端。

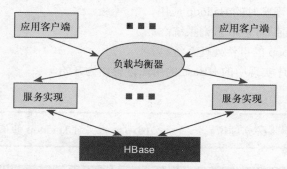

图 2-5-1　基于 HBase 的应用服务的常见架构

附加知识

图 2-5-1 所示的架构非常类似于远程 HBase API 的架构（包括 REST API、Thrift API 和 Avro API）。尽管有这些相似之处，但是远程 HBase API 很少用于实时 Hadoop 的实现。这些 API 实现了 HBase 的语义，即，它们提供了对 HBase 表、列族和列（它们通常对应用的用户不感兴趣）的访问。用户对于应用程序层级的语义感兴趣，这是非常不同的。此外，在一个设计良好的应用程序中，数据访问（即 HBase 数据模式）必须对 API 隐藏。这使你能够在不直接影响现有客户端 API 的情况下制定实现。

技术材料

使用 HBase 协处理器（更多细节见第 1 卷模块 3 第 1 讲）时，可以通过向 HBase 区域推送更多处理的方式，稍微改变基于 HBase 的服务和 HBase 数据访问之间的平衡。这可以提高执行的局部性（与第 1 卷模块 3 第 3 讲中所讨论的 MapReduce 数据局部性作比较）并简化整体编程逻辑。

在基于 HBase 的实时应用程序中服务实现的主要职责类似于传统的服务实现，包括如下内容。

○ **自定义处理**：该服务为自定义数据处理逻辑提供了一个方便的位置，因此就利用了基于 HBase 的（和潜在的额外）数据和应用程序的功能。

○ **语义校准**：服务 API 的实现使你能够在数据实际存储的内容（和方式）以及应用程序感兴趣的内容之间，按内容和颗粒度对齐数据。这提供了应用程序语义和实际数据存储之间的一个去耦合层。

○ **性能改进**：由于有了在本地实现多 HBase get/scan/put、合并结果以及发送单一回复至 API 消费者的能力，服务的引入往往能提高整体性能。（这假定了服务实现与 Hadoop 集群共存。通常情况下，这些实现要么直接部署在 Hadoop 边缘节点，要么至少部署于和 Hadoop 集群自身相同的网段上。）

对于通过互联网暴露的 API，可以通过使用**表述性状态传递**（Representational State Transfer，REST）API 和利用一个 JAX-RS 框架（如 RestEasy 或 Jersey），实现基于 HBase 的实时应用程序。如果内部（比如在公司防火墙内）使用 API，使用 Avro **远程过程调用**（Remote Procedure Call，RPC）可能是一个更合适的解决方案。在 REST 的情况下（尤其是大数据量时），你应该仍然使用 Avro 和二进制有效负载，这往往会导致更好的性能和更好的网络利用率。本节剩余部分探讨两个实例（使用照片管理系统、将 HBase 用作 Lucene 的后端），它们演示了当利用 HBase 时你构建这种实时服务的方式。这些例子表明了构建这种应用程序的设计方法和应用程序的实现。

知识检测点 2

> 　　Hbase 如何跨越区域服务器对表进行分区？哪种区域服务器负责定位行健？HBase 中的存活时间是什么？

5.2.1　将 HBase 用作照片管理系统

让我们看看虚拟的照片管理系统。该系统允许用户上传他们的照片（连同照片拍摄的日期），然后根据日期查找并下载照片。

设计该系统

让我们以设计系统的数据存储作为开始。有两种基本的由 Hadoop 提供的数据存储机制。

○ **HDFS**：这用于存储大量的数据，同时提供主要是顺序访问的写、读和追加功能。

○ **HBase**：这用于提供完整的**创建**、**读取**、**更新和删除**（CRUD）操作以及随机的 get、scan 和 put。

图 2-5-2 显示了通过结合 HDFS 和 HBase 来实现照片管理系统的方法，旨在提供一些 HBase 属性到大型数据项目。

例如，让我们假设每个用户都是通过全局唯一标识符（GUID）确定的，用户一旦在系统注册就被分配了 GUID。系统将为每个用户创建包含顺序文件的目录，容纳用户上传的实际图片。

○ 为了简化整体设计，我们还假设用户批量上传照片，且每一次批量上传创建了一个新的包含了作为上传一部分的照片的顺序文件。因为不同的上传可能有完全不同的大小，这种方法可以创建大量的"小" HDFS 文件，因此有必要实现一个周期性合并小顺序文件为大顺序文件的过程。

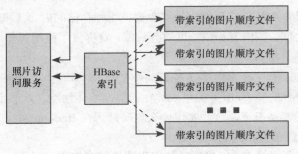

图 2-5-2　照片管理系统的架构

○ 有了顺序文件后，系统将能够快速存储数据。然而，它不会提供照片的快速随机访问，这对于照片检索 API 而言通常是需要的。API 应当支持在给定时间间隔内为给定的用户返回一组图片。

○ 要支持所需的访问功能，你必须为用户的照片添加基于 HBase 的索引。你可以通过在专用的 HBase 表（照片索引表）中为所有用户的所有照片建立索引来完成这一功能。如代码清单 2-5-1 所示，该表有一个键，它包含用户的**通用唯一标识符**（Universally Unique Identification，UUID）以及拍摄照片时的照片时间戳。

> **快速提示**
>
> 要简化例子实现的设计，我们假设同一用户不会同时拍摄两张照片。这保证了键的唯一性。如果这个条件不成立，要么增加时间戳的精度，要么在键的末尾添加一个计数器。

代码清单 2-5-1　照片管理表的键

```
UserUUID|Year|Mon|Day|Hour|Min|Sec
```

○ 这样的键设计对于给定时间间隔内给定用户的照片搜索是非常有效的，这对于简单照片检索 API 是必需的。一个更复杂的、基于属性的搜索可以通过使用基于 Lucene 的搜索得以实现，这会在本讲后面来描述。

○ 照片索引表包含一个带有一个列名的列族。这些名称应当短一些——可以使用 A 作为列族名、B 作为列名。列的内容是 SequenceFile（照片存储的位置）的名称以及从文件起始位置的字节偏移量。

○ 有了这个高层数据设计之后，实现是相当简单的。对于上传操作，来自给定用户的照片列表形式是时间戳以及包含照片本身的字节数组。在此刻，创建一个新的 SequenceFile 并以时间戳作为键、以照片内容作为值来填充它。当新的照片写入文件时，其起始位置（和文件名）被存储在照片索引表中。

○ 读操作被初始化成（给定用户和日期范围的）照片索引表扫描操作。对于照片索引表中找到的每一条索引，从 HDFS 中基于文件名和偏移量读取照片。然后把照片列表返回给用户。

○ 你也可以通过从索引中删除照片的方式来删除照片。

○ 最后，可以将文件压缩实现为一个 MapReduce 作业，它使用 Oozie 协调器周期性地运行，例如在半夜执行。对于每个用户来说，这项作业扫描照片的索引并重写用户的照片到综合的、有序的顺序文件中。该操作移除小文件以提高 HDFS 利用率和整体系统性能。（照片以时间戳顺序保存，从而避免了额外的寻找。）操作还通过移除(而不是复制)已经删除的照片来回收磁盘空间。

现在有了现有的高层设计，让我们看一些实际实现的代码。

实现该系统

实现时首先创建一个显示在代码清单 2-5-2 中的辅助类（代码文件：类 DatedPhoto），它定义了用于发送/接收照片的信息。每张图片都伴随了一个 epoch 时间戳，即从 1970 年 1 月 1 日 00:00:00 以来的毫秒数。

代码清单 2-5-2　DatedPhoto 类

```
1  public class DatedPhoto {
       long _date;
       byte[] _image;
2      public DatedPhoto(){
           ...
       }
3      public DatedPhoto(long date, byte[] image){
           ...
       }
       ...
4      public static String timeToString(long time){
           ...
       }
   }
```

代码清单 2-5-2 的解释

1	DatedPhoto 类定义了用于发送/接收照片的信息
2	DatedPhoto 默认构造器没有需要发送的参数
3	DatedPhoto 构造器有两个参数，即日期和图片
4	timetostring 用于改变参数时间的格式

这是一个相当简单的数据容器类。Setters/Getters 未在这里显示。额外的 `timeToString()` 方法，使你能够将 epoch 时间转换成字符串表示的时间，用于表中的行健。

代码清单 2-5-3 中显示的另一个辅助类定义了为 HBase 中每张图片保存的索引信息。这个类还定义了两个额外的方法，即 `toBytes()` 和 `fromBytes()`（记住，HBase 将所有的值存储为字节数组），如代码清单 2-5-3 所示。

代码清单 2-5-3　PhotoLocation 类

```
1  public class PhotoLocation implements Serializable{
       private long _pos;
       private long _time;
```

```
          private String _file;
2         public PhotoLocation(){}
3         public PhotoLocation(long time, String file, long pos){
              ...
          }
          ...
4         public byte[] toBytes(){
              ...
              System.arraycopy(_pos, 0, _buffer, 0, 8);
              System.arraycopy(_time, 0, _buffer, 8, 8);
              System.arraycopy(_file, 0, _buffer, 16, _file.length());
              return _buffer;
          }
          public void fromBytes(byte[] buffer){
              System.arraycopy(buffer, 0, _pos, 0, 8);
              System.arraycopy(buffer, 8, _time, 0, 8);
              System.arraycopy(buffer, 16, _file, 0, buffer.length - 8);
          }
      }
}
```

代码清单 2-5-3 的解释

1	PhotoLocation 类定义了为 HBase 中每张图片保存的索引信息
2	PhotoLocation 是无参的默认构造器
3	PhotoLocation 是带有时间、文件名和位置参数的构造器
4	因为 HBase 将所有值存储为字节数组，该代码使用了两个函数，即 toBytes()和 fromBytes()

这是另一个数据容器类（为了简洁省略了 getter/setter 方法）。在这个类中的 toBytes()和 fromBytes()方法使用自定义序列化/反序列化的实现。自定义实现通常会导致二进制数据的尺寸最小，但是许多类似这样的自定义实现的创建不会随着类数量的增长而很好地缩放。

有了这两个类之后，使用负责 SequenceFile 实际数据存储的 PhotoWriter 类。然后，HBase 的索引信息看上去类似于代码清单 2-5-4 中所显示的那样。

代码清单 2-5-4　PhotoWriter 类

```
1     public class PhotoWriter {
          private PhotoWriter(){}
2         public static void writePhotos(UUID user, List<DatedPhoto> photos,
      String tName, Configuration conf) throws IOException{
              String uString = user.toString();
              Path rootPath = new Path(_root);
3             FileSystem fs = rootPath.getFileSystem(conf);
              Path userPath = new Path(rootPath, uString);
              String fName = null;
              if(fs.getFileStatus(userPath).isDirectory()){
                  FileStatus[] photofiles = fs.listStatus(userPath);
```

```
                    fName = Integer.toString(photofiles.length);
                }
4   SequenceFile.Writer fWriter = SequenceFile.createWriter(conf,...);
    HTable index = new HTable(conf, tName);
    PhotoLocation location = new PhotoLocation();
    location.setFile(fName);
    LongWritable sKey = new LongWritable();
5   for(DatedPhoto photo : photos){
        long pos = fWriter.getLength();
        location.setPos(pos);
        location.setTime(photo.getLongDate());
        String key = uString + photo.getDate();
        sKey.set(photo.getLongDate());
        fWriter.append(sKey, new BytesWritable(photo.getPicture()));
        Put put = new Put(Bytes.toBytes(key));
        put.add(Bytes.toBytes("A"), Bytes.toBytes("B"), location. toBytes());
        index.put(put);
    }
    fWriter.close();
    index.close();
    }
    ...
}
```

代码清单 2-5-4 的解释

1	负责 SequenceFile 实际数据存储的 PhotoWriter 类
2	writePhotos 是以用户、照片、tname 和配置 conf 为参数的函数
3	检查特定目录中特定文件的状态
4	每个文件都被设定在恰当的位置
5	如果发现了设定的时间和日期, 那么在照片集合中遍历 DatedPhoto 的每个对象照片

　　writePhotos()方法通过为给定用户查询目录、计算文件数量并创建名称作为该目录当前的长度的方式, 首先确定一个新的文件名。然后它创建一个新的 SequenceFile 写入器并连接到照片索引（HBase）表。一旦完成之后, 为每张照片返回当前的文件位置, 并添加图片到 SequenceFile。一旦写入了图片, 其索引被添加到 HBase 表。

　　代码清单 2-5-5 显示了一个用于从给定文件中读取具体照片（由文件中的偏移量定义）的辅助类。

代码清单 2-5-5　PhotoDataReader 类

```
1   public class PhotoDataReader {
        public PhotoDataReader(String file, UUID user, Configuration conf)
        throws IOException{
            _file = file;
            _conf = conf;
            _user = user.toString();
```

```
                _value = new BytesWritable();
                Path rootPath = new Path(PhotoWriter.getRoot());
                FileSystem fs =rootPath.getFileSystem(_conf);
                Path userPath = new Path(rootPath,_user);
                _fReader = new SequenceFile.Reader(fs, new Path(userPath, _file),
                _conf);
                _position = 0;
            }
            public byte[] getPicture(long pos) throws IOException{
                if(pos != _position)
                    _fReader.seek(pos);
                boolean fresult = _fReader.next(_header, _value);
                if(!fresult)throw new IOException("EOF");
                _position = _fReader.getPosition();
                return _value.getBytes();
            }
            public void close() throws IOException{
                _fReader.close();
            }
        }
```

In the margin beside the code: `2`, `3`

代码清单 2-5-5 的解释

1	类的构造函数 PhotoDataReader 为一个指定的文件打开了一个 SequenceFile 读取器，并在文件开头放置游标
2	getPicture()方法根据照片在文件中的位置检索该照片
3	为了尽量减少查找的次数，首先检查该文件是否处于正确的位置（带有相邻索引的照片很有可能是相邻存放的），并仅当文件当前不在所需位置时才进行查找

一旦文件处于正确的位置，该方法的实现读取图片的内容、记住当前的位置然后返回图片。

最后，代码清单 2-5-6 显示了一个类，可用来按给定的时间间隔读取单个照片或一组照片。这个类也有一个额外的方法来删除带有给定时间戳的照片。

代码清单 2-5-6　PhotoReader 类

```
public class PhotoReader {
    private PhotoReader(){}
    public static List<DatedPhoto> getPictures(UUID user, long startTime,
    long endTime, String tName,Configuration conf) throws IOException{
        List<DatedPhoto> result = new LinkedList<DatedPhoto>();
        Htable index = new HTable(conf, tName);
        String uString = user.toString();
        byte[] family = Bytes.toBytes("A");
        PhotoLocation location = new PhotoLocation();
        if(endTime < 0) endTime = startTime + 1;
        Map<String, PhotoDataReader> readers = new HashMap<String,
```

In the margin beside the code: `1`

```
            PhotoDataReader>();
            Scan scan = new Scan(Bytes.toBytes(uString +
            DatedPhoto.timeToString(startTime)), Bytes.toBytes(uString +
            DatedPhoto.timeToString(endTime)));
            scan.addColumn(family, family);
            Iterator<Result> rIterator = index.getScanner(scan).iterator();
            while(rIterator.hasNext()){ Result r = rIterator.next();
            location.fromBytes(r.getBytes().get());
            PhotoDataReader dr = readers.get(location.getFile());
            if(dr == null){
                dr = new PhotoDataReader(location.getFile(), user, conf);
                readers.put(location.getFile(), dr);
            }
            DatedPhoto df = new DatedPhoto(location.getTime(),
            dr.getPicture(location.getPos()));
            result.add(df);
        }
        for(PhotoDataReader dr : readers.values()) dr.close();
        return result;
    }
}
```

| 2 | ```
public static void deletePicture(UUID user, long startTime, String
tName, Configuration conf) throws IOException{
    Delete delete = new Delete(Bytes.toBytes(user.toString() +
    DatedPhoto.timeToString(startTime)));
    HTable index = new HTable(conf, tName);
    index.delete(delete);
}
}
``` |

代码清单 2-5-6 的解释

| 1 | 用于该文件名的 PhotoDataReader 已经存在了。如果它不存在，创建一个新的 PhotoDataReader 并添加到阅读器列表。然后使用该阅读器获取图片本身 |
| 2 | 删除方法的实现只是从索引表中删除了照片信息 |

　　读取方法的实现首先连接到 HBase 表，并创建一个基于输入参数的扫描。对于扫描返回的每条记录，它首先检查该文件名的 PhotoDataReader 是否已经存在；如果不存在，创建一个新的 PhotoDataReader 并添加到阅读器列表中。然后使用该阅读器获取图片本身。

　　delete 方法的实现只是从索引表中删除了照片信息。

总体情况

　　这里介绍的解决方案提供了一个非常基本的照片管理的实现，只显示一个极其简单的 Hadoop 实现。实际的实现明显要复杂得多，但是这里呈现的代码阐述了构建基于 HBase 实时系统的基本方法，它可以很容易地扩展为一个真正的实现。
```

下一个例子展示了如何为一个倒排索引构建基于 HBase 的后端，可用于基于 Hadoop 的实时搜索。

知识检测点 3

讨论一下如何利用 Hadoop 处理天文图片。

5.2.2 将 HBase 用作 Lucene 的后端

这是一个更加现实的例子，描述了带有 HBase 后端的 Lucene 实现，可以把它用作基于 Hadoop 的实时搜索应用。

与现实生活的联系

在从购物网站到社交网络再到兴趣点的许多现代应用中，搜索起着举足轻重的作用。Lucene 搜索库是当今实现搜索引擎的事实上的标准。它被各种公司用于现实生活中的搜索应用，包括苹果、IBM、Attlassian（Jira）、Wolfram 和其他一些公司。

总体设计

在深入研究基于 HBase 的实现之前，以 Lucene 的快速更新作为我们的开始。Lucene 在可搜索的文档之上操作，可搜索的文档是字段的集合，每个字段都有值。字段的值进一步由一个或多个可搜索元素组成，换句话说就是术语。Lucene 搜索基于包含了可搜索文档信息的倒排索引。倒排索引允许字段术语的快速查询，以查找出现该术语的所有文档。

如图 2-5-3 所示，Lucene 架构的主要组件有以下几个。

○ IndexWriter，为每一个插入的文档计算倒排索引并写出它们。
○ IndexSearcher，利用 IndexReader 读取倒排索引并实现搜索逻辑。
○ Directory，抽象出索引数据集访问的实现并提供了 API（直接模拟了文件系统 API）以操作它们。IndexReader 和 IndexWriter 利用 Directory 来访问数据。

在非常高的层级上，Lucene 在两个不同数据集上操作，这两个数据集都基于 Directory 接口的实现来访问。

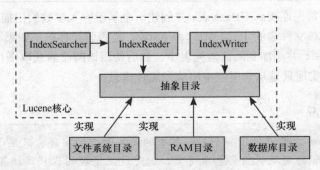

图 2-5-3　Lucene 的高层架构

○ 索引数据集保存了所有的字段/术语对（带有术语出现频率、位置等额外信息），以及在恰当字段中包含了这些术语的文档。

○ 文档数据集存储了所有文档（包括存储的字段等）。

标准的 Lucene 发行版包括了多个 Directory 的实现，包括了基于文件系统的、基于内存的、基于伯克利数据库（在 Lucene 的 contrib 模块中）的以及其他类型的。

标准的基于文件系统的后端（Directory 实现）的主要缺点是由索引增长引起的性能退化。已经使用了不同的技术来克服这个问题，包括负载均衡和索引分片（即在多个 Lucene 实例之间分割索引）。虽然强大，但是分片的使用使得整体实现架构复杂化了，并要求在可以正确分区 Lucene 索引之前对预期的文档有事先的了解。

另一种方法是，让索引后端本身来正确分片数据，然后构建了基于这种后端的实现。正如第 1 卷模块 3 第 1 讲中所描述的那样，一个这样的后端存储实现是 HBase。

技术材料

把 NoSQL 数据库用作 Lucene 后端的观点不是新的。许多开源项目都是基于这种方法，包括 Lucandra（基于 Cassandra）、HBasene（基于 HBase）和 Solandra（基于 Cassandra）。

因为 Lucene 的 Directory API 暴露了文件系统的语义，实现一个新的 Lucene 后端的一种"标准"的方法是在每个新的后端上施加这样的语义，它并不总是暴露 Lucene 端口的最简单的（最方便的）方法。因此，一些 Lucene 端口（包括来自 Lucene contrib 模块 Lucandra 和 HBasene 的有限的内存索引支持）采取了不同的方法。如图 2-5-4 所示，这些覆写的不是一个目录，而是高层的 Lucene 的类；于是 IndexReader 和 IndexWriter 绕过了 Directory API。

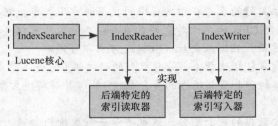

图 2-5-4　集成 Lucene 和后端，无须文件系统的语义

虽然这种方法往往需要更多的工作，但是它也能使你充分利用特定后端的原生的功能。因此，它导致了明显更强大的实现。这里介绍的实现遵循了这一方法。

图 2-5-5 所示的整体实现是基于一个基于内存的后端，将它用作内存中的缓存，以及作为同步缓存与 HBase 后端的机制。

这种实现试图平衡两种相互冲突的需求：性能（通过最小化 HBase 搜索和文档检索读取的数量，内存中的缓存可以大幅度提高性能）和可扩展性（能够按需运行尽可能多的 Lucene 实例的能力以支持越来越多的搜索客户群）。后者需要最小化缓存的生命期，把内容与 HBase 实例（即事实的单一副本）同步。通过实现一个可配置的缓存存活时间（TTL）参数来实现折中，从而限制在每个 Lucene 实例中存在的缓存。

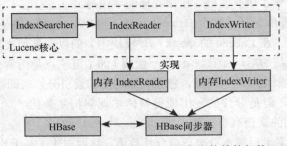

图 2-5-5　基于 HBase 的 Lucene 实现的整体架构

附加知识　　缓存实现方法　➕

改善实时应用程序性能的一种常见的方法是使用内存缓存。两种常见的用于实现缓存的方法是通过一个单独的缓存层和通过使用过程内的实现。在这里只讨论过程内的实现。

当数据量明显大于可用内存的情形下，下面是两种普遍的方法。

○　**分片缓存**：每个 CPU 专用于数据的特定部分。一个给定请求被路由到特定的 CPU 中，它负责本地缓存的这部分数据。缓存回收策略（如果有的话）是最近最少使用（LRU）。

○　**随机缓存**：任意 CPU 都能服务任意请求。缓存存储最近的请求结果。回收策略是必要的，通常是基于分配给缓存的内存量的 LRU。

两种方法都有它们的优点和缺点。

分片方法通常提供更好的已存在于内存中的数据的重用概率。它也同样很好地支持读写（插入或更新）。因为 CPU 专用于特定的数据部分，所以写可以直接针对内存完成，底层的存储可以被异步更新。在写入之后，数据通常立即可用。

分片方法的缺点通常包括选择恰当分片机制的必要性（它并不总是显然的），以及为这样的实施选择实现故障转移和负载均衡的复杂程度。故障转移解决方案通常需要缓存同步，这绝不是简单和廉价的。

负载均衡可能需要数据的重新划分，这也不是一种廉价的命题。额外的分片方法通常需要一个专业化的、碎片敏感的负载均衡，它分片传入请求并将它们转发到特定的 CPU。

然而，随机缓存提供了一种廉价和简单的故障转移和可扩展的能力（只需要添加更多计算机），但是它也有其自己的缺点。

最大的常见缺点是，同样的数据项可以同时存在于多个缓存中，这使写入（插入或更新）的复杂性更为显著。在这种情况下，当整体系统对应最终一致性（写可能出现延迟）时，可以使用时间过期缓存为该问题提供一个非常简单的实现。在这种情况下，写可以绕过缓存，并直接更新后端。

通过内存缓存，完成读写（IndexReader/IndexWriter），但是它们的实现是非常不

同的。

对于读取而言，缓存首先检查所需的数据是否都位于内存中，并且不是陈旧的（陈旧指的是它在内存中已经太久了）。如果这两个条件都被满足了，则使用内存中的数据。否则，缓存从 HBase 读取/更新数据，然后返回到 IndexReader。

对于写而言，数据被直接写入 HBase 而无须存储在内存中。虽然这可能在实际数据可用性中导致延迟，但是它使实现显著地简单。写可以去往任意的 Lucene 实例而无须考虑可能有特定索引值被缓存的实例。要遵守业务需求，可以通过设置适当的缓存过期时间来控制延迟。

这个实现基于两个主要的 HBase 表——索引表和文档表。

如图 2-5-6 所示，负责存储倒排索引的 HBase 索引表是实现的基础。对于对 Lucene 实例已知的每个字段/术语组合，表都具有一个条目（行）。每行包含了一个列族（"文档族"）。列族为每个包含了字段/术语的文档，包含了一个列（称作文档 ID）。

图 2-5-6　HBase 索引表

每一列的内容都是 TermDocument 的值。它的 Avro 模式如代码清单 2-5-7 所示。

代码清单 2-5-7　TermDocument 的定义

```
{
"type" : "record", "name" : "TermDocument",
"namespace" : " com.practicalHadoop.lucene.document", "fields" : [ {
"name" : "docFrequency", "type" : "int"
}, {
"name" : "docPositions", "type" : ["null", {
"type" : "array",
"items" : "int"
}]
}]
}
```

代码清单 2-5-7 的解释

> 每列的内容都是 TermDocument 的值，而它的 Avro 模式显示为代码段

如图 2-5-7 所示，HBase 文档表存储了文档本身，反向引用指标/规范，引用这些文档以及一些 Lucene 使用的额外记账信息进行文档处理。每个 Lucene 实例已知的文档都有一个条目（行）。

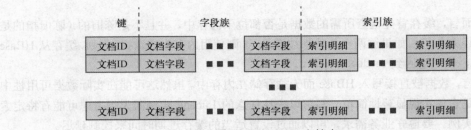

图 2-5-7　HBase 文档表

　　每个文档都由文档 ID（键）唯一确定，并包含了两个列族——"字段族"和"索引族"。字段列族为文档存储的每个字段包含一个列（叫作字段名）。代码清单 2-5-8 所示的列值由值类型（字符串或字节数组）和值本身所组成。

代码清单 2-5-8　字段定义

```
{
"type" : "record", "name" : "FieldsData",
"namespace" : " com.practicalHadoop.lucene.document", "fields" : [{
"name" : "fieldsArray", "type" : {
"type" : "array", "items" : {
"type" : "record", "name" : "singleField", "fields" : [{
"name" : "binary",
"type" : "boolean"
}, {
"name" : "data",
"type" : [ "string", "bytes" ]
}]
}
}
}]
}
```

代码清单 2-5-8 的解释

　　每个文档都由文档 ID（键）唯一确定，并包含了两个列族——"字段族"和"索引族"。字段列族为文档存储的每个字段包含一个列（叫作字段名）

技术材料

　　通过"提升"不同层级的计算，Lucene 使你能够影响搜索的结果。（文档和字段级别的）索引时间和查询时间都支持提升。默认情况下，Lucene 中的字段是按其规范，按文档提升、字段提升和字段长度归一化因子的产品来索引的。如果你不使用规范，你的文档以匹配术语的确切数量为基础计分，而不是以与文档长度成比例的术语数量为基础来计分。

索引列族为引用文档的每一个索引都包含一个列（叫作字段/术语）。列值包括了每个给定字段/术语的文档的频率、位置和偏移量，如代码清单 2-5-9 所示。

代码清单 2-5-9　TermDocumentFrequency

```
{
"type" : "record",
"name" : "TermDocumentFrequency",
"namespace" : " com.practicalHadoop.lucene.document", "fields" : [
{
"name" : "docFrequency", "type" : "int"
}, {
"name" : "docPositions", "type" : ["null",{
"type" : "array",
"items" : "int"
}]
}, {
"name" : "docOffsets", "type" : ["null",{
"type" : "array", "items" : {
"type" : "record", "name" : "TermsOffset", "fields" : [ {
"name" : "startOffset", "type" : "int"
}, {
"name" : "endOffset",
"type" : "int"
} ]
}
}]
} ]
}
```

代码清单 2-5-9 的解释

> 索引列族为引用该文档的每个索引包含了一个列（叫作字段/术语）。列值为给定的字段/术语包含了文档频率、位置和偏移量

快速提示

　　这当然是一个过于简化的解释原则的方式。真正的实现包含了多个缩放级别的标识，并基于尺寸和搜索标准的形状，选择最恰当的缩放级别。

　　如图 2-5-8 所示，如果必须要支持 Lucene 规范，可以实现可选的第三方表。对于每个对 Lucene 实例已知的字段/术语，HBase 术语表都具有一个条目（行）。每一行都包含单一的列族——"文档术语族"。该族针对每个文档都有一个列（称作文档 ID），必须为每个文档存储给定字段的规范。

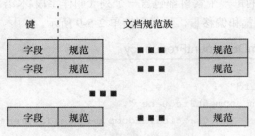

图 2-5-8　HBase 规范表

总体情况

　　Lucene 的弱点之一是空间搜索。虽然 Lucene 空间发行包为空间搜索提供了强大的支持，但它局限于寻找最近的点。在现实中，空间搜索往往具有明显更多的要求，如哪个点属于给定的形状（圈、包围盒、多边形）、哪些形状与给定的形状相交等。因此，这里提出的实现扩展了 Lucene 以解决这种问题。

技术材料

　　在现实中，这种计算会稍微复杂一些（如对于有空的多边形）。然而，对于所有的实际用途，简单的围绕物是包围盒，然后瓦片中包围盒的映射对于在此描述的第一层次的搜索而言是足够好的了。

空间搜索

　　该例子的空间搜索实现基于两层的搜索实现：

○　第一层搜索基于笛卡儿网格搜索；

○　第二层实现了特定形状的空间计算。

　　对于笛卡儿网格搜索，整个世界都被按一定的缩放级别分割为瓦片。在这种情况下，一组包含了完整形状的瓦片 ID 定义了几何形状。这些瓦片 ID 的计算对于任何形状类型来说是微不足道的，用几行代码就能实现。

　　在这种情况下，文档（指特定的形状）和搜索形状可以用瓦片 ID 的列表来呈现。这意味着第一层的搜索实现只是寻找搜索形状瓦片 ID 和文档形状瓦片 ID 之间的交叉点。

　　这可以实现成 Lucene 非常擅长的"标准的"文本搜索操作。一旦最初的选择完成后，通过过滤第一层搜索的结果，可以使用几何算法来获取更高的精度。这样的计算可以按你需求的复杂程度进行以提高搜索的精度。

　　这些计算在技术上不是基本实现的一部分。

　　图 2-5-9 显示了一个具体例子。在这里，只显示有限数量的瓦片（1 至 12）和 4 个文档（a 到 e）。

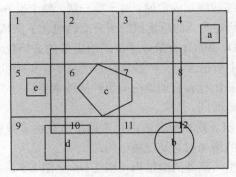

图 2-5-9　两层的搜索

　　根据它的位置和形状，每个文档都可以被描述为一组瓦片 ID。例如，"b"被包含在瓦片 11 和 12 中。现在，让我们假设你正在寻找与包围框（以图 2-5-9 中的宽线表示）相交的每一个文档。正如你所看到的，可以用一组 ID 从 1 至 12 的瓦片来表示搜索包围框。所有形状 a 至 e 可以作为第一层搜索的结果被找到。第二层搜索将扔掉不与结果包围框相交的形状 a 和 e。整体搜索将返回形状 b、c 和 d。

　　将这种两层的算法集成到 Lucene 中是相当简单的。Lucene 引擎的职责是支持第一层的搜索——瓦片匹配。第二层的搜索可以用外部过滤来完成，这不一定需要纳入 Lucene。

　　为了支持两种搜索层级，必须用以下额外字段来扩展 Lucene 文档。

○　**形状字段**：它描述了与文档关联的形状字段。（目前的实现基于序列化的形状的超类和一些特定形状的实现，包括点、包围框、圆和多边形。）过滤器可以使用它来获取形状，该文档与之关联以执行显式的过滤。

○　**瓦片 ID 字段**：这包含了一个（或多个）字段，描述了一个（或多个）包含了不同缩放级别形状的瓦片。

　　将地理空间信息直接放入文档字段中是在 Lucene 索引中存储地理空间信息的最简单的方法。这种方法的缺点是，它导致了索引尺寸的"爆炸"（必须为每一个瓦片 ID/缩放级别的组合创建一个新的术语/值），由于行尺寸较大，这将负面影响 HBase 的性能。

　　如图 2-5-10 所示，一种更好的方法是，将给定字段/术语值的文档信息存储为多级散列表。

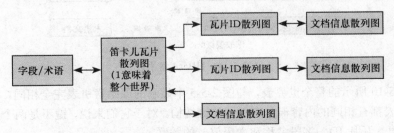

图 2-5-10　存储给定字段/术语的地理空间索引

○ 散列的第一级是由缩放级别确定的。对于第一级，整个世界都为该请求所保留而无须空间信息。它为含有给定术语的给定值的所有文档包含了文档信息。所有其他级别都为每个位于给定瓦片 ID 中的含有给定术语的给定值的文档包含一个带有文档信息的散列图。由于给定瓦片中所包含的文档数量总是明显小于整个世界的文档数量，基于这样的索引组织的搜索明显比包含有地理空间组件的搜索要快得多，同时保持了与没有组件的搜索大致相同的搜索时间。

○ 虽然这样的索引组织会增加所需的内存占用，但是由于整体的实现是基于到期的懒缓存，这种内存占用的增加相对是比较小的。

○ 从技术上讲，通过引入额外的键结构，图 2-5-6 至图 2-5-8 中显示的原始 HBase 表设计可以用于存储多层次的散列表。

○ 另外，如图 2-5-11 所示，要更好地处理显著增加的行数并进一步提高搜索的可扩展性，引入 N+1 个索引表而不是使用单一的 HBase 索引表——一个用于全局的数据，另外每个缩放级别用一个索引表。

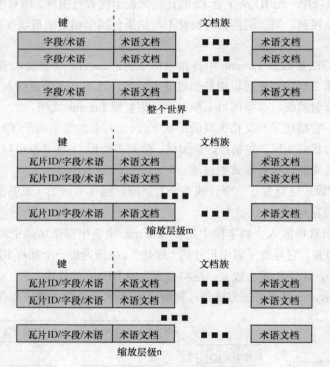

图 2-5-11 HBase 索引表

○ 图 2-5-10 所示的整个世界表，与图 2-5-5 中显示的原始索引表完全相同，而每个缩放级别的表都有相同的内容但是有不同的键结构。对于它们来说，键不是两个值的关联而是 3 个值（瓦片 ID、字段名称和术语值）的关联。

○ 除了根据缩放级别分割表能让你使每个表更小（其简化了整体的 HBase 管理）这一事实之

外，你还可以添加并行的搜索——请求不同的缩放级别将从不同的表中读取。键定义对于给定缩放层级/瓦片 ID，为字段/短语层级上的扫描提供了 Lucene 实现所需的天生的支持。

现在你懂得了整体设计的方法，让我们看一下某些实现方式，更确切地说，特定于 Hadoop/HBase 的部分实现。

1. 解释用于在 MarkLogic 服务器中描述地理空间特性的术语。
2. 为什么 HBase 需要全文索引？

HBase 实现代码

这个例子的 Lucene 实现需要在搜索过程中多次访问多个 HBase 表。该实现利用了 HTablePool 类（可以类比成数据库连接池），而不是每次需要访问表时（请记住，HTable 类不是线程安全的）去创建和销毁特定的 HTable 类。代码清单 2-5-10（代码文件：类 TableManager）显示了类的封装 HTablePool（TableManager），其额外提供了所有的配置信息（表名、族名等）：

代码清单 2-5-10　TableManager 类

```
public class TableManager {
    // Levels
    private static final int _minLevel = 10; private static final int
    _maxLevel = 24;
...
    // Tables
    private static byte[] _indexTable;
    private static byte[][] _indexLevelTable;
    private static byte[] _documentsTable;
    private static byte[] _normsTable;
    //Families
    private static byte[] _indexTableDocuments;
    private static byte[]_documentsTableFields;
    private static byte[] _documentsTableTerms;
    private static byte[] _normsTableNorms;
    // Pool
    private HTablePool _tPool = null;
    private Configuration _config =null;
    private int _poolSize = Integer.MAX_VALUE;
    // Instance
    private static TableManager _instance = null;
    // Static initializer
    static{
        int nlevels = _maxLevel - _minLevel + 1;
        _indexLevelTable = new byte[nlevels][];
        _indexLevelTablePurpose = new String[nlevels];
...
```

```
        }
        ...
2       public static void setIndexTable(String indexTable, int level) {
            if(level < 0)
                _indexTable = Bytes.toBytes(indexTable);
            else{
                if((level >= _minLevel) && (level <= _maxLevel)){
                    int i = level - _minLevel;
                    _indexLevelTable[i] = Bytes.toBytes(indexTable);
                }
            }
        }
        ...
3       public static synchronized TableManager getInstance()
        throws NotInitializedException{
            if(_instance == null)
                throw new NotInitializedException();
            return _instance;
        }
        private TableManager(Configuration config, int poolSize){
            if(poolSize > 0)
            _poolSize = poolSize;
            _config = config;
            _tPool = new HTablePool(_config, _poolSize);
        }
        public HTableInterface getIndexTable(int level) {
            if(level == 1)
                return _tPool.getTable(_indexTable);else
        }
        return _tPool.getTable(_indexLevelTable[level-_minLevel]);
        public HTableInterface getDocumentsTable(){
            return _tPool.getTable(_documentsTable);
        }
        public HTableInterface getNormsTable(){
            return _tPool.getTable(_normsTable);
        }
        public void releaseTable(HTableInterface t){
            try {
                t.close();
            } catch (IOException e) {}
        }
    }
}
```

代码清单 2-5-10 的解释

1　TableManager 类显示了类的封装 HTablePool(TableManager)，其额外提供了所有的配置信息（表名、族名等）

2	使用 setIndexTable() 方法来检查索引表的层级
3	使用 TableManager getInstance() 方法来获取每个表管理器的实例

因为这个类可以支持不同的层级数量,所以其静态方法给每个层级分配了表名称的数组。类中的 getTable() 方法只是从池获取了表,而 releaseTable() 方法将表返回到池。

这个示例 Lucene 的实现使用了多个表。代码清单 2-5-11 中显示的 TableCreator 类基于 HBaseAdmin API。它确保了存在有对应的表,且是恰当定义的。

代码清单 2-5-11　TableCreator 类

```
public class TableCreator {
    public static List<HTable> getTables(TablesType tables,
    Configuration conf)throws Exception{
        HBaseAdmin hBaseAdmin = new HBaseAdmin(conf);
        List<HTable> result = new LinkedList<HTable>();
        for (TableType table : tables.getTable())
        {
            HTableDescriptor desc = null;
            if (hBaseAdmin.tableExists(table.getName())) {
                if (tables.isRebuild()) {
                hBaseAdmin.disableTable(table.getName());
                hBaseAdmin.deleteTable(table.getName());
                createTable(hBaseAdmin, table);
            }
            Else{
                byte[] tBytes = Bytes.toBytes(table.getName());
                desc = hBaseAdmin.getTableDescriptor(tBytes);
                List<ColumnFamily> columns = table.getColumnFamily();
                for(ColumnFamily family : columns){
                    boolean exists = false;
                    String name = family.getName();
                    for(HColumnDescriptor fm : desc.getFamilies()){
                    String fmName =Bytes.toString(fm.getName());
                    if(name.equals(fmName)){
                        exists = true; break;
                    }
                }
                if(!exists){
                    System.out.println("Adding Famoly " + name +
                    " to the table " + table.getName());
                    hBaseAdmin.addColumn(tBytes, buildDescriptor(family));
                }
            }
        }
    } else {
```

```
                            createTable(hBaseAdmin, table);
                    }
                    result.add( new HTable(conf, Bytes.toBytes(table.getName())) );
            }
            return result;
        }
        private static void createTable(HBaseAdmin hBaseAdmin,TableType table)
        throws Exception{
            HTableDescriptor desc = new HTableDescriptor(table.getName());
            if(table.getMaxFileSize() != null){
                Long fs = 1024l * 1024l * table.getMaxFileSize();
                desc.setValue(HTableDescriptor.MAX_FILESIZE, fs.toString());
            }
            List<ColumnFamily> columns = table.getColumnFamily();
            for(ColumnFamily family : columns){
                desc.addFamily(buildDescriptor (family));
            }
            hBaseAdmin.createTable(desc);
        }
        private static HColumnDescriptor buildDescriptor(ColumnFamily
        family){
            HColumnDescriptor col = new HColumnDescriptor(family.getName());
            if(family.isBlockCacheEnabled() != null)
                col.setBlockCacheEnabled(family.isBlockCacheEnabled());
            if(family.isInMemory() != null)
                col.setInMemory(family.isInMemory());
            if(family.isBloomFilter() != null)
                col.setBloomFilterType(BloomType.ROWCOL);
            if(family.getMaxBlockSize() != null){
                int bs = 1024 * 1024 * family.getMaxBlockSize();
                col.setBlocksize(bs);
            }
            if(family.getMaxVersions() != null)
                col.setMaxVersions(family.getMaxVersions().intValue());
            if(family.getTimeToLive() != null)
                col.setTimeToLive(family.getTimeToLive());
            return col;
        }
    }
```

`3` 标记位于 `hBaseAdmin.createTable(desc);` 行左侧。

代码清单 2-5-11 的解释

1	类 TableCreator 基于 HBaseAdmin API。它确保了存在有对应的表，且是恰当定义的
2	如果在存在的表列表中遍历每一个表，那么无须重建和准备列
3	使用 CreateTable 函数来创建带有列的表

这个类由定义了所需表的 XML 文档驱动。

辅助方法 buildDescriptor() 基于 XML 配置提供的信息，构建了 HColumnDescriptor。createTable() 方法利用 buildDescriptor() 方法构建了一个表。最后，getTables() 方法首先检查该表是否存在。

如果该表存在，此方法要么删除并重建它（若 rebuild 标志为 true），要么根据所需的配置来调整它。如果该表不存在，那么它就使用 createTable() 方法来构建该表。

正如前面所讨论的那样，用于实现的两种主要表类型是 IndexTable（如图 2-5-10 所示）和 DocumentTable（如图 2-5-6 所示）。对于每种表类型的支持都实现为一个单独的类，提供了所有所需的 API，以操纵存储在表中的数据。

让我们先看一下代码清单 2-5-12 中显示的 IndexTableSupport 类。作为提醒，这一组表（每个缩放层级一个表）存储了所有的索引信息。因此，IndexTableSupport 类支持所有的索引相关的操作，包括将文档添加到给定的索引、将文档从给定索引中移除、为给定索引读取所有文档以及移除整个索引。

代码清单 2-5-12　IndexTableSupport 类

```
1   public class IndexTableSupport {
        private static TableManager _tManager = null;
        Private IndexTableSupport(){}
        public static void init() throws NotInitializedException{
            _tManager = TableManager.getInstance();
        }
        ...
2       public static void addMultiDocuments(Map<MultiTableIndexKey,
        Map<String,TermDocument>> rows, int level){
            HTableInterface index = null;
            List<Put> puts = new ArrayList<Put>(rows.size());
            try {
                for (Map.Entry<MultiTableIndexKey,
                Map<String, TermDocument>> row : rows.entrySet()) {
                    byte[] bkey =Bytes.toBytes(row.getKey().getKey());
                    Put put = new Put(bkey);
                    put.setWriteToWAL(false);
                    for (Map.Entry<String, TermDocument> entry :
                    row.getValue().entrySet()) {
                        String docID = entry.getKey();
                        TermDocument td = entry.getValue();
                        put.add(TableManager.getIndexTableDocumentsFamily(),
                         Bytes.toBytes(docID),
                        AVRODataConverter.toBytes(td));
                    }
                    puts.add(put);
                }
                for(int i = 0; i < 2; i++){
```

```
                            try {
                                index = _tManager.getIndexTable(level);
                                index.put(puts);
                                break;
                            } catch (Exception e) {
                                System.out.println("Index Table support. Reseting
                                pool due to the multiput exception ");
                                e.printStackTrace();
                                _tManager.resetTPool();
                            }
                        }
                    } catch (Exception e) {
                        e.printStackTrace();
                    }
                    finally{
                        _tManager.releaseTable(index);
                    }
                }
                public static void deleteDocument(IndexKey key, String docID)
                throws Exception{
                    if(_tManager == null)
                        throw new NotInitializedException();
                    HTableInterface index = _tManager.getIndexTable(key.getLevel());
                    if(index == null)
                        throw new Exception("no Table");
                    byte[] bkey = Bytes.toBytes(new MultiTableIndexKey(key).getKey());
                    byte[] bID = Bytes.toBytes(docID);
                    Delete delete = new Delete(bkey);
                    delete.deleteColumn(TableManager.getIndexTableDocumentsFamily(), bID);
                    try {
                        index.delete(delete);
                    } catch (Exception e) {
                        throw new Exception(e);
                    }
                    finally{
                        _tManager.releaseTable(index);
                    }
                }
                public static void deleteIndex(IndexKey key)throws Exception{
                    if(_tManager == null)
                        throw new NotInitializedException();
                    HTableInterface index = _tManager.getIndexTable(key.getLevel());
                    if(index == null)
                        throw new Exception("no Table");
                    byte[] bkey = Bytes.toBytes(new MultiTableIndexKey(key).getKey());
                    Delete delete = new Delete(bkey);
```

```
        try {
            index.delete(delete);
        } catch (Exception e) {
            throw new Exception(e);
        }
        finally{
            _tManager.releaseTable(index);
        }
    }
    public static TermDocuments getIndex(IndexKey key) throws
    Exception{
        if(_tManager == null)
        throw new NotInitializedException();
        HTableInterface index = _tManager.getIndexTable(key.getLevel());
        if(index == null)
            throw new Exception("no Table");
        byte[] bkey = Bytes.toBytes(new MultiTableIndexKey(key).getKey());
        try {
            Get get = new Get(bkey);
            Result result = index.get(get);
            return processResult(result);
        } catch (Exception e) {
            throw new Exception(e);
        }
        finally{
            _tManager.releaseTable(index);
        }
    }
    ...
    private static TermDocuments processResult(Result result)throws
    Exception{
        if((result == null) || (result.isEmpty())){
            return null;
        }
        Map<String, TermDocument> docs = null;
        NavigableMap<byte[], byte[]> documents =
        result.getFamilyMap (TableManager.getIndexTableDocumentsFamily());
        if((documents != null) && (!documents.isEmpty())){
            docs = Collections.synchronizedMap(new HashMap<String,
            TermDocument>(50, .7f));
            for(Map.Entry<byte[], byte[]> entry : documents.entrySet()){
                TermDocument std = null;
                try {
                    std = AVRODataConverter.unmarshallTermDocument (entry.
                    getValue());
                } catch (Exception e) {
                    System.out.println("Barfed in Avro conversion");
```

337

```
                              e.printStackTrace();
                              throw new Exception(e);
                         }
                         docs.put(Bytes.toString(entry.getKey()), std);
                    }
               }
               return docs == null ? null : new TermDocuments(docs);
          }
          ...
     }
```

代码清单 2-5-12 的解释

1	表格的 `IndexTableSupportset` 存储了所有的索引信息
2	`addMultiDocuments()` 方法添加了文档并检查每个 map 入口，将术语文档添加到表管理器中
3	`deleteDocument()` 方法针对给定的列使用了 HBase 的删除命令
4	`getIndex()` 方法读取关于给定索引的所有文档的信息。它使用简单的 HBase Get 命令以获取完整的行，然后使用 `processResult()` 方法将结果转换成 `TermDocument` 对象的 map

addMultiDocuments() 方法的实现是相当简单的。为了优化 HBase 的写入性能，它利用了多重 PUT。所以，它首先为所有必须被加入索引的文档构建 PUT 的列表，然后把它们全部写入 HBase。注意在该方法中使用了重试机制。该实现尝试重试多次，每次都重置池以确保不存在陈旧的 HBase 连接。

deleteDocument() 和 deleteIndex() 方法分别针对给定的列和完整的行使用 HBase 的 delete 命令。

最后，getIndex() 命令为给定的索引读取关于所有文档的信息。它使用一个简单的 HBase Get 命令以获取完整的行，然后使用 processResult() 方法将结果转换成 TermDocument 对象的 map。addMultiDocuments() 和 getIndex() 方法都利用 Avro 实现数据与二进制表示之间的相互转换。

代码清单 2-5-13 中所示的 DocumentTableSupport 类支持所有文档相关的操作，包括添加、检索和移除文档。

代码清单 2-5-13 DocumentTableSupport 类

1	`public class DocumentsTableSupport {`
	`    private static TableManager _tManager = null;`
	`    private DocumentsTableSupport(){}`
	`    public static void init() throws NotInitializedException{`
	`        _tManager = TableManager.getInstance();`
	`    }`
	`    ...`

2	`    public static void addMultiDocuments(DocumentCollector collector){`

```
                HTableInterface documents = null;
                Map<String, DocumentInfo> rows = collector.getRows();
                List<Put>puts = new ArrayList<Put>(rows.size());
                try {
                    for(Map.Entry<String, DocumentInfo> row : rows.entrySet()){
                        byte[] bkey = Bytes.toBytes(row.getKey());
                        Put put = new Put(bkey);
                        put.setWriteToWAL(false);
                        for(Map.Entry<String,FieldsData> field :
                            row.getValue().getFields().entrySet()) put.
                            add(TableManager.getDocumentsTableFieldsFamily(),
                            Bytes.toBytes(field.getKey()), AVRODataConverter.
                            toBytes(field.getValue()));
                        for(Map.Entry<IndexKey, TermDocumentFrequency> term :row.
                            getValue().getTerms().entrySet())
                            put.add(TableManager.getDocumentsTableTermsFamily(),
                            Bytes.toBytes(term.getKey().getKey()), AVRODataConverter.
                            toBytes(term.getValue()));
                        puts.add(put);
                    }
                    for(int i = 0; i < 2; i++){
                        try {
                            documents = _tManager.getDocumentsTable();
                            documents.put(puts);
                            break;
                        } catch (Exception e) {
                            System.out.println("Documents Table support.
                            Reseting pool due to the multiput exception ");
                            e.printStackTrace();
                            _tManager.resetTPool();
                        }
                    }
                } catch (Exception e) {
                    e.printStackTrace();
                }
                finally{
                    _tManager.releaseTable(documents);
                }
            }
            public static List<IndexKey> deleteDocument(String docID)throws
            Exception{
                if(_tManager == null)
                    throw new NotInitializedException();
                HTableInterface documents = _tManager.getDocumentsTable();
                byte[] bkey = Bytes.toBytes(docID);
                List<IndexKey> terms;
                try {
                    Get get = new Get(bkey);
```

```
                              Result result = documents.get(get);
                              if(result == null){ // Does not exist
                              _tManager.releaseTable(documents);
                              return null;
                          }
                   NavigableMap<byte[], byte[]> data = result.getFamilyMap
                   (TableManager.getDocumentsTableTermsFamily());
                   terms = null;
                   if((data != null) && (!data.isEmpty())){
                       terms = new
                       LinkedList<IndexKey>();
                       for(Map.Entry<byte[], byte[]> term : data.entrySet()) terms.
                       add(new IndexKey(term.getKey()));
                   }
                   Delete delete = new Delete(bkey);
                   documents.delete(delete);
                   return terms;
                   } catch (Exception e) {
                       throw new Exception(e);
                   }
                   Finally {
                        _tManager.releaseTable(documents);
                   }
              }
              ...
          public static List<DocumentInfo> getDocuments(List<String> docIDs)
          throws Exception {
              if(_tManager == null)
                  throw new NotInitializedException();
              HTableInterface documents = _tManager.getDocumentsTable();
              List<Get> gets = new ArrayList<Get>(docIDs.size());
              for(String docID : docIDs)
                  vgets.add(new Get(Bytes.toBytes(docID)));
              List<DocumentInfo> results = new
              ArrayList<DocumentInfo>(docIDs.size());
              try {
                  Result[] result = documents.get(gets);
                  if((result == null) || (result.length < 1)){
                      for(int i = 0; i < docIDs.size(); i++) results.add(null);
                  }
                  else{
                      for(Result r : result) results.add(processResult(r));
                  }
                  return results;
              } catch (Exception e) {
                  throw new Exception(e);
              }
```

```
            finally{
                _tManager.releaseTable(documents);
            }
        }
        private static DocumentInfo processResult(Result result) throws
        Exception {
        if((result == null) || (result.isEmpty())){
            return null;
        }
        Map<String, FieldsData> fields = null;
        Map<IndexKey, TermDocumentFrequency> terms = null;
        NavigableMap<byte[], byte[]> data =
        result.getFamilyMap (TableManager.
        getDocumentsTableFieldsFamily());
        if((data != null) && (!data.isEmpty())){
            fields = Collections.synchronizedMap(new HashMap<String,
            FieldsData>(50, .7f));
            for(Map.Entry<byte[], byte[]> field : data.entrySet()){
                fields.put(Bytes.toString(field.getKey()),
                AVRODataConverter.unmarshallFieldData (field.getValue()));
            }
        }
        data = result.getFamilyMap(TableManager.
        getDocumentsTableTermsFamily());
        if((data != null) && (!data.isEmpty())){
            terms = Collections.synchronizedMap(new HashMap<IndexKey,
            TermDocumentFrequency>());
            for(Map.Entry<byte[], byte[]> term : data.entrySet()){
                IndexKey key = new IndexKey(term.getKey());
                byte[] value = term.getValue();
                TermDocumentFrequency tdf = AVRODataConverter.
                UnmarshallTermDocument Frequency (value);
                terms.put(key, tdf);
            }
        }
        return new DocumentInfo(terms, fields);
    }
    ...
}
```

代码清单 2-5-13 的解释

| 1 | DocumentTableSupport 类支持所有文档相关的操作，包括添加、检索和移除文档 |
| 2 | addMultiDocuments()方法添加文档并检查是否每个 map 条目和术语文档都被添加到表管理器中了 |

这个类的实现类似于 IndexTableSupport 类的实现。它实现了类似的方法并采用了同样的优化技术。

现在你知道了如何使用 HBase 来构建实时 Hadoop 的实现，让我们看一下新增的一类专用 Hadoop 应用——专用的实时 Hadoop 查询。

知识检测点 5

如何用 OpenTSDB 的例子来演示 HBase？

5.3 使用专门的实时 Hadoop 查询系统

第一批实时大数据查询实现之一是由谷歌在 2010 年引入的。**Dremel** 是一个可扩展的、交互式的、临时的查询系统，用于分析只读的嵌套数据。

附加知识　　缓存实现方法

　　Dremel 针对嵌套的关系型数据以及在 Avrilia Floratou、Jignesh M. Patel、Eugene J. Shekita 和 Sandeep Tata 所著的"面向列的 MapReduce 存储技术"一文（由 Very Large Data Base Endowment 即 VLDB 于 2011 年发表）中大量介绍的带有嵌套结构的数据，提出了新式的列式存储格式。这篇文章介绍了一种格式、其与 HDFS 的集成以及一种仅读取所需的数据从而允许显著提升条件读取性能的"跳过列表"方法。

Dremel 使用分布式的可扩展的聚合算法，这允许查询结果在数千台机器上的并行计算。图 2-5-12 中所示的列式存储模型起源自平面的关系型数据，并扩展支持嵌套 1 数据模型。该模型包含多个字段——*A*、*B*、*C*、*D* 和 *E*。字段 *C*、*D* 和 *E* 都有记录 r_1 和 r_2，而字段 *A* 和 *B* 没有记录但是包含了相关的字段。在这个模型中，所有的嵌套字段（*B*、*C*、*D* 和 *E*）是连续存储的。然后可以使用两种主要的技术来优化读取性能。

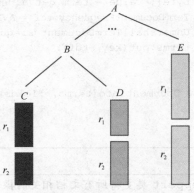

图 2-5-12　Dremel 中面向列的存储

○　跳过列表（例如，如果顺序布局是 *A*、*B*、*C*、*D*、*E*，仅需要 *A* 和 *E*，在读取 *A* 之后，可以跳过 *B*、*C* 和 *D*，并直接跳到 *E*）。

○　懒式反序列化（即，将数据保持为二进制大对象，直到需要序列化）。

图 2-5-13 显示了利用了 Dremel 的多层服务树形架构的分布式可扩展查询的实现。传入的客户端请求去往根服务器，它基于请求类型将请求路由到中间服务器。可以有多个自带路由规则的中间服务器的层。叶服务器（基于先前描述的列式存储模型）使用存储层，读取所需的数据（它为聚合而传播），然后将最终结果返回给用户。

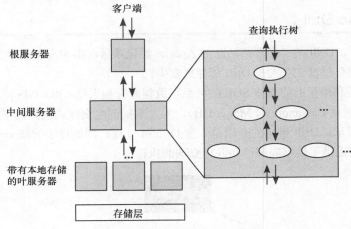

图 2-5-13　Dremel 的整体架构

总的来说，Dremel 结合了并行查询执行和列式格式，从而支持高性能的数据访问。

随着 Hadoop 的普及和使用的增长，将有更多的人利用它的存储能力。因此，专门化的实时查询引擎目前是 Hadoop 厂商和专业化公司竞争的源头。在撰写本书时，有多个灵感来自于 Dremel 的 Hadoop 项目。

- 开放的 Dremel 目前是 Apache Drill（始于 2012 年的 Apache 孵化器项目）的一部分。
- Cloudera 引入了 Impala（目前处于 beta 测试阶段），这是 Cloudera Hadoop 发行版（CDH4.1）的一部分。（也有计划将其移到 Apache，或使用 Apache 许可证并使其作为一个 GitHub 项目。）
- Hortonworks 在 2013 年引入了 Stinger 的倡议（实时 Hive）。它已经被提交给了 Apache 的孵化流程。
- HAWQ 是 Greenplum 的 Hadoop 发行版的一个版本的一部分，被称为 Pivotal HD。

附加知识　　缓存实现方法

　　在这个领域也有完全新来的参与者，包括 JethroData（这是一个完全索引的列式数据库，它支持灵活的架构和 ACID 访问）、Hadapt 的自适应分析平台（它结合了 Postgre 的 SQL 查询与 Hadoop，并引入了混合数据存储）以及 Drawn to Scale 的 Spire（它提供了基于 HBase 的 MapR 实现的实时 SQL 查询）。

　　目前，实时 Hadoop 查询代表了 Hadoop 发展的前沿。许多人相信，通过整合 Hadoop 存储的能力与 SQL 的普遍使用，这种实现将是新的"杀手"级的 Hadoop 应用。该系统还可以为 Hadoop

和现代商业智能（BI）工具之间的整合提供一种简单的途径，从而简化将基于 Hadoop 的数据带给更广泛受众的过程。

所有的实现都处于不同的成熟阶段。对于该讨论，让我们看看两个最流行的东西——Drill 和 Impala。

5.3.1 Apache Drill

在撰写本书时，Drill 是一个非常活跃的 Apache 孵化项目，由 MapR 领导有六到七家公司积极参与，并且目前有超过 250 人在 Drill 邮件列表中。

Drill 的目标是利用标准的支持 SQL 的关系型数据库管理系统（RDBMS）、Hadoop 以及其他 NoSQL 的实现（包括 Cassandra 和 MongoDB），为大数据创建交互式的分析平台。

如图 2-5-14 所示，Drill 架构的基础是一套 Drillbit 过程，即运行于 Hadoop 数据节点的 Drill 可执行文件，它们提供了数据局部性和并行查询的执行。

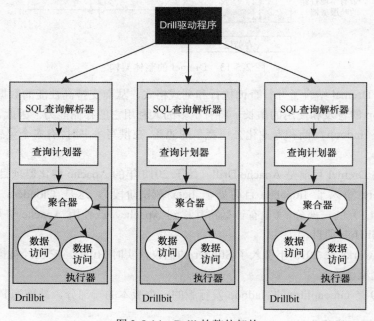

图 2-5-14　Drill 的整体架构

单个查询请求可以被发送给任意的 Drillbit。它首先由 SQL 查询解析器进行处理，该解析器解析了输入的查询并将其传递给同一处的查询计划器。

SQL 查询计划器提供了查询优化。默认的优化器是基于成本的优化，但是可以基于 Drill 提供的开放的 API 引入额外的自定义优化器。

一旦查询计划就绪了，它就由一组分布式执行器来处理。查询执行在多个数据节点之间传播，以支持数据局部性。特定数据集上的查询执行是在数据所在节点上完成的。此外，为了提高整体性能，对本地数据集的查询结果进行局部聚合，只将汇总的查询结果返回给启动查询的执行器。

Drill 的查询解析器支持完整的 SQL（ANSI SQL: 2003），包括相关的子查询、分析功能等。除了标准的关系型数据，Drill 支持（使用 ANSI SQL 扩展）层次数据，包括 XML、JavaScript Object Notation（JSON）、二进制 JSON（BSON）、Avro、协议缓存等。

Drill 还支持动态数据模式发现（无模式的查询）。当处理包括 HBase、Cassandra、MongoDB 等 NoSQL 数据库时，该功能是特别重要的，其中每条记录都可以有效地拥有不同的模式。它也简化了对模式进化的支持。

最后，SQL 解析器支持基于用户定义函数（UDF）、用户定义表函数（UDTF）和自定义算子（如 Mahout 的 K-均值算子）的自定义的特定领域的 SQL 扩展。

鉴于 Drill 的大部分内容仍然处于开发状态，另一种专门的 Hadoop 查询语言实现（Impala）目前对于最初的实验和测试是可用的。让我们仔细看一下 Impala 的实现细节。

知识检测点 6

1. 解释 Dremel 数据模型及其优点。
2. 谷歌的 Dremel 是如何在大量数据之上快速工作的？

5.3.2　Impala

Impala 是实时 Hadoop 查询系统的第一批开放源代码的实现之一。虽然，在技术上讲是开源（GitHub）的项目，但是 Impala 目前需要特定的 Hadoop 安装（最新的 Impala 版本要使用 CDH4.2）。

Impala 实现使用了一些现有的 Hadoop 基础设施，即 Hive 元存储和 Hive ODBC 驱动程序。Impala 在 Hive 表上操作并使用 HiveQL 作为查询语言。

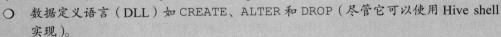

附加知识　　**在 Impala 上的 HIVEQL 支持**

在撰写本书时，下列 HiveQL 功能不受 Impala 的支持。

○ 数据定义语言（DLL）如 CREATE、ALTER 和 DROP（尽管它可以使用 Hive shell 实现）。
○ 载入原始文件的 LOAD DATA（尽管它可以使用 Hive shell 实现）。
○ 非标量数据类型，如 maps、数组和结构。
○ XML 和 JSON 函数。
○ 扩展机制如 TRANSFORM、自定义 UDF、自定义文件格式或自定义序列化/反序列化（SerDes）。
○ 用户定义的聚合函数（UDAF）。
○ 用户定义的表生成函数（UDTF）。
○ 采样。

也请记住，在当前版本中，连接的实现是在内存中的。考虑 Impala 实现使用了没有进程内存限制的 C 编程语言，连接更大的表可能导致 Impala 和特定节点（或多个特定节点）的崩溃。

图 2-5-15 显示了 Impala 的架构。如图中所示，进程如下：

（1）Impala 客户端（Impala shell 或 ODBC 驱动程序）连接到 Impala 服务器。因为没有中央 Impala 节点，所以特定客户端连接到了运行 Impala 服务器的特定节点。（一个更好的选项是使用网络交换机进行负载均衡。）

（2）一旦请求到达了 Impala 服务器，首先由查询计划器来处理它。查询计划器基于来自数据存储的表位置信息计算执行计划，并传递它到查询协调器。

（3）基于该计划和数据位置，查询协调器协调运行在多节点上的多个查询执行引擎间的部分查询执行。然后合并结果并将它们传回给查询计划器（进而传回给原始的请求者）。

（4）对查询执行引擎的请求的分发是基于数据局部性的（将它与 MapReduce 的 map 作业分发作比较）。查询执行引擎负责数据访问和部分查询的执行。

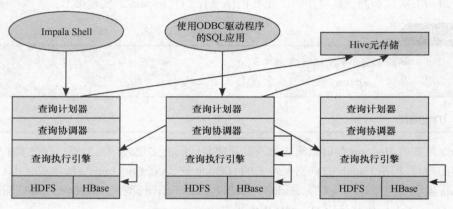

图 2-5-15　Impala 整体架构

Impala 的当前版本支持 HDFS 和 HBase 的数据存储。目前 HDFS 支持的文件格式包括 TextFile、SequenceFile、RCFile 和 Avro。Cloudera 已经宣传了它对新的列式格式（Trevini）的支持。

HBase 的支持基于 Hive 表到 HBase 的映射。这种映射可以基于主键（为了最佳性能）或基于任意其他列（使用 SingleColumnValueFilter 进行全表扫描，这会导致显著的性能下降，对于大型表尤其如此）来完成。

对 HDFS 和 HBase 的访问支持多种压缩编码器，包括 Snappy、GZIP、Deflate 和 BZIP。

除了其自身的 shell，Impala 支持 Hive 的用户界面（Hue Beeswax）。

现在你已经熟悉了 Hadoop 的实时查询和它们的一些实现，让我们看看实时查询系统如何与 MapReduce 堆叠。

知识检测点 7

使用 Impala 的好处是什么？

5.3.3　将实时查询系统与 MapReduce 比较

表 2-5-1 总结了实时查询系统和 MapReduce 之间的主要不同。这个表可以帮助你决定将你的实现基于哪一种类型的系统。

表 2-5-1　实时查询系统和 MapReduce 之间的关键不同

关键不同	实时查询引擎	MapReduce
目的	大型数据集的查询服务	处理大型数据集的编程模型
用法	大型数据集的临时和试错的交互查询，进行快速分析和故障排除	大型数据集的批处理，进行耗时的数据转换或聚合
OLAP/BI 用例	是	否
数据挖掘用例	有限的	是
复杂数据处理逻辑的编程	否	是
处理非结构化的数据	有限的（正则表达式文字匹配）	是
处理大型结果/连接大型表	否	是

现在你了解了专门的实时 Hadoop 查询系统，让我们看一下另一组快速发展的实时的基于 Hadoop 的应用程序——事件处理。

知识检测点 8

将实时查询和 MapReduce 作比较。

5.4　使用基于 Hadoop 的事件处理系统

事件处理（EP）系统使你能（实时）跟踪并处理连续的数据流。复杂的事件处理（CEP）系统支持对来自多个源的数据进行综合处理。

从存储海量数据的能力（如 CEP 系统的产出能力）看，Hadoop 似乎适合于大规模的 CEP 实现。

CEP 系统的常见实现架构被称为演员模型。在这种情况下，每个演员负责某一特定事件的部分处理。（基于事件类型、事件类型的组合以及一些额外的属性，可以用不同的方式实现事件到演员的映射。）当一个演员完成了传入事件的处理，它可以发送进一步的处理结果至其他演员。这种架构提供了整体处理的非常干净的组件化，并且封装了特定的处理逻辑。

　　演员模型是由 Carl Hewitt、Henry Baker 和 Gul Agha 开发的并发计算的通用模型。这种模型的基础是演员，这是并发计算的通用原语。要响应它收到的消息，演员可以同时完成如下内容：

- ○　作出本地决策；
- ○　发送消息；
- ○　创建更多的演员；
- ○　确定如何响应下一条收到的消息。

　　演员模型的特点是演员内部和演员之间的计算的内在并发性。演员模型的一个基本特征是发送者与发送的消息的解耦合。这允许演员模型来表示异步通信，并将结构控制为传递消息的模式。

　　在演员模型中，消息的收件人是由地址确定的。这意味着一个演员只能与地址对其可用的演员通信。这些地址可以是演员定义的一部分，从传入消息中获取，也可以基于对集中的演员注册表的查找来获取。

　　一旦演员的实现完成了，那么整个系统的职责就是管理演员的生命周期并在演员之间通信。

　　虽然 CEP 大体上是一个相当成熟的架构，也有着相当多的基于它的实现，但是 Hadoop 的 CEP 用法是比较新的，不是非常成熟。基于 CEP 的 Hadoop 系统有以下两种不同的实现方式。

- ○　修改 MapReduce 的执行，以适应事件处理的需求。这种系统的例子包括 HStreaming 和 HFlame。
- ○　"类似 Hadoop" 的 CEP 实现，它使用了一些 Hadoop 的技术，并可以与 Hadoop 集成以利用其数据存储的能力。这样的系统例子包括 Storm、S4 等。

5.4.1　HFlame

　　MapReduce 操作键/值对，如图 2-5-16 所示。mapper 接受键/值对(k_1, v_1)形式的输入，并将它们转换成另一个键值对(k_2, v_2)。框架对 mapper 的输出键/值对排序，并把每个键与它的所有值组合起来$(k_2, \{v_2, v_2, \cdots\})$。键/值组合传递给 reducer，并将它们转换成另一个键值对(k_3, v_3)。

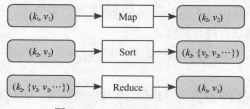

图 2-5-16　MapReduce 处理

　　MapReduce 处理和演员模型之间的基本差异是这样一个事实，演员模型操作"活动"的数据流，而 MapReduce 操作已经存储在 Hadoop 中的数据。此外，MapReduce 的 mapper 和 reducer 为执行特定作业而专门实例化，这使得 MapReduce 对于实时事件处理来说太慢了。

　　HFlame 是 Hadoop 的扩展，试图通过对于长时间运行的 mapper 和 reducer 提供支持的方式，提升基本的 MapReduce 性能。一旦新内容被存储到 HDFS 中，它就立即处理。

图 2-5-17 显示了工作在该模式下的 HFlame 的整体架构。

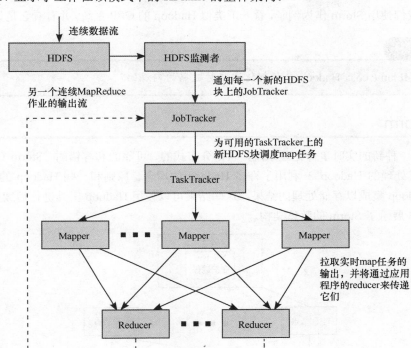

图 2-5-17　HFlame 的整体架构

在这种情况下，一旦数据被写入 HDFS，数据监测者（HDFS 监测者）就调用 MapReduce 的 JobTracker，通知它新数据可用了。JobTracker 检查 TaskTracker，找到一个可用的 map 任务并把数据传递给它。一旦 map 方法完成，数据被发送到恰当的 reducer。HFlame 连续作业的输出可以被进一步表示为连续的数据流，供另一个以连续模式运行的 MapReduce 作业消费。这种执行链机制允许建立任意复杂度的管道，类似于链式 MapReduce 作业。

虽然 HFlame 中的演员模型的实现是相当简单的，但是它常常违反函数式编程的原则之一，即基本的 MapReduce 执行模型。问题是，演员实现的主要部分是有状态的。这意味着每个演员都对其执行保持有内部的内存，你应该仔细选择 reducer 的数量以确保 reducer 进程有足够的内存来容纳所有活动的演员。

另一个问题是，在 reducer 失效的情况下，Hadoop 将重启进程，但是演员的状态（保存在内存中）消失了。这对于处理数以百万计的请求的大型 CEP 系统来说，通常不是问题，但是仍然需要仔细设计和规划。

解决这些问题的方法是为演员状态创建一个持久层，它可以利用 HBase。然而，这种实施增加了延迟（在演员执行之前读取 HBase，在演员执行之后立即写入 HBase）和复杂性。但是这可以明显使整体的实现更加健壮。

HFlame 发行版带有一些 CEP 的例子，包括金融业的欺诈检测、电信和能源行业的失效/故障检测、对 Facebook 和 Twitter 的持续洞悉等。

现在让我们使用 Storm 作为例子，看一下类似 Hadoop 的 CEP 系统，并看看它是如何工作的。

知识检测点 9

> HFlame coax Hadoop 是如何传递实时数据的内涵的？

5.4.2　Storm

Storm 是一种新的实时事件处理系统，它是分布式的、可靠的和容错的。Storm（有时也被称为"用于流式处理的 Hadoop"）利用了许多 Hadoop 的理念、原则和一些 Hadoop 的子项目。可以将其与 Hadoop 集成以存储处理的结果，这些结果可以使用 Hadoop 工具进行后续分析。

图 2-5-18 展示了 Storm 的整体架构。

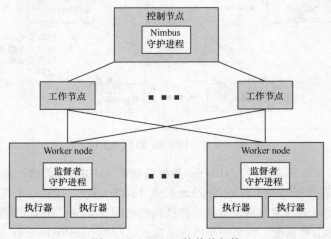

图 2-5-18　Storm 的整体架构

你会发现 MapReduce 和 Storm 架构之间的很多的共性。Storm 的全面执行是由主进程 Nimbus 控制的。它负责在集群中分发代码、分配任务到机器并监控故障。Nimbus 和 MapReduce JobTracker 功能之间存在许多共性。类似于 JobTracker，Nimbus 运行在单独的控制节点上，该节点被称为 Storm 中的主节点。

Storm 集群中的所有其他节点都是工作节点，它们运行一个叫作 Supervisor 的专门进程。Supervisor 的作用是管理位于特定机器上的资源（与 MapReduce TaskTracker 作比较）。Supervisor 接受来自 Nimbus 的工作请求。它基于这些请求启动和停止本地的工作进程。

在 MapReduce 中，TaskTracker 检测直接去往 JobTracker（它直接跟踪集群的拓扑）的心跳；与之不同的是，Storm 使用 ZooKeeper 集群在主节点和工作节点之间协调。Storm 中的 ZooKeeper 的另一个角色是保持 Nimbus 和 Supervisor 的状态。这允许两者都是无状态的，进而导致任意 Storm 节点的恢复非常快速。Nimbus 和 Supervisor 的实现使得故障出现很快，再加上快速恢复，于是

Storm 集群的稳定性很好。

与 MapReduce（它操作有限数量的键/值对）不同，Storm 操作事件流——或是无边界的元组序列。如图 2-5-19 所示，Storm 应用程序（或拓扑）以输入流（称作 spout）和处理节点（称作 bolt）的连通图的形式来定义。

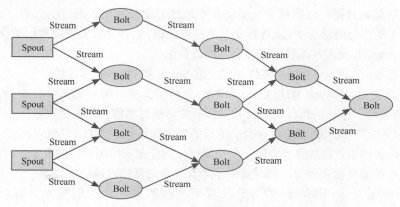

图 2-5-19　Storm 应用程序

spout 通常从外部源读取数据元组，并将它们发送到拓扑。spout 可以是可靠的（如重放未被处理的元组）或不可靠的。单一 spout 比单一流生成更多的内容。

bolt 处理 Storm 的繁重工作。这类似于演员模型中的演员。bolt 可以做从过滤、功能、聚合、连接、与数据库对话到发送流等任何事情。bolt 可以做简单的转换。做复杂的流转换往往需要多个步骤，从而需链接 bolt（将它与 MapReduce 作业链作比较）。

bolt 链接处理依赖执行（将其与 Oozie 所定义的 MapReduce 作业的 DAG 作比较）是由 Storm 的拓扑定义的，这是 Storm 的应用。拓扑是在 Storm 中使用拓扑构建器创建的。

Storm 中 bolt 之间的元组路由是使用流分组来完成的。流分组定义了从一个 bolt 向另一个 bolt 发送具体元组的方式。Storm 带有一些预定义的流分组，包括以下内容。

- **随机分组**：这在 bolt 之间，以保证每个 bolt 都会获取平均的元组数量的方式，提供了元组的随机发布。这种分组类型对于同样的无状态 bolt 之间的均衡负载是有用的。
- **字段分组**：这提供了基于分组中指定字段的流的分组。这种类型的分组保证了带有相同字段值的元组总能去往同一个 bolt，而带有不同字段值的元组可能去往不同的 bolt。这种分组类似于 MapReduce 的洗牌和排序处理，保证了带有相同键的 map 输出总是去往同一个 reducer。这种类型的分组对于计数器、聚合、连接等有状态 bolt 的实现是有用的。
- **全体分组**：它跨所有参与的 bolt 任务复制流的值。
- **全局分组**：这允许整个流去往一个单一的 bolt（在这种情况下使用带有最小 ID 的 bolt）。

这种分组类型相当于带有单一 reducer 的 MapReduce 作业，对于实现全局计数器、top N 等是有用的。

○ **直接分组**：这允许元组生成器能明确地选取元组的目的地。这种类型的分组需要元组发送器知道参与的 bolt 的 ID，且限定于一种称为直接流的特殊流类型。

○ **本地或随机分组**：这确保了元组将在本地进程中分发，如果可能的话。如果目标 bolt 不存在于当前的进程中，就进行正常的随机分组。这种分组类型通常用于优化执行性能。

此外，Storm 使开发人员能够实现自定义的流分组。

拓扑被封装成一个单一的 jar 文件并提交给 Storm 集群。该 jar 包含了一个类，其 main 函数定义了要提交给 Nimbus 的拓扑。Nimbus 分析了拓扑并将它的部件分发给 Supervisor，Supervisor 负责替给定拓扑的执行，负责其按需启动、执行和停止工作进程。

Storm 为各种实时应用程序的执行提供了非常强大的框架。类似于 MapReduce，Storm 提供了一种简化的编程模型，它隐藏了实现一个长期运行的分布式应用程序的复杂性。它允许开发人员集中精力在业务处理的实现上，同时提供了所有复杂的基础设施的管道。

现在你熟悉了基于 Hadoop 的事件处理和一些实现，让我们看一下它是如何堆叠在 MapReduce 上的。

> **知识检测点 10**
>
> 在 Hadoop 上演示开源的 Storm。

5.4.3　将事件处理与 MapReduce 作比较

表 2-5-2 总结了事件处理系统和 MapReduce 之间的主要区别。这可以作为指南，来帮助你决定你的实现将基于哪种类型的系统。

表 2-5-2　事件处理系统和 MapReduce 之间的关键不同

关键不同	事件处理	MapReduce
目的	实时地过滤、关联和处理事件	处理大型数据集的编程模型
用法	事件处理应用程序的开发和部署环境，每秒钟可以处理和作用于成百上千的事件	用于耗时的数据转换或聚合的大型数据集批处理操作
部署	分割（预定义）	即时（在代码中）
实时、事件驱动的应用	是	否
复杂数据处理逻辑的编程	是	是
处理非结构化的数据	有限的	是

> **知识检测点 11**
>
> 描述事件处理系统的概念模型。

基于图的问题

1. 考虑下图：

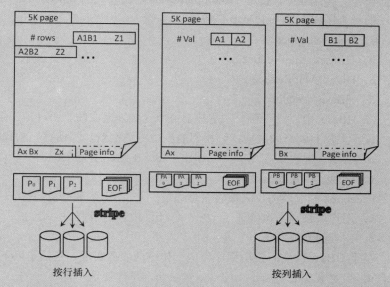

a. 确定按行和按列插入之间的差异。

b. 通过观察上面的图，解释在现实生活中到底会将它用在什么地方。

c. 解释按行和按列插入的工作方式。

2. 考虑下图：

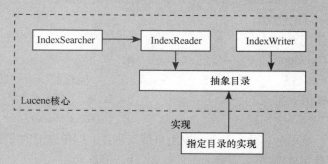

a. 解释 Lucene 核心的工作方式。

b. 通过观察上图，解释搜索的流程。

c. 抽象目录的作用是什么？

选择正确的答案。在下面给出的"标注你的答案"里将正确答案涂黑。

1. 在_____作业中，使用 TableInputFormat 从____表中寻求来源，它的分离器为表的每个区域创建一个 map 任务。

    a. Hive、mapper

    b. HBase、MapReduce

    c. Hive、MapReduce

    d. HBase、reducer

2. 在 HBase 中，____和____是基于每个区域来完成的。所以，如果有一个列族承载了大量要刷新的数据，则相邻的族也将被刷新，即使它们承载的数据量小。

    a. 刷新、提取　　　　　　　　　b. 压缩、压紧

    c. 刷新、压紧　　　　　　　　　d. 刷新、压缩

3. Facebook 的洞察力仪表板将帮你通过_____，理解和分析趋势。

    a. 用户增长和人口统计　　　　　b. 内容的消费

    c. 内容的创建　　　　　　　　　d. 以上均是

4. 基于 HBase 的实时应用程序类似于传统的服务实现，包括了以下内容：

    a. 自定义的处理　　　　　　　　b. 事件处理

    c. 分布式处理　　　　　　　　　d. 以上均是

5. Dremel 是一个可扩展的、交互式的、用来分析_____嵌套数据的临时查询系统。

    a. 只读　　　　　　　　　　　　b. 只写

    c. 读和写　　　　　　　　　　　d. 以上均不是

6. _____的 Dremel 是可扩展的、交互式的大数据临时查询系统。这大大超过了 Hadoop 的能力。

    a. 雅虎　　　　　　　　　　　　b. 亚马逊

    c. Cloudera　　　　　　　　　　d. 以上均不是

7. Dremel 自从____开始就投入了生产，在____拥有数以千计的用户。

    a. 2001、雅虎　　　　　　　　　b. 2006、谷歌

    c. 2010、亚马逊　　　　　　　　d. 2009、Cloudera

8. _____是跟踪和分析关于所发生事情（事件）的信息流的方法。

    a. 数据处理　　　　　　　　　　b. 信息处理

    c. 事件处理　　　　　　　　　　d. 以上均是

9. _____分组在 bolt 之间，以保证每个 bolt 都会获取平均的元组数量的方式，提供了元组的随机发布。

    a. 随机　　　　　　　　　　　　b. 全局

c. 直接　　　　　　　　　　d. 以上均不是

10. 我们有效使用的可扩展的一个实时计算系统是开源的 Storm 工具，它是在_____
开发的。

    a. Facebook　　　　　　　b. Cloudera

    c. Twitter　　　　　　　　d. 以上均不是

标注你的答案（把正确答案涂黑）

1. ⓐ ⓑ ⓒ ⓓ   6. ⓐ ⓑ ⓒ ⓓ

2. ⓐ ⓑ ⓒ ⓓ   7. ⓐ ⓑ ⓒ ⓓ

3. ⓐ ⓑ ⓒ ⓓ   8. ⓐ ⓑ ⓒ ⓓ

4. ⓐ ⓑ ⓒ ⓓ   9. ⓐ ⓑ ⓒ ⓓ

5. ⓐ ⓑ ⓒ ⓓ   10. ⓐ ⓑ ⓒ ⓓ

测试你的能力

1. Trend Micro 维护了 Web 信誉数据库，这允许智能检测垃圾邮件、网络钓鱼或是
可疑的网站。它以大约每年 4 PB 的速度处理数据的积累。为什么 Trend Micro
将 Apache HBase 选为新的弹性基础设施的核心数据库？

2. HBase 上的数据建模是如何做的？编写代码并利用例子来解释。

○ 实时的概念很大程度上取决于系统消费者所施加的时间要求。

○ Hadoop 实时应用程序的几个例子为：

- OpenTSDB
- HStreaming

○ 3 种最常见的实时 Hadoop 解决方案的实现方式为：

- 使用 HBase 实现实时的 Hadoop 应用；
- 使用专门的实时 Hadoop 查询系统；
- 使用基于 Hadoop 的事件处理系统。

○ HBase 的主要功能是可扩展地、高性能地访问大量的数据。

○ 在基于 HBase 的实时应用程序中服务实现的主要职责类似于传统的服务实现，包括如下内容：

- 自定义处理；
- 语义校准；
- 性能改进。

○ Lucene 在可搜索的文档之上操作，可搜索的文档是字段的集合，每个字段都有值。

○ Lucene 架构的主要组件是：

- IndexWriter；
- IndexSearcher；
- Directory。

○ 可以用以下额外字段来扩展 Lucene 文档：

- 形状字段；
- 瓦片 ID 字段。

○ Dremel 是一个可扩展的、交互式的、临时的查询系统，用于分析只读的嵌套数据。

- Drill 的目标是利用标准的支持 SQL 的关系型数据库管理系统（RDBMS）、Hadoop 以及其他 NoSQL 的实现（包括 Cassandra 和 MongoDB），为大数据创建交互式的分析平台。
- Impala 是实时 Hadoop 查询系统的第一批开放源代码的实现之一。

○ Impala 实现使用了一些现有的 Hadoop 基础设施，即 Hive 元存储和 Hive ODBC 驱动程序。

○ 事件处理（EP）系统使你能（实时）跟踪并处理连续的数据流。

○ 复杂的事件处理（CEP）系统支持对来自多个源的数据进行综合处理。

○ HFlame 发行版带有一些 CEP 的例子，包括金融业的欺诈检测、电信和能源行业的失效/故障检测、对 Facebook 和 Twitter 的持续洞悉等。

○ Storm 是一种新的实时事件处理系统，它是分布式的、可靠和容错的。

○ Supervisor 的作用是管理位于特定机器上的资源。

○ Storm 带有一些预定义的流分组，包括以下内容：

- 随机分组；
- 字段分组；
- 全体分组；
- 全局分组；
- 直接分组；
- 本地或随机分组。

模块 3

Hadoop 商业发行版和管理工具

模　块　3

　　虽然 Apache Hadoop 是 Hadoop 的开源版本，但是各种 Hadoop 商业发行版也是可用的，它们为组织提供了有效的支持和先进的功能，以及与 Hadoop 协同工作的接口。作为一个大数据的开发者，如果你熟悉 Apache Hadoop，本模块将带你进一步熟悉一些 Hadoop 商业发行版。

　　第 1 讲介绍 Hadoop 的 Cloudera 发行版，包括对于 Cloudera 管理器、Cloudera 管理器的管理员控制台以及 Cloudera 中额外服务的详细讨论。这一讲还讨论使用 Cloudera 管理器的商业案例及其安装需求。

　　第 2 讲讨论 Apache Hive 和 Hive 服务的基础、Hive 元存储的配置模式和过程。这一讲还解释了设置 Cloudera 管理器和 Hive 复制的过程。

　　第 3 讲介绍 Hortonworks 数据平台（HDP）并讨论了 HDP 的系统需求、环境和安装步骤。这一讲还讨论用于处理大数据的 Talend Open Studio 工具的使用以及 Greenplum Pivotal HD 的架构和使用。

　　第 4 讲介绍 IBM InfoSphere BigInsights 和 MapR 工具，并解释两种工具的特性、指南和安装步骤。

　　第 5 讲处理关键行业的技能以及大数据开发者需要具备的能力期望。这一讲讨论各行业中大数据开发者的角色和职责，以及大数据开发者的就业机会。它还给出了一些面试问题的样例。

第 1 讲

大数据简介

模块目标

学完本模块的内容，读者将能够：

▶▶ 使用 Cloudera 管理器添加和管理服务

本讲目标

学完本讲的内容，读者将能够：

▶▶	探究常见的 Cloudera 发行版
▶▶	探究 Cloudera 管理器的管理控制台
▶▶	使用 Cloudera 管理器，添加和管理服务
▶▶	探究 Cloudera 管理器的商业实现

"我最高产的一天抛弃了 1000 行代码。"

——Ken Thompson

　　Apache Hadoop 使组织能够有效地存储、管理、处理和分析大数据。然而，Apache Hadoop 是一个开源的应用，缺乏服务管理、数据备份与复制以及安全等企业特性。由于 Hadoop 提供了大数据管理的好处，许多组织正在定制 Hadoop，使其成为能胜任企业级需求的平台。Cloudera 公司就是这样的一家组织机构，它提供了几乎配备所有特性和能力的 Hadoop 发行版，以满足目前的行业需求。

　　Cloudera 公司是一家总部设在美国加利福尼亚州帕罗奥图市的软件公司。公司经销 Apache Hadoop 的产品、支持、服务和培训。**包含 Apache Hadoop 的 Cloudera 发行版**（CDH），它是一个提供了企业级 Hadoop 部署的开源的产品。

　　在本讲中，你将了解更多关于 **Cloudera** 的知识，这是一个简单的基于图形用户界面（GUI）的工具，用于使用和管理 Hadoop 服务。本讲提供了一些被广泛使用的 Cloudera 版本的概述。你还将学习关于 Cloudera 管理器的安装过程，这是一款受欢迎的 Cloudera 发行版。在本讲的最后，你将了解到一些使用 Cloudera 平台实现大数据解决方案的行业例子。

1.1　Cloudera 基础

　　Cloudera 用易于使用的 GUI 简化了 Hadoop 的使用。与 Apache Hadoop 协调，Cloudera 平台允许商业组织管理和处理大量的结构化和非结构化数据。Cloudera 平台实时运行并改善了数据的处理。它被用在不同的组织和行业，包括金融、医疗保健、社交媒体、零售、政府、汽车、石油、天然气等。

　　Cloudera 在多种发行版中可用。它的最常用的一些发行版如下：

○　CDH；

○　Cloudera 管理器；

○　Cloudera 标准版；

○　Cloudera 企业版。

下面的部分给出了每个发行版的基本概述。

1.1.1　包含 Apache Hadoop 的 Cloudera 发行版

　　CDH 是一个强大的工具，允许以快速而高效的方式运行 Hadoop 集群。这是一个开源的 Apache Hadoop 发行版，用于存储、管理和处理数据。

　　它包含 Hadoop 的所有核心组件，提供对大型和复杂数据集的一致的、可扩展的和分布式的处理。此外，该工具提供了企业级的组件来实现安全性、可用性和可扩展性。

CDH 提供了许多有用的功能，如**批处理**、**交互式结构化查询语言（SQL）**和**交互式搜索**。图 3-1-1 展示了 CDH 的架构。

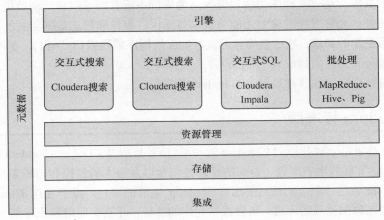

图 3-1-1　CDH 的架构

CDH 允许利用**可扩展的数据存储**能力以及**分布式计算**这两个 Hadoop 的核心元素。它还提供了有用的企业级功能，包括**安全性**、**各种软硬件的集成**以及**高可用性**。Hadoop 与 CDH 的集成是完全测试和部署过的，从而提供了一种有效的方式来解决广泛的业务问题。

CDH 的关键特性如下。

- ○ **灵活性**：允许通过使用多个计算单元的数组来处理结构化和非结构化的数据类型。
- ○ **固有的健壮性**：支持批处理、交互式 SQL 和自由文本搜索。
- ○ **分析能力**：支持机器学习和统计计算算法。
- ○ **可扩展性**：允许与其他软硬件平台的方便集成。
- ○ **安全性**：通过实施基于角色的安全性，为关键数据提供高度安全性
- ○ **高效性**：允许处理高强度的工作负载，而不影响处理速度。

1.1.2　Cloudera 管理器

Cloudera 管理器是 Apache Hadoop 的最被接受的数据管理工具之一。它对 Hadoop 集群提供了有效的控制。Cloudera 管理器和 Hadoop 的联合使用，增强了性能和结果的精度，并降低了资源成本。

开发 Cloudera 管理器的目标是为 Hadoop 集群提供一种易用和方便的管理。这个工具有助于在单一系统的集群中部署和直接管理所有的 Hadoop 节点。它自动化安装过程，降低部署 Hadoop 集群所需的时间，并为集群中所有的节点和服务提供了实时追踪。

此外，该工具还提供了一个单一的控制台来管理跨所有节点的配置的设定，以及一组报表和分析工具来有效地利用计算和存储资源。

Cloudera 管理器的主要特性有以下几个。

    ○ **方便的 Hadoop 集群管理**：使用集中和自发的管理控制，提供 Hadoop 集群的方便的部署、配置和操作。

    ○ **方便的监控**：通过实现热力图和警报，为集群中所有的节点和活动启用方便的监控。

    ○ **诊断特性**：允许方便的诊断功能来解决与操作、事件和日志数据相关的问题。

    ○ **与现有系统的集成**：通过使用开发良好的**应用程序编程接口**（API），支持与其他多个企业级服务和工具的集成。

我们在本讲稍后会更加详细地讨论 Cloudera 管理器。

1.1.3　Cloudera 标准版

    Cloudera 标准版是一种开源的 Cloudera 发行版。该发行版是 CDH 和 Cloudera 管理器的组合。它提供了 Hadoop 节点的集中部署、单一的管理控制台以及强大的监控和诊断工具。

    Cloudera 标准版是一个全面优化的运行 Hadoop 集群的平台。结合使用 Cloudera 标准版和 Hadoop，可以提高数据处理的速度，增强数据仓库的性能，并能实现用其他标准工具无法实现的新的数据集类型的分析。

    图 3-1-2 展示了 Cloudera 标准版的架构。

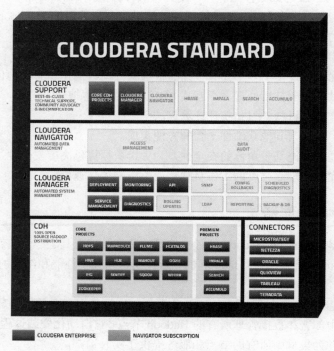

图 3-1-2　Cloudera 标准版的架构

Cloudera 标准版的主要特性如下。

    ○ **完整**：它是一个功能强大的系统，允许企业组织存储、处理、分析和管理数据。

- ○ **高效**：它利用 Hadoop 的框架来提高数据存储和处理的效率。
- ○ **开源**：它是一个开源的产品，可以在 Cloudera 的官方网站免费下载。
- ○ **集中**：它提供了从单一控制台屏幕对 Hadoop 集群的集中管理。
- ○ **经济**：与可用于存储和处理数据的其他传统工具和应用程序相比，它是一个经济型的平台。

Cloudera 标准版的组件

Cloudera 标准版的核心组件如图 3-1-2 所示。

Hadoop 发行版——CDH

Cloudera 标准版的核心组件是 CDH，它包括了 Apache Hadoop 并结合其他一些有用的开源项目来创建单一的强大系统。该系统允许使用诊断框架来存储和处理数据。

Cloudera 管理器

Cloudera 标准版使用 Cloudera 管理器来有效地部署、管理、监控和分析 Hadoop 集群。Cloudera 标准版中 Cloudera 管理器的使用允许商业组织轻松地管理 Hadoop 集群，并专注于他们的业务操作而不是数据的存储和处理。

Cloudera 企业版

Cloudera 企业版是 Cloudera 标准版的升级。它提供了 Hadoop 集群的方便的部署和可操作的特性。它专为企业使用而开发，作为数据管理的关键性和战略性部分。这个发行版在不同的订阅中都可用，每个订阅提供一组特定的特性集。

> **与现实生活的联系** ◎◎◎
>
> 许多领先的电信公司都使用 Cloudera 大数据解决方案对他们客户所产生的大量数据进行集成和分析。诺基亚是世界上最大的手机制造公司，它使用 Hadoop 的 Cloudera 企业版来了解人们是如何使用手机和其他产品的。

1.1.4 Cloudera 企业版

Cloudera 企业版包括 CDH、Cloudera 管理器和其他一些有用的项目来实现组织级的数据管理特性。此外，它包括一个新的称为 Cloudera 导航器的组件，用于高效的数据管理。

Cloudera 企业版提供了 Cloudera 标准版的所有特性和一些额外的 Cloudera 管理器的特性，以支持核心的 Hadoop 的能力。借助一些附加的订阅，组织还可以添加数据管理和恢复等特性。

Cloudera 企业版的架构如图 3-1-3 所示。

Cloudera 企业版有如下 5 个附加的订阅。

- ○ 实时交付（RTD）为 HBase 提供了访问和管理能力。

○ **实时查询（RTQ）**为 Cloudera Impala 提供了访问和管理能力。

○ **实时搜索（RTS）**提供了对于 Cloudera 搜索的支持。

○ **备份和灾难恢复（BDR）**允许用集中控制台进行灾难恢复管理。

○ **导航器**提供了自动化的数据管理。

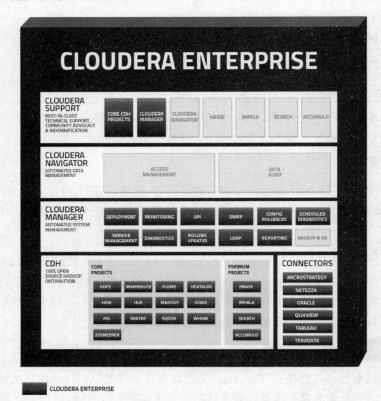

图 3-1-3　Cloudera 企业版的架构

你现在熟悉了 CDH 和 Cloudera 管理器的基础知识。现在让我们来了解一下 Cloudera 导航器。

Cloudera 导航器

Cloudera 导航器被设计用来为存储在 CDH 中的海量数据提供安全保障。可以从不同的来源加载不同类型的数据到 CDH 中。该数据可能包括不同的结构、模式、数据访问模式和安全级别。多个用户可以以不同的方式使用这些数据。在这个系统中，数据管理员必须确保只有遵循了正确安全级别和限制的用户才能访问数据。

Cloudera 导航器的主要特性有以下几个。

○ **审计和访问控制：**它为用户或组检查权限级别，并允许访问来自 Hadoop 分布式文件系统（HDFS）、HBase 和 Hive 的数据。

○ **发现和探索**：它为各个用户查找可用数据，以便他们可以有效地使用数据。

○ **提取**：通过检查原始源，它跟踪数据并验证其真实性。

○ **管理**：它管理数据的放置和留存，以确保没有违反策略或规则。

知识检测点 1

　　1. 假设你使用 Cloudera 企业版来部署 Hadoop 集群。你可以使用下面哪种 Cloudera 管理器的附加订阅来实现自动化的数据管理？

a. RTD 订阅　　　　　　　　b. RTQ 订阅

c. 导航器订阅　　　　　　　d. BDR 订阅

　　2. 你将使用下面哪种 Cloudera 的 Hadoop 发行版来进行 Hadoop 集群的简易部署和操作特性的实现？

a. CDH　　　　　　　　　　b. Cloudera 管理器

c. Cloudera 标准版　　　　　d. Cloudera 企业版

　　我们已经了解了一些流行的 Cloudera 发行版来使用 Hadoop 的功能，现在让我们详细讨论一下 Cloudera 管理器。

1.2　Cloudera 管理器简介

　　Cloudera 管理器作为一个完整的应用程序开发用于管理 Hadoop 集群。它允许 Hadoop 节点的部署，提升了 Hadoop 系统的整体性能和管理特性。

　　图 3-1-4 展示了常见的 Cloudera 管理器的执行环境。

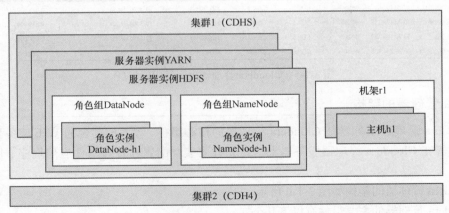

图 3-1-4　Cloudera 管理器的执行环境

　　表 3-1-1 展示了用于图 3-1-4 中 **Cloudera 管理器执行环境**的重要术语的描述。

表 3-1-1　Cloudera 管理器执行环境的组件

组　件	描　述
部署	指代环境中 Cloudera 管理器和其他集群的配置
集群	指代单一的实体，也被称为主机。在每台主机上，安装带有运行中的服务实例和角色的 CDH。在 Cloudera 管理器执行环境中，一台主机只能属于一个单一的集群
主机	指代机器的物理或虚拟的实例，用于运行角色实例
机架	指代包括了由单一交换机控制的多台主机的物理实体
服务	指代由 CDH 提供的特定的功能类型。例如，可以把 MapReduce 和 HDFS 看作服务
服务实例	指代集群上的服务运行实例。许多角色实例可以使用一个单一的服务实例
角色	指代服务中的一个特性。例如，可以把 NameNode 和 DataNode 看作 HDFS 服务中的角色
角色实例	指代主机上角色的运行实例
角色组	指代为角色实例组定义的一组配置属性
主机模板	指代一组角色组。Cloudera 管理器为主机模板中的每一台主机创建了个体角色
网关	指代一个角色，它定义了用于接收服务的客户端配置的主机
Parcel	指代已编译代码和元数据的二进制格式的发行版。元数据的一些例子描述了包和关于其与其他包的依赖关系的信息
包	指代包括了程序文件和元信息的、被 Cloudera 管理器消费的二进制格式发行版

图 3-1-5 展示了运行在 Cloudera 管理器上的集群的例子。

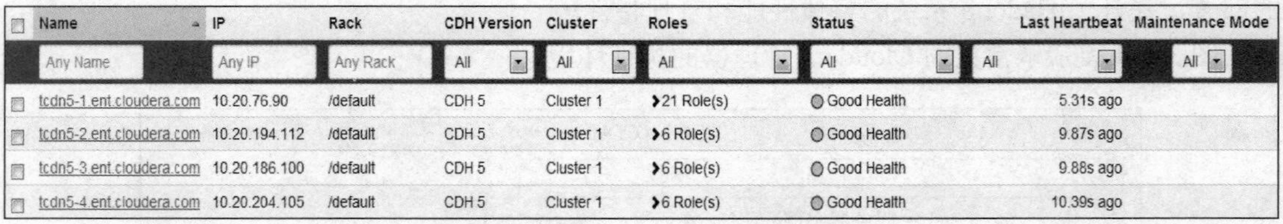

Name	IP	Rack	CDH Version	Cluster	Roles	Status	Last Heartbeat	Maintenance Mode
Any Name	Any IP	Any Rack	All	All	All	All	All	All
tcdn5-1.ent.cloudera.com	10.20.76.90	/default	CDH 5	Cluster 1	21 Role(s)	Good Health	5.31s ago	
tcdn5-2.ent.cloudera.com	10.20.194.112	/default	CDH 5	Cluster 1	6 Role(s)	Good Health	9.87s ago	
tcdn5-3.ent.cloudera.com	10.20.186.100	/default	CDH 5	Cluster 1	6 Role(s)	Good Health	9.88s ago	
tcdn5-4.ent.cloudera.com	10.20.204.105	/default	CDH 5	Cluster 1	6 Role(s)	Good Health	10.39s ago	

图 3-1-5　Cloudera 管理器上运行中的集群

Cloudera 管理器的架构

Cloudera 管理器服务器是 Cloudera 管理器的核心组件。管理控制台的 Web 服务器和应用逻辑被部署在 Cloudera 管理器服务器上，并允许安装、配置和管理软件应用程序、服务和集群。

Cloudera 管理器的架构如图 3-1-6 所示。

Cloudera 管理器的主要组件有以下几个。

- **代理**：指安装在集群中每台主机上的软件实体。代理允许启动和停止服务、管理配置、安装服务和控制主机。
- **数据库**：存储集群的配置设置和监测信息。有时候，多个数据库也会运行在单个或多个数据库服务器上。

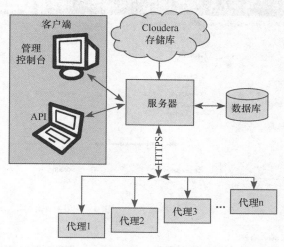

图 3-1-6　Cloudera 管理器的架构

○ **Cloudera 存储库**：指由 Cloudera 管理器发行版使用的软件应用程序的仓库。
○ **客户端**：指允许用户与服务器交互的接口。
  • **管理控制台**：指一个基于 Web 的用户接口，允许集群和 Cloudera 管理器的管理。
  • **API**：指一组应用程序，供开发人员用来创建自定义的应用程序。

知识检测点 2

1. Lisa 想要使用 HDFS 的功能来为由 Cloudera 管理器所管理的 Hadoop 集群存储数据。Lisa 可以使用下列哪个 Cloudera 管理器的组件来实现 HDFS 的功能？
a. 服务　　　　　　　　　　b. 主机
c. 机架　　　　　　　　　　d. 角色
2. 你将使用下列哪种 Cloudera 管理器的组件，通过 Web 来管理集群？
a. 代理　　　　　　　　　　b. 数据库
c. 管理控制台　　　　　　　d. API

1.3　Cloudera 管理器的管理控制台

　　Cloudera 管理器提供了一个集中的管理控制台，这是一个基于 Web 的用户界面。管理控制台为 Cloudera 管理器提供了一个易于使用的界面用于配置、管理和监控 CDH。

　　如果登录到管理控制台时没有配置任何服务，会为 Cloudera 管理器显示一个安装向导。然而，如果有一个或几个服务已经被配置了，那么在顶部就会出现带有导航栏的**主页**，如图 3-1-7 所示。

图 3-1-7　Cloudera 管理器的顶部导航栏（来源：www.cloudera.com）

表 3-1-2 展示了 Cloudera 管理器管理控制台顶部导航栏中的选项卡及其描述。

表 3-1-2　Cloudera 管理器管理控制台顶部导航栏的选项卡

选　项　卡	子　页　面	描　　　述
Cluster	All Services（所有服务）	显示所有的可用服务
	Services（服务）	显示单个服务
Manage Resources	Resource Pools（资源池）	为服务动态分配集群资源和客户端，如 Yet-Another-Resource-Negotiator（YARN）和 Impala
	Services Allocation（服务分配）	为服务静态分配集群资源和客户端，如 HDFS 和 MapReduce
Other	Reports（报表）	允许创建报表，使用 HDFS 和 MapReduce 来浏览文件；并管理目录的分配
Activities		提供有关运行过程（包括 MapReduce 的作业、YARN 的应用和由 Cloudera Impala 生成的查询）的信息
Hosts		在这一页上，可以执行如下任务： ● 显示所有由 Cloudera 管理器所管理的主机 ● 访问所有主机的状态以及其他相关信息 ● 为运行在集群上的主机执行配置变更 ● 查找运行在特定主机上的所有进程 ● 添加新的主机以及删除现有主机 ● 创建新的主机模板并有效地管理它们

续表

选 项 卡	子 页 面	描 述
Diagnostic	Logs（日志）	服务、角色和主机的搜索日志
	Events（事件）	提供关于事件的信息并在集群中搜索它们
	Server Log（服务器日志）	为 Cloudera 管理器创建日志
Audits		在集群中查询审计事件并对它们进行过滤
Charts		搜索感兴趣的度量并将它们显示为图表
Backup		管理复制计划和策略
Administration	Settings（设置）	允许配置 Cloudera 管理器
	Alerts（警报）	允许显示警报、配置警报收件人以及发送警报电子邮件
	Users（用户）	允许管理 Cloudera 管理器上的所有用户
	Kerberos	允许生成 Kerberos 的凭证并检查主机
	License（许可证）	允许管理 Cloudera 许可证
	Language（语言）	允许为事件相关的内容设置语言
	Peers	允许连接到 Cloudera 管理器的其他实例
Indicators	Parcel Indicator	指定含有新版软件应用的 Parcel 的数量
	Running Commands（运行中的命令指示器）	指定运行在 Cloudera 管理器上的命令数量
Search		搜索可用的服务、角色、主机和配置。此外，你还可以搜索属性和命令
Support	Send Diagnostic Data（发送诊断数据）	通过将数据发送给 Cloudera 的支持部门，提供了故障排除的支持
	Support Portal（支持门户）（Cloudera 企业版）	显示 Cloudera 支持部门的支持门户网站
	Mailing List（邮件列表）（Cloudera 标准版）	支持 Cloudera 管理器的用户列表
	Scheduled Diagnostics（计划的诊断）	计划自动诊断过程的频率，自动诊断过程收集诊断数据并发送给 Cloudera 支持部门
	Help（帮助）	显示 Cloudera 官方网站的帮助文档
	Installation Guide（安装指南）	显示包含了 Cloudera 管理器的安装指南的页面
	API Documentation（API 文档）	显示 API 文档页面
	Release Notes（发行说明）	显示包含 Cloudera 管理器新版本及其特性和依赖信息的发行说明
	关于	显示关于 Cloudera 当前版本的信息。此外，它还显示了 Cloudera 管理器服务器的当前日期和时间戳
Logged-In User Menu	Change Password（更改密码）	更改当前登录用户的密码
	Logout（注销）	允许当前用户从 Cloudera 管理器中注销

快速提示

Logged-In User Menu 选项仅对登录用户可用。

1.3.1 启动并登录管理控制台

要使用管理控制台，需要知道服务器的统一资源定位符（URL）和端口。服务器的 URL 为如下形式：http://<服务器主机>:<端口>。

在上述 URL 中：

○ <服务器主机>指代 Cloudera 管理器所安装的机器地址。它可以是域名或 IP 地址的形式；

○ <端口>是指为 Cloudera 管理器所配置的端口。Cloudera 管理器的默认端口为 7180。

例如，服务器的 URL 可以为 http://ABC.MyClouderaManager.com:7180/。

对于一个已安装的账户，可以更改管理员的用户名。然而，Cloudera 管理器允许使用向导来更改管理员的密码。此外，可以添加新的管理账户、在你的账户下管理权限以及删除默认的管理账户。

执行以下步骤来为 Cloudera 管理器启动**管理控制台**。

（1）在 Web 浏览器中输入服务器的 URL。**登录**页面出现在浏览器窗口中。

（2）输入用户名和密码并登录管理控制台。默认情况下，**用户名**是 admin，**密码**是 admin。

1.3.2 主页

Cloudera 的**主页**为每个集群包含了如下面板。

○ **Status**：显示一个表，它包括了所有主机页面的链接和所选集群的状态页面。

○ **Charts**：显示了资源的利用（如 IO 和 CPU）以及汇总形式的处理度量。

此外，Cloudera 管理器的**主页**包含了表 3-1-3 所示的 4 个选项卡。

表 3-1-3　Cloudera 管理器主页中的选项卡

选　项　卡	描　　述
Status	登录到 Cloudera 管理器时，这是**主页**的默认选项卡。它给出了由 Cloudera 管理器管理的所有集群的汇总。使用这个选项卡，你也可以通过简单地点击 **Add** 图标并遵循给定的指令来添加新的集群
All Health Issues	该选项显示了集群所有的健康问题。默认情况下，不良的健康问题显示在对话框中。要查看健康结果的明细，可以点击给定的链接。要分组健康测试的结果，点击 Organize by Entity/Organize by Health Test 按钮
All Configuration Issues	显示特定集群的所有配置问题。默认情况下，错误消息会显示在对话框中
All Recent Commands	显示集群上所有最近使用命令的列表。蓝色符号显示了当前运行的命令

　　1. Jonson 先生使用 Cloudera 管理器来管理 Hadoop 集群。他可以使用下面哪个选项卡来获取运行中的 MapReduce 作业的信息？

　　a. 主机

　　b. 活动

　　c. 诊断

　　d. 管理

　　2. 你使用下面哪个选项卡来监控日志、事件、警报和与 Cloudera 管理器相关的一些其他问题？

　　a. 指示器

　　b. 管理

　　c. 审计

　　d. 诊断

现在，让我们学习如何在 Cloudera 管理器中添加和管理服务。

1.4　添加和管理服务

Cloudera 管理器允许添加新服务，还可以启动、停止或重启服务。你还可以删除角色和服务，并修改它们的属性。在本节中，将学习执行以下任务：

- 添加新服务；
- 启动服务；
- 停止服务；
- 重启服务。

1.4.1　添加新服务

Add a Service 向导帮助你在 Cloudera 管理器中添加和配置新的服务。要将新的服务添加到集群中，执行以下步骤。

（1）在顶部导航栏中，点击 **Clusters** 选项卡。

（2）选择 **All Services** 选项。

（3）在 **Actions** 菜单上选择 **Add a Service** 选项，就会出现包含了可用服务列表的 **Add Service** 向导。

（4）遵循向导中的指示，把新的服务添加到 Cloudera 管理器。向导提示你提供关于你想要添加的服务的信息。

（5）使用默认设置创建新的服务。可以从**配置设置**（configuration settings）页中修改服务的属性。

新创建的服务的执行取决于以下条件。

- 如果创建的服务不依赖于任何其他服务，如 MapReduce 或 HBase，你也已使用默认的设置，则服务会自动启动。
- 如果该服务依赖于另一个服务，则不会自动启动，这意味着所依赖的服务配置已经过时。
- 如果创建的服务依赖于另一个服务，且运行向导时该服务是停止的，则向导会为你的服务隐式地启动所依赖的服务。

1.4.2　启动服务

Cloudera 管理器提供了两种启动服务的选项——为所有的主机启动所有可用的服务或是只启动选定的服务。

执行下面的步骤来为所有主机启动所有的服务。

（1）从 **Clusters** 选项卡选择 **All Services** 的选项。

（2）选择 **Start** 菜单选项。出现一个对话框，要求你确认服务的启动。

（3）在对话框中点击 **Start** 按钮，启动所有的服务。

使用下面的步骤来启动选定的服务。

（1）从 **Clusters** 选项卡中选择 **All Services** 选项。

（2）在 **Actions** 菜单中，为想要启动的服务选择 **Start** 菜单选项。出现一个对话框，要求你确认服务的启动。

（3）在对话框中点击 **Start** 按钮，启动该服务。

技术材料

当停止 Cloudera 管理器服务器时，服务按下列顺序停止：

（1）Cloudera 管理服务

（2）Flume

（3）Impala

（4）Oozie

（5）Hue

（6）HBase

（7）ZooKeeper

（8）YARN

（9）MapReduce

（10）HDFS

1.4.3　停止服务

Cloudera 管理器提供了两种停止服务的选项。可以为每台主机停止所有的服务或停止选定的服务。

执行以下步骤来为每台主机停止所有的服务。

（1）从 **Clusters** 选项卡选择 **All Services** 选项。

（2）选择 **Stop** 菜单选项。出现一个对话框，要求确认服务的停止。

（3）在对话框中点击 **Stop** 按钮，停止所有的服务。

执行下面的步骤停止所选的服务。

（1）从 **Clusters** 选项卡选择 **All Services** 选项。

（2）在 **Actions** 菜单中，为想要停止的服务选择 **Stop** 菜单选项。出现一个对话框，要求确认服务的停止。

（3）在对话框中点击 **Stop** 按钮，停止该服务。

1.4.4　重启服务

在某些情况下，你可能需要重启服务，例如，当为运行中的 Cloudera 管理器改变主机名或端口时。

执行以下步骤来重启服务。

（1）从 **Clusters** 选项卡选择 **All Services** 选项。

（2）在 **Actions** 菜单中，为想要重启的服务选择 **Restart** 菜单选项。出现一个对话框，要求确认服务的重启。

（3）在对话框中点击 **Restart** 按钮，重启该服务。

> **知识检测点 4**
>
> 描述在 Cloudera 管理器中启动和停止服务的步骤。

现在让我们看一下企业是如何通过使用 Cloudera Hadoop 发行版而受益的。

1.5　使用 Cloudera 管理器的业务案例

Apache Hadoop 的 Cloudera 发行版在世界范围内广泛用于有效地管理、存储和处理大量的数据。各种商业组织使用这个平台，从各种来源所生成的数据中获取有价值的洞察力。

下面介绍了组织如何使用 Apache Hadoop 的 Cloudera 发行版。

❍ **DataSift 公司**：这个平台可以让商业组织收集、过滤和分析网络（主要是像 Twitter 这样的社交网络）上生成的数据。DataSift 服务是按需可用的。

❍ **Orbitz 环球（NYSE 代码：OWW）**：该集团组织提供与旅游和企业对企业（B2B）交易有关的在线服务。Orbitz 环球所包括的一些组织机构有 Orbitz、CheapTickets、the Away Network、ebookers 和 HotelClub。每天，数以百万计的搜索和交易都通过 Orbitz 环球发生，这会相应地每天产生约 100 GB 数据。为了存储和处理这么大量的数据量，Orbitz 环球在 2009 年决定使用 Hadoop 集群来与 CDH 协调。2010 年年末，Orbitz 环球部署了

Hive，通过使用 **SQL** 来访问 Hadoop 数据。

现在让我们学习 Cloudera 管理器的安装需求。

1.6 Cloudera 管理器的安装要求

Cloudera 管理器与许多操作系统、数据库和应用程序相兼容。

表 3-1-4 展示了 Cloudera 管理器的安装要求。

表 3-1-4 Cloudera 管理器的安装要求

各个部分	要　　求
操作系统	○ Red Hat 系统： 　• Red Hat Enterprise Linux 5.7 和 CentOS 5.7（64 位） 　• Red Hat Enterprise Linux 6.2 和 6.4，以及 CentOS 6.2 和 6.4（64 位） 　• Oracle Enterprise Linux 5.6 with Unbreakable Enterprise Kernel（64 位） ○ SLES 系统： 　• SLES (SUSE Linux Enterprise Server) 11（64 位） ○ Debian 系统： 　• Debian 6.0 (Squeeze)（64 位） ○ Ubuntu 系统： 　• Ubuntu 10.04 (Lucid Lynx)（64 位） 　• Ubuntu 12.04 (Precise Pangolin)（64 位）
浏览器	Google Chrome Internet Explorer 9 或更高 Firefox 11 或更高 Safari 5 或更高
数据库	MySQL（5.0、5.1 和 5.5 版本） Oracle（10g Release 2 和 11g Release 2） PostgreSQL（8.1、8.3、8.4 和 9.1 版本）

知识检测点 5

　　Bob Bialzinsky 是一个大数据开发者，他去一家汽车零部件制造商参加工作面试。面试官告诉 Bob，他们已经有了 Linux 系统并想要从目前流行的 Cloudera 技术中获益。面试官请 Bob 谈谈安装 Cloudera 管理器的系统需求。Bob 应该如何回答？

选择正确的答案。在下面给出的"标注你的答案"里将正确答案涂黑。

1. CDH 使用下面哪个特性为关键数据提供高度安全性？
   - a. 认证
   - b. 授权
   - c. 角色
   - d. 加密

2. Nelso 先生是一家组织机构中的大数据分析师。他决定在他的组织机构中使用带有现有的企业级应用的 Cloudera 管理器。下列哪个 Cloudera 管理器的组件将帮助 Nelso 达成该目标？
   - a. API
   - b. HDFS
   - c. YARN
   - d. Hue

3. 下列哪个 Cloudera 的 Hadoop 发行版由于从单一控制台屏幕进行 Hadoop 集群的集中管理而知名？
   - a. CDH
   - b. Cloudera 管理器
   - c. Cloudera 标准版
   - d. Cloudera 企业版

4. Barbara 是一家从社交网络收集和分析数据的组织机构中的大数据分析师。她使用 Cloudera 管理器来管理 Hadoop 集群。Barbara 必须使用下面哪个 Cloudera 导航器的特性来验证数据的原始来源？
   - a. 审计和访问控制
   - b. 发现和探索
   - c. 提取
   - d. 管理

5. 下面哪个术语用于表示 Cloudera 管理器和其他集群的配置？
   - a. 部署
   - b. 集群
   - c. 主机
   - d. 机架

6. 你将使用 Cloudera 管理器的下面哪个组件来启动和停止服务、管理配置和安装以及跨 Hadoop 集群控制主机？
   - a. 数据库
   - b. 代理
   - c. Cloudera 存储库
   - d. 客户端

7. Kathleen 使用 Cloudera 管理器管理控制台来管理 Hadoop 集群。她想要显示警报、配置警报收件人以及发送测试警报的电子邮件。她应该使用以下哪一个选项卡来执行这些操作？
   - a. 审计
   - b. 指示器
   - c. 活动
   - d. 管理

8. 下面哪个子页面允许连接 Cloudera 管理器的实例？
   - a. 设置
   - b. 警报
   - c. Peers
   - d. 用户

9. 下面哪一种是 Cloudera 管理器中登录到管理控制台的默认的用户名和密码组合？
   a. 用户名：admin，密码：admin
   b. 用户名：admin，密码：pass
   c. 用户名：administrator，密码：password
   d. 用户名：admin，密码：adminpass

10. 在管理控制台的页面上，下面哪个选项卡允许启动、停止或重启服务或角色？
   a. 管理   b. 审计
   c. 集群   d. 支持

标注你的答案（把正确答案涂黑）

1. (a) (b) (c) (d)   6. (a) (b) (c) (d)
2. (a) (b) (c) (d)   7. (a) (b) (c) (d)
3. (a) (b) (c) (d)   8. (a) (b) (c) (d)
4. (a) (b) (c) (d)   9. (a) (b) (c) (d)
5. (a) (b) (c) (d)   10. (a) (b) (c) (d)

测试你的能力

1. 使用 Cloudera 管理器的管理控制台，执行以下任务：
   a. 启动、停止或重启服务
   b. 查看为服务运行的文本命令
   c. 访问服务的审计事件的历史
   d. 创建报表以使用 HDFS 和 MapReduce

2. 使用 Cloudera 管理器的管理控制台，检查运行中的服务的健康问题，并为 HDFS 作业运行一个健康测试。

○ Cloudera 通过易于使用的 GUI，有助于简化 Hadoop 的使用。与 Apache Hadoop 协调，Cloudera 平台允许商业组织管理和处理大量的结构化和非结构化数据。

○ Cloudera 在多种发行版中可用。一些最常使用的 Cloudera 发行版如下：

- CDH；
- Cloudera 管理器；
- Cloudera 标准版；
- Cloudera 企业版。

○ CDH 包含 Hadoop 的所有核心组件，提供对大型和复杂数据集的一致性的、可扩展的和分布式的处理。

○ CDH 的关键特性如下。

- 灵活性：允许通过使用多个计算单元的数组来处理结构化和非结构化的数据类型。
- 健壮性：支持批处理、交互式 SQL 和自由文本搜索。
- 分析能力：支持机器学习和统计计算算法。
- 可扩展性：允许与其他软硬件平台的方便集成。
- 安全性：通过实施基于角色的安全性，为关键数据提供高度安全性
- 高效性：允许处理高强度的工作负载，而不影响处理速度。

○ Cloudera 管理器是 Apache Hadoop 的最被接受的数据管理工具之一。它对 Hadoop 集群提供了有效的控制。

○ Cloudera 管理器的主要特性如下。

- 管理：使用集中和自发的管理控制，提供 Hadoop 集群的方便的部署、配置和操作。
- 监控：通过实现热力图和警报，为集群中所有的节点和活动启用方便的监控。
- 诊断：允许方便的诊断功能来解决与操作、事件和日志数据相关的问题。
- 集成：通过使用开发良好的 API，支持与其他多个企业级服务和工具的集成。

○ Cloudera 标准版是一种开源的 Cloudera 发行版。该发行版是 CDH 和 Cloudera 管理器的组合。

○ Cloudera 标准版的主要特性如下。

- 完整：它是一个功能强大的系统，允许企业组织存储、处理、分析和管理数据。
- 高效：它利用 Hadoop 的框架来提高数据存储和处理的效率。
- 开源：它是一个开源的产品，可以在 Cloudera 的官方网站免费下载。
- 集中：它提供了从单一控制台屏幕对 Hadoop 集群的集中管理。
- 经济：与可用于存储和处理数据的其他传统工具和应用程序相比，它是一个经济型的平台。

○ Cloudera 导航器被设计用来为存储在 CDH 中的海量数据提供安全保障。

○ Cloudera 导航器的主要特性如下。

- 审计和访问控制：它为用户或组检查权限级别，并允许访问来自 Hadoop 分布式文件系统（HDFS）、HBase 和 Hive 的数据。

- 发现和探索：它为各个用户查找可用数据，以便他们可以有效地使用数据。

- 提取：通过检查原始源，它跟踪数据并验证其真实性。

- 管理：它管理数据的放置和留存，以确保没有违反策略或规则。

○ Cloudera 管理器的主要组件如下。

- 代理：是指安装在集群中每台主机上的软件实体。代理允许启动和停止服务、管理配置、安装服务和控制主机。

- 数据库：存储集群的配置设置和监测信息。有时候，多个数据库也会运行在单个或多个数据库服务器上。

- Cloudera 存储库：指由 Cloudera 管理器发行版使用的软件应用的仓库。

- 客户端：是指允许用户与服务器交互的接口。

○ Cloudera 管理器提供了一个集中的管理控制台，这是一个基于 Web 的用户界面。管理控制台为 Cloudera 管理器提供了一个易于使用的界面用于配置、管理和监控 CDH。

○ Cloudera 管理器管理控制台顶部导航栏包括以下选项卡：

- Cluster；
- Manage Resources；
- Other；
- Activities；
- Hosts；
- Diagnostic；
- Audits；
- Charts；
- Backup；
- Administration；
- Indicators；
- Search；
- Support；
- Logged-In User Menu。

○ Cloudera 管理器允许添加新的服务并能启动、停止或重启服务。此外，你还可以删除角色和服务并修改它们的属性。

Cloudera 上的 Hive 和 Cloudera 管理

模块目标

学完本模块的内容，读者将能够：

▸▸ 为各种平台配置 Hive 的元存储

▸▸ 为 Hive 设置 Cloudera Manager 4.5

本讲目标

学完本讲的内容，读者将能够：

▸▸	描述 Cloudera Hive 服务的基础知识
▸▸	探索 Hive 元存储的配置模式
▸▸	为 Red Hat、SLES 和 Debian/Ubuntu 操作系统，配置 Hive 的元存储
▸▸	为 Hive 设置 Cloudera Manager 4.5
▸▸	为 Hive 构建复制的作业

"作为 Apache 基于 Hadoop 的
数据平台的领导者，Cloudera
有着企业级的质量和体验，这
使其成为与 Oracle 大数据设
备协同工作的正确选择。"

——Andy Mendelsohn

Hadoop 平台是为了存储和处理大量结构化和非结构化数据而设计的。这些数据是从不同来源收集并以异构形式存在的，难以对其进行查询和分析。要解决这个问题，程序员开发了 Apache Hive 应用程序。Apache Hive 包括了 **Hive 查询语言**（HiveQL），它使用了类似于**结构化查询语言**（SQL）的语法。因此，精通 SQL 的开发人员可以很容易地在存储于 Hadoop 数据库中的数据上使用 HiveQL。

本讲以 Apache Hive 的简要介绍为开始，然后讨论 Cloudera 管理器提供的 Hive 服务、Hive 的配置模式和 Hive 元存储的配置流程。在本讲的结尾，你能够为 Hive 设置 **Cloudera Manager 4.5**，并计划 Hive 的复制作业。

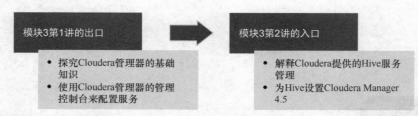

2.1 Apache Hive 简介

Apache Hive 是基于 Hadoop 的数据仓库的应用。它提供了汇总、查询和分析数据的服务。该应用程序最初是由 **Facebook** 开发的，以管理其大量的数据。然而，现在它被包括 **Netflix** 和**亚马逊 Web 服务**在内的许多公司用于同一目的。

开发 Hive 的目的是提供类 SQL 语法，对来自 **Hadoop 分布式文件系统**（HDFS）的数据进行访问。Hive 允许开发者使用 **HiveQL** 访问结构化和非结构化的数据。HiveQL 语法类似于 SQL，可以很容易地被具有 SQL 查询经验的开发者使用。

2.1.1 Hive 特性

Apache Hive 允许分析存储在 HDFS 和其他兼容文件系统（包括**亚马逊 S3**）中的庞大而复杂的数据集。它对于 Hadoop 的 MapReduce 功能提供了完整的支持。Apache Hive 使用索引来提高查询速度，同时处理大量的数据。

默认情况下，Hive 使用嵌入式 **Apache Derby 数据库**存储元数据。其他数据库，如 MySQL 也可用于同样的目的。Hive 为纯文本、**优化的行列**（ORC）、HBase 和一些其他文件格式提供支持。

通过在关系型数据库中存储元数据信息，Hive 减少了为查询执行语义检查所需的时间。通过使用一些特定的应用程序，该应用程序支持存储在 Hadoop 数据库中的压缩数据的处理。此外，它还支持**用户定义的函数**（UDF）以操作日期和字符串。

2.1.2 HiveQL

虽然 HiveQL 是基于 SQL 的，但是它不支持 SQL 所有的标准。例如，HiveQL 不支持使用单一查询在多个表中插入记录、使用 **Select** 语句创建表等 SQL 特性。

它也不支持事务和视图，对子查询和索引也仅提供有限的支持。

HiveQL 的新版本预计支持原子性、一致性、隔离性和持久性（**ACID**）的属性，用于插入、更新和删除操作。

通过它的编译器，HiveQL 的语句被翻译成 map 和 reduce 作业。这些作业**是有向无环图**（DAG）的形式，并由 Hadoop 系统执行。

技术材料

SerDe 是 Hive 的序列化和反序列化模块，是通过 Java 接口植入的。SerDe 的实现允许开发者访问和解释存储在 Hive 表或分区中的数据。

知识检测点 1

下面哪种关于 HiveQL 的说法是正确的？
a. Hive 语句可以利用所有的 SQL 特性
b. Hive 语句被翻译成 map 和 reduce 作业
c. Hive 语句仅能和结构化数据一起使用
d. Hive 语句支持 ACID 属性

让我们理解一下由 Cloudera 管理器提供和管理的 Hive 服务。

2.2　Hive 服务

Hive 服务管理与 **Cloudera Manager 4.5** 版集成。Cloudera Manager 4.5 包括了一个叫作 **Hive 元存储**服务器的新角色来为 Hive 管理元存储过程。Hive 服务在远程元存储上配置。

技术材料

Cloudera Manager 4.5 的当前版本不管理 Hive 服务器的更早版本（即 HiveServer1）。

Cloudera Manager 4.5 还支持 **HiveServer2**，它是一种改进的 Hive 服务器版本。这个 Hive 服务器新版本包括：

○　专门为 Java 数据库连接（JDBC）和开放数据库连接（ODBC）应用程序开发的一个**新的应用程序编程接口**（API）；

○　支持实现 Kerberos 认证和多客户端的并发；

○　**BeeLine**，这是一种 HiveServer2 的新的**字符用户接口**（CLI）。

Cloudera 建议其用户使用 HiveServer2。部署 HiveServer2 之后，允许用户并发地使用原始 Hive 服务器管理旧的应用。

> **技术材料**
>
> HiveServer 不允许并发的数据访问请求。这个限制是由 Thrift 接口所施加的。HiveServer2 是增强版的 HiveServer，并解决了这个问题。如果使用的是 HiveServer2，可以允许多个并发的数据访问请求。

2.2.1 Hive 元数据服务器

Cloudera 管理器建议其用户使用 Hive 进行远程元存储配置。对于推荐的远程元存储，Cloudera 使用元存储服务器作为 Hive 服务所需的角色。

配置的远程元存储具有以下优点。

○ 有了远程元存储的配置，你不需要与每个 Hive 客户端共享登录密码来访问 Hive 的元存储的数据库。这为 Hive 用户提供了一个额外的安全层。

○ 使用远程的元存储配置，你还可以控制其他客户端所用的 Hive 元存储数据库服务。可以通过停止 Hive 元存储服务器的方式来停止数据库的所有服务。这允许简易的备份和升级，因为这些行为停止了 Hive 上的所有服务。

2.2.2 Hive 网关

由于备用的角色在 Hive 服务上是不可用的，在集群的节点上启用客户端配置设置的自动传输需要一个被称为**网关**的额外的进程。网关允许正确放置节点上的客户端配置。当 Hive 服务被添加到集群中去时，它是默认创建的。

> **与现实生活的联系**
>
> **Trend Micro** 是一家领先的杀毒和互联网安全产品的开发商。该公司管理大型的数据库，提供垃圾邮件、病毒和其他可疑数据的智能检测。它每年处理大约 4 PB 的数据，并使用 HBase 数据库来管理可变数据结构。在 Trend Micro，程序员使用 Hive 获得临时的数据访问。该公司发现有了 Hive，HBase 的使用会比其他可选方案更加有效和经济。

2.2.3 升级 Cloudera 管理器

如果读者运行旧版本的 Cloudera 管理器，可以升级它到 Cloudera Manager 4.5。此次升级将有助于在 Hadoop 集群上使用托管的 Hive 服务。

升级旧版的 Cloudera 管理器至 4.5 版本隐式地创建一个新的 Hive 服务。这个服务从 Hue 和 Impala 平台来管理先前安装的 Cloudera 管理器的依赖。

当在老版本的 Cloudera 管理器中连接到 Hive 元存储数据库时，**Hue**、**Impala** 和 **Hive** 客户端有绕开 Hive 元存储服务器的选项。因此，如果把 Cloudera 管理器升级到了它的 4.5 版本，需要启用**旁路**模式。这确保了 Cloudera 管理器的升级不会修改现有的配置设置。

然而，当使用包括 Apache Hadoop（CDH）4.2 或更新的 Cloudera 发行版时，请确保旁路模式被禁用。这种配置允许使用 Hive 元存储服务器。在成功更改配置后，需要安装客户端的配置设置，并重启 Hive 和其他服务（如 Hue 或 Impala），它们被配置为与 Hive 一起使用。

> **附加知识**
>
> 　　Hue 和 Impala 是两个重要的 Hadoop 应用。Hue 是一个开源的 Apache Hadoop 用户接口（UI），Impala 是一个开源的与 Apache Hadoop 协同使用的 SQL 查询引擎。它支持分布式的处理。

如果 Hive 元存储被保存在 Derby 数据库中，那么新的服务也会使用相同的数据库。在这种情况下，Hue 会正常工作，但是由于 Derby 不允许并发的连接，所以新创建的 Hive 元存储服务器无法响应。然而，这种故障不会损害其他运行中的使用了元存储服务器的应用或进程。

由于不支持并发连接，Cloudera 不推荐使用 Derby。其他可用的数据库是 MySQL、Oracle 和 PostgreSQL。

> **知识检测点 2**
>
> 　　下列哪个应用是包含在 Cloudera 管理器 4.5 中的新的 HiveServer2 字符用户接口（CLI）？
>
> 　　a.　PostgreSQL
>
> 　　b.　BeeLine
>
> 　　c.　Impala
>
> 　　d.　Hue

2.3　为 Hive 元存储配置模式

Hive 元存储服务用于存储 Hive 表和关系型数据库分区的元数据。此外，它允许客户端通过使用元存储服务的可用 API 访问元存储。

Cloudera 支持以下三种 Hive 元存储的配置模式：

- ○　嵌入模式；
- ○　本地模式；
- ○　远程模式。

这三种模式用于不同的目的。

2.3.1　嵌入模式

嵌入是 CDH 部署的默认模式。通过使用 Derby 数据库，元存储以这种模式存储。主 **HiveServer**

将数据库和元存储服务当作嵌入式进程来运行。当你启动 HiveServer 进程时，数据库和元存储服务会隐式启动。

嵌入模式是元存储配置的最简单的形式，但是同一时间它只支持单个活动用户。该配置也不允许用于商业用途。按 Cloudera 的建议它应当只用于实验目的。

图 3-2-1 展示了元存储的嵌入模式配置的工作方式。

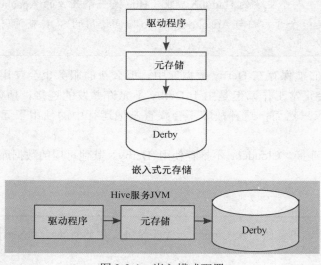

图 3-2-1　嵌入模式配置

知识检测点 3

如果同时只有一个进程可以连接到元存储，那么嵌入模式的实际应用会是什么？

附加知识

Hive 在嵌入模式下有个限制——同一时间只能有一个活动用户。你可能希望将 Derby 运行为网络服务器，从而允许多个用户从不同的系统同时访问 Hive。

2.3.2　本地模式

在本地模式中，元存储服务在主 HiveServer 中运行，元存储数据库作为另一个进程来运行。元存储数据库可以位于同一个或单独的主机之上。元存储服务通过 JDBC 访问元存储数据库。

图 3-2-2 展示了元存储的本地模式配置的工作方式。

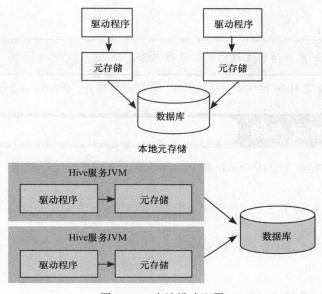

图 3-2-2　本地模式配置

2.3.3　远程模式

　　如前所述，Cloudera 推荐使用远程模式来配置 **Hive** 元存储，并将你从与其他 Hive 用户共享特定于 JDBC 的登录信息中解放出来。在这种模式下，Java 虚拟机（JVM）进程运行了 Hive 元存储的服务。包括了 HiveServer2、HCatalog 和 Cloudera Impala 的进程通过使用 Thrift 网络 API 与 Hive 元存储服务进行交互。这个 API 是通过使用 `hive.metastore.uris` 属性来创建的。通过使用 `javax.jdo.option.ConnectionURL` 属性，JDBC 提供了元存储服务和元存储数据库之间的连接。可以在同一台主机上运行数据库、HiveServer 进程和元存储服务。然而，使用不同的主机运行 HiveServer 进程会提供更好的性能。

　　图 3-2-3 展示了元存储远程模式配置的工作方式。

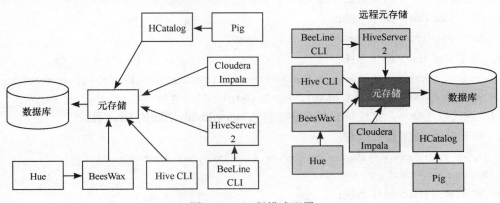

图 3-2-3　远程模式配置

列出 Hive 元存储的远程模式配置的优势。

我们已经了解了配置 Hive 元存储的三种模式，现在是时候去了解如何用远程模式来配置 Hive 了。

2.4　配置 Hive 元存储

可以使用多种数据库（包括 Oracle 和 PostgreSQL）来配置 Hive。然而，MySQL 是用以配置 Hive 的最流行的数据库。

让我们了解一下如何在以下三种操作系统上配置 Hive 元存储：

○　Red Hat；

○　SLES（SUSE Linux 企业版服务器）；

○　Debian/Ubuntu。

2.4.1　Red Hat 操作系统

要在 Red Hat 操作系统上配置 Hive 元存储，执行以下步骤。

（1）如果 MySQL 还未被安装，则在系统上安装它。可以使用以下命令：

```
$ sudo yum install mysql-server
```

（2）使用以下命令启动 MySQL 服务：

```
$ sudo service mysqld start
```

启动 MySQL 服务后，在 MySQL 数据库的远程实例上运行 Hive 元存储。要做到这一点，为远程 MySQL 数据库配置连接器文件，为所需的数据库构建模式，并配置你的 MySQL 用户账户。

要完成这些任务，首先安装 mysql-connector-java 文件，然后连接该文件到相关的 Hive 目录。

（3）使用如下命令来安装连接器文件。

a. 对于 Red Hat 6 操作系统：

```
$ sudo yum install mysql-connector-java
```

b. 对于 Red Hat 5 操作系统：

```
$ curl -L 'http://www.mysql.com/get/Downloads/Connector-J/mysql-connector-java-5.1.22.tar.gz/from/http://mysql.he.net/' | tar xz
```

（4）通过以下命令，把连接器文件链接到名为/usr/lib/hive/lib/的 Hive 目录：

a. 对于 Red Hat 6 操作系统：

```
$ ln -s /usr/share/java/mysql-connector-java.jar /usr/lib/hive/lib/mysql-connector-java.jar
```

b. 对于 Red Hat 5 操作系统：

```
$ sudo cp mysql-connector-java-5.1.22/mysql-connector-java-5.1.22-
```

```
bin.jar /usr/lib/hive/lib/
```

（5）为 MySQL 数据库设置 root 密码，如下面的例子所示：

```
Set root password? [Y/n] y
New password: ******
Re-enter new password: ******
```

在上面的例子中，我们使用了 6 个字符的密码。当为 Hive 配置 MySQL 数据库时，总是使用强壮的密码。

（6）通过使用下面的命令，确保 MySQL 在启动元存储服务器时就启动：

```
$ sudo /sbin/chkconfig mysqld on
$ sudo /sbin/chkconfig --list mysqld
mysqld  0:off  1:off  2:on  3:on  4:on  5:on  6:off
```

（7）通过使用如下命令，为 Hive 创建新的数据库：

```
$ mysql -u root -p
Enter password:******
mysql> CREATE DATABASE Hivemetastore;
mysql> USE Hivemetastore;
```

（8）通过使用如下命令，为新的数据库创建初始模式：

```
mysql>SOURCE /usr/lib/hive/scripts/metastore/upgrade/mysql/hive-schema-
0.10.0.mysql.sql;
```

（9）通过使用如下命令，为 Hive 元存储创建一个用户：

```
mysql> CREATE USER 'hive'@'metastorehost' IDENTIFIED BY
'mypassword';
...
```

（10）通过使用如下命令，为创建的用户设置所需的权限：

```
mysql> REVOKE ALL PRIVILEGES, GRANT OPTION FROM 'hive'@'metastorehost';
```

（11）通过使用如下命令，允许用户执行基本的数据库操作：

```
mysql> GRANT SELECT,INSERT,UPDATE,DELETE,LOCK TABLES,EXECUTE ON
metastore.* TO 'hive'@'metastorehost';
mysql> FLUSH PRIVILEGES;
```

（12）打开 hive-site.xml 文件，为 hive.metastore.uris 属性将属性标签中的代码替换为下列代码：

```
<name>hive.metastore.uris</name>
<value>thrift ://<n.n.n.n>:9083</value>
<description>IP address (or fully-qualified domain name) and port
of the metastore host</description>
```

技术材料

hiveschema-0.10.0.mysql.sql 文件默认存放于/usr/lib/hive/scripts/metastore/ upgrade/mysql 目录。此文件用于在配置 Hive 元存储数据库时创建初始的数据库模式。

技术材料

　　hive.metastore.local 属性的使用已经过时了，不再受当前 Hive 版本的支持。要指定你正在使用远程数据库，可以使用 hive.metastore.uris 属性。

---

hive-site.xml 文件用于为远程 MySQL 服务器配置元存储服务。该文件允许元存储服务与数据库通信。可以为所有主机（包括客户端、元存储和 HiveServer）使用相同的 hive-site.xml。在这个文件中，你只需要为远程 MySQL 服务器连接配置 hive.metastore. uris 属性。

2.4.2　SLES 操作系统

要在 SLES 操作系统上配置 Hive 元存储，执行如下步骤。

（1）通过使用以下命令，安装 MySQL：

```
$ sudo zypper install mysql
$ sudo zypper install libmysqlclient_r15
```

（2）通过使用以下命令，启动 MySQL 服务：

```
$ sudo service mysql start
```

（3）通过使用以下命令，安装连接器文件：

```
$ sudo zypper install mysql-connector-java
```

（4）通过使用以下命令，把连接器文件链接到名为/usr/lib/hive/lib/的 Hive 目录：

```
$ ln -s /usr/share/java/mysql-connector-java.jar /usr/lib/hive/
lib/mysql-connector-java.jar
```

（5）为 MySQL 数据库设置 root 密码，如下所示：

```
Set root password? [Y/n] y
New password: ******
Re-enter new password: ******
```

（6）通过以下命令，确保 MySQL 在启动元存储服务器时就启动：

```
$ sudo chkconfig --add mysql
```

接下来，遵循 2.4.1 节中的步骤 7 至 12。

2.4.3　Debian/Ubuntu 操作系统

要在 Debian/Ubuntu 操作系统中配置 Hive 元存储，执行以下步骤：

（1）通过使用以下命令，在 Debian/Ubuntu 操作系统上安装 MySQL：

```
$ sudo apt-get install mysql-server
```

（2）通过使用以下命令，启动 MySQL 服务：

```
$ sudo service mysql start
```

（3）通过使用以下命令，安装连接器文件：

```
$ sudo apt-get install libmysql-java
```

（4）通过使用以下命令，把连接器文件链接到名为/usr/lib/hive/lib/的 Hive 目录：

```
$ ln -s /usr/share/java/libmysql-java.jar /usr/lib/hive/lib/
libmysql-java.jar
```

（5）为 MySQL 数据库设置 root 密码，如下所示：

```
Set root password? [Y/n] y
New password: ******
Re-enter new password: ******
```

（6）通过以下命令，确保 MySQL 在启动元存储服务器时就启动：

```
$ sudo chkconfig mysql on
```

接下来，遵循 2.4.1 节中的步骤 7 至 12。

附加知识

　　Hive 服务器和客户端通过 **Thrift** 和 **FB303** 服务进行通信。在某些发行版中，Hadoop 和 Hive 发行版的 libthrift.jar 和 libfb303.jar 具有不同的版本。如果它们是不兼容的，那么当以单机模式运行单元测试时，这会导致 Thrift 连接错误。解决的办法是删除 Hadoop 版本的 libthrift.jar 和 libfb303.jar。

知识检测点 5

　　针对 Debian/Ubuntu 操作系统，下面哪个是检查 MySQL 服务器是否处于启动状态的正确命令？

　　a. `$ sudo service mysql start`

　　b. `$ sudo chkconfig mysql on`

　　c. `$ sudo chkconfig --add mysql`

　　d. `$ sudo /sbin/chkconfig mysqld on`

2.5　为 Hive 设置 Cloudera Manager 4.5

　　Cloudera 管理器是一个综合性的框架，用于全局地管理 Apache Hadoop 集群。Cloudera Manager 4.5 是最新的版本，并为 Hive 提供支持。如前所述，可以使用 Hive 的 Cloudera Manager 4.5 为元存储创建数据库、元存储表和 Hive 的数据仓库目录。此外，可以使用它来管理元存储服务器、HiveServer2、客户端配置和 Hive 配置。

　　让我们了解一下在 Cloudera Manager 4.5 中，把新的 Hive 服务添加到可用的集群中去的流程。如果导入了一个现有的 Hive 服务，要确保完成以下动作，以避免数据丢失。

　　○　对 Hive 元存储数据库和配置文件进行完整备份。

　　○　停止所有运行中的进程，包括 Hive 客户端、Hive 元存储和 HiveServer 执行的命令。

　　现在，执行如下步骤在 Cloudera Manager 4.5 的现有集群中添加一个 Hive 服务。

　　（1）在 Cloudera Manager 4.5 的主页上，选择 **Actions→Add Service**。

（2）从 **Add Service** 的菜单上选择 **Hive** 选项。

（3）选择 **Hive** 的依赖（HDFS 和 MapReduce）。

（4）为你的 **Hive** 服务选择所需的角色。这包含了如下的子步骤。

a．把 **Gateway** 添加到用于运行 Hive 或 Beeline CLI 的主机上去。

b．为 Hive 元存储选择一台主机。

c．选择 Hive 服务器。如果正在使用 CDH 4.2 或更高的版本，可以使用 HiveServer2；否则选择 HiveServer。

（5）点击 **Next** 按钮。出现 Database Setup 页面（图 3-2-4）。

（6）在 **Database Setup**（数据库安装）页面，选择 **Use Embedded Database** 单选框，如图 3-2-4 所示。

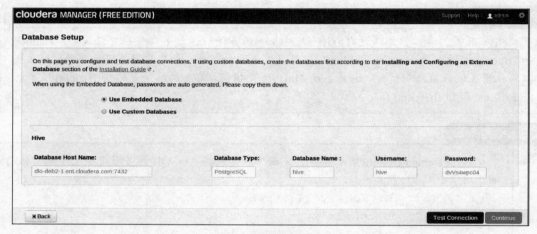

图 3-2-4　数据库安装页面

Use Embedded Database 选项允许使用 **Cloudera** 管理器嵌入式 **PostgreSQL 数据库** 作为元存储数据库。

如果使用外部数据库，选择 **Use Custom Databases** 单选框，然后提供数据库登录信息。

（7）在 Database Setup 页面上（图 3-2-4）点击 **Continue** 按钮。出现 **Review Configuration Changes** 页面，如图 3-2-5 所示。

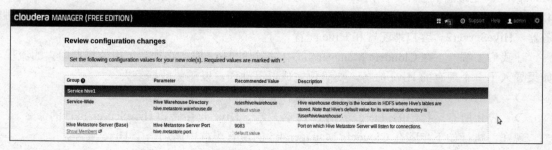

图 3-2-5　复核配置变更

一旦处于 **Review Configuration Changes**（复核配置变更）页面，考虑如下内容。

○　对于新的 Hive 安装，可以使用默认的值。

○　如果你正在导入新的 Hive 安装，Hive 数据仓库目录的设定必须匹配用于 Hive 安装的现有目录。

在点击 **Continue** 按钮之后，Cloudera 管理器隐式地执行以下步骤来安装 Hive 服务。

（1）它创建 Hive 元存储的数据库，并为 Cloudera 管理器嵌入式 PostgreSQL 服务器创建用户账号。如果你使用自定义的数据库，该步骤就不会被执行。

（2）它为 Hive 的当前版本创建 Hive 元存储数据库表。该步骤仅当数据库没有任何模式时才发生。

（3）如果目录不存在，它就在 HDFS 中构建 Hive 数据仓库目录。

（4）它配置了所有的主机。

当 Cloudera 管理器完成了这些步骤之后，用户就能够在任意主机上运行 hive 命令。

我们已经学习了为 Hive 安装 Cloudera Manager 4.5，接下来学习 Hive 的复制过程，这允许用户进行数据的备份。

技术材料

可以在多台服务器上配置 Hive 元存储。然而，Cloudera 不支持多于一台服务器的连接。在 Cloudera 管理器中，Hive 元存储的多台服务器的使用会导致并发性的错误。

技术材料

当升级 CDH 4.1 或 CDH 4.2 至更新版本时，用户需要手动升级元存储数据库。

2.6　Hive 复制

Hive 复制用于备份，以及为远程对端或本地 Cloudera 管理器同步 Hive 元存储和集群数据。它还提供了你目前登录的服务器上的 Hive 元存储和集群数据的一份副本。

要添加对端，在 **Replication** 页面上选择 **Administration→Peers**。

现在，点击 **Add Peer** 链接，去往 **Peers** 页面。在 **Peers** 页面，可以添加新的对端至 Cloudera 管理器服务器。

在添加了对端之后，你将能够在 Hive 元存储的数据上配置复制关系。

快速提示

可以使用加号（+）来包含更多的行，以添加数据库和表。要在单一行中指定多个数据库，可以使用管道符号（|）如下：DB1|DB2|DB3|DB4。

要实现 Hive 复制，执行如下步骤。

（1）在 Cloudera 主页的 **Backup** 选项卡中选择 **Replications** 选项。选择 **Replications** 选项会在 **Replication** 页中显示 **Schedule** 表。

（2）在 **Schedule** 表中点击 **Schedule Hive Replication** 链接，会显示可用 Hive 服务的列表。

（3）从列表中为复制的数据选择源 Hive 服务。如果未在列表中显示对端的 Hive 服务，点击 **Add Peer** 链接去往 **Peers** 页面。在这个页面上，可以添加对端。

（4）选择复制源。会显示 **The Create Replication** 弹出对话框。

（5）取消选择 **Replicated All** 复选框，并在弹出对话框中为复制提供数据库和表的名称。如果想要复制所有数据，把 **Replicated All** 复选框选中。

（6）如果有一个以上的可用的 Hive 服务，为要复制的数据选择目标 Hive 服务。如果只有一个服务可用，该服务将被隐式地指定为目标。

（7）用如下的任意方式来计划复制：

○　立即；

○　在计划的时间；

○　在给定时间段后周期性进行。

（8）选中 **Replicate HDFS Files** 复选框，从选定的源复制所有的数据。如果仅需复制元数据，则取消选中该复选框。

默认情况下，Cloudera 管理器复制数据至默认的位置。要为需复制的数据提供一个指定的位置，在 **More Options** 页面中可用的 **Export Path and Destination** 字段中键入路径。当你在 **Replication** 页面上点击 **More Options** 按钮时，会出现该页面。

（9）通过点击 **Save Schedule** 按钮，保存该复制。

当你保存复制计划时，该计划将连同源和目标信息以表格的形式，出现在复制列表中。此外，最后一次运行的信息、下一次计划的运行信息以及日历图标也出现在表中。如果作业计划只运行一次，那么在该作业完成后日历图标会消失。

你还可以把各种其他的复制作业添加到所创建的复制计划中。当你添加了复制作业之后，"**创建复制**"按钮就出现了。可以使用这个按钮添加更多的复制作业。

一次只可以运行一个复制作业。如果你在第一个作业完成之前启动了第二个复制作业，第二个作业会被取消。如果复制作业失败了，屏幕上会出现一条错误消息。

要在不实际传输任何数据的前提下测试复制作业，使用 **Dry Run** 特性。该特性存在于每个复制作业的 **Action** 菜单中。除了 **Dry Run**，**Action** 菜单还允许：

○　修改复制作业的配置；

○　立即执行复制作业；

○　删除复制作业；

○　禁用和启用复制作业。

查看复制作业状态

当复制作业正在进行时，日历图标旋转并以文本消息的形式描述复制任务的不同阶段。Cloudera 管理器允许查看复制作业的状态。请注意关于复制作业的以下几点。

○ 如果复制作业成功地完成了，它显示被复制的文件数量。如果没有对先前复制的文件进行修改，则该文件不会被复制到当前的复制中去。因此，在第一次计划的复制后，只有那些已被修改了的文件才会被复制到随后的复制中去。

○ 你也可以通过点击 **Commands** 按钮，终止复制作业。可以看到带有另一个旋转的 Hive 应用。现在，点击 **Abort** 按钮来终止复制作业。

○ 如果复制作业未能成功地完成，会显示一条错误消息。

○ 你还可以查看关于已完成的复制作业的信息。为此，在复制列表中点击 **Job Entry** 行。点击显示了所有已完成的复制作业的子条目。这些子条目包括以下信息：

- 复制作业的结果；
- 复制作业的开始和结束时间；
- 复制作业中使用的命令的链接；
- 已复制数据的详细信息。

知识检测点 6

下面哪一个选项允许测试复制作业，而无须执行实际的数据传输？

a. Add Peer

b. Backup

c. Dry Run

d. Schedule

多项选择题

选择正确的答案。在下面给出的"标注你的答案"里将正确答案涂黑。

1. Hive 支持下面哪个 SQL 特性?
   a. ACID 属性　　　　　　　　　　b. 通过使用单个查询把记录插入多个表
   c. 通过使用 Select 语句创建表　　　d. 索引

2. Smith 使用 Hive 服务来创建和查询包含了由流行社交网站所产生数据的数据库。Hive 不支持后备的角色。在这种情况下,下面哪种 Hive 组件将帮助 Smith 把后备的功能包含在 Hive 服务中?
   a. HiveServer　　　　　　　　　　b. 网关
   c. Hive 元存储　　　　　　　　　　d. HiveQL

3. 当配置 Hive 元存储时,你不想与其他 Hive 客户端共享 Hive 元存储数据库的密码。在这种情况下,你会使用下面哪种配置模式?
   a. 嵌入模式　　　　　　　　　　　b. 本地模式
   c. 远程模式　　　　　　　　　　　d. 管理员模式

4. 通过使用 Thrift 网络 API,HiveServer2、HCatalog 和 Cloudera Impala 进程与 Hive 元存储服务进行交互。Cloudera 管理器使用下面哪种属性来创建该 API?
   a. hive.metastore.uris
   b. javax.jdo.option.ConnectionURL
   c. hive.metastore.local
   d. hive.metastore.remote

5. 使用下面哪个命令在 Red Hat 6 操作系统上安装数据库连接器?
   a. $ sudo zypper install mysql-connector-java
   b. $ sudo apt-get install libmysql-java
   c. $ sudo yum install mysql-connector-java
   d. $ curl -L 'http://www.mysql.com/get/Downloads/ConnectorJ/mysql-connector-java-5.1.22.tar.gz/from/http://mysql. he.net/'

6. Lisa 正在设置 Hive 的 Cloudera Manager 4.5。她想要导入现有 Hive 服务的安装。Lisa 必须解决下面哪个问题,才能让 Hive 服务成功地运行?
   a. 为导入的 Hive 服务使用默认配置的设置
   b. 匹配 Hive 仓库目录与导入的 Hive 目录的设置
   c. 为存储的数据进行完整备份
   d. 为存储的数据计划复制作业

7. 为什么 Cloudera 推荐它的用户不要使用 Derby 数据库存储 Hive 元存储?
   a. 因为 Derby 不允许并发连接

b. 因为 Derby 不是一种安全的数据库

c. 因为 Derby 没有为非结构化数据提供强大的处理能力

d. 因为 Derby 不支持 MapReduce 作业

8. 你想要配置 Hive 服务，使得你可以通过仅停止 Hive 元存储服务器的方法来停止数据库的所有活动。下面哪个选项有助于你实现该功能？

    a. 复制计划   b. 网关

    c. 嵌入模式配置   d. 远程模式配置

9. Jackson 正在创建复制作业。他必须使用名为 Database1、Database2 和 Database3 的三个数据库作为复制源。下面哪个是在单一行中指定三个数据库的正确的语法？

    a. Database1 + Database2 + Database3

    b. Database1 | Database2 | Database3

    c. Database1 ~ Database2 ~ Database3

    d. Database1~ Database2 + Database3

10. 使用下面哪个命令在 Debian/Ubuntu 操作系统上安装 MySQL 服务器？

    a. $ sudo apt-get install mysql-server

    b. $ sudo yum install mysql-server

    c. $ sudo zypper install mysql

    d. $ sudo zypper install libmysqlclient_r15

标注你的答案（把正确答案涂黑）

1. (a) (b) (c) (d)   6. (a) (b) (c) (d)

2. (a) (b) (c) (d)   7. (a) (b) (c) (d)

3. (a) (b) (c) (d)   8. (a) (b) (c) (d)

4. (a) (b) (c) (d)   9. (a) (b) (c) (d)

5. (a) (b) (c) (d)   10. (a) (b) (c) (d)

测试你的能力

1. 给出完整的步骤来设定 Hive 的 Cloudera 4.5。

2. 创建计划每周把所有数据复制一次。

備
忘
单

○ 默认情况下，Hive 使用嵌入式 Apache Derby 数据库存储元数据。其他数据库，如 MySQL 也可用于同样的目的。

○ Cloudera Manager 4.5 包括了一个叫作 Hive 元存储服务器的新角色来为 Hive 管理元存储过程。该 Hive 服务在远程元存储上配置。

○ Cloudera 管理器还支持 HiveServer2，它是一种改进的 Hive 服务器版本。

○ Hive 元存储服务用于存储 Hive 表和关系型数据库分区的元数据。

○ Cloudera 支持以下三种 Hive 元存储的配置模式：
  • 嵌入模式；
  • 本地模式；
  • 远程模式。

○ Cloudera 推荐使用一个或多个远程数据库来配置 Hive 元存储。

○ hive-site.xml 文件用于为远程 MySQL 服务器配置元存储服务。该文件允许元存储服务与数据库通信。

○ hive-site.xml 文件也可以用于所有的主机，包括客户端、元存储和 HiveServer。为了使用 hive-site.xml 文件，需要配置该文件的 hive.metastore.uris 属性。

○ Cloudera 管理器是一个综合性的框架，用于全局地管理 Apache Hadoop 集群。Cloudera Manager 4.5 是最新的版本，并为 Hive 提供支持。

○ 如果正在导入一个现有的 Hive 服务，确保执行了如下行为以避免数据丢失：
  • 对 Hive 元存储数据库和配置文件进行完整备份；
  • 停止所有运行中的进程，包括 Hive 客户端、Hive 元存储和 HiveServer 执行的命令。

○ Cloudera 管理器隐式地执行如下步骤来安装 Hive 服务。
  （1）它创建 Hive 元存储数据库，并为 Cloudera 管理器嵌入式 PostgreSQL 服务器创建用户账号。如果你使用自定义的数据库，该步骤就不会被执行。
  （2）它为 Hive 的当前版本创建 Hive 元存储数据库表。该步骤仅当数据库没有任何模式时才发生。
  （3）如果目录不存在，它就在 HDFS 中构建 Hive 数据仓库目录。
  （4）它配置所有的主机。

○ Hive 复制用于备份，并为远程对端或本地 Cloudera 管理器同步 Hive 元存储和集群数据。它还提供了你目前登录的服务器上的 Hive 元存储和集群数据的一份副本。

○ 当复制作业正在进行时，日历图标旋转并以文本消息的形式描述复制任务的不同阶段。

○ 要在不实际传输任何数据的前提下测试复制作业，使用 Dry Run 特性。该特性存在于每个复制作业的 Action 菜单中。

○ 除了 Dry Run，Action 菜单还允许：
  • 修改复制作业的配置；
  • 立即执行复制作业；
  • 删除复制作业；
  • 禁用和启用复制作业。

Hortonworks 和 Greenplum Pivotal HD

模块目标

学完本模块的内容，读者将能够：

▸▸ 为大数据分析部署 Hortonworks 数据平台（HDP）集群

▸▸ 使用 Talend Open Studio 进行数据分析

▸▸ 解释 Greenplum Pivotal HD 架构

本讲目标

学完本讲的内容，读者将能够：

▸▸ 探索 Hortonworks 数据平台

▸▸ 解释系统需求，为 Hortonworks 数据平台构建支撑环境

▸▸ 使用 Ambari 安装向导，安装 Hortonworks 数据平台集群

▸▸ 安装并使用 Talend Open Studio 进行数据分析

▸▸ 讨论 Hadoop 的 Greenplum Pivotal HD 发行版

"我们非常兴奋地把 Hortonworks 添加到我们合作伙伴的网络中，进一步提升帮助客户利用大数据转变业务的能力。"

——Doug Vinson

Hortonworks 是美国的一家软件公司，它致力于开源 **Apache Hadoop** 的开发和支持。这家公司是在 2011 年由 24 位负责管理**雅虎** Hadoop 平台的工程师创立的。

公司拥有深厚的 Hadoop 平台的开发、测试和管理应用程序的专业知识，它贡献给 Hadoop 平台的代码行数排名世界第一。换言之，Hortonworks 拥有 Hadoop 生态系统组件的最大数量的提交者和代码贡献者。

附加知识

Hortonworks 作为一家独立公司成立于 2011 年 6 月，由雅虎和 Benchmark 资本共同出资 2300 万美元。该公司雇用了开源软件项目 Apache Hadoop 的贡献者。它以 Seuss 博士的 *Horton Hears a Who!* 一书中的 Horton the Elephant 名字命名。Eric Baldeschweiler 是首席执行官，来自 SpringSource 的 Rob Bearden 是首席运营官。其他投资者包括 2011 年 11 月由 Index Ventures 领投的 2500 万美元的投资。

Hortonwork 的产品叫作 **Hortonworks 数据平台**（HDP）（包含 Apache Hadoop），用于存储、处理和分析大量的数据。该平台设计用来处理来自多个来源和多种格式的数据。该平台包括各种 Apache Hadoop 项目，其中有 Hadoop 分布式文件系统、MapReduce、Pig、Hive、HBase 和 Zookeeper 以及附加的组件。

在本讲中，读者将了解 Hortonworks 数据平台（HDP），它的系统需求和环境以及安装 HDP 的过程。此外，读者还将学习如何安装 Talend Open Studio 并用它执行数据分析。到最后，本讲会讨论作为另一种 Apache Hadoop 发行版的 Greenplum Pivotal HD 的基础知识。

让我们以 HDP 的讨论作为本讲的开始。

模块3第2讲的出口	模块3第3讲的入口
• 讨论由Cloudera提供的Hive服务 • Apache Hive的已配置的Cloudera管理器	• 探究Hadoop的Hortonworks平台 • 使用Talend Open Studio进行数据分析 • 讨论Greenplum数据库对Hadoop的支持

3.1 Hortonworks 数据平台

HDP 是由 Hortonworks 提供的开源的 Hadoop 平台。该平台包括 Hadoop 所有的主要组件，如 HDFS、MapReduce、HBase 和 Hive。商业机构使用 HDP 来存储、处理和分析大量的数据，这些数据可能是结构化或非结构化的。HDP 有能力处理收集自不同来源的不同类型的数据。

总体情况

Hortonworks 的商业模式基于其利用流行的 HDP 发行版，并提供付费服务和支持的能力；然而，它不出售软件所有权。相反，该公司的想法是在开源社区内工作，开发解决企业功能需求（如利用 Hive 进行更快速的查询处理）的解决方案。

HDP 针对未来的企业数据架构需求，提供了一个完整的、稳定的和经过测试的平台。当使用 Hadoop 时，它提供了很大的灵活性。它把 Hadoop 转换成多用户的平台，并允许用户以不同的方式同时与大量的数据进行交互。此外，HDP 允许组织机构用该平台整合现有的工具和技术。

如图 3-3-1 所示，HDP 可以被划分成以下三个部分：

○　**第一部分是核心的 Hadoop**，包括 Hadoop 的两大核心组件，即 HDFS 和 MapReduce。

○　**第二部分是基本的 Hadoop**，包括使与 Hadoop 一起工作变得更加简单的额外的 Hadoop 组件。这一层包括以下组件：

- Apache Pig；
- WebHCat；
- Apache Hive；
- Apache HBase；
- Apache HCatalog；
- Apache ZooKeeper。

○　**第三部分是 HDP 的支持**，包括下面的组件：

- Apache Oozie；
- Ganglia；
- Apache Sqoop；
- Nagios。
- Apache Flume；

图 3-3-1 展示了 HDP 的常用组件。

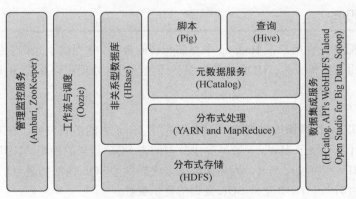

图 3-3-1　Hortonworks 数据平台

这些不同的组件帮助 HDP 提供以下 3 种服务类型：

○　核心服务；　　　　　○　数据服务；　　　　　○　操作服务。

附加知识

　　HDP 2.0 是 HDP 的最新版本。**HDP 2.0** 版本集成了最新的 Hadoop 项目和特性，是单一的可用于企业的平台。这是一个经过测试和认证的开源平台，它提供了 Apache Hadoop 的发行版。它可以很容易地与数据为中心的技术相集成，它允许重用现有的资源和技能。

让我们了解更多关于这些服务的知识。

3.1.1　核心服务

HDP 提供了将 Hadoop 实现为可靠的、高效的、安全的和多用户的数据平台所需的所有核心服务。它包括了 YARN、HDFS2 的最新发展，以及 Hadoop 的安全和可用特性。它还提供了 Hadoop 开源发行版的最新特性的企业级质量版本。

HDP 提供以下一些核心服务。

○ **支持多工作流**：在写本书的时候，HDP 是唯一的对 Hadoop 的最新发展提供了支持的开源发行版。利用了最新的 YARN 的发展，HDP 允许用户以不同的方式并发地存储和访问数据。

○ **支持高可用性**：HDP 允许 Hadoop 服务的高可用性的包，还提供了 Red Hat 操作系统的高可用性解决方案。高可用性包是由 Red Hat 为 Hadoop 提供的解决方案。

○ **提供高可靠性**：HDP 集成了 Apache Hadoop 项目最有用和最可靠的版本。因此，它提供了一个单一的集成的和已认证的数据平台供企业使用。

3.1.2　数据服务

HDP 的数据服务允许用户在 Hadoop 中存储和访问数据。它提供了允许它们与可用数据以不同方式进行交互的工具和服务。HDP 的数据服务还包括对批处理和交互式 SQL 的支持以及对实时 SQL 的支持。

HDP 提供以下一些数据服务。

○ **为交互式 SQL 查询提供支持**：HDP 包括了 Hive 中的最新发展，在写这本书的时候它包括了针对存储于 Hadoop 数据库中数据的类 SQL 语句的使用。HDP 配备了多种商业智能（BI）和可视化工具，为高速数据处理提供了 SQL 语法的最可扩展的范围。此外，通过使用 Hive，HDP 支持 SQL 查询的可扩展性。

○ **为 NoSQL 提供实时的支持**：HDP 包含了对 NoSQL 数据库的实时支持，在关系型数据库中，提供了存储和访问数据的非列式的方法。HDP 包含了 HBase 0.96（这是撰写本书时 HBase 的最新版本），并包括了平均恢复时间（**Mean Time to Recovery**，MTTR）和快照特性。

○ **提供了高效的元数据管理**：HDP 使用 HCatalog 和其他有用的软件包来为 Hadoop 系统管理元数据。它还支持 Hadoop 环境中现有工具间的元数据共享。HDP 使用 RESTful 接口共享元数据。除此之外，HDP 还在 Hadoop 环境外共享数据。

技术材料

　　平均恢复时间（MTTR）是系统从失效中恢复所花费的平均时间。

与现实生活的联系　◎─◎─◎

　　当映射药物到特定基因配置时，在医疗领域使用大数据会发生一个常见的问题。一个个体的基因需要大约 1.5 GB 的存储空间。换言之，映射基因数据和特定的药物需要大量的存储空间和高速处理能力。通过提供一个具有成本效益且可靠的平台进行存储和基因数据映射，HDP 提供了针对该问题的解决方案。

3.1.3　操作服务

　　HDP 包括了名为 **Apache Ambari** 的开源项目，它允许用户安装、管理和监控 Hadoop 集群，并将它们与其他现有应用相集成。Apache Ambari 允许管理员集成 Hadoop 集群和工具，提供单一和一致的企业级大数据平台。

　　HDP 提供以下一些操作服务。

- ○　**简化 Hadoop 集群的部署**：HDP 使用 Apache Ambari，提供 Hadoop 集群跨不同平台的简化部署，包括云和 Web 服务。HDP 支持 Hadoop 集群在 Windows 和 Linux 操作系统上的部署。有了 HDP 简单和易于使用的基于 GUI 的工具，管理员可以轻松地跨 Hadoop 集群部署、配置和测试服务。
- ○　**简化 Hadoop 集群的监控**：HDP 允许管理员使用简单的 GUI Apache Ambari 工具，轻松地监控 Hadoop 集群。这些 GUI 工具允许管理员执行复杂的操作，检查 Hadoop 集群的健康和状态，并在一些鼠标点击的帮助下修改 Hadoop 集群的配置设置。
- ○　**为现有的工具和技术提供支持**：HDP 支持 **Microsoft System Center**、**Teradata Viewpoint** 等现有工具与 Hadoop 集群的集成。

知识检测点 1

　　将使用下面哪些 HDP 支持层组件来监控 Hadoop 集群？
a. Apache Sqoop
b. Apache Flume
c. Ganglia
d. Nagios

　　现在已经对 HDP 有了大致的概念，但要使用 HDP，还需要安装它。首先，让我们了解安装的最低硬件需求。读者还将了解支持 HDP 的操作系统、浏览器和数据库。最后，读者还将学习为 HDP 构建一个支持环境。

附加知识

Apache Ambari 是用来简化 Hadoop 集群管理的一个开源项目。它提供了如下服务来管理 Hadoop 集群。

○ 准备包括：
  ● 为安装 Hadoop 集群提供一个向导；
  ● 允许管理员为集群配置服务。
○ 管理包括：
  ● 允许集群被集中管理，以方便管理员集中地启动、停止和重新配置服务。
○ 监控包括：
  ● 允许管理员通过使用简单的仪表板查看 Hadoop 集群的状态；
  ● 提供系统警报并按需自动发送电子邮件。
○ 集成包括：
  ● 支持 Hadoop 集群通过使用 RESTful API 与现有技术集成。

3.2 系统需求和环境

HDP 适用于广泛的平台。它支持不同的硬件平台、操作系统平台、浏览器和数据库的配置。此外，HDP 需要一个支持环境来有效地操作。让我们在下面的小节中着重地详细介绍 HDP 的这些方面。

3.2.1 系统需求

安装 HDP 的常见的系统需求可以划分为如下种类：

○ 硬件； ○ 操作系统；
○ 浏览器； ○ 数据库。

硬件

根据它需要被安装的目的以及它预期要处理的工作负载，安装 HDP 所需的硬件也各不相同。

Apache 根据 Hadoop 集群的大小，推荐了两套不同的需求。它们是：

○ 小型集群（由 5~50 个节点组成）；
○ 大中型集群（由 100~1000 个节点组成）。

表 3-3-1 展示了小型集群的硬件需求。

表 3-3-1　小型集群的硬件需求

机器类型 （主/从）	集群类型	存储	处理器	内存	网络
从	均衡负载	4~6 块 2 TB 的磁盘	单四核处理器	24 GB	1 GB 以太网
	HBase 集群	6 块 2 TB 的磁盘	双四核处理器	48 GB	1 GB 以太网
主		4~6 块 2 TB 的磁盘	双四核处理器	24 GB	1 GB 以太网

表 3-3-2 显示了大中型集群的硬件需求。

表 3-3-2　大中型集群的硬件需求

机器类型 （主/从）	集群类型	存储	处理器	内存	网络
从	均衡负载 计算密集型工作负载 I/O 密集型工作负载 HBase 集群	4~6 块 1 TB 的磁盘 4~6 块 1 TB 或 2 TB 的磁盘 12 块 1 TB 的磁盘 12 块 1 TB 的磁盘	双四核处理器 双六核处理器 双四核处理器 双六核处理器	24 GB 24~48 GB 24~48 GB 24~48 GB	在 20 节点的机架中，每个节点双 1 GB 链路每个机架到一对中心交换机是 2×10 GB 的互联链接
主		4~6 块 2 TB 的磁盘	双四核处理器	不固定（受文件系统对象的数量影响）	

操作系统

HDP 支持以下的操作系统：

○ Red Hat Enterprise Linux (RHEL) v5.x 或 6.x（64 位）；

○ CentOS v5.x 或 6.x（64 位）；

○ SUSE Linux Enterprise Server (SLES) 11，SP1（64 位）。

浏览器

表 3-3-3 展示了在不同操作系统中，你可用与 HDP 一起使用的不同的浏览器。

表 3-3-3　HDP 的浏览器

操作系统	浏览器
Windows	• Internet Explorer 9.0 及更高版本 • Firefox 22.0 • Safari 6.0.5 • Google Chrome 27.0.1453.116
Mac OS X	• Firefox 22.0 • Safari 6.0.5 • Google Chrome 27.0.1453.116
Linux (RHEL, CentOS, SLES)	• Firefox 22.0 • Google Chrome 27.0.1453.116

数据库

可以为 Hive 和 HCatalog 使用 MySQL 数据库。使用 MySQL 数据库的当前实例或由 Ambari 安装向导所创建的新实例。

3.2.2　构建一个受支持的环境

要为 HDP 构建一个支持环境，需要执行如下步骤。

（1）**检查现有的安装**：当安装 HDP 时，Ambari 安装向导服务将安装运行 Ambari 和 HDP 所需的文件。其他的文件，甚至受支持的文件的其他版本都会在运行 Ambari 时造成问题，需要从系统中移除这些版本。

（2）**配置无密码的安全 shell（SSH）**：在安装 HDP 之前，推荐为 Ambari 服务器和所有其他主机设置无密码的 SSH 链接。使用无密码的连接，Ambari 服务器在密钥对的帮助下访问其他主机。

需要执行如下步骤在 Ambari 服务器和其他主机之间建立无密码的 SSH 连接。

○ 通过使用如下命令，在 Ambari 上创建公有和私有的 SSH 密钥：

```
ssh-keygen
```

○ 通过使用如下命令，从目标主机将名为 id_rsa.pub 的 SSH 公有密钥复制到 root 账户：

```
.ssh/id_rsa
.ssh/id_rsa.pub
```

○ 将 .ssh 目录的权限设定为 700，将同一目录下的 authorized_keys 文件权限设定为 640。

○ 通过使用如下命令，将公有 SSH 键追加到 authorized_keys 文件：

```
cat id_rsa.pub >> authorized_keys
```

○ 使用下面的命令确保可以从 Ambari 服务器连接到每台主机：

```
ssh root@{remote.target.host}
```

当你运行上述命令时，下面的警告消息会出现在你的屏幕上：

```
Are you sure you want to continue connecting (yes/no)?
```

○ 键入 **yes**。

○ 在想要为 HDP 运行 Ambari 安装向导的机器上维护一份私钥副本。

（3）**为每个集群启用网络时间协议（NTP）**：NTP 协议用于同步网络上的计算机的时钟。使用该协议确保你集群的所有节点的时钟都是正确地同步了的。

（4）**为主机检查域名系统（DNS）**：确保所有的主机都支持 DNS 和反向 DNS。如果有不支持这些特性的主机，可以编辑它的文件。

（5）**禁用 SELinux 安全模块**：要让 Ambari 的安装工作得以进行，首先禁用 SELinux 安全模块。可以通过使用如下命令临时禁用 SELinux：

```
setenforce 0
```

（6）**禁用 iptables**：在 Linux 系统中，`iptables` 是系统管理员所使用的应用程序，用来配置和管理由系统核心防火墙提供的表。要在系统上安装 HDP，需要禁用该应用程序。要在你系统上禁用 `iptables`，使用如下命令：

```
chkconfig iptables off
/etc/init.d/iptables stop
```

知识检测点 2

使用下面哪种命令来把名为 id_rsa.pub 的公有 SSH 密钥追加到名为 abc_key 的文件中去？

    a. `app rsa.pub >> abc_key`
    b. `cat id_rsa.pub >> abc_key`
    c. `concat rsa.pub >> abc_key`
    d. `move rsa.pub >> abc_key`

3.3　安装 HDP

现在你知道了如何为 HDP 构建一个支持环境，让我们使用 Apache Ambari 服务器提供的安装向导了解一下安装过程。

如前所述，Apache Ambari 项目帮助提供了端到端的 Hadoop 集群的管理。此外，它允许通过使用一个简单的 GUI 来部署、运行和监控 Hadoop 集群。通过使用 Apache Ambari，可以跨 Hadoop 集群管理配置变更、创建警报和监控服务。

执行如下步骤来下载和安装 HDP。

（1）登录到想要安装 Ambari 服务器的机器上。

（2）从 Hortonworks 的公共网络中下载所需的 **Red Hat 包管理器**（RPM），它也被称为库文件。

（3）**对于 RHEL/CentOS 系统**。

a.　通过如下命令安装 epel 库：

```
yum install epel-release
```

b.　检查库（repo）列表，确认库被恰当地配置了。可以通过使用如下命令来完成它：

```
yum repolist
```

Ambari 服务器的详细信息、HDP 实用工具和 repo 列表中的 EPEL 库如下所示：

```
repo id                    repo name
AMBARI-1.x                 Ambari 1.x
HDP-UTILS-1.1.0.15         Hortonworks Data Platform Utils Version - HDP-UT
epel                       Extra Packages for Enterprise Linux 6 -x86_64
```

c. 通过如下命令安装 Ambari 服务器：

```
yum install ambari-server
```

该命令也安装了 PostgreSQL 服务器的实例。

（4）对于 SLES 11。

a. 通过使用如下命令，确保恰当配置了 repo 列表：

```
zypper repos
```

当你运行该命令时，输出显示如下：

```
# | Alias | Name
1 | AMBARI.dev-1.x | Ambari 1.x
2 | HDP-UTILS-1.1.0.15 | Hortonworks Data Platform Utils Version
- HDP-UTILS-1.1.0.15
```

b. 通过如下命令安装 Ambari 服务器：

```
zypper install ambari-server
```

步骤 3（a 和 b）和步骤 4（a 和 b）是针对两种不同的操作系统的。从步骤 5 开始，相关说明同时适用于这两种操作系统。

（5）通过使用如下命令，运行 Ambari 服务器的安装：

```
ambari-server setup
```

当执行该命令时，你可能被要求高级的数据库配置。为了使用默认的用户名和密码，键入 N。要使用你自己的用户名和密码，键入 Y。

当安装 Ambari 服务器时，你被要求接受 JDK 许可证。接受许可证条款，下载和安装 JDK。当 Ambari 服务器的安装完成时，需要启动该服务器。

技术材料

Ambari 服务器的默认的用户名和密码为 ambari-server/bigdata。

快速提示

如果有一个更新过的且可以从安装主机访问的 JDK v1.6 的本地副本，就无须下载 JDK 来运行 Ambari 服务器的安装。

（6）使用相关命令启动 Ambari 服务器。

附加知识

要检查目前运行在 Ambari 服务器上的进程，使用如下命令：

```
ps -ef | grep Ambari
```

可以通过使用如下命令停止 Ambari 服务器：

```
ambari-server stop
ambari-server start
```

（7）在浏览器的地址栏中，键入 Ambari 服务器的地址。它以如下形式显示：

`http://{main.install.hostname}:8080`

（8）用运行 Ambari 服务器安装时使用的用户名和密码登录 Ambari 服务器。在成功登录之后，出现**欢迎**页面。可以在该页面上创建集群。

（9）在出现于欢迎页上的文本字段中键入集群的名称。集群名称不可以包含特殊字符或空白。

（10）点击 **Next** 按钮。要建立集群，为集群中所有主机提供完全限定的域名（**Fully Qualified Domain Name**，FDQN）。

（11）在 **Target Hosts** 文本框中键入主机名。每行只能键入一台主机。

（12）点击 **Host Connectivity Information** 区段中出现的 **Choose File** 按钮。

> **快速提示**
>
> 对于 **Internet Explorer 9** 的用户可能不会出现 **Choose File** 按钮。如果发生这种情况，用户需要剪切私钥并手动粘贴它到文本框中。

> **快速提示**
>
> 如果必须提供大量的主机，可以通过在括号中定义范围来完成。例如，假定你有 10 台主机，域名为 host101.domain、host102.domain、host 103.domain……host110.domain。在这种情形下，可以通过使用如下的单行语法来指定所有 10 台主机的名字：`host[101-110].domain`。

（13）定位与建立无密码的 SSH 连接时所创建的公有密钥相匹配的私有密钥文件。

（14）点击 **Register and Confirm** 按钮，继续该安装。当点击 **Register and Confirm** 按钮时，主机列表出现在屏幕上。确认正确地选择了所有主机。可以通过选择它们各自的复选框，然后点击蓝色的 **Remove** 按钮，来移除主机。

（15）在正确选择了所有主机的情况下，点击 **Next** 按钮。安装向导出现了 **Choose Services** 页面，在这里你可以选择自己想要安装的服务。

（16）如果想要选择所有的服务，选择 **All**；如果只想要选择 HDFS，选择 **Minimum**。要选择或取消选择一个服务，只要选中或取消选中出现在服务边上的复选框。

> **技术材料**
>
> 如果想要使用 Ambari 服务器来监控自己的集群，选择 Nagios 和 Ganglia 服务。如果不选择这些服务，屏幕上会出现一个警告。如果使用任何其他服务来监控该集群，可以忽略该警告。

　　如果不想让 Ambari 服务器在其他主机上隐式地安装 Ambari 代理，就需要取消选中 Provide your SSH Private Key 复选框，然后在 Warning 消息框中点击 OK 按钮。在这种情况下，需要自行安装 Ambari 代理。

　　（17）选好所需的服务之后，点击 **Next** 按钮。当你单击 **Next** 按钮时，将提示你为上一步中选中的服务分配主节点。确保你为集群中选中的服务映射了正确的主机。

　　Assign Masters 页面显示了带有当前分配的表。表的右列显示了当前的分配以及主机的名称、使用的 CPU 数量以及 RAM 的大小。左侧列提供了修改当前分配的选项。

　　（18）点击位于左侧的下拉列表，并为各自的服务选择正确的主机。

　　（19）在为服务分配主节点之后，点击 **Next** 按钮。当你点击 **Assign Masters** 页面上的 **Next** 按钮时，向导的 **Assign Slaves and Clients** 页面就出现了。在这个页面中，可以分配从节点的组件并选择主机来安装所需的客户端。

　　在 Assign Slaves and Clients 的页面上，可以看到一些主机已经运行了一个或多个带有红色星号标志的主组件。要查看特定主机的主组件，把鼠标指针放置在它的星号标志上。

　　（20）选择主机边上的复选框，然后点击 **Next** 按钮。

　　出现了向导的 **Customize Services** 页面。如果想要使用默认设置，不需要在该页面中做任何变更。

　　（21）在 **Customize Services** 页面中点击 **Next** 按钮。就出现了 **Review** 页面，在这里可以检查安装过程中所做的所有的设置和分配。要在分配或设置中做任何修改，只要点击 **Back** 按钮。

　　（22）接下来，点击 **Deploy** 按钮来部署 HDP Hadoop 集群。当你点击 **Deploy** 按钮时，屏幕显示了进度条，显示安装的过程。你选中的每个组件都被安装且启动。一个简单的测试是运行每一个安装的组件。你也可以在屏幕中央看到特定主机的状态。要获取主机的详细信息，可以点击该主机 **Message** 列中提供的链接。当你点击该链接时，会出现 **Tasks** 弹出框。点击弹出框中的任务，获取该任务的日志文件。

　　基于你所选中安装的组件，安装过程需花费几分钟来完成。在安装过程完成之后，会在屏幕上出现 Successfully installed the cluster 消息。

　　（23）点击 **Next** 按钮。出现了 **Summary** 页面，在这里已完成的任务以汇总的形式显示。

　　（24）点击 **Complete** 按钮完成安装。当你点击 **Complete** 按钮时，会出现已安装集群的监控仪表盘。可以使用该仪表盘来监测已安装的集群。

使用下面哪个命令在 SLES 11 系统上安装 Ambari 服务器？

a. `zypper install ambari-server`

b. `yum install ambari-server`

c. `ambari-server setup`

d. `zypper repos`

在下一节中，我们来探究一下 **Talend Open Studio**，它是与 HDP 一起使用的增值模块。

3.4　使用 Talend Open Studio

Talend Open Studio 是一种处理大数据的开源的数据集成解决方案。它是一种 ETL 工具，能使导入和导出更加容易。它允许使用 Hadoop 进行企业级的数据分析过程。

Talend Open Studio 是 HDP 的增值模块，并提供了以下服务：

○ 允许读写以源点和汇点的形式存储在 Hadoop 数据库中的数据；

○ 使用 HDP 的 HCatalog 元数据服务将结构化和非结构化的数据导入到 Hadoop 的数据库；

○ 允许用户创建和管理数据库模式；

○ 消费 Pig 和 Hive 服务，分析大型和复杂的数据集；

○ 使用 Oozie，支持提取、转换和加载（ETL）作业的调度。

附加知识

在把 Talend Open Studio 安装为 HDP 增值模块之前，确保：

○ 为集群中所有节点部署了 HDP；

○ 创建了 home 目录夹，在 HDP 集群中启动 Talend Open Studio。可以使用如下命令创建 home 目录夹：

```
% hadoop dfs -mkdir /user/hdptestuser
```

○ 用户在 HDP 集群上具有恰当的权限。可以使用如下命令，为运行 Talend Open Studio 的用户提供权限：

```
% hadoop dfs -chown hdptestuser:hdptestuser /user/hdptestuser
```

下面学习安装 Talend Open Studio。

3.4.1　安装 Talend Open Studio

执行如下步骤，下载并安装 Talend Open Studio。

（1）从 Talend 官方网站下载 Talend Open Studio 的 zip 文件。

（2）解压文件内容。

（3）复制文件到安装目录（即想要安装 Talend Open Studio 的位置）。

（4）根据所用的操作系统，运行应用程序的文件。出现最终用户许可协议页面。

（5）选中最终用户许可协议单选框。当你选中最终用户许可协议时，就出现了 Talend Open Studio 向导。

（6）在 **Create a New Project** 文本框中，键入你想要创建的项目名称。在我们的例子中，项目名称是 **HDPIntro**。

（7）点击 **Create** 按钮，如图 3-3-2 所示。

图 3-3-2　创建新项目

接下来就会出现 **New Project** 对话框

（8）在 **New Project** 对话框中，点击 **Finish** 按钮。

（9）打开新创建的项目。打开 **HDPIntro** 项目时，出现了 **Connect to TalendForge** 对话框。

（10）在 **Connect to TalendForge** 对话框中，点击 **Skip** 按钮。出现欢迎窗口，显示安装的过程。

（11）点击 **Start** 按钮，Talend Open Studio 的主窗口出现，如图 3-3-3 所示。

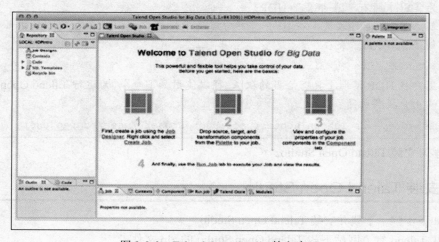

图 3-3-3　Talend Open Studio 的主窗口

现在，已经把 Talend Open Studio 安装到了系统上，让我们了解一下如何将数据导入到 Talend Open Studio。

3.4.2　将数据导入 Talend Open Studio

要把数据导入到 Talend Open Studio，需要先创建一个新的作业。

执行下面的步骤，将数据导入到 Talend Open Studio：

（1）在 Talend Open Studio 的主窗口的 **Repository** 树状视图中，右击 **Job Designs** 节点。

（2）从出现的 **context** 菜单中选择 **Create job** 选项，如图 3-3-4 所示。

图 3-3-4　选择新建作业选项

出现 **New Job** 向导。

（3）为新的作业键入名称，并点击 **Finish** 按钮。在我们的例子中，我们键入 **HDPJob** 作为作业名称。点击 **Finish** 按钮，为创建的作业名称出现一个空的工作区设计。

（4）在 Talend Open Studio 的 /tmp 目录中，创建一个名为 input.txt 的文本文件。input.txt 文件的内容如下：

```
01; Harris; Stewart; Marketing
02; Hennery; Adams; Sales
03; Roberts; Andrew; Marketing
04; Allis; Irma; Service
05; Charles; Douglas; Sales
06; Peter; Job; Marketing
07; Pratt; Stephen; Service
08; John; Richards; Service
09; Andrew; Simon; Service
10; Beasley; Charles; Sales
```

你已经创建了一个数据文件，现在需要创建一个作业。在 Talend Open Studio 中，作业由多个组件所组成。这些组件在调色板中可用。

（5）展开位于调色板中的 **Big Data** 选项卡。

（6）在 Big Data 区段中，点击 **tHDFSPut** 组件。

（7）选择 **Designer** 选项卡，打开工作区的设计。

（8）把 **tHDFSPut** 组件拖进工作区的设计中。

（9）选择 **Basic settings** 选项卡，在选项卡的各种字段中键入所需的值，如图 3-3-5 所示。

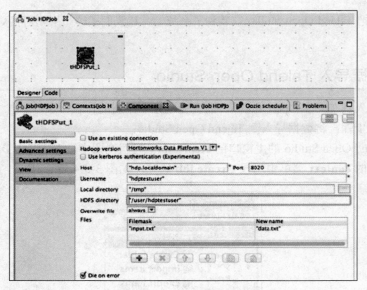

图 3-3-5　基本设置选项卡

（10）点击 **Run（Job HDPJob）** 选项卡（图 3-3-5）。点击 **Run** 按钮，运行选中的作业。输出如图 3-3-6 所示。

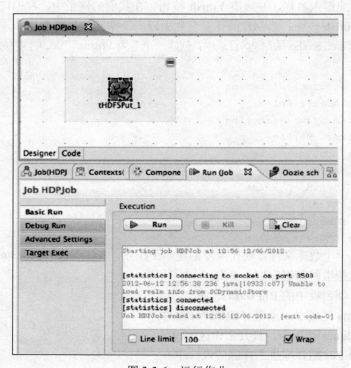

图 3-3-6　运行作业

（11）在 HDFS 客户端打开控制台窗口，并运行如下命令验证导入操作：

```
hadoop dfs -ls /user/testuser/data.txt
```

当运行前述命令时，会在控制台窗口出现下面的输出：

```
Found 1 items
-rw-r--r-- 3 testuser testuser
252 2012-06-12 12:52 /user/
testuser/data.txt
```

从输出可以很明显地看出，一个本地文件已经在 Hadoop 集群中被成功地创建了。在学习使用 Talend Open Studio 导入数据之后，现在让我们使用 Talend Open Studio 来执行数据分析。

3.4.3　执行数据分析

需要修改创建的作业以执行数据分析：

执行下面的步骤，分析我们在前一小节中导入的数据：

（1）展开位于 **Big Data** 调色板中的 **Pig** 选项卡。

（2）点击位于 **Pig** 区段中的 **tPigLoad** 组件。

（3）在工作区设计器中定位 **tPigLoad** 组件。现在需要为 **tPigLoad** 组件定义基本设置。

（4）双击 **tPigLoad** 组件。

（5）点击 **Edit Schema** 按钮。

（6）为输入数据定义模式，如图 3-3-7 所示。

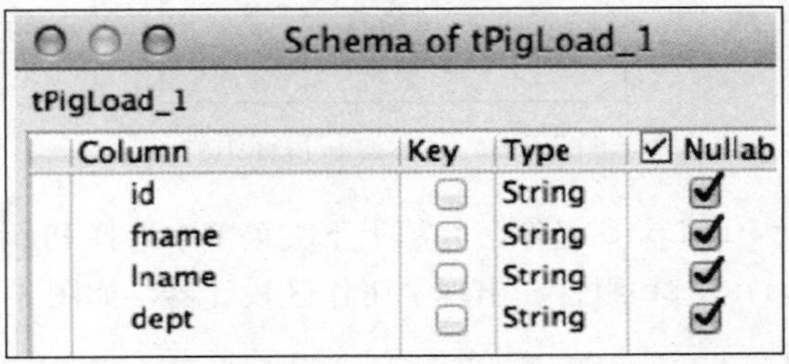

图 3-3-7　定义模式

（7）点击 **OK** 按钮。

（8）在 **Mode** 和 **Configuration** 区段中定义值。

（9）类似地，在 **NameNode URI**、**JobTracker host**、**Load function** 和 **Input file URI** 字段中定义值，如图 3-3-8 所示。

现在，需要用 HDFS 连接到 Pig 组件（即数据存储的地方）。

（10）在工作区的设计器窗口中右击 tHDFSPut。tHDFSPut 组件是数据的源组件。

（11）在上下文菜单中，选择 **Trigger→On Subjob→Ok** 选项。

（12）点击 **tPigLoad**，它是数据的目标组件选项。出现了工作区设计器，如图 3-3-9 所示。

（13）将 **tPigAggregate** 组件添加到工作区设计器中。

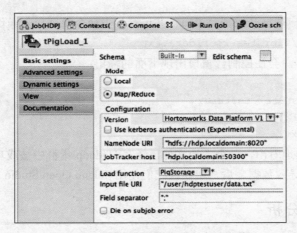

图 3-3-8　在基本设置选项卡中设定值

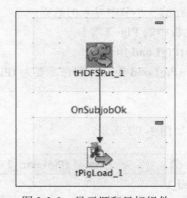

图 3-3-9　显示源和目标组件

（14）下一步，右击 tPigLoad 组件，并从上下文菜单中选择 Pig 组合选项。

（15）选择 tPigAggregate 组件。出现了工作区设计器，如图 3-3-10 所示。

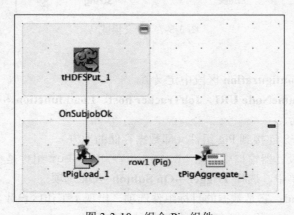

图 3-3-10　组合 Pig 组件

现在需要为 tPigAggregate 组件定义基本的设置。

（16）双击 tPigAggregate 组件。

（17）点击 **Edit Schema** 按钮。

（18）设置输出模式，如图 3-3-11 所示。

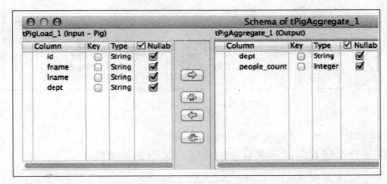

图 3-3-11　设置输出模式

现在需要为数据定义聚合函数。

（19）把 dept 列添加到 **Group by** 区段中（图 3-3-12）。

（20）在 **Additional Output** 列中，选择 people_count 输出类型，count 函数位于 **Function** 列中，id 列位于 **Input Column** 中，如图 3-3-12 所示。

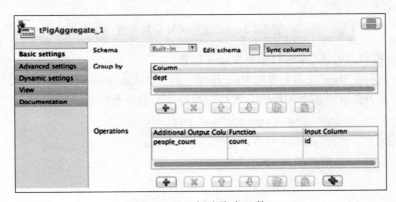

图 3-3-12　创建聚合函数

接下来，需要添加和连接 Pig 存储组件。

（21）将 tPigStoreResult 组件添加在 tPigAggregate 组件边上。

（22）右击 tPigLoad 组件。

（23）从上下文菜单中，选择 **Row→Pig Combine→tPigStoreResult** 选项。出现了工作区设计器，如图 3-3-13 所示。

现在，需要为存储组件，即 tPigStoreResult，定义设置。

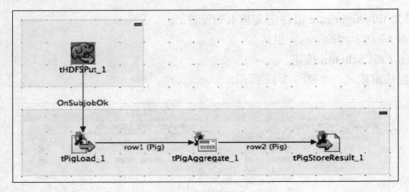

图 3-3-13　工作区设计器

（24）双击 `tPigStoreResult` 组件。

（25）键入你想要存储数据的结果目录的位置，如图 3-3-14 所示。

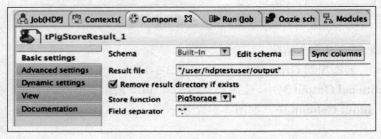

图 3-3-14　指定结果目录的位置

现在可以运行修改过的 Talend Open Studio 作业。

（26）点击显示在 **Run** 选项卡中的 **Run** 按钮，运行 Talend Open Studio 作业。

（27）打开 HDFS 客户端上的控制台窗口，执行下面的命令以验证该结果：

```
hadoop dfs -cat /user/testuser/output/part-r-00000
```

执行上述命令时，会出现如下输出：

```
Sales;4
Service;3
Marketing;3
```

知识检测点 4

> 必须完成下列哪个条件，以确保 Talend Open Studio 可用作 HDP 的增值模块？
> a. 在集群的管理节点上部署 HDP
> b. 在集群任意节点上部署 HDP
> c. 在集群的所有节点上部署 HDP
> d. 在管理节点以及必须安装 Talend Open Studio 的节点上部署 HDP

总体情况

在数据管理行业中，Hortonworks 与 Teradata、Microsoft、Informatica 和 SAS 等公司建立了很多联系。虽然这些公司没有它们自己内部的 Hadoop 产品，但是它们与 Hortonworks 通力合作，提供了与它们自己产品集整合的 Hadoop 解决方案。

现在，让我们讨论一下 Greenplum 的 Pivotal HD，它是另一种流行的 Hadoop 发行版。

3.5　Greenplum Pivotal HD

Greenplum 是一家美国的大数据解决方案提供商。该公司开发了许多针对大数据实现的产品，包括计算设备、分析实验室、数据库和 HD。2012 年，EMC 公司（一家总部位于美国的跨国公司）收购了 Greenplum。2013 年，它成了 GoPivotal 这家提供平台即服务（PaaS）的云服务的美国软件公司的一部分。

Greenplum 开发了名为 **Pivotal HD** 的项目，它是用于大数据分析的新的 Hadoop 发行版。Pivotal HD 支持 Hadoop HDFS 上的带有**大规模并行处理**（Massive Parallel Processing，MPP）能力的 **SQL**。该公司声称，**Pivotal HD** 比 **Hive** 提供了**好得多**的性能。

Pivotal HD 包括了 HDFS、Pig、Hive、MapReduce、Mahout 和其他的许多组件。图 3-3-15 展示了 Pivotal HD 的架构。

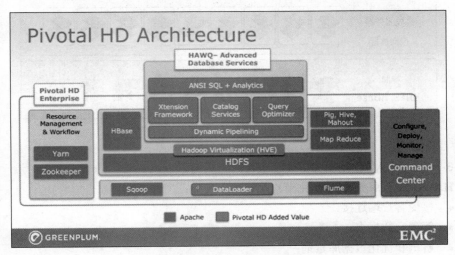

图 3-3-15　Pivotal HD 的架构

图 3-3-15 展示了 Pivotal HD 的主要组件是 **HAWQ**。它是支持大规模并行处理（MPP）的先进的关系型数据库服务。通过使用管道机制，HAWQ 直接运行在 HDFS 上。HAWQ 的核心特性如下：

○　支持 SQL 的大多数版本，并与 PostgreSQL 8.2 数据库兼容；

- ○ 以行和列的形式支持数据存储；
- ○ 允许处理分布式的查询；
- ○ 支持 ODBC/JDBC 数据库连接；
- ○ 支持复杂查询；
- ○ 允许用户查看表的统计信息；
- ○ 为表提供安全选项；
- ○ 支持 HDFS、Hive、HBase、Avro 和 ProtoBuf 服务以实现数据存储；
- ○ 支持数据挖掘和机器学习算法。

现在，让我们了解一下如何使用 HAWQ。

HAWQ 交互式分布查询引擎

HAWQ 是基于 **PostgreSQL 版本 8.2.15** 的 SQL 查询处理引擎。它与 SQL 语句兼容，也支持 MPP。图 3-3-16 展示了 HAWQ 的主要组件。

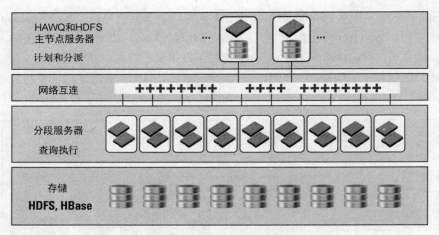

图 3-3-16　HAWQ 的主要组件

图 3-3-16 显示 HAWQ 是由如下 4 个组件所组成的。

- ○ **HAWQ 主节点**。HAQW 主节点执行如下任务：
  - • 接受客户端连接；
  - • 管理元数据表；
  - • 解析和优化数据库查询；
  - • 为数据库查询开发执行计划；
  - • 把查询执行计划发送到 **HAWQ** 分段。
- ○ **HAWQ 分段**。HAWQ 分段处理单元，并负责在它们自己的数据集上执行数据库操作。
- ○ **HAWQ 存储**。该组件把所有数据都存储在 Hadoop 的 HDFS 中。
- ○ **HAWQ 互联**。该组件允许不同分段之间的通信。

图 3-3-17 展示了分段之间的通信。

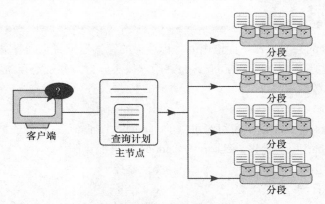

图 3-3-17　分段之间的通信

与现实生活的联系 ◉◉◉

　　在一次演示过程中，Greenplum 的高级工程总监 Gavin Sherry 使用了一条超过十亿行的 SQL 语句。这些行包含了存储在 HAWQ 中的几个 TB 的数据。SQL 语句在 13 s 内处理了这些行，并显示了结果。该例子显示了与 Hive 相比，HAWQ 具有很高的处理速度。Sherry 在他的演示中使用下面的 SQL 命令：

```
SELECT gender, count (*)
FROM retail.order JOIN customers ON retail.order.customer_ID =
customers.customer_ID
GROUP BY gender;
```

知识检测点 5

　　下面哪个 HAWQ 组件用于解析和优化数据库查询？
a. HAWQ 主节点
b. HAWQ 分段
c. HAWQ 存储
d. HAWQ 互联

多项选择题

选择正确的答案。在下面给出的"标注你的答案"里将正确答案涂黑。

1. 下面哪个 HDP 的核心服务允许用户以不同方式并发地存储和访问数据？

   a. 数据服务　　　　　　　　　b. 操作服务

   c. 核心服务　　　　　　　　　d. Hadoop 服务

2. Jackson 先生是一家组织机构的 Apache Ambari 系统管理员。下面哪种 Apache Ambari 服务允许 Jackson 为 Hadoop 集群配置服务？

   a. 集成　　　　　　　　　　　b. 监控

   c. 管理　　　　　　　　　　　d. 准备

3. Lucy 是一家组织中的大数据分析师，该组织在零售领域提供了数据分析的解决方案。她必须安装包含有大约 500 个节点的 HDP 集群。你建议 Lucy 为从节点上的 HBase 集群类型选择使用下面哪种存储需求？

   a. 4~6 块 1 TB 的磁盘　　　　b. 4~6 块 2 TB 的磁盘

   c. 6 块 1 TB 的磁盘　　　　　d. 12 块 1 TB 的磁盘

4. Pamela 是一家组织中的 Ambari 服务器管理员，负责管理 HDP 集群。她想要同步 HDP 集群上所有节点的时钟。下面哪个选项能帮助 Pamela 实现这一目标？

   a. 运行 ssh root@{remote.target.host}命令

   b. 禁用 SELinux 安全模块

   c. 启用 NTP 协议

   d. 卸载 HDP 服务，然后再次安装它

5. 你是一家组织中的 HDP 管理员，被分配了安装带有 900 个节点的 HDP 集群的职责。在执行安装之前，需要检查现有环境是否能支持 HDP。下面哪项应该是你的第一个步骤？

   a. 检查主机的域名系统（DNS）

   b. 检查现有的安装

   c. 配置无密码的安全 shell（SSH）

   d. 禁用 iptables

6. 在安装 HDP 时，你提供了按顺序排列从 1~100 的主机。你将使用下面哪条命令在一行中定义所有的主机？

   a. host(1-100).domain　　　　b. host[1-100].domain

   c. host[for 1 to 100].domain　　d. host(for 1 to 100).domain

7. 使用下面哪条命令来检查运行于 Ambari 服务器上的进程？

   a. ps -ef | grep Ambari　　　　b. ambari-server setup

   c. ambari-server/bigdata　　　d. grep Ambari

8. 你把 Talend Open Studio 用作 HDP 集群的增值模块。你将使用下面哪种 HDP 服务来计划 ETL（提取、转换和加载）作业？

    a. HCatalog   b. Hive

    c. Pig   d. Oozie

9. 你将使用下面哪种命令在 HDP 集群上为用户提供权限，以便他/她可以把 Talend Open Studio 用作 HDP 的增值模块？

    a. hadoop dfs -cat /user/testuser/output/part-r-00000

    b. % hadoop dfs –chown hdptestuser:hdptestuser /user/hdptestuser

    c. % hadoop dfs –mkdir /user/hdptestuser

    d. hadoop dfs -ls /user/testuser/data.txt

10. HAWQ 主节点是 Greenplum Pivotal HD 的 4 个核心组件之一。关于 HAWQ 主节点的说法中，下面哪一个为真？

    a. 在 Hadoop 的 HDFS 中存储所有的数据

    b. 开发执行计划数据库查询

    c. 建立不同分段之间的通信

    d. 在它自己的数据集上执行数据库操作

标注你的答案（把正确答案涂黑）

1. ⓐ ⓑ ⓒ ⓓ   6. ⓐ ⓑ ⓒ ⓓ

2. ⓐ ⓑ ⓒ ⓓ   7. ⓐ ⓑ ⓒ ⓓ

3. ⓐ ⓑ ⓒ ⓓ   8. ⓐ ⓑ ⓒ ⓓ

4. ⓐ ⓑ ⓒ ⓓ   9. ⓐ ⓑ ⓒ ⓓ

5. ⓐ ⓑ ⓒ ⓓ   10. ⓐ ⓑ ⓒ ⓓ

测试你的能力

1. 开发支持系统环境并在 RHEL/CentOS 系统上安装 HDP 集群。

2. 下载并安装 Talend Open Studio。安装了 Talend Open Studio 之后，导入一些数据并在这些数据上执行数据分析。

○ Hortonworks 数据平台（HDP）是由 Hortonworks 提供的开源的 Hadoop 平台。该平台包括了 Hadoop 所有的主要组件，如 HDFS、MapReduce、HBase 和 Hive。

○ HDP 2.0 是 HDP 的最新版本，它在一个单一的面向企业的平台中集成了最新的 Hadoop 项目和特性。

○ HDP 平台可以被划分为以下三层：

- 核心 Hadoop；
- 基本 Hadoop；
- HDP 支持。

○ HDP 提供以下三种服务类型：

- 核心服务；
- 数据服务；
- 操作服务。

○ 要为 HDP 构建一个支持环境，需要执行如下步骤：

- 检查现有的安装；
- 配置无密码的安全 shell（SSH）；
- 为每个集群启用网络时间协议（NTP）；
- 为主机检查域名系统（DNS）；
- 禁用 SELinux 安全模块；
- 禁用 iptables。

○ Talend Open Studio 是一种处理大数据的开源的数据集成解决方案。它允许将 Hadoop 用于企业级的数据分析过程。

○ Talend Open Studio 是 HDP 的增值模块，并提供了以下服务：

- 允许读写以源点和汇点的形式存储在 Hadoop 数据库中的数据；
- 使用 HDP 的 HCatalog 元数据服务将结构化和非结构化的数据导入到 Hadoop 的数据库；
- 允许用户创建和管理数据库模式；
- 消费 Pig 和 Hive 服务，分析大型和复杂的数据集；
- 使用 Oozie，支持提取、转换和加载（ETL）作业的调度。

○ Pivotal HD 是用于大数据分析的新的 Hadoop 发行版。它支持 Hadoop HDFS 上的带有大规模并行处理（MPP）能力的 SQL。

○ Pivotal HD 包括了 HDFS、Pig、Hive、MapReduce、Mahout 和其他许多组件。

○ 通过使用管道机制，HAWQ 直接运行在 HDFS 上。HAWQ 的一些核心特性如下：

- 支持 SQL 的大多数版本，并与 PostgreSQL 8.2 数据库兼容；
- 支持以行和列的形式存储数据；
- 允许分布式查询处理；

- 支持 ODBC/JDBC 数据库连接；
- 支持复杂查询；
- 允许用户查看表的统计信息；
- 为表提供安全选项；
- 支持 HDFS、Hive、HBase、Avro 和 ProtoBuf 服务以存储数据；
- 支持数据挖掘和机器学习算法。

○ HAWQ 是基于 PostgreSQL 版本 8.2.15 的 SQL 查询处理引擎。它与 SQL 语句兼容，也支持 MPP。

○ HAWQ 是由以下 4 个组件所组成的：
- HAWQ 主节点；
- HAWQ 分段；
- HAWQ 存储；
- HAWQ 互联。

IBM InfoSphere BigInsights 和 MapR

模块目标

学完本模块的内容，读者将能够：

▶▶ 讨论和安装 InfoSphere BigInsights

▶▶ 讨论和安装 MapR 和 MapR 沙盒

本讲目标

学完本讲的内容，读者将能够：

▶▶	解释 InfoSphere BigInsights 的基础知识
▶▶	为安装 InfoSphere BigInsights 准备你的系统
▶▶	安装 InfoSphere BigInsights
▶▶	使用 InfoSphere BigInsights 创建一个简单的应用程序
▶▶	讨论 MapR 和 MapR 沙盒的基础知识
▶▶	通过使用 VMWare Player 和 VirtualBox 安装 MapR 沙盒

"IBM 每向前一步，都是因为有人愿意抓取一个机会，冒着丢掉工作的风险去尝试一些新的东西。"

——Thomas J. Watson

IBM InfoSphere 是一个用于开发和运行应用程序以处理大量数据的数据集成和管理平台。IBM InfoSphere 平台帮助组织机构提升数据分析的速度和质量，并提供了相关的洞察力作为决策的基础。

该平台的核心组件是**信息服务器**，它是 IBM 的另一个产品。IBM InfoSphere 能与各种数据库通信，包括 IBM DB2、Netezza、SQL 和 Oracle。有了 IBM InfoSphere，大数据分析可以应用于执行针对大量和移动的数据进行快速和连续的分析。

InfoSphere BigInsights 是 IBM InfoSphere 平台中可用的一个重要的大数据实现工具。该工具基于 Apache Hadoop 发行版。

本讲介绍了 InfoSphere BigInsights 的基础知识。你将学习到 InfoSphere BigInsights Hadoop 发行版的架构。还会了解到为了设置支持环境以安装 InfoSphere BigInsight，以及如何复核系统需求。你会了解如何安装 InfoSphere BigInsights。在本讲结尾，将学习 MapR 和 MapR 沙盒。

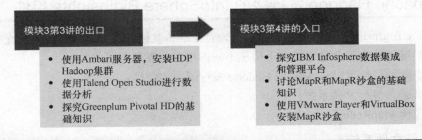

4.1　InfoSphere BigInsights 简介

IBM InfoSphere 包括了许多工具。下面是该平台中包括的一些有用的工具。

○ **IBM Information Server**：它是 IBM InfoSphere 的核心组件，提供了数据集成服务。

○ **IBM InfoSphere FastTrack**：该工具用于完成小的和简单的提取、转换和加载（ETL）任务以及数据的转换。

○ **IBM InfoSphere DataStage**：该组件用于大型可伸缩的 ETL 任务。

○ **IBM InfoSphere Information Services Director**：该工具允许发布数据集成服务和管理负载。

○ **IBM InfoSphere Information Analyzer**：该工具用于根据数据的质量，将数据分为不同的类别。

除了这些通用目的的工具之外，IBM InfoSpher 还为大数据分析提供了专门的工具。这些工具为：

○ **IBM InfoSphere BigInsights**；

○ **IBM InfoSphere Streams**。

InfoSphere BigInsights 允许分析和可视化来自于不同来源的结构化和非结构化的数据，并允许它们处理大数据的 3V（数据量、多样性和速度）。

如上所述，InfoSphere BigInsights 构建于开源的 Apache Hadoop 发行版之上。

下面是一些关键的特性。

- ○ 它结合了 Hadoop 的存储和数据处理能力，并添加了管理、安全和准备特性使其可直接用于企业。
- ○ 它是一个用户友好的解决方案，允许开发人员使用 Hadoop 平台来构建大数据应用程序。
- ○ 它允许强大的 Hadoop 平台在低成本和容易得到的硬件上得以实现。
- ○ 它支持可扩展性，所以可以轻松地处理和分析 TB 至 PB 级别的从各种来源收集的数据。它也可以与现有的数据库、数据仓库和商业智能（BI）解决方案相集成。

下一节处理 InfoSphere BigInsights 的架构、受支持的额外的 Hadoop 技术以及内置的服务和工具。

4.1.1 Apache Hadoop 发行版的 InfoSphere BigInsights 组件

InfoSphere BigInsights 提供了扩展的以及为企业准备就绪的 Apache Hadoop 发行版。Hadoop 的能力及其扩展特性的组合允许组织机构在不同的平台上管理不同的数据。

以下两个附加组件可以与 Apache Hadoop 发行版一同使用：

- ○ IBM 通用并行文件系统；
- ○ 适应性 MapReduce。

IBM 通用并行文件系统

IBM 通用并行文件系统（GPFS）是 Hadoop 分布式文件系统（HDFS）的替代品。它可以用于存储大量的结构化和非结构化数据。GPFS 允许在 Hadoop 集群的节点上使用本地磁盘，并支持**存储区域网络**（SAN）。

技术材料

　　SAN 是用于在大型企业网络上，把不同类型存储设备连接到服务器的高速网络。连接到服务器的连接设备出现在本地，允许数据的快速存储和访问。

GPFS 允许物理和逻辑的文件隔离，所以它们可以按需在不同的文件系统中被隔离。InfoSphere BigInsights 支持 GPFS 的所有特性，此外，它还提供了额外的命令和接口来使用 GPFS 特性。你还可以执行同步或异步的更新，以管理从主节点到从节点的变更。

GPFS 还允许应用程序为数据区段指定逻辑内存块的尺寸，获取关于节点上复制布局的信息，并进行最优化的本地写操作。这些高级特性提供了比 HDFS 更强的性能和效率。

适应性 MapReduce

适应性 MapReduce 组件基于 Hadoop 的 MapReduce 实现，它包括了 Pig、Hive、HBase 组件和一个分布式文件系统。换句话说，适应性 MapReduce 是对传统 Hadoop MapReduce 组件的增强。它支持在可扩展的、共享的和异构的网格平台上执行分布式的应用程序。

适应性 MapReduce 包括**面向服务的应用程序中间件**（SOAM）框架、支持低延迟的任务调度器和一个可扩展的网格平台。有了这个增强的基础架构，当处理大量数据时，适应性 MapReduce 确保了高性能。

与传统 Hadoop MapReduce 相比，适应性 MapReduce 对于资源共享也有增强的特性。它支持大量的优先级别选项以管理资源共享，而传统 MapReduce 对于资源共享只有有限的支持。

4.1.2　额外的 Hadoop 技术

除了核心的 Hadoop 特性和功能之外，InfoSphere BigInsights 还包括了一些额外的 Hadoop 技术，在下面列出：

因为读者可能已经知道了其中的某些流行的组件，所以这里我们只讨论其中的一部分，如 Avro、Chukwa 和 Jaql。

下面是 3 种技术的简要概述。

○　**Avro**：这是一个数据序列化服务，它为每个文件维护了一个模式，以定义该文件所包含的数据类型。有了 Avro，用户还可以显式地为它模式中的文件定义主要和复杂的数据类型。当数据被插入 Avro 文件中时，相应的模式也被生成了。该模式帮助其他应用程序使用该文件，而不会有任何的兼容性问题。

○　**Chukwa**：这是构建在 Hadoop 发行版的 HDFS 和 MapReduce 框架之上的数据采集服务。该服务用于监视大型的分布式文件系统。它还提供了允许显示复杂数据的监视和分析结果的工具包。

○　**Jaql**：这是一种查询语言，允许用户分析大量的结构化和非机构化数据。使用 Jaql，可以在存储于 HDFS 中的数据上执行 **Select**、**Group** 和 **Join** 操作。此外，Jaql 允许用户基于搜索条件来过滤存储的数据。

4.1.3 文本分析

InfoSphere BigInsights 对文本分析具有内置支持，以从大量的结构化和非机构化数据库提取和分析信息。它提供了如下产品为文本分析提供了便利：

- 自动化工具；
- 有效的语言处理引擎；
- 强大的编程语言；
- 内置的文本提取器。

它还提供了内置的对多语言分词标记和语义分析的支持，使其可以理解多种语言。

InfoSphere BigInsights 文本分析功能的核心是**标记性查询语言**（AQL）。它是一个用于文本分析的完全声明性语言。因为它天生就是声明性的，所以 AQL 具有高度的表现力，提供高速度，并支持定制。用它来编写提取程序，该程序从给定的文本数据中提取信息。

> **技术材料**
>
> 要使用 AQL 为文本分析开发提取程序，InfoSphere BigInsights 提供了**基于 Eclipse 的综合开发环境**。InfoSphere BigInsights 还包括了一个**优化器**，为提取器规范寻找最优化的运行时计划。

在开发了文本分析应用程序之后，可以通过 InfoSphere BigInsights 控制台运行、部署和管理应用程序。你还可以链接应用程序到其他几个文本分析应用程序，利用多种组件开发定制的文本分析程序。

4.1.4 IBM Big SQL 服务器

IBM Big SQL 服务器是由 InfoSphere BigInsights 提供的**数据仓库服务**，通过使用 JDBC 或 ODBC 数据库连接，能够查询和分析存储于 Hadoop 数据库中的数据。通过使用 MapReduce 的并行特性，Big SQL 服务器支持并发和复杂的特别 SQL 语句。

Big SQL 服务器也支持**多线程**。因此，可扩展性只取决于服务器计算机上实际的核心数量。为了提高性能，可以增加运行 IBM Big SQL 服务器的核心数量或计算机的数量。

4.1.5 InfoSphere BigInsights 控制台

要执行与 Hadoop 集群相关的大多数任务，InfoSphere BigInsights 提供了一个集成的控制台。使用这个控制台，用户可以部署集群、管理集群、管理文件、调度作业和工作流，以及从单一位置查看集群的健康状况。

用户可以使用控制台屏幕上的**欢迎面板**来开始使用 InfoSphere BigInsights 和执行常见的任务。此外，InfoSphere BigInsights 控制台提供了对于下列 4 项任务的直接访问：

- 系统管理；

- 应用程序部署;
- 数据分析;
- 文件管理。

利用提供的**导航选项卡**,用户可以在这些任务之间切换。用户还可以创建仪表盘,它通过单一的集成屏幕帮助监控应用程序的服务、集群属性和 Hadoop 组件。使用控制台窗口,你可以部署应用程序并使得在 BigSheets 中可对数据进行分析。

> **附加知识**
>
> IBM BigSheets 是一种数据可视化工具,以可用的形式来呈现数据。这是一种基于浏览器的工具,允许用户把大量的结构化和非结构化数据呈现为可用的形式,以获得具体的业务洞察力。

> **快速提示**
>
> 可以在 InfoSphere BigInsights 控制台的欢迎页面上找到关于 InfoSphere BigInsights 的 Eclipse 环境及其开发应用程序的能力的详细信息。

4.1.6　InfoSphere BigInsights 的 Eclipse 工具

InfoSphere BigInsights 提供了额外的工具来提升 Eclipse 环境的功能。这些额外的工具允许开发人员编写可以与 InfoSphere BigInsights 平台协作运行的程序。

使用受支持的工具,可以为 InfoSphere BigInsights 开发程序,该程序可以用 Eclipse 来测试、部署和管理。你还可以为集群发布包括文本分析功能、工作流、BigSheets 和 Jaql 模块在内的应用程序。在将这些应用程序部署到集群上之后,你也可以在 InfoSphere BigInsights 上来管理它们。

Eclipse 的 InfoSphere 工具允许你执行以下任务。

- 开发带有提取器的文本分析模块,在样本数据上测试提取器,通过分析结果提高提取器的效率。
- 开发 Jaql 脚本,为开发的脚本运行 Jaql `explain` 语句,本地运行开发的 Jaql 脚本以及在集群上运行 Jaql 脚本。
- 开发 Pig 脚本,为开发的脚本执行 `explain` 和 `illustrate` 的 Pig 语句,并在集群上运行 Pig 脚本。
- 使用 Hive JDBC 驱动连接到 Hive 服务器,运行 Hive 脚本,分析执行查询的结果,并在 Hive 中探究表结构。
- 使用 Java 编辑器开发带有 MapReduce 功能的程序,本地运行程序,并通过 BigInsights 集成控制台来监控作业。
- 为 BigInsights 开发模板,并使用 Java 编辑器的特性开发类以实现具体功能。

○ 开发可以消费 HBase 应用程序编程接口（API）的 Java 程序，并使用 Eclipse 环境运行 HBase 语句。

附加知识

　　IBM InfoSphere BigInsights 平台与其他多种 IBM 产品兼容，在实现大数据解决方案时允许扩展。下面是一些这样的 IBM 兼容产品：

- IBM Cognos Business Intelligence；
- IBM DB2；
- IBM InfoSphere Data Explorer；
- IBM InfoSphere DataStage；
- IBM InfoSphere Guardium；
- InfoSphere Streams；
- IBM Netezza；
- IBM Rational and Data Studio。

知识检测点 1

　　1. 在 InfoSphere BigInsights 中，下列哪种技术指的是构建在 Apache Hadoop 发行版的 HDFS 和 MapReduce 框架上的服务集合？

　　　a. Avro

　　　b. Chukwa

　　　c. Jaql

　　　d. Lucene

　　2. 讨论可以通过 InfoSphere BigInsights 的 Eclipse 工具执行的一些常见任务。它们是如何在开源架构上提供优势的？

　　现在我们已经学习了 IBM InfoSphere BigInsights 平台的基础知识，下面了解一下如何安装和使用该工具。

4.2　安装准备

　　在安装 IBM InfoSphere BigInsights 应用程序之前，需要：

○ 复核系统需求；

○ 选择拥有适当权限的用户来安装；

○ 配置浏览器；

○ 下载该产品；

○ 完成常见的先决条件的任务。

让我们详细过一遍每个步骤。

4.2.1　复核系统需求

在开始 IBM InfoSphere BigInsights 的安装过程之前，需要确保所有必需的软硬件先决条件都满足了。以下操作系统可以用来安装 IBM InfoSphere BigInsights：

○ Red Hat Enterprise Linux (RHEL) 5 Advanced Platform；
○ Red Hat Enterprise Linux (RHEL) Server 6；
○ Red Hat Enterprise Linux (RHEL) Server 6；
○ SUSE Linux Enterprise Server (SLES) 11。

安装 IBM InfoSphere BigInsights 的硬件需求如表 3-4-1 所示。

表 3-4-1　安装 IBM InfoSphere BigInsights 的硬件需求

硬　件	组　件	需　求
磁盘空间	IBM InfoSphere BigInsights 企业版（5725-C09）	● 总磁盘空间最小 80 GB ● 管理节点磁盘存储空间最小 32 GB ● 其他节点磁盘存储空间最小 20 GB
内存	IBM InfoSphere BigInsights 企业版（5725-C09）	● 最小 8 GB 内存
处理器	IBM InfoSphere BigInsights 企业版（5725-C09）	x86 64 位系统： ● RHEL 5.6+ ● RHEL 6.1+ ● SLES 11 SP2+
服务器	IBM InfoSphere BigInsights 企业版（5725-C09）	Power7 64 位系统： ● RHEL 6.2+

表 3-4-1 所示的硬件需求是针对所有被支持的 Linux 操作系统的。

4.2.2　选择一个用户

当安装 IBM InfoSphere BigInsights 时，它会提示你选择一个用户，所以应该定义恰当的权限和安全级别。为此，IBM InfoSphere BigInsights 支持以下两种类型的用户安装。

○ **root 用户**：root 用户安装允许用户直接登录集群中的任一节点上。当安装 Info Sphere BigInsights 时，用户需要为 root 用户设定密码。用户还可以为其他节点设定不同的密码。

○ **非 root 用户**：非 root 用户安装提供了如下两个选项。
- **选项 A**：在当前用户下可以使用 sudo 程序来获得特权访问，然后从根节点使用无密码的安全 shell 连接，访问集群中的其他节点。
- **选项 B**：在当前用户下可以使用 sudo 程序来获得对于集群中所有节点的访问。当使用该选项时，可以提供可选的密码。此外，密码对于集群中的所有节点都是相同的。

技术材料

    Sudo 是 Linux 操作系统上所用的程序，它允许用户通过使用其他用户的安全权限来运行程序。

4.2.3　配置浏览器

为了确保安装程序能成功地运行，第一次需要配置浏览器。下面是为 InfoSphere BigInsights 配置 Microsoft Internet Explorer 和 Mozilla Firefox 浏览器的方式。

配置 Internet Explorer

（1）点击浏览器窗口右上角的工具图标，出现了 **Tools** 菜单，如图 3-4-1 所示。

图 3-4-1　工具图标

（2）在 **Tools** 菜单中选择 **Internet options**。出现了 **Internet Options** 属性窗口，如图 3-4-2 所示。

（3）点击 **Internet Options** 属性窗口中的 **Security** 选项卡。在 **Internet Options** 属性窗口中出现了 Security 页面，如图 3-4-3 所示。

（4）点击 **Trusted sites** 图标，然后点击 **Sites** 按钮，如图 3-4-4 所示。

点击 **Sites** 按钮时，出现 **Trusted sites** 对话框（图 3-4-5）。

（5）在 **Add this website to the zone:** 文本框中键入主机名，并点击 **Add** 按钮，如图 3-4-5 所示。

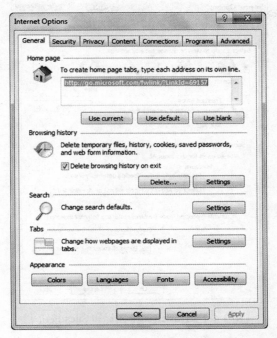

图 3-4-2　Internet Options 属性窗口

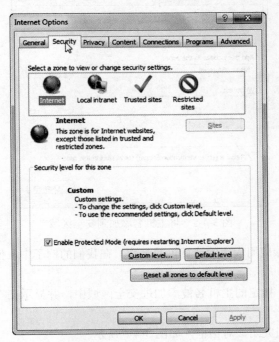

图 3-4-3　Internet Options 属性窗口中的 Security 选项卡页面

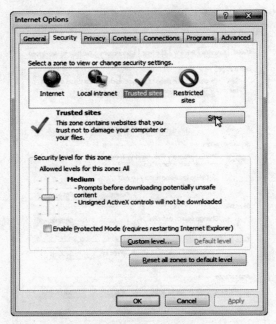

图 3-4-4　Trusted sites 图标和 Sites 按钮

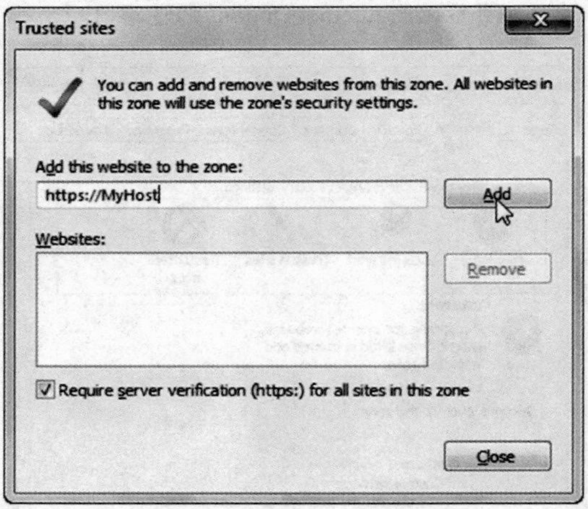

图 3-4-5　将主机名添加到安全区域

　　主机名是想要安装该应用程序的计算机的名称。在我们的例子中，使用 https://MyHost 作为主机名。

　　点击 **Add** 按钮时，指定的主机名被添加进安全区域中，并显示在 **Trusted sites** 对话框的 **Website:** 文本字段中。

　　（6）点击 **Close** 按钮关闭该对话框，如图 3-4-6 所示。

　　（7）点击 **OK** 关闭 **Internet Options** 属性窗口，如图 3-4-7 所示。

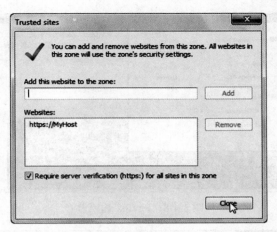

图 3-4-6   信任站点对话框中的关闭按钮

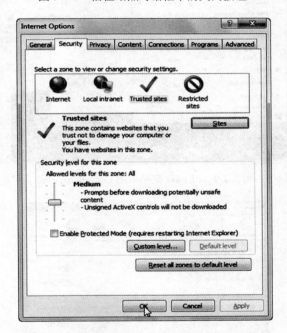

图 3-4-7   Internet Options 属性窗口中的 OK 按钮

配置 Mozilla Firefox

（1）点击浏览器窗口中的 **Firefox** 选项卡，如图 3-4-8 所示。

（2）在 **Firefox** 菜单中，点击 **Options→Options**，如图 3-4-9 所示。

当你点击 **Options** 选项卡时，出现 **Options** 属性窗口（图 3-4-10）。

（3）选中 **Load images automatically** 和 **Enable JavaScript** 复选框，如图 3-4-10 所示。

（4）点击 **OK** 按钮，关闭 **Options** 属性窗口。

图 3-4-8　Firefox 选项卡

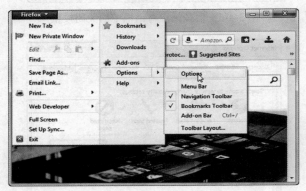

图 3-4-9　Firefox 菜单中的 Options 选项卡

图 3-4-10　启用 JavaScript 并自动载入图片

4.2.4　下载 InfoSphere BigInsights

在启动 InfoSphere BigInsights 安装之前，需要从 IBM 站点下载该产品。

要下载，需登录到 IBM 站点。如果没有 IBM ID，通过填写简单的注册表格创建一个。

4.2.5　完成常见先决条件的任务

需要在开始安装应用程序之前完成的一些常见先决任务是：

（1）获取集群中的可用磁盘列表。定义缓存和数据目录，使用磁盘分区名称。

（2）确保下面的目录都有磁盘空间：

目录名称	最小磁盘空间
/	10 GB
/tmp	50 GB
/opt/ibm	15 GB
/var/ibm	5 GB
/home/biadmin	5 GB

（3）通过执行下列两个步骤，创建 biadmin 组和 biadmin 用户：

a. 对于集群中的每一个节点，创建 biadmin 组，然后创建 biadmin 用户作为根用户。像下面这样做。

○ 使用下面的命令添加 biadmin 组：

```
groupadd -g 168 biadmin
```

○ 使用下面的命令把 biadmin 用户添加到所创建的 biadmin 组中：

```
useradd -g biadmin -u 168 biadmin
```

○ 运行下面的命令，为创建的用户设置密码：

```
passwd biadmin
```

b. 把创建的 biadmin 用户添加主节点的到 sudoers 组中。执行如下步骤来完成它。

○ 使用下面的命令修改 sudoers 文件：

```
sudo visudo -f /etc/sudoers
```

在 sudoers 文件命令中，该行读取了 Defaults requiretty。

○ 在 sudoers 文件中找到下面一行：

```
# %wheel ALL=(ALL) NOPASSWD: ALL
```

○ 用下面一行来替换刚才定位的那行：

```
%biadmin ALL=(ALL) NOPASSWD: ALL
```

（4）为分布式文件系统的数据和缓存文件创建目录。可以使用下面的命令创建目录：

```
mkdir /disk_name/directory
```

（5）通过执行下面的步骤配置网络。

a. 修改服务器/etc 目录中可用的 host 文件。为集群中的所有主机添加 IP 地址、完全限定域名和简称。这些字段必须由空格分隔，如下面例子所示：

```
IPAddress DomainName ShortName
```

在多于一台服务器的情形下，为所有的服务器编辑 host 文件。

b. 在每个节点与集群主节点之间，为 root 用户和 biadmin 用户配置无密码的 SSH 连接。要完成它，使用下面的步骤：

○ 在集群的每一个节点上，以 root 用户身份和 biadmin 用户身份运行给定的命令：

```
ssh-keygen -t rsa
```

如果提示你存储位置或密码，选择默认的存储位置并让密码字段为空。

○ 以 root 用户身份和 biadmin 用户身份，从主节点上运行下面的命令：

```
ssh-copy-id -i ~/.ssh/id_rsa.pub user@server_name
```

○ 从每个节点到主节点，运行上述命令。

c. 随后运行下面的命令禁用防火墙：

```
service iptables save
service iptables stop
chkconfig iptables off
```

快速提示

当安装 InfoSphere BigInsights 时，需要禁用防火墙。一旦安装完成了，可以再次启用防火墙。

d. 在集群中的所有服务器上禁用 IPv6 协议。为此需要执行下面的任务：

○ 打开位于/etc 目录下的 modprobe.conf 文件，然后添加下面一行代码到文件中：

```
Ipv6 /bin/true
```

○ 在/etc/sysconfig/network 目录中，添加下面的参数：

```
NETWORKING_IPV6=no
IPV6INIT=no
```

（6）执行下面的步骤，确保已经为操作系统配置了 ulimit 属性：

a. 打开位于/etc/security 目录下的文件 limits.conf。

b. 确保 limits.conf 文件中的 nofile 和 nproc 属性具有如下或更大的值：

```
nofile - 16384
nproc - 10240
```

附加知识

nofile 和 nproc 是在/etc/security 目录的 limits.conf 文件中可用的 ulimit 属性。这些属性用于定义打开文件和同时运行的进程的最大限制。这些属性可定义如下：

○ 使用 nofile 属性定义可以同时打开的文件的最大限制；
○ 使用 nproc 属性定义可以并发运行的进程的最大数量。

（7）为集群中的所有服务器同步时钟。为了做到这一点，通过执行如下步骤来启用**网络时间协议**（Network Time Protocol，NTP）服务：

a. 通过键入下面的命令，打开/etc 目录下的 ntp.conf 脚本文件：

```
vi /etc/ntp.conf
```

b. 在脚本文件中搜索下面一行：

```
# Please consider joining the pool (http://www.pool.ntp.org/join.html
```

c. 在搜索到的这行后面，为你的 n 台服务器插入如下 n 行：

```
server 0.rhel.pool.ntp.org
server 1.rhel.pool.ntp.org
...
...
server n-1 rhel.pool.ntp.org
```

d. 使用下面的命令，为在 ntp.conft 文件中指定的 n 台服务器更新 NTP 服务：

```
chkconfig --add ntpd
```

e. 使用下面的命令启动 NTP 服务：

```
service ntpd start
```

f. 使用下面的命令验证时间服务已经为服务器启用了：

```
ntpq -p
```

前述命令显示了所有已连接的服务器的时间偏移量。

（8）确保为管理员用户 ID 使用了 bash shell 管理员。如果使用了任何其他的 shell 解释器，可以将它改变为 bash。要做到这一点，执行以下步骤。

a. 去往/etc 目录。

b. 为 biadmin 管理员用户使用如下命令来检查默认的 shell 解释器：

```
grep biadmin /etc/passwd
```

运行上述命令时，会得到下列格式的输出：

```
biadmin:x:10539:10539::/home/biadmin:/bin/bash
```

上面的结果（/bin/bash）表明，bash shell 用于管理员用户。

c. 如果在结果中显示了任何其他的 shell，需要打开/etc 目录下的 passwd 文件，然后改变 shell 的值为 bash。

（9）检查可用的主机并解析主机名。要做到这一点，执行以下步骤。

a. 运行下面的命令，列出系统的所有端口、它们目前的状态和运行进程的进程 ID：

```
netstat -ap | more
```

要运行安装程序，端口 8300 必须是可用的。InfoSphere BigInsights 不支持动态 IP 地址。所以，需要通过使用它们的 IP 地址，来确保所有主机都配置到了真实的服务器。

b. 在所有节点上打开/etc/hosts 文件，并确保所有的主机都被正确映射了。

c. 确保 localhost 的地址被设置成了 127.0.0.1，如下所示：

```
# Do not remove the following line, or various programs
# that require network functionality will fail.
127.0.0.1 localhost.localdomain localhost
```

```
::1 localhost6.localdomain6 localhost6
192.0.2.* server_name.com server_name
```

（10）由于长期的不活动，磁盘可能会进入睡眠模式。这可能会减缓安装程序。为了避免这种情况，更新磁盘控制器的固件。

（11）在想要运行安装程序的节点上，安装 Linux Expect package。要验证和安装 Linux Expect package，执行如下步骤。

　　a. 运行下面的命令，检查 Linux Expect package 的安装：

```
rpm -qa | grep expect
```

　　b. 运行下面的命令，如果没有安装这个包则安装它：

```
yum install expect
```

　　　　假设你是安装有 InfoSphere BigInsights 的计算机上的一位非根用户。你使用下面哪个程序将 InfoSphere BigInsights 运行为根用户？

　　　　a. 浏览器
　　　　b. Sudo
　　　　c. Bash shell
　　　　d. 命令提示符

现在，已经知道了在启动 InfoSphere BigInsights 安装之前需要完成的所有任务，让我们了解一下安装过程。

4.3 安装 InfoSphere BigInsights

下载了 InfoSphere BigInsights 之后，执行下面的步骤来安装它。

（1）去往从 IBM 网站下载的 biginsights-enterprise-linux64_release_number_.tar.gz 文件的位置。

（2）使用下面的命令运行 start.sh 脚本：

```
./start.sh
```

（3）通过执行下面的步骤，完成安装向导面板上的任务。

　　a. 在**欢迎**面板上点击 **Next** 按钮。

　　b. 阅读并接受许可协议，然后在 **License Agreement** 面板上点击 **Next** 按钮。

　　c. 在安装类型面板中选择 **Cluster installation** 选项，并点击 **Next** 按钮。

　　d. 在文件系统面板上为分布式文件系统选择相关的选项。在这个面板上，从下列选项中进行选择。

　　　　● 选择要安装的文件系统——HDFS 或 GPFS。

　　　　● 指定安装的目录

　　　　● 展开"**MapReduce 一般设置**"节点，为 MapReduce 组件定义设置。在 MapReduce 一般设置中，可以定义缓存目录（针对 map 输出数据）、日志目录（针对 MapReduce

日志数据）和 MapReduce 系统目录（针对 MapReduce 配置）。

　　　　点击 **Next** 按钮。

e．选择你想要为哪个用户安装该应用程序，然后在 **Secure Shell** 面板上点击 **Next** 按钮。

f．在 **Add Nodes** 面板上点击 **Add Multiple Nodes**，可以把多个节点一次性添加到你的集群中。或者，点击 **Add Node** 选项添加单一节点。

g．为每一个正在安装的组件，在各自的组件面板中提供主机名和端口号。点击 **Next** 按钮。

h．在 **Security** 面板中选择认证模式。点击 **Next** 按钮。

在执行了这些步骤之后，你到达了 **Summary** 面板。

（4）在 **Summary** 面板上复核所有的设置、节点和组件。

（5）点击 **Install** 按钮，启动程序的安装。向导显示了进展中的安装过程以及完成安装所需的剩余时间。

（6）在安装进程完成时，点击 **Finish** 按钮。

创建 InfoSphere BigInsights 的应用

安装了 InfoSphere BigInsights 之后，现在让我们在 Eclipse IDE 中为 InfoSphere BigInsights 开发应用程序。

执行下面的步骤，在 Eclipse IDE 中创建 InfoSphere BigInsights 应用程序。

（1）打开 Eclipse IDE。

（2）点击 **Window→Open Perspective→Other**。

（3）选择 **BigInsights** 项目类型，然后点击 **OK** 按钮。现在，打开 **Task Launcher for Big Data**。点击 **Help->Task Launcher for Big Data**。

（4）在 **Develop** 选项卡中点击 **Create a BigInsights program**。

（5）根据需求选择程序的类型。可用的选项为 **Workflow**、**BigSheets**、**Text Analytics** 和 **Jaql Module**。在选择了程序类型之后点击 **OK** 按钮。

（6）为程序提供所需的信息。这个信息应当包括名字、组织和版本。点击 **Finish** 按钮。

在创建了 InfoSphere BigInsights 应用程序之后，可以为它添加算法、代码和查询。

知识检测点 3

　　　　Simpson 先生是一家汽车制造公司的大数据分析师。他负责在 Eclipse 平台上开发 InfoSphere BigInsights 应用程序，分析组织在不同国家中的销售数据。他可以使用下面哪种程序类型以可视化的形式来呈现数据，以便这些数据能被容易理解？

　　　　a．工作流

　　　　b．BigSheets

　　　　c．Jaql 模块

　　　　d．文本分析

我们已经学习了 Infosphere BigInsights 的基础知识、安装需求和安装该应用程序的过程，现在我们将讨论 MapR 沙盒，它是用于实现大数据解决方案的 Hadoop 发行版。

4.4　MapR 简介

MapR 是一种开源的 Hadoop 发行版，它包括了与 Hadoop 生态系统重要组件协同工作的 API，这些组件包括 HBase、Hive、Pig、ZooKeeper 及其他。MapR 还提供了一个 Hadoop 版本及其组件，可用于特定平台（如 Linux 操作系统）上的组合。

MapR 的 Hadoop 发行版中的一些关键改进为：

○　支持 Hadoop FS 抽象接口；

○　支持分布式文件系统的连续读写操作；

○　通过消除 NameNode 的概念，改进了分布式文件系统的性能；

○　改善了加载和卸载数据时的性能。

为了管理分布式存储和 Hadoop 的组件，MapR 使用 MapR 控制系统（MCS），如图 3-4-11 所示。

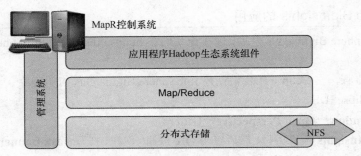

图 3-4-11　MapR 控制系统

MCS 是一个基于浏览器的交互式管理控制台，使管理员能够监视和控制集群中的节点。

MapR 沙盒简介

MapR 沙盒是一个孤立的环境，允许用户（专业人士、管理人员、科学家和学生）来实验 Hadoop 组件。这是一个完整的单节点集群，利用 MCS 管理 Hadoop 技术。

使用 MapR 沙盒，可以执行如下任务：

○　检查主机系统是否满足了所有的先决条件；

○　为 Hadoop 安装 MapR；

○　为 Hadoop 使用 Hue 或 MCS。

要安装 MapReduce 沙盒，需要先安装 **VMware Player** 或 **VirtualBox**。这些都是免费的应用程序，允许用户在各种操作系统上运行虚拟机，包括 Windows、Mac 和 Linux。因此，在开始 MapReduce 沙盒的安装过程之前，需要在计算机上安装 VMware Player 或 VirtualBox 应用程序。此外，确保在你的计算机上至少有 20 GB 的剩余硬盘空间和 6 GB 的可用内存。可以使用 64 位的 x86 架构的处理器，包括在长模式中支持区段限制的 AMD CPU。

让我们学习使用 VMware Player 和 VirtualBox 来安装 MapReduce 沙盒。

使用 VMware Player 安装 MapR 沙盒

执行下面的步骤，使用 VMware Player 来安装 MapReduce 沙盒。

（1）去 MapR 官方网站下载 MapR 沙盒的档案文件。

（2）解压下载的.tbz2 的档案文件至某个目录。在 Windows 系统上，你只需简单地使用 GUI 来解压文件。对于 Linux 或 Mac 系统使用下面的命令：

```
tar -xvf MapR-VM-<version>.tbz2
```

当你解压 tbz2 时，你获得一个包含了虚拟机文件（.vmx）的.tar 档案文件。可以通过使用虚拟机播放器（VMWare Player）来访问这个文件。

（3）执行下面步骤之一来解压.tar 文件：

○　在 Linux 或 Mac 系统上使用 tar 命令。

○　在 Windows 系统上使用解压缩实用工具。

（4）打开 **VMware Player** 并选择 **Open a Virtual Machine** 选项。

（5）去往你解压档案文件的目录位置。

（6）选择 MapR-VM-Base-<version>.vmx 文件。

（7）点击 **Play virtual machine** 选项来启动安装过程。

完成安装过程之后，会出现虚拟机播放器的屏幕，如图 3-4-12 所示。

图 3-4-12　安装之后的 VMWare 播放器

快速提示

如果未能成功安装，可以关闭并重启计算机，然后再次执行这些步骤。

附加知识

Datameer.是一家由 Hadoop 开发者于 2009 年所成立的软件公司。该公司提供高效的带有简单电子表格用户界面的 BI 解决方案，以及带有点击特性的提取、加载、转换（ELT）的数据集成。MapR 将 BI 解决方案（Datameer 分析解决方案）的一个版本作为 Red Hat 包管理器（RPM）或 Debian 包提供。

使用 VirtualBox 安装 MapR 沙盒

执行下面的步骤，使用 VirtualBox 来安装 MapReduce 沙盒。

（1）去往 http://archive.mapr.com/releases/v3.0.2/下载 Hadoop 的 MapR 沙盒的档案文件。

（2）使用下面的命令，把档案文件解压到一个目录：

```
tar -xvf MapR-OVF-<version>.tbz2
```

（3）打开 **VirtualBox** 应用程序。

（4）选择 **File→Import Appliance** 选项。

（5）通过位置导航选择解压的文件，并点击下一步按钮。出现 **Appliance Settings** 窗口。

（6）在 **Appliance Settings** 窗口中点击 **Import** 按钮，导入该文件。

（7）返回到 VirtualBox 主页面，然后选择 **VirtualBox→Preferences** 选项。现在，可以看到 **VirtualBox Settings** 窗口。

（8）点击 **Network** 选项，然后在 **VirtualBox Settings** 窗口中选择 **Host-only Networks** 选项卡。出现可用适配器的列表。在不出现列表的情况下，点击（+）按钮，添加一个适配器。

（9）添加适配器之后，在 **VirtualBox Settings** 窗口中点击 **OK** 按钮。

（10）选择 **VM**，然后选择 **Settings** 选项卡。出现 **VM Settings** 窗口。

（11）在 **VM Settings** 窗口中，选择 **Network** 选项。

（12）点击 **OK** 按钮继续。

（13）点击 **Start** 按钮，启动 MapR 沙盒的安装。

需要几分钟的时间来启动 MapR 服务并完成安装过程。在 MapR 沙盒成功安装之后，出现 VirtualBox 的屏幕，如图 3-4-13 所示。

图 3-4-13　安装 MapR 沙盒之后的 VirtualBox 屏幕

知识检测点 4

1. 下面哪项是 MapR 的 Hadoop 发行版对于 Apache 的 Hadoop 发行版的改进？
   a. 支持 map 和 reduce 作业
   b. 支持连续的读写操作
   c. 支持 HDFS
   d. 支持分布式存储
2. 讨论 MapR 的 Hadoop 发行版的改进和 MCS（MapR 控制系统）的使用。

多项选择题

选择正确的答案。在下面给出的"标注你的答案"里将正确答案涂黑。

1. 假设你正在使用 IBM 的通用并行文件系统（GPFS）来存储数据，而其他一些应用程序还使用存储在 GPFS 中的数据。你会使用下面哪项技术来管理数据模式，以便可以使用数据文件而不会有任何兼容性的问题？

   a. Avro
   b. Chukwa
   c. Flume
   d. HCatalog

2. 下面哪项是 GPFS 中分布式数据存储的高级特性？

   a. 支持容错和自动恢复
   b. 为数据分段提供逻辑内存块尺寸的支持
   c. 为数据访问提供 map 和 reduce 作业的支持
   d. 支持处理结构化和非结构化的数据

3. InfoSphere BigInsights 支持一种被称为附加 MapReduce 的组件，可以将它用作 MapReduce 的替代品用于数据处理。下面哪项是附加 MapReduce 相对于现行的 MapReduce 的增强？

   a. 支持低延迟的任务调度
   b. 支持 JavaScript 功能
   c. 支持并行处理
   d. 支持资源共享

4. 你已经安装了 InfoSphere BigInsights 以管理包含数百个节点的集群，并正在使用 HDFS 组件来存储数据。现在你想要在存储于 HDFS 的数据上执行 Select、Group 和 Join 操作，并以搜索条件为基础过滤数据。你会使用下面哪项技术达成你的目标？

   a. Avro
   b. HBase
   c. HCatalog
   d. Jaql

5. 你已经安装了 InfoSphere BigInsights 以管理包含 50 个节点的集群。你也在使用 IBM Big SQL 服务器的数据仓库，以查询和分析存储在 Hadoop 数据库中的数据。你会使用下面哪种类型的连接去访问数据？

   a. JDBC 连接
   b. 无密码的安全连接
   c. root 用户的连接
   d. SQL 数据库连接

6. 你会使用下面哪种 InfoSphere BigInsights 的文本分析特性来编写提取器程序，以便从文本数据中提取有用的信息？

   a. 标记性查询语言（AQL）
   b. Json 查询语言（Jaql）
   c. Hive
   d. HCatalog

7. 你想要在集群的一个节点上安装 IBM InfoSphere BigInsights 企业版。在启动安装过程之前，你检查了磁盘空间，发现有 35 GB 的存储空间可用于管理节点，25 GB 的磁盘空间可用于节点。在这种情况下，你会：

a. 安装该产品，因为最小磁盘需求已经被满足了

b. 通过添加更多的磁盘，增加总的可用磁盘空间至 80 GB

c. 为管理节点增加可用的磁盘空间，而不需要为其他节点增加

d. 为其他节点增加可用的磁盘空间，而不需要为管理节点增加

8. 使用下面哪个命令来验证为集群中的所有服务器启用了时间服务？

a. vi /etc/ntp.conf   b. chkconfig --add ntpd

c. ntpq –p   d. server 0.rhel.pool.ntp.org

9. 关于 MapR 的下列说法，哪个是正确的？

a. 它通过消除 HDFS 中 NameNode 的概念，提升了分布式文件系统的性能

b. 它是一个孤立的环境，使用户能够实验 Hadoop 的组件

c. 它使用 MapR 控制系统（MCS）处理存储在 HDFS 中的大量数据

d. 它用于检查是否所有的主机都满足安装 Hadoop 的系统需求

10. 在安装 MapR 沙盒之前，需要将下列哪个应用程序安装到你的计算机上？

a. MapR

b. Hadoop

c. VirtualBox

d. MapR 控制系统（MCS）

标注你的答案（把正确答案涂黑）

1. (a) (b) (c) (d)   6. (a) (b) (c) (d)

2. (a) (b) (c) (d)   7. (a) (b) (c) (d)

3. (a) (b) (c) (d)   8. (a) (b) (c) (d)

4. (a) (b) (c) (d)   9. (a) (b) (c) (d)

5. (a) (b) (c) (d)   10. (a) (b) (c) (d)

测试你的能力

1. 检查安装 InfoSphere BigInsights 的系统需求，并为其成功安装构建一个支持环境。创建支持环境之后，安装 InfoSphere BigInsights。

2. 安装 InfoSphere BigInsights 之后，打开 Eclipse 并创建一个样例应用程序。

3. 通过使用 VMWare Player 和 VirtualBox，安装 MapR 沙盒。

○ IBM InfoSphere 是一个数据集成和管理平台，使用户能够开发和运行应用程序，以处理大量的数据。

○ InfoSphere BigInsights 允许分析和可视化来自于不同来源的结构化和非结构化的数据

○ InfoSphere BigInsights 构建于开源的 Apache Hadoop 发行版之上。它结合了 Hadoop 的存储和数据处理能力，并添加了管理、安全和准备特性使其可以直接用于企业。

○ IBM InfoSphere BigInsights 提供以下两个附加组件，可以与 Apache Hadoop 发行版一同使用：

- IBM 通用并行文件系统；
- 适应性 MapReduce。

○ 除了核心 Hadoop 的特性和功能之外，InfoSphere BigInsights 还结合了多种额外的 Hadoop 技术，如下：

- Avro；
- Chukwa；
- Jaql；
- Flume；
- HBase；
- HCatalog；
- Hive；
- Lucene；
- Oozie；
- Pig；
- Sqoop；
- ZooKeeper。

○ 使用 InfoSphere BigInsights 控制台，可以部署集群、管理集群、管理文件、调度作业和工作流，并能从单一位置查看集群的健康状态。

○ InfoSphere BigInsights 控制台允许执行以下 4 项任务：

- 系统管理；
- 应用程序部署；
- 数据分析；
- 文件管理。

○ InfoSphere BigInsights 提供了额外的工具来提升 Eclipse 环境的功能。

○ 在安装 IBM InfoSphere BigInsights 之前，需要执行下列步骤：

- 复核系统需求；
- 选择一个用户；

- 配置浏览器；
- 下载该产品；
- 完成常见的先决条件的任务。

○ MapR 是一种开源的 Hadoop 发行版，它包括了与 Hadoop 生态系统重要组件协同工作的 API，这些组件包括 HBase、Hive、Pig、ZooKeeper 及其他。

○ MapR 的 Hadoop 发行版中的一些关键改进是：
- 支持 Hadoop FS 抽象接口；
- 通过消除 NameNode 的概念，改进了分布式文件系统的性能；
- 支持分布式文件系统的连续读写操作；
- 改善了加载和卸载数据时的性能。

○ MapR 沙盒是一个孤立的环境，允许用户来实验 Hadoop 组件。

○ 使用 MapR 沙盒，可以执行如下任务：
- 检查主机系统是否满足了所有的先决条件；
- 为 Hadoop 安装 MapR；
- 为 Hadoop 使用 Hue 或 MCS。

○ 要安装 MapReduce 沙盒，需要先安装 VMware Player 或 VirtualBox。这些都是免费的应用程序，允许用户在任意操作系统上运行虚拟机，包括 Windows、Mac 和 Linux。

应聘准备

模块目标

学完本模块的内容，读者将能够：

▸▸ 更有效地做好面试准备

本讲目标

学完本讲的内容，读者将能够：

▸▸	解释应聘大数据开发者所必需的一些关键技巧和条件
▸▸	讨论大数据开发者的角色和职责
▸▸	识别大数据开发者的一些关键的工作机会领域
▸▸	帮助参与者准备好针对各种类型的面试问题的响应

> "真正的问题不在于机器是否会思考，而在于人是否会思考。"
>
> ——B. F. Skinner

MGI 和麦肯锡商业技术办公室的研究表明，美国经济的几乎所有行业都有近 200 TB 的存储数据。全局而言，这一数量还要以各种形式成倍地增加。在世界范围内，利用大数据浪潮已经成为企业的开发战略和保持竞争优势的头等大事。这包括了所有行业的业务，包括医疗保健、公众部门、零售、制造业，以及更多行业。

可用的数据量以天文数字般暴增，对于训练有素的可以存储、处理和管理这些数据的专业人士的需求也增长了。

任何想要驯服大数据浪潮的组织机构，仅招聘一些训练有素的经理来指定如何使用这些数据的战略不是解决该问题的完美方案。要利用大数据浪潮，组织机构需要建立专门的数据团队。需要在存储、管理数据还有分析数据方面有专业背景和经验的专业人员，构建一个高效的大数据团队。

根据 MGI 和麦肯锡商业技术办公室进行的研究：

○ 单独一个高效的大数据实现，每年就能帮助美国医疗保健系统创造超过 3000 亿美元的价值；

○ 对于发达的欧洲经济体来说，高效大数据实现在运营效率上的改善可以节省超过 1000 亿欧元。

虽然分析数据是组织中的大数据团队的一个关键职责，但是只有当组织机构拥有可以创建使分析可行的基础设施的熟练专业人士时，才能做到这一点。这就是大数据开发者的价值所在。

实施大数据组织是一项长期而昂贵的过程。因此，每一家希望利用大数据的组织机构都需要一个熟练的团队，该团队可以将基础设施以一种明智而有效的方式放置在一起。大数据开发者在这样的项目中发挥关键的作用。

数据开发者通常处理存储和管理数据的技术问题——获取数据、存储数据和开发可用于分析数据的工具、脚本或程序。虽然分析的重点是研究数据，但是由于其庞大的数据量、繁多的种类和很快的速度，用分析师处理常规数据的方法来驯服数据和排除问题不是容易的。他们需要特殊种类的程序和基础设施来处理数据。开发人员知道如何编写代码，并基于数据聚合管道，专注于设计、开发和支持 MapReduce，因为 MapReduce 是最流行的大数据工作框架之一。开发人员还需要用到特定于大数据的技术（如机器学习），并且知道如何实现和管理大规模并行处理的分布式计算系统。今天伴随着大量的数据流，许多其他相关考量都出现了，如数据系统的安全性、在云端实现大数据以及按每个组织的需求自定义各种分布式系统。

模块3第4讲的出口

* 能够为胜任大数据开发者的工作进行有效的准备

模块3第5讲的入口

* 应对和处理大数据的深厚功力

让我们了解一下作为大数据开发者需要掌握的一些关键性技术工具和框架。

5.1　大数据开发者需要的关键技术工具和框架

全世界的组织机构都面临着大数据相关的人才短缺问题，大数据开发者的机会很大。熟练使用 MapReduce 和 Hadoop，以及 HBase、Pig 和 Hive 等相关框架的开发人员有着很大的市场需求。经过足够的研究和培训，熟悉 Java、Ruby 或 C++等编程语言的开发人员也符合这些需求。在大数据相关的数据管理系统（如 MongoDB）中的关键数据库管理专业知识，以及贝叶斯模型和神经网络的实际操作经验也属于必需的核心技能。

为了成为一名成功的大数据开发者，职位申请人必须拥有大数据相关的前沿技术的知识。现在让我们讨论下大数据实现中的一些技术以及它们的角色。

○　特定于大数据的分布式计算平台。

- **Hadoop**：Apache Hadoop 在 Apache 许可证 2.0 下授权，是一种开源的软件框架。Hadoop 用于存储处理大规模的数据集。Hadoop 部署商品硬件的集群，进行大规模数据集的处理。Hadoop 是 Apache 正在构建的顶级项目，并由全球的贡献者和用户使用。

○　特定于大数据的数据仓库和数据管理系统。

- **Hive**：大多数大数据实现都涉及位于分布式存储中的数据的处理。Apache Hive 数据仓库是针对此类实现的合适的解决方案。可以使用 Hive 对该数据结构化。Hive 提供了类 SQL 语言的 HiveQL 进行数据查询和管理。当在 HiveQL 中不方便表达一些逻辑时，HiveQL 方便程序员插入自定义的 MapReduce 组件。

- **NoSQL 数据库**：有时候，一些大数据的实现需要关系型数据库的支持。但是处理过的数据不能以标准表格关系存储。针对这样的场景，NoSQL 数据库是一种合适的解决方案。NoSQL 对此类数据提供了存储和检索机制。NoSQL 实现提供了设计的简化、水平缩放和对数据可用性的更好的控制。

- **Casssandra**：Casssandra 是一种 Apache 开发的无故障的数据库管理系统。Cassandra 是一种开源的分布式数据库管理系统。它可以轻松操纵分布式商品服务器上的数据。Cassandra 确保了执行时数据的高可用性。

- **MongoDB**：MongoDB 是"hu(mongo)us database"系统的项目名称。它是由 10gen 维护的开源数据库，在 GNU AGPL v3.0 许可证下免费使用。MongoDB 越来越受欢迎，是支持大数据实现的数据存储的一个不错选择。它由包含了集合的数据库构成。集合是由文档组成的，每个文档是由字段组成的。就像在关系型数据库中那样，你可以索引一个集合。这样做提高了数据查找的性能。

- **CouchDB**：CouchDB 是另一种流行的数据库。CouchDB 是开源的，由 Apache 软件基金会维护。它在 Apache 许可证 v2.0 下可用。CouchDB 在所有方面都被设计来模仿网站。它对于网络退化具有弹性，在网络连接糟糕的地方可以继续运行地很完美。CouchDB 具有高延迟，所以最好使用本地数据存储。虽然 CouchDB 能够以非分布式的方式工作，但它不是非常适用于小型的实现。

○ 特定于大数据的编程框架。

- **Pig**：Pig 编程语言被设计用于处理抛出自己方式的任何种类的数据。该数据可以是结构化、半结构化或非结构化的。Pig 是一种脚本语言，开发用于自动化设计流程和 MapReduce 应用程序的实现。Pig 编程语言自诩它对于人类的编码和维护是方便的。Pig 在数据处理方面是智能的。这意味着有一个优化程序可以指出，如何完成计算出快速获取数据这一困难的工作。
- **MapReduce**：MapReduce 是一种用于大多数大数据实现的编程模型。MapReduce 在分布式集群上有利于大型数据集的并行处理。
- **Eclipse**：Eclipse 平台定义了一个开放式的架构，以便每个插件开发团队都能专注于他们的专业知识领域。如果平台设计得很好，可以添加显著的新特性和集成级别，而不会对其他工具产生影响。

除了具备上述软件的深入的操作知识之外，大数据开发者还应该具备以下技能。

○ **技术技能**：

- 在可用组件的帮助下创建分析架构的知识；
- 预测分析知识；
- 了解最新的 IT 趋势，如云；
- 报表软件的知识，如 Open Reports；
- 数据可视化工具的知识，如 Tableau。

○ **软技能**：

- 问题解决和分析的技巧；
- 创造性、革新性和不拘一格的思维；
- 优秀的沟通技巧；
- 识别机会和推动实现的能力。

5.2 大数据开发者的工作角色和职责

大数据开发者的基本角色和职责包括以下几个。

○ 与业务经理互动，提取关于大数据实现需求的洞察力。该实现可以为不同行业定制，如零售业、医疗保健行业、媒体与教育行业等。然后把洞察力描述为主要的用例。

○ 通过将主要用例定义转换为技术策略，构建大数据的实现。然后该策略以项目定义的形式执行。

○ 通过跨功能跨业务部门的工作，构建分析技术解决方案。

○ 构建用于广泛实现大数据组织的参考架构和蓝图。

○ 构建创新的和具有成本效益的系统，该系统实现了云技术、大数据分析平台、信息安全、存储、文档管理和协同软件等。

大数据的职位名称

现在我们讨论大数据开发者的一些职位名称，以及它们的角色和职责。

- ❍ **数据清洗师**：数据清洗师负责清洗传入的数据。他们确保传入的数据是准确的，并在系统的整个数据生命周期中一致。数据清洗的过程在数据第一次被捕获那刻就开始了。

- ❍ **数据探险家**：大数据来源包括结构化和非结构化的数据。分析团队可用的大多数数据都与分析不相关。因此，数据探险家扫描数据的整个长度，以发现分析工作实际所需的数据。

- ❍ **商业解决方案架构师**：商业解决方案架构师为分析而组织数据。他们使数据结构化，以便数据能在合适的时间内被所有用户有效地查询。

- ❍ **营销活动专家**：营销活动专家是具有技术系统全面知识的专业人员。他们通过应用自己在领域中的专业知识来提供特定的营销活动。

主要的组织机构在它们的大数据开发团队中使用以下职位：

- ❍ 开发人员实现优化的数据结构，以设计、开发和维护有效的大数据实现。一些主要的大数据开发者职位名称是：
  - 高级大数据开发者；
  - 大数据开发者；
  - Hadoop 开发者；
  - 大数据 Java 开发者；
  - 大数据系统开发者；
  - MapReduce 开发者；
  - 大数据工程师；
  - Hadoop 软件工程师。

- ❍ 数据管理角色包括如集群监控与故障排除、管理与复核 Hadoop 日志文件和数据容量及节点的预测与规划。一些数据处理的职位名称是：
  - Hadoop 管理员；
  - 大数据管理员。

5.3　大数据开发者职业机会领域

Gartner 的高级副总裁兼全球研究主管 Peter Sondergaard 指出："到 2015 年，全球将创建 440 万个 IT 就业岗位以支持大数据，其中在美国会产生 190 万个 IT 就业岗位。此外，美国每一个与大数据相关的角色将在 IT 行业外创造 3 个就业机会，所以在未来 4 年内，信息经济将为美国产生 600 万个工作岗位。"

根据全国软件及服务公司协会的 IT 分部和研究公司 Crisil 共同完成的研究指出，预计到 2015 年大数据和分析市场会增长到 10 亿美元。在所有行业中跨部门的大数据实现的繁荣，将有助于为符合条件的申请人创造 37 000~50 000 个就业机会。

大数据实现涉及处理从不同来源收集到的大量数据。因此，为了大数据实现的成功增长和发展，专业人员必须确保数据收集和处理是安全的，远离各种威胁。为了实现这种高层次的数据安全，分析专业人员必须接受各种有用的技术培训。

根据 Sondergaard 先生的说法，针对可用的就业机会库，市场缺乏经过适当训练的候选人。因此，IBM、谷歌和微软等领导性企业正在寻找训练有素的大数据专业人士，他们将在适当时候帮助企业改变市场营销策略的方向。

应对大数据开发职位角色的面试

大数据开发者角色的面试可能由以下内容组成：

○ 分析技巧的写作测试；

○ 技术测试和面试；

○ 个人面试。

对于你在大数据开发者面试过程中可能会被问到的问题类型有一个概念，不仅能给你信心而且也将帮助你制定你的想法，并能够更好地做好回答面试问题的准备。

以下是面试中经常会问到的问题，以及参考回答：

（1）**上下文对象的作用是什么？**

答：上下文对象便于 mapper 和 Hadoop 系统其余元组之间的交互。上下文对象包括以下内容：

● 为作业配置数据；

● 允许作业发出其结果的接口。

（2）**如何将任意键值对添加到 mapper 中去？**

答：配置数据的任意（键，值）对可以通过使用 Job.getConfiguration().set("myKey", "myVal")命令在作业中设定。然后使用 Context.getConfiguration().get("myKey")命令，就可以在 mapper 中检索数据了。

（3）**Mapper 或 MapTask 的下一个步骤是什么？**

答：mapper 的下一个步骤涉及 mapper 输出的排序。在排序输出时，为输出创建分区。所创建的分区数量取决于 reducer 的数量。

（4）**Redcuer 用于什么目的？**

答：在任何 MapReduce 任务中，reducer 的功能都是将一组中间值 reduce 成更小的一组值。中间值的集合共享一个共同的键。用户可以通过使用 Job.setNumReduceTasks(int)命令，设置 MapReduce 作业的 reduce 数量。

（5）**Hadoop 可以运行的三种模式是什么？**

答：Hadoop 可以运行的三种模式是：

● 单机（本地）模式；

● 伪分布模式；

● 完全分布模式。

（6）**列出 Hadoop 单机（本地）模式的一些特性。**

答： 单机模式的一些特性为：

- 单机模式仅适合于开发阶段运行 MapReduce 程序；
- 单机模式在单个 JVM 中运行，因此没有守护进程；
- 单机模式使用本地文件系统，因为它不支持分布式文件系统；
- 由于其有限的适用性，单机模式是使用最少的环境。

（7）**列出 Hadoop 伪分布模式的一些特性。**

答： 伪分布模式的一些特性为：

- 伪分布模式可以用于开发和 QA 环境中；
- 在伪分布模式中，所有的守护进程都运行在同一台机器上。

（8）**列出完全分布模式的一些特性。**

答： 完全分布模式的一些特性为：

- 完全分布模式在生产环境中实现，生产环境包括 n 台机器形成的 Hadoop 集群；
- 在完全分布模式中，Hadoop 守护进程运行在机器集群上；
- 当执行 MapReduce 程序时，完全分布模式实现了分离的主节点和从节点；
- 在完全分布模式中，NameNode、DataNode 和 TaskTracker 运行在各自的主机上。

（9）**Hadoop 遵循 UNIX 模式吗？**

答： Hadoop 密切遵循 UNIX 模式。这方面的一个例子是，UNIX 和 Hadoop 都有 conf 目录。

（10）**Hadoop 被安装在哪个目录中？**

答： Cloudera 和 Apache 都支持相同的目录结构。对于 Cloudera 和 Apache，Hadoop 安装路径如下：`cd/usr/lib/hadoop-0.20/`。

（11）**NameNode、JobTracker 和 TaskTracker 的端口号是什么？**

答： NameNode 的端口号是 70，JobTracker 的端口号是 30，TaskTracker 的端口号是 60。

（12）**列出一些当前的 Hadoop 配置文件。**

答： Hadoop 配置文件位于 conf/subdirectory。下面是 Hadoop 的配置文件：

- core-site.xml；
- hdfs-site.xml；
- mapred-site.xml。

（13）**列出退出 Vi 编辑器的步骤。**

答： 要退出 Vi 编辑器的活动会话，在 Vi 编辑器控制台中：

1）按 Esc 键。

2）键入命令 “`:q`”，然后按回车键。

通过执行这些步骤，用户可以从 Vi 编辑器的活动会话中退出。

（14）**什么是 RAM 的溢出因子？**

答： 溢出因子是把文件移动到临时文件后的大小。Hadoop temp 目录用于把文件存储到临时目录中。

（15）**如何退出插入模式？**

答：要从插入模式中退出：

如果在控制台中没有写入任何内容：

1）按 Esc 键。

2）然后输入 "：q"，并按回车键。

如果在控制台中写入了文本：

1）按 Esc 键；

2）然后输入 ':wq'，并按回车。

（16）**Cloudera 是什么？列出 Cloudera 的一些作用。**

答：Cloudera 是 Hadoop 的发行版。它是默认创建在 VM 上的一个用户。Cloudera 是 Apache 的产品，用于数据处理。

（17）**如果当你键入 hadoopfsck /时，你得到"连接拒绝 Java 异常"的消息，这会发生什么？**

答：当命令 hadoopfsck /接收到输出"连接拒绝 Java 异常"的消息时，它表明 NameNode 未在 VM 上工作。

（18）**我们正在使用 Ubuntu 操作系统和 Cloudera，但是从哪里可以下载到 Hadoop？还是说 Hadoop 是否默认与 Ubuntu 一起安装？**

答：对于 Ubuntu 操作系统来说，Hadoop 的默认配置可以从 Cloudera 或者 Edureka 的 dropbox 中下载。一旦安装文件被下载了，就可以在系统上安装 Cloudera。用户可以使用自定义配置来安装 Cloudera，但是像 Ubuntu 或 Red Hat 这样的 Linux box 是必不可少的。

（19）**jps 命令的用处？**

答：jps 命令检查 NameNode、DataNode、TaskTracker、JobTracker 等是否正常工作。

（20）**列出重启 NameNode 的步骤。**

答：NameNode 可以通过以下 4 种方式中的一种重启。

1）点击 stop-all.sh，再点击 start-all.sh。

2）键入 sudo hdfs 然后按回车键。

3）键入 su-hdfs 然后按回车键。

4）键入/etc/init.d/ha 然后按回车键，接着键入/etc/init.d/hadoop-0.20-namenode start，然后按回车键。

（21）**fsck 的全名是？**

答：fsck 的全名是：File System Check（文件系统检查）。

（22）**mapred.job.tracker 命令用于……**

答：命令 mapred.job.tracker 列出扮演 JobTracker 角色的节点。

（23）**/etc /init.d 命令用于……**

答：/etc /init.d 命令是特定于 Linux 的命令，它指定了守护进程的状态。

（24）**我们如何在浏览器中查找 NameNode？**

答：使用端口号 50070 在浏览器中查找 NameNode。

（25）列出从 **SU** 转到 **Cloudera** 的步骤？

答：简单地通过 Exit 就可以从 SU 转到 Cloudera。

（26）**启动和关闭命令会用到哪些文件**？

答：启动和关闭命令会用到 salve 文件和 master 文件。

（27）**hadoop-env.sh 是做什么的**？

答：hadoop-env.sh 命令为 Hadoop 的运行提供了环境。

（28）**master 文件是否可以包含多个入口**？

答：是的，master 文件可以有多个入口。

（29）**/var/hadoop/pids 命令是做什么的**？

答：/var/hadoop/pids 命令用来在 Hadoop 中存储 PID。

（30）**在 Hadoop_PID_DIR 中，PID 代表了什么**？

答：在 Hadoop 中，PID 代表"Process ID"。